W0269389

Christian Hesse

Wahrscheinlichkeitstheorie

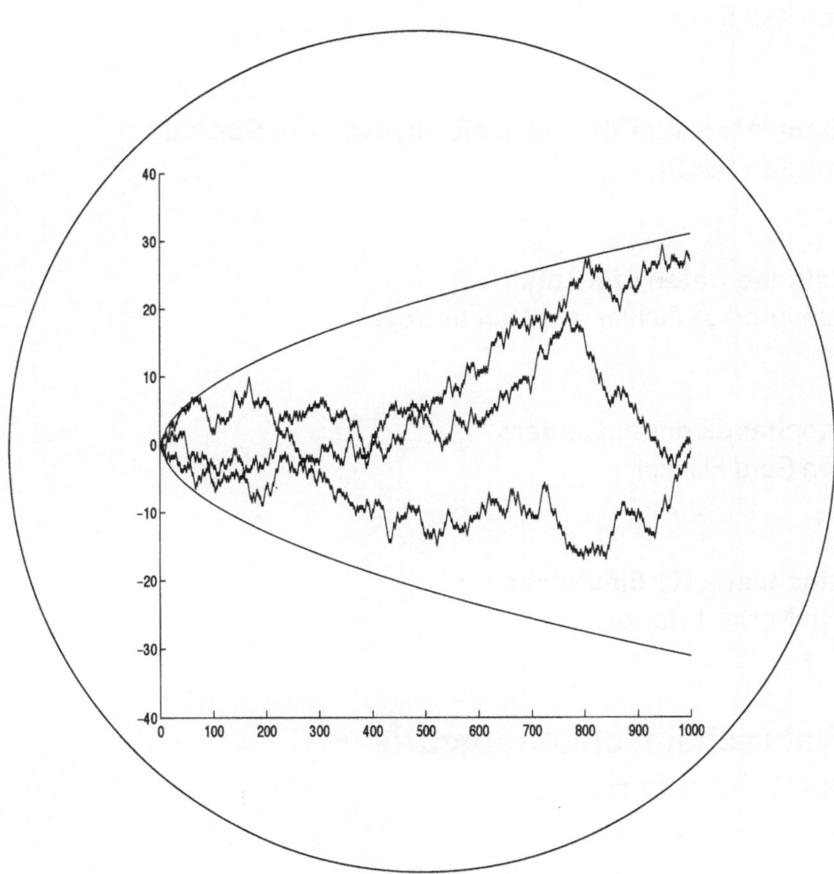

Christian Hesse

Wahrscheinlichkeits-
theorie

Eine Einführung mit Beispielen und Anwendungen

2., überarbeitete Auflage

STUDIUM

Bibliografische Information der Deutschen Nationalbibliothek
Die Deutsche Nationalbibliothek verzeichnet diese Publikation in der
Deutschen Nationalbibliografie; detaillierte bibliografische Daten sind im Internet über
<http://dnb.d-nb.de> abrufbar.

Prof. Dr. Christian Hesse
Universität Stuttgart
Institut für Stochastik und Anwendungen
Pfaffenwaldring 57
70569 Stuttgart

E-Mail: hesse@mathematik.uni-stuttgart.de

Das Werk erschien in der ersten Auflage unter dem Titel „Angewandte Wahrscheinlichkeitstheorie".

1. Auflage 2003
2., überarbeitete Auflage 2009

Alle Rechte vorbehalten
© Vieweg+Teubner | GWV Fachverlage GmbH, Wiesbaden 2009

Lektorat: Ulrike Schmickler-Hirzebruch | Nastassja Vanselow

Vieweg+Teubner ist Teil der Fachverlagsgruppe Springer Science+Business Media.
www.viewegteubner.de

Umschlaggestaltung: KünkelLopka Medienentwicklung, Heidelberg

Gedruckt auf säurefreiem und chlorfrei gebleichtem Papier.

ISBN 978-3-8348-0969-8

Vorwort zur 2. Auflage

Überall herrschet der Zufall.
Ovid

Das vorliegende Buch stellt eine Neuauflage des 2003 erschienenen Lehrbuchs *Angewandte Wahrscheinlichkeitstheorie* dar. Es hat eine sehr erfreuliche Resonanz gefunden. Ich danke allen Leserinnen und Lesern, die mir Lob, Kritik und Verbesserungsvorschläge haben zukommen lassen.

Die Erstauflage erschien als Bachelor- und Masterstudiengänge in der Mathematik noch nicht einmal am Horizont erkennbar waren. Heute sind sie fest etabliert. Dem damit einhergehenden Wandel trägt die Neuauflage durch eine inhaltliche Verschlankung Rechnung. Die augenfälligsten Änderungen bestehen im Wegfall der Kapitel über Abhängigkeit und über Zufälligkeit, deren hauptsächliche Inhalte - Martingale, Markov-Ketten, Chaos - in einer einführenden Vorlesung über Wahrscheinlichkeitstheorie unter den engeren Rahmenbedingungen nunmehr verzichtbar sind. Die Überlegungen zum zentralen Grenzwertsatz basieren jetzt auf der Steinschen Methode, so dass die Theorie charakteristischer Funktionen umfänglich reduziert werden konnte. Abgesehen davon ist die Grundkonzeption des Buches aber unverändert geblieben.

Bekannt gewordene Druckfehler habe ich korrigiert, Formulierungen bisweilen geglättet und die Aufgabenteile im Licht der inhaltlichen Änderungen redaktionell überarbeitet. Die optische Gestaltung wurde modernisiert. Dabei war mir Vlad Sasu behilflich. Paola Ferrario erstellte den Buchsatz in LaTeX. Dem Vieweg-Verlag, insbesondere Frau Schmickler-Hirzebruch, danke ich für die freundliche und zuvorkommende verlegerische Betreuung. Arbeit und Endprodukt sind wie immer meiner Familie gewidmet: Andrea Römmele, Hanna Hesse und Lennard Hesse.

Stuttgart, im August 2009   Christian Hesse

Vorwort zur 1. Auflage

Die Wahrscheinlichkeitstheorie ist ein Teilgebiet der Mathematik, das sich mit dem Studium zufallsgesteuerter Vorgänge befasst. Sie bietet eine formale Sprache an, mit der man über zufallsabhängige Phänomene sinnvoll sprechen kann, und sie stellt methodische Werkzeuge zur Analyse dieser Phänomene bereit. Zusammen mit der Mathematischen Statistik, die aus Beobachtungsdaten Informationen über unbekannte Wahrscheinlichkeiten und Grundgesamtheiten zu gewinnen sucht, bildet sie die Stochastik, die Mathematik des Zufalls. Das Wort Stochastik leitet sich vom altgriechischen $\sigma\tau o\chi\alpha\sigma\tau\iota\kappa o\sigma$ ab und bedeutet so viel wie «im Erraten geschickt». Die Wahrscheinlichkeitstheorie ist ein noch relativ junges Wissensgebiet. Als erstes Lehrbuch kann Jakob Bernoullis *Ars Conjectandi* angesehen werden, das 1713 postum erschienen ist, vor weniger als 300 Jahren. Dies ist umso erstaunlicher, als der Zufall ein Alltagsphänomen ist – allgegenwärtig seit den Anfängen der Menschheit. Und wir können nicht anders als mit ihm zu leben und zu versuchen, uns in einer Welt, die reichhaltig an Zufallserscheinungen ist, nach besten Kräften zu behaupten. Die Wahrscheinlichkeitstheorie erlaubt es natürlich nicht, durch Rechnung den Zufall auszuschließen, doch sie hilft immerhin dabei, die Gesetzmäßigkeiten des Zufallsgeschehens zu verstehen.

Als Teilgebiet der Mathematik besitzt die Wahrscheinlichkeitstheorie alle Besonderheiten gelungener mathematischer Konzeptionen, von ausgefeilten Theoriegebäuden über strenge Argumentationslinien bis hin zu faszinierenden gelösten und offenen Problemen. Dies ist aber lediglich eine ihrer Erscheinungsformen. Eine zweite ist die einer interdisziplinären Wissenschaft, die vielfältige Anstöße von außerhalb der Mathematik erhält, und deren

Modelle und Methoden in so gut wie jedem Wissenschaftsbereich Anwendungen finden, von der Physik bis zur Literaturwissenschaft.

Das vorliegende Lehrbuch gibt eine Einführung in die Denkweisen, Methoden und Resultate der Wahrscheinlichkeitstheorie mit besonderem Blick auf ihre Anwendungen. Es ist entstanden auf der Grundlage von einschlägigen Vorlesungen, die ich wiederholt an der Universität Stuttgart und an der University of California, Berkeley, gehalten habe. Dabei war ich bestrebt, sowohl den innermathematischen wie auch den interdisziplinären Aspekten der Wahrscheinlichkeitstheorie gerecht zu werden. Der Aufbau der Theorie macht deshalb von einer präzisen maßtheoretischen Sprech- und Darstellungsweise Gebrauch. Um das Buch dennoch weitgehend in sich abgeschlossen zu halten, wird dafür eine geringe, für den weiteren Verlauf minimal nötige Menge von maß- und integrationstheoretischen Resultaten bereitgestellt. Bei den Beweisführungen und Herleitungen war ich um mathematische Strenge bemüht, doch es wurde hinsichtlich der dargestellten Resultate nicht ihre Formulierung in größtmöglicher Allgemeinheit angestrebt, insbesondere dann nicht, wenn diese Formulierung eine langwierige, zumindest teilweise unintuitive oder stark mit mathematischen Feinheiten überfrachtete Beweisführung erfordert hätte. Im Gegenteil, die geführten Beweise sollten möglichst kurz und elementar sein und die ihnen zugrunde liegenden Ideen zu Tage treten lassen, denn «ein guter Beweis ist ein Beweis, der uns weiser macht».

Den interdisziplinären Aspekten der Wahrscheinlichkeitstheorie sollte mit einem breiten Spektrum von Anwendungen aus vielen Gebieten wie etwa Physik, Informatik, Operations Research, Medizin sowie den Ingenieur- und Wirtschaftswissenschaften Ausdruck verliehen werden. Der Überzeugung folgend, dass die Vermittlung mathematischen Wissens auch zur Problemlösungskompetenz führen sollte, ist ein wichtiger Teil der zu vermittelnden Inhalte in Form von Übungsaufgaben dargestellt. Beispiele und Aufgaben sind deshalb nicht nur theorieerläuternd, sondern oft auch theorieerweiternd. Auf ihre Auswahl wurde viel Zeit verwendet, mit der Absicht, der eleganten Theorie der Wahrscheinlichkeit Anwendungen von vergleichbarer Qualität an die Seite zu stellen.

Das Buch wendet sich an Studierende der Mathematik (Diplom und Lehramt) an Universitäten und Fachhochschulen ab dem 3. Semester sowie an Physiker, Informatiker, Ingenieure und Wirtschaftswissenschaftler, deren Interesse auch die mathematischen Grundlagen der von ihnen benutzten stochastischen Methoden einschließt. Es ist als begleitender Text für eine einsemestrige, 4- oder 5-stündige Vorlesung mit Übungen konzipiert, für die es vielfältige Auswahlmöglichkeiten bietet. Zum Verständnis werden Grundkenntnisse der Analysis und der linearen Algebra benötigt, erworben etwa in Anfängervorlesungen des 1. Studienjahres. Sind diese Kenntnisse vorhanden, so ist das Lehrbuch auch zum Selbststudium geeignet. Maß- und integrationstheoretische Vorkenntnisse werden nicht benötigt.

Es hat lange gedauert, das Buch zu schreiben. An dieser Stelle danke ich allen, die daran mitgewirkt und zu seiner Fertigstellung beigetragen haben. Mathilde Huber, Alexander Meister, Ina Rosenberg, Stefanie Siegert, Stefanos Vavouras haben Teile des Buchsatzes in LaTeX erstellt. Meine Mitarbeiter Alexander Meister und Thorsten Wittmann haben mich beim Korrekturenlesen unterstützt und dabei Mängel beseitigt und Fehler ausgemerzt. Herr Meister hat darüber hinaus die Simulationen durchgeführt und die Diagramme angefertigt. Von seiner Sorgfalt und seinem unermüdlichen Einsatz hat das Buch sehr profitiert.

Ein wichtiger Teil des Buches entstand während eines Forschungsaufenthaltes an der George-Washington-University, der von Hosam Mahmoud ermöglicht wurde. Der überwiegende Teil wurde an der Universität Stuttgart geschrieben, deren Fachbereich Mathematik ich immer als positives Umfeld für meine Arbeit erfahren habe.

Dem Vieweg-Verlag, insbesondere Frau Schmickler-Hirzebruch, danke ich für die erfreuliche Zusammenarbeit und die Aufnahme des Buches in das Verlagsprogramm.

Mein größter Dank gilt meiner Familie, Andrea Römmele und Hanna Hesse, für die Unterstützung und überhaupt. Ihnen ist das Buch gewidmet.

Stuttgart, im November 2002   Christian Hesse

für Andrea, für Hanna und für Lennard

Inhaltsverzeichnis

1 | Einleitung

1 Einleitung

Wahrscheinlichkeitstheorie und Statistik stellen ein Instrumentarium für die Untersuchung zufallsbehafteter Situationen und Vorgänge bereit. In Natur, Wissenschaft und Technik sind diese weit verbreitet. Das vorliegende Lehrbuch ist anwendungsorientiert und bemüht sich deshalb, theoretische Konzepte und Methoden durch realitätsnahe Beispiele zu untermauern. Als allgemeiner Einstieg und zur Motivation sollen in diesem Kapitel einige Phänomene skizziert werden, die mit den stochastischen Verfahren dieses Buches analysiert werden können. Dabei geht es hier noch nicht um formale Präzision. Eine ungefähre Vorstellung von den verwendeten stochastischen Begriffen sollte zunächst noch ausreichend sein.

Beispiel 1.1 (Ursprung der Wahrscheinlichkeitstheorie) Einer der Ausgangspunkte für die Entwicklung der Wahrscheinlichkeitstheorie war die Beschäftigung mit Glücksspielen. Als eigentliches Geburtsjahr kann das Jahr 1654 angesehen werden. Der französische Adelige Chevalier de Méré (1607-1684) hatte sich mit folgenden Fragen an den Mathematiker und Philosophen Blaise Pascal (1623-1662) gewandt:

(a) Ab welcher Zahl von Würfen zweier Spielwürfel ist es günstig, auf mindestens eine Doppelsechs zu wetten? (Dies ist das Würfelproblem des Gerolamo Cardano (1501-1576).)

(b) Zwei Spieler A und B spielen gegeneinander um einen Geldpreis. Dabei wird wiederholt eine Münze geworfen. Erscheint *Kopf*, dann erhält A einen Punkt, bei *Zahl* erhält B einen Punkt. Wer zuerst 6 Punkte erreicht, gewinnt den Geldpreis. Doch die Spielserie muss bei einem Spielstand von 5 : 2 zugunsten von A abgebrochen werden. Der Geldpreis soll deshalb im Verhältnis der Siegchancen beider Spieler (sofern die Spielserie fortgesetzt würde) aufgeteilt werden. Welchen Anteil des Preises erhält A? (Dies ist das Teilungsproblem des Luca Paccioli (1445-1514).)

Pascal berichtet dem schon damals berühmten Mathematiker Pierre de Fermat (1601-1665) von de Mérés Anfrage, und ihr Briefwechsel zeigt, dass es den beiden Mathematikern gelingt, diese Jahrhunderte alten Probleme 1654 zu lösen.

Der Zeitvertreib mit Glücksspielen in Form von Lotterien, Würfel- und Kartenspielen dürfte so alt wie die Menschheit sein. Aus stochastischer Perspektive bilden Glücksspiele eine ergiebige Quelle interessanter Probleme, und wir greifen in diesem Buch bisweilen stochastische Fragestellungen bei Glücksspielen auf. In der Bundesrepublik und anderen europäischen Ländern ist das Zahlenlotto *6 aus 49* populär. Wir werden sehen, dass es 13 983 816 verschiedene Möglichkeiten gibt, durch Ankreuzen von 6 Zahlen eine Tippreihe auszuwählen. Tabelle 1.1 ermöglicht einen Vergleich der äußerst geringen Wahrscheinlichkeit von $1/13\,983\,816 \approx 7 \cdot 10^{-8}$ für 6 Richtige mit den Todesfall-Risiken diverser Aktivitäten:

Aktivität	Todesfälle pro 10^8 Personenstunden
Bergsteigen	4000
Motoradfahren	500
Skilaufen	130
Fahrradfahren	90
Reisen mit dem Flugzeug	37
Autofahren	30
Zu Fuß gehen (im Straßenverkehr)	30
Segeln	20
Schwimmen	12
Reiten	10
Reisen mit dem Zug	2

Tabelle 1.1: Todesfall-Risiken bei diversen Aktivitäten. (Adaptiert von M. Mackay, Safer Transport in Europe: Tools for Decision-making. The European Transport Safety Lecture, Juli 2000.)

Wenn Sie also knapp eine Viertelstunde zur Lottoannahmestelle zu Fuß unterwegs sind, um Ihren Tippzettel einzureichen, dann entspricht die Wahrscheinlichkeit, während dieser Zeit durch einen Unfall ums Leben zu kommen, der Wahrscheinlichkeit mit Ihrer Tippreihe 6 Richtige im Lotto zu erzielen.

Wir werden uns in diesem Buch auch mit optimalen Strategien bei Glücksspielen beschäftigen. Angenommen, jemand besitzt k Euro, benötigt aber dringend K Euro. Er nimmt an einer Serie von Spielen nach folgenden Regeln teil. Beträgt sein Einsatz $d \in \mathbb{N}$ Euro, dann gewinnt er mit Wahrscheinlichkeit p weitere d Euro hinzu, mit Wahrscheinlichkeit $1-p$ geht der Einsatz verloren. Bei einem aktuellen Kapitalstand von $k^* \in \mathbb{N}$ kann ein beliebiger Betrag aus $\{1,\ldots,k^*\}$ eingesetzt werden. Zwei mögliche Strategien sind

(a) die vorsichtige Strategie: Bei jedem Spiel wird der minimale Einsatz von einem Euro eingesetzt,

(b) die kühne Strategie: Beläuft sich der aktuelle Kapitalstand auf $k^* \leq K/2$, so wird der gesamte Betrag k^* eingesetzt. Ist andererseits $k^* > K/2$, so wird der Betrag $K - k^*$ eingesetzt, der im Falle eines Gewinns das Gesamtkapital auf K erhöht und im Falle eines Verlustes immerhin noch die Möglichkeit zur Fortsetzung der Spielserie mit dem Restbetrag $2k^* - K$ bietet.

Wir werden Methoden entwickeln, mit denen wir den Nachweis antreten können, dass für $p < \frac{1}{2}$ mit der kühnen Strategie die Wahrscheinlichkeit maximiert wird, je den Zielbetrag K zu erreichen, und zwar über alle denkbaren und ganz gleich wie ausgeklügelten Strategien. In diesem Sinne ist die kühne Strategie optimal, wenn das Spiel für den Spieler ungünstig ist. Ist das Spiel günstig, also für $p > \frac{1}{2}$, erweist sich die vorsichtige Strategie als optimal. Im Fall $p = \frac{1}{2}$ sind beide Strategien gleichermaßen optimal. Zur genaueren Untersuchung der vorsichtigen Strategie kann der Spielverlauf durch die Bewegungen eines bei k startenden Teilchens auf der Menge $\{0, \ldots, K\}$ symbolisiert werden. Es führt wiederholt jeweils Einheitssprünge aus, und zwar mit Wahrscheinlichkeit p von einer aktuellen Position k^* nach $k^* + 1$ und mit Wahrscheinlichkeit $q = 1 - p$ nach $k^* - 1$. Die Frage stellt sich, ob das Teilchen den Zustand K («der Spieler erreicht den Zielbetrag») vor dem Zustand 0 («der Spieler verliert sein gesamtes Anfangskapital») erreicht. Dies ist das Problem des *Spieler-Ruins*. Es zeigt sich, dass die zugehörige Wahrscheinlichkeit $F_p(k, K)$ gegeben ist durch

$$
F_p(k, K) = \begin{cases} \frac{1 - (q/p)^k}{1 - (q/p)^K}, & \text{falls } p \neq \frac{1}{2} \\ \frac{k}{K}, & \text{falls } p = \frac{1}{2}. \end{cases}
$$

Einige ausgewählte Funktionswerte sind

$F_{0.4}(4, 16) = 0.01$	$F_{0.5}(4, 16) = 0.25$	$F_{0.6}(4, 16) = 0.80$
$F_{0.4}(8, 16) = 0.04$	$F_{0.5}(8, 16) = 0.50$	$F_{0.6}(8, 16) = 0.96$
$F_{0.4}(12, 16) = 0.20$	$F_{0.5}(12, 16) = 0.75$	$F_{0.6}(12, 16) = 0.99$.

Eine Analyse der kühnen Strategie kann zwecks Vereinfachung in einem ersten Schritt den Zielbetrag auf 1 standardisieren und den Anfangsbetrag als $x \in [0, 1]$ annehmen. Der Situation mit beliebigem $K \in \mathbb{N}$ und $k \leq K$ entspricht dann $x = k/K$. Die Wahrscheinlichkeit $F_p(x)$, mit der kühnen Strategie je den Zielbetrag zu erreichen, erweist sich bei genauerer Untersuchung als eine stetige aber nirgends differenzierbare Funktion von

x . Sie erfüllt die evidenten Beziehungen

$$\begin{aligned}
F_p(x) &= pF_p(2x), & \forall x &\in [0, \tfrac{1}{2}] \\
F_p(x) &= p + (1-p)F_p(2x-1), & \forall x &\in (\tfrac{1}{2}, 1].
\end{aligned}$$

Zum Vergleich mit obigen Wahrscheinlichkeiten notieren wir die Funktionswerte

$$\begin{aligned}
F_{0.4}(0.25) &= 0.16 & F_{0.5}(0.25) &= 0.25 & F_{0.6}(0.25) &= 0.36 \\
F_{0.4}(0.50) &= 0.40 & F_{0.5}(0.50) &= 0.50 & F_{0.6}(0.50) &= 0.60 \\
F_{0.4}(0.75) &= 0.64 & F_{0.5}(0.75) &= 0.75 & F_{0.6}(0.75) &= 0.84.
\end{aligned}$$

Listenartig folgen weitere Beispiele zur Motivation. Die darin durchgeführten Rechnungen und getroffenen Aussagen werden wir mit den im weiteren Verlauf des Buches entwickelten Methoden bestätigen können.

Beispiel 1.2 (Geburtstage) Ein normales Jahr hat 365 Tage. Wenn alle Geburtstage gleich wahrscheinlich sind und unabhängig voneinander n Geburtstage zufällig ausgewählt werden ohne einen Geburtstag gegenüber den anderen zu bevorzugen, dann sind die ausgewählten Geburtstage allesamt voneinander verschieden mit Wahrscheinlichkeit

$$p_n = \binom{365}{n} \frac{n!}{365^n}.$$

Es ist $q_{23} := 1 - p_{23} = 0.507$. Bereits ab $n = 23$ ist es überraschenderweise wahrscheinlicher, dass in einer Gruppe von n Personen Geburtstage mehrfach auftreten. Auch wachsen die Wahrscheinlichkeiten q_n sehr schnell an wie die Tabelle 1.2 belegt, z.B. ist $q_{50} = 0.970$.

n	q_n	n	q_n
5	0.027	40	0.891
10	0.117	50	0.970
15	0.253	60	0.994
20	0.411	70	0.9992
25	0.569	80	0.99991
30	0.706	90	0.999993
35	0.814	100	0.9999997

Tabelle 1.2: Wahrscheinlichkeiten q_n , dass bei n rein zufällig ausgewählten Personen Geburtstage mehrfach auftreten.

Werden Geburtstage sequentiell ausgewählt bis erstmals (bei der N-ten Ziehung) eine Wiederholung beobachtet wird, so tritt diese im Mittel ein bei

$$EN = 1 + \sum_{n=1}^{\infty} p_n = 24.6.$$

Deklariert man Geburtstage an aufeinanderfolgenden Tagen als *fast gleich*, so ist die entsprechende Wahrscheinlichkeit für mindestens ein gleiches oder fast gleiches Paar unter n Geburtstagen gegeben durch

$$\tilde{q}_n = 1 - \frac{(365 - n - 1)!}{(365 - 2n)!} 365^{-n+1},$$

falls $2n < 365$, und es ist z.B. $\tilde{q}_{14} = 0.54$ und $\tilde{q}_{23} = 0.89$. Bereits bei 14 Personen treten also im Mittel in mehr als der Hälfte aller Fälle gleiche oder fast gleiche Geburtstage auf.

Erlaubt man beliebige Werte $p_i \geq 0$ (mit $\sum_{i=1}^{365} p_i = 1$) für die Wahrscheinlichkeiten p_i, dass ein zufällig ausgewählter Geburtstag auf den i-ten Tag des Jahres fällt, so kann man sich überzeugen, dass die q_n für alle n dann minimiert werden, wenn alle Geburtstage mit derselben Wahrscheinlichkeit auftreten. Bei beliebigen p_i ist also $EN \leq 24.6$.

Beispiel 1.3 (Stochastische Längenermittlung) Als Vorbereitung zur Skizzierung eines Verfahrens zur stochastischen Längenermittlung betrachten wir einen Zufallsvorgang, der als *Buffonsches Nadelexperiment* in die Geschichte der Stochastik eingegangen ist.

Eine Nadel der Länge $\ell < \delta$ wird willkürlich auf ein Gitter mit Linienabstand δ geworfen. Mit welcher Wahrscheinlichkeit schneidet die Nadel eine der Gitterlinien? Um diese Frage zu beantworten, führen wir einige Bezeichnungen und Annahmen ein. Es sei x der Abstand vom Nadelmittelpunkt M bis zum nächstgelegenen Gitterpunkt und θ der in Diagramm 1.1 dargestellte Winkel. Willkürliches Werfen der Nadel interpretieren wir so, dass kein Winkel θ gegenüber einem anderen in $[0, \pi)$ und kein Abstand x gegenüber einem anderen in $[0, \delta/2)$ ausgezeichnet ist.
Wie aus dem Diagramm ersichtlich ist, schneidet die Nadel eine der Geraden des Gitters genau dann, wenn

$$x \leq \frac{\ell}{2} \sin \theta.$$

Die Wahrscheinlichkeit p, mit der dieses Ereignis eintritt, entspricht der Wahrscheinlichkeit, dass ein im Rechteck R in Diagramm 1.2 willkürlich ausgewählter Punkt in das schraffierte Gebiet fällt.

Bei n-maliger unabhängiger Wiederholung des Nadelwurfs definieren wir:

$$\hat{p} := \frac{1}{n} \cdot (\text{Anzahl der Würfe mit Überschneidung}) =: p + Z_n.$$

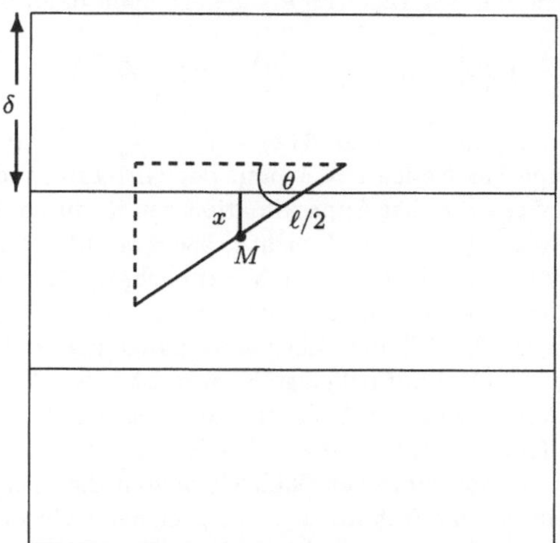

Abbildung 1.1: Buffonsches Nadelexperiment. Darstellung der Schnittbedingung.

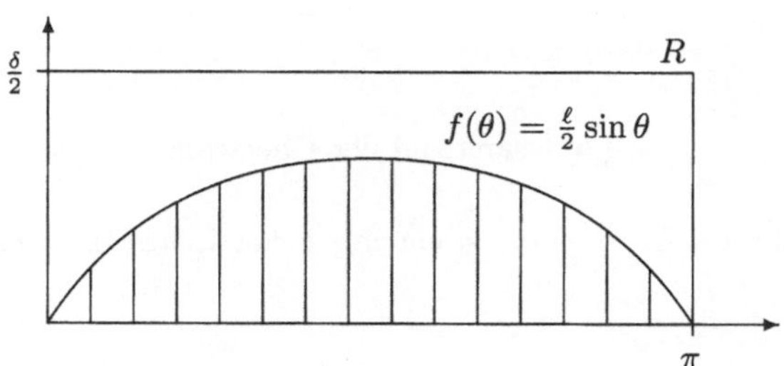

Abbildung 1.2: Buffonsches Nadelexperiment. Darstellung der Wahrscheinlichkeit für einen Schnitt zwischen Nadel und Gitter.

Man kann beweisen, dass Z_n für $n \to \infty$ in einem stochastischen Sinn gegen 0 geht. Für große n kann deshalb p durch $\hat{p}$ approximiert werden, und dann ist

$$\hat{\pi}_n := \frac{2\ell}{\hat{p}\delta}$$

eine Approximation für π (Buffon (1777)). Ebenso ist

$$\hat{\ell}_n := \frac{1}{2}\hat{p}\pi\delta \tag{1.1}$$

bei bekanntem δ eine Approximation für ℓ, die Länge der Nadel. Der zentrale Grenzwertsatz, eines der fundamentalen Resultate der Wahrscheinlichkeitstheorie, und die Theorie der Vertrauensintervalle erlauben dann die verfeinerte Aussage

$$P\left(\hat{\ell}_n \in [\ell - \varepsilon, \ell + \varepsilon]\right) \approx 2\Phi\left(\sqrt{n}\frac{\varepsilon}{\sigma}\right) - 1$$

mit $\sigma = \left[\frac{1}{2}\pi\delta l(1 - 2l/\pi\delta)\right]^{1/2}$ und $\Phi(x) = \int_{-\infty}^{x} \frac{1}{\sqrt{2\pi}} e^{-y^2/2} dy$.
Ist die wahre Länge der Nadel $l = 1$ und der Gitterabstand $\delta = 2$, dann ist
für $n = 1000$ der Fehler ε bei Approximation von ℓ durch $\hat{\ell}$ mit Wahrscheinlichkeit $2\Phi(\sqrt{10}/\sqrt{2.14}) - 1 = 0.97$ nicht größer als 0.1. Wurde umgekehrt bei
$\delta = 3$ für $n = 2000$ der Wert $\hat{p} = 0.3$ beobachtet, dann ist $[1.32, 1.51]$ ein
95%-iges *Vertrauensintervall* für l in dem Sinne, dass mit Wahrscheinlichkeit
0.95 das Intervall $[1.32, 1.51]$ die unbekannte Länge der Nadel überdeckt.
Eine Erweiterung von (1.1) auf beliebige Kurven ist möglich. Dabei wird p nunmehr als die mittlere Anzahl von Überschneidungen pro Wurf zwischen den Gitterlinien und der Kurve c interpretiert. Die Kurve selbst wird als Verknüpfung
einer großen Zahl L von einzelnen Nadelelementen der Länge $\Delta\ell$ betrachtet.
Jedes Nadelelement ist eine Buffonnadel. Bei geeigneter Grenzwertbildung ergibt
sich die Länge ℓ_c der Kurve als

$$\ell_c = \frac{1}{2}\hat{p}_c\pi\delta + Z_n^*,$$

wobei

$$\hat{p}_c = \tfrac{1}{n}\cdot(\text{Gesamtzahl der Überschneidungen})$$

und Z_n^* wiederum für $n \to \infty$ in einem stochastischen Sinn gegen 0 geht. Somit kann

$$\hat{\ell}_c := \tfrac{1}{2n}\pi\delta\cdot(\text{Gesamtzahl der Überschneidungen})$$

als Schätzung für die unbekannte Länge l_c der Kurve verwendet werden. Beispielhaft demonstrieren wir dies für eine so genannte *Lissajou-Figur* der exakten
Länge $9.38\,cm$, siehe Abbildung 1.3.

Im Zuge einer einfachen manuellen Simulation, bei der eine transparente Folie
mit aufgetragener Lissajou-Figur 10-mal zufällig auf ein Gitter mit $\delta = 1cm$
geworfen wurde, fanden wir insgesamt 62 Überschneidungen. Das entspricht einer Schätzung von $9.74\,cm$ für die Länge der Kurve.

Beispiel 1.4 (Wie viele Taxis?) Sie sitzen auf der Terrasse vor einem Café
in einer großen Stadt: z.B. Berlin. In Berlin sind die Taxis durchnummeriert:
$1, 2, \ldots, N$ = Gesamtzahl der Taxis. Sie fragen sich, wie groß das Ihnen unbekannte N wohl ist, während Sie den Verkehr beobachten. Dabei notieren Sie
sich die Nummern einiger gerade vorbeifahrender Taxis, etwa $X_1, \ldots, X_n$ und

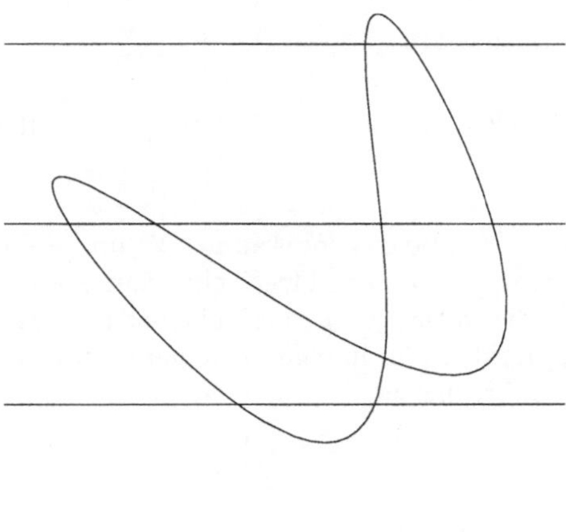

Abbildung 1.3: Zufälliges Werfen einer Lissajou-Figur.

versuchen aufgrund dieser Information die Gesamtzahl der Taxis zu schätzen. Jede Funktion der X_i, mit deren Hilfe N geschätzt werden soll, nennen wir einen *Schätzer* für N.

Der Sachverhalt muss zunächst durch ein Modell formalisiert werden. Modelle leiten sich ab aus den Annahmen, die der Kontext realistischerweise erlaubt. In der beschriebenen Situation nehmen wir an:

> Jedes X_i ist, unabhängig von allen anderen, eine
> Zufalls-Auswahl aus der Menge $\mathcal{N} := \{1, \ldots, N\}$,
> wobei keine der Zahlen gegenüber einer anderen
> bevorzugt wird. $\qquad (1.2)$

Wir nennen die X_i *gleichverteilt* auf $\mathcal{N}$, und $X_1, \ldots, X_n$ ist eine *Stichprobe aus $\mathcal{N}$ mit Zurücklegen*. Sei

$$X_{(1)} \leq X_{(2)} \leq \ldots \leq X_{(n)} \qquad (1.3)$$

eine Anordnung der Stichprobe. Man nennt $X_{(i)}$ die i-te *Ordnungsstatistik*. Für die Schätzung von N scheint $X_{(n)}$ von besonderer Bedeutung. Die Intuition lehrt, dass für große n

$$\hat{N}_1 := X_{(n)} \qquad (1.4)$$

sicherlich eine gute Approximation für N ist. Der Schätzer $\hat{N}_1$ wird das unbekannte N jedoch nie überschätzen. Fast immer wird $\hat{N}_1$ zu klein ausfallen. Man kann leicht zeigen, dass als Konsequenz von (1.2), die Wahrscheinlichkeit $P(\hat{N}_1 = k)$, dass $\hat{N}_1$ den Wert k annimmt, gegeben ist durch

$$P(\hat{N}_1 = k) = \frac{k^n - (k-1)^n}{N^n}, \qquad \forall\, k \in \mathcal{N}, \qquad (1.5)$$

und so erhalten wir für das Mittel

$$E\hat{N}_1 = N^{-n} \sum_{k=1}^{N} k\left[k^n - (k-1)^n\right] \approx \frac{n}{n+1}N, \qquad \text{für große } N. \qquad (1.6)$$

Im Mittel unterschätzt $\hat{N}_1$ also das unbekannte N um $\frac{1}{n+1}\cdot 100\%$. Meist werden aber Schätzer bevorzugt, die im Mittel treffsicher sind. Diese heißen *unverfälscht*. Der Schätzer $\hat{N}_1$ ist dies nicht. Aber er erlaubt uns immerhin, durch eine einfache multiplikative Korrektur, ihn in einen annähernd unverfälschten Schätzer zu transformieren. Dies führt uns zu

$$\hat{N}_2 := \frac{n+1}{n}X_{(n)}. \qquad (1.7)$$

Es ist aber auch möglich, durch eine gezielte additive Korrektur von $\hat{N}_1$ Unverfälschtheit herbeizuführen. So gelangt man zu

$$\hat{N}_3 := X_{(n)} + X_{(1)} - 1, \qquad (1.8)$$

wobei wir die Symmetrie von $X_{(1)}$ und $X_{(n)}$ hinsichtlich der Grenzen 1 und N ausgenutzt haben. Der Schätzer $\hat{N}_3$ verwendet einen etwas größeren Teil der Stichprobeninformation als $\hat{N}_2$, immerhin zusätzlich zur größten auch die kleinste Beobachtung. Die gesamte zur Verfügung stehende Stichproben-Information wird von

$$\hat{N}_4 = \left(\frac{2}{n}\sum_{i=1}^{n}X_i\right) - 1$$

verwendet. Auch $\hat{N}_4$ ist unverfälscht. Diese Feststellung wird ersichtlich, wenn man bedenkt, dass jedes der X_i eine unverfälschte Schätzung für die Mitte zwischen den Grenzen 1 und N ist.
Auch andere Überlegungen sind geeignet, Erfolg versprechende Schätzer zu erzeugen: Wenn man von der gegebenen Stichprobe ausgeht, besitzen verschiedene Werte von N im Allgemeinen unterschiedliche Plausibilität. So ist es zum Beispiel sogar unmöglich, dass $N < X_{(n)}$ ist und sicherlich recht unwahrscheinlich, dass N die größte der beobachteten Zahlen $X_{(n)}$ um ein Vielfaches übersteigt. Jener (bzw. jeder) Wert von N, der die Wahrscheinlichkeit, eine Stichprobe wie die gegebene zu erhalten, maximiert, heißt in stochastischer Redeweise *Maximum-Likelihood-Schätzer*. Im vorliegenden Fall ist der Maximum-Likelihood-Schätzer

$$\hat{N}_1 = X_{(n)}, \qquad (1.9)$$

was uns zeigt, dass Maximum-Likelihood-Schätzer nicht immer unverfälscht sind.

Damit liegt ein Sortiment an konkurrierenden Schätzern vor. Alle $\hat{N}_i$ bauen auf speziellen theoretischen Eigenschaften des durch die Annahme (1.2) formalisierten Sachverhaltes auf. Keiner der Schätzer hat, wie es die Begriffsbildung nahelegt, die Beliebigkeit einer bloßen Schätzung.

Schätzer sind *Zufallsvariablen*. Ihr konkreter Wert, die *Schätzung*, hängt vom Ausfall der Stichprobe ab. Schätzungen sind also Zufallsschwankungen unterworfen. Die Abhängigkeit dieser Schwankungen von der Variabilität der Stichprobe ist quantifizierbar.

Welcher der Schätzer $\hat{N}_i$ ist vorzuziehen? Die Antwort hängt von dem zugrunde gelegten Qualitätsbegriff ab. Beschränken wir unsere Aufmerksamkeit einmal auf unverfälschte Schätzer. Es liegt dann nahe, in dieser Klasse jenen Schätzer als den besten zu bezeichnen, dessen Schätzungen im Mittel am nächsten bei N liegen. Mit der Interpretation von Nähe als kleinstem quadratischen Abstand führt dieses Prinzip auf das Bestreben, den Schätzer mit der kleinsten Varianz zu ermitteln.

Man könnte nun vermuten, dass ein Schätzer in diesem Sinne umso besser ist, je mehr Stichprobeninformation er verwendet. Dies würde eine Qualitäts-Abstufung von $\hat{N}_4$ über $\hat{N}_3$ nach $\hat{N}_2$ nach sich ziehen. Dem ist aber nicht so. Angepasst an unsere Situation sagt ein Resultat der auf der Wahrscheinlichkeitstheorie aufbauenden statistischen Schätztheorie, dass die Information, welche die gesamte Stichprobe in Bezug auf N liefert, auch bereits von $X_{(n)}$ allein transportiert wird. Mehr noch: die darüber hinaus verwendete Stichprobeninformation aus $(X_{(1)}, \ldots, X_{(n-1)})$ wirkt sich überraschenderweise sogar qualitätsreduzierend aus. Ein Vergleich der Varianzen von $\hat{N}_2$ und z.B. $\hat{N}_4$ belegt diese Feststellung:

$$var\,\hat{N}_4 = \frac{N^2 - 1}{3n}, \qquad \text{für alle } N,$$

$$var\,\hat{N}_2 \approx \frac{N^2}{n(n+2)}, \qquad \text{für große } N.$$

Damit ist $\hat{N}_2$ gegenüber $\hat{N}_4$ bei großem N vorzuziehen, sobald mehr als eine Beobachtung vorliegt.

Beispiel 1.5 (Zahlen und Ziffern) In der Dezimaldarstellung der Kreiszahl $\pi = 3.14159265\ldots$ konnten bisher keine Regelmäßigkeiten aufgedeckt werden. Eine empirische Untersuchung der ersten 100 Millionen Dezimalen ergibt weder eine erhebliche Abweichung von der Gleichverteilung der Ziffern noch von der Unabhängigkeit der in festgelegtem Abstand aufeinander folgenden Ziffern.

Wie Tabelle 1.3 zeigt, variieren die beobachteten Häufigkeiten um den Durchschnittswert 10 Millionen. Mit stochastischen Methoden kann man den Grad dieser Abweichungen quantifizieren. Auch kann man damit entscheiden, ob eine Zahlenfolge, bei der jede Position unabhängig von allen anderen und zufällig ohne Bevorzugung irgendeiner Ziffer besetzt wird, im Wesentlichen dieselbe stochastische Struktur hat wie die Dezimalenfolge von π. Nach gegenwärtigem Wissensstand gibt es keinen nennenswerten Grund, daran zu zweifeln (siehe aber Aufgabe 4.43). Aus diesem und einigen anderen Gründen ist vorgeschlagen worden (Dodge (1996)), π als Zufallszahlen-Generator zu benutzen.

Ziffer	0	1	2	3	4
Häufigkeit	9999922	10002475	10001092	9998442	10003863

Ziffer	5	6	7	8	9
Häufigkeit	9993478	9999417	9999610	10002180	9999521

Tabelle 1.3: Ziffernhäufigkeiten unter den ersten 100 Millionen Dezimalen von π.

Eine – noch stärkere – Formalisierung des Konzepts der Nichtbevorzugung irgendeiner Ziffer leistet der Begriff der Normalität einer Zahl: Bezeichnet $D_b^k(x)$ die Ziffer in der k-ten Position bei Darstellung der Zahl x im Zahlensystem mit Basis b (die erste Position ist die Anfangsziffer), dann nennen wir n *normal*, falls für alle $b \in \mathbb{N} \setminus \{1\}$ und alle $d \in \{0,\ldots,b-1\}$

$$\frac{1}{K} \sum_{k=1}^{K} 1_{\{d\}}(D_b^k(x)) \xrightarrow{K \to \infty} \frac{1}{b}.$$

Dabei bezeichnet $1_A(x)$ die Indikatorfunktion der Menge A. Der Beweis, dass π normal ist oder nicht normal ist, steht noch aus. Aber seit Borel (1909) wissen wir immerhin, dass die Gesamtheit aller nicht normalen reellen Zahlen vom Lebesgue-Maß Null ist. Bei fast allen reellen Zahlen, in beliebiger Basis notiert, treten die möglichen Ziffern also schließlich gleichanteilig auf. Ähnliches lässt sich für die Ziffern in umfangreichen empirischen Datensätzen vermuten. Überraschenderweise ist dies im Allgemeinen aber nicht so, Tabelle 1.5 enthält ein Beispiel. Besonders eklatant ist die Abweichung von der Gleichverteilung für die Anfangsziffern. Formal ist die Anfangsziffer einer Zahl x im Zahlensystem mit Basis b dabei $\lfloor m_b(x) \rfloor$ sofern $x = m_b(x)b^{e_b(x)}$ mit $1 \leq m_b(x) < b$ und $e_b(x) \in \mathbb{Z}$ eindeutig dargestellt wird, $\lfloor m_b(x) \rfloor$ ist die größte ganze Zahl, die kleiner oder gleich $m_b(x)$ ist. In dieser Darstellung wird $m_b(x)$ als b-Mantisse bezeichnet. Für die Einwohnerzahlen der Länder ergibt eine einfache Auszählung die folgende Häufigkeitsverteilung:

Anfangsziffer	1	2	3	4	5	6	7	8	9
Anzahl	67	39	27	24	16	22	16	9	9

Tabelle 1.4: Häufigkeitsverteilung der Anfangsziffern für den Datensatz in Tabelle 1.5.

Für viele empirische Datensätze folgen die Anfangsziffern einem erheblich von der Gleichverteilung abweichenden, nach F. Benford benannten Verteilungsgesetz. Die

Afghanistan	24961	Albania	3443	Algeria	30646
American Samoa	64	Andorra	66	Angola	9927
Anguilla	11	Antigua and		Argentina	36525
Armenia	3354	Barbuda	66	Aruba	69
Australia	18968	Austria	8111	Azerbaijan	7729
Bahamas	292	Bahrain	623	Bangladesh	127146
Barbados	273	Belarus	10382	Belgium	10223
Belize	242	Benin	6204	Bermuda	63
Bhutan	1962	Bolivia	8002	Bosnia and	
Botswana	1563	Brazil	171155	Herzegovina	3690
Brunei	329	Bulgaria	7889	Burkina Faso	11626
Burma	41458	Burundi	5856	Cambodia	11937
Cameroon	14475	Canada	30957	Cape Verde	397
Cayman Islands	34	Central African		Chad	8144
Chile	14974	Republic	3450	China	1252766
Colombia	39016	Comoros	561	Congo(Brazzaville)	2768
Congo(Kinshasa)	50428	Cook Islands	20	Costa Rica	3647
Cote d'Ivoire	15597	Croatia	4254	Cuba	11098
Cyprus	754	Czech Republic	10281	Denmark	5320
Djibouti	445	Dominica	72	Dominican Republic	8305
East Timor	967	Ecuador	12656	Egypt	67179
El Salvador	6008	Equatorial Guinea	463	Eritrea	3979
Estonia	1440	Ethiopia	62361	Faroe Islands	45
Fiji	821	Finland	5158	France	59101
French Guiana	167	French Polynesia	245	Gabon	1195
Gambia	1324	Gaza Strip	1088	Georgia	5055
Germany	82561	Ghana	19162	Gibraltar	28
Greece	10579	Greenland	56	Grenada	89
Guadeloupe	422	Guam	152	Guatemala	12331
Guernsey	64	Guinea	7370	Guinea-Bissau	1255
Guyana	699	Haiti	6774	Honduras	6092
Hong Kong(S.A.R.)	6992	Hungary	10174	Iceland	275
India	997892	Indonesia	221111	Iran	65045
Irak	22031	Ireland	3754	Israel	5743
Italy	57578	Jamaica	2639	Japan	126314
Jersey	88	Jordan	4843	Kazakhstan	16749
Kenya	29842	Kiribati	90	Korea,North	21386
Korea,South	47026	Kuwait	1905	Kyrgyzstan	4626
Laos	5362	Latvia	2426	Lebanon	3529
Lesotho	2107	Liberia	2985	Libya	4993
Liechtenstein	32	Lithuania	3631	Luxemburg	432
Macau (S.A.R.)	437	Macedonia	2032	Madagascar	15045
Malawi	10216	Malaysia	21354	Maldives	292
Mali	10375	Malta	389	Man, Isle of	73
Marshall Islands	66	Martinique	410	Mauritania	2591
Mauritius	1169	Mayotte	149	Mexico	98807
Micronesia		Moldova	4432	Monaco	32
(Federal States of)	132	Mongolia	2579	Montenegro	692
Montserrat	5	Morocco	29597	Mozambique	18811
Namibia	1742	Nauru	12	Nepal	24127
Netherlands	15800	Netherlands Antilles	208	New Caledonia	199
New Zealand	3774	Nicaragua	4707	Niger	9802
Nigeria	120052	Northern Mariana		Norway	4458
Oman	2447	Islands	69	Pakistan	138496
Palau	18	Panama	2770	Papua New Guinea	4806
Paraguay	5440	Peru	26535	Philippines	79483
Poland	38658	Portugal	10030	Puerto Rico	3890
Qatar	719	Reunion	709	Romania	22459
Russia	146516	Rwanda	7153	Saint Helena	7
Saint Kitts		Saint Lucia	154	Saint Pierre	
and Nevis	39	Saint Vincent		and Miquelon	7
Samoa	180	and the Grenadines	116	San Marino	27
Sao Tome		Saudi Arabia	21331	Senegal	9697
and Principe	155	Serbia	10006	Seychelles	79
Sierra Leone	5076	Singapore	4008	Slovakia	5401
Slovenia	1924	Solomon Islands	452	Somalia	7044
South Africa	43170	Spain	39953	Sri Lanka	19065
Sudan	34085	Suriname	428	Swaziland	1061
Sweden	8871	Switzerland	7242	Syria	15889
Taiwan	22010	Tajikistan	6309	Tanzania	34379
Thailand	60653	Togo	4882	Tonga	100
Trinidad		Tunisia	9479	Turkey	64820
and Tobego	1181	Turkmenistan	4434	Turks and	
Tuvalu	11	Uganda	22684	Caicos Islands	17
Ukraine	49566	United Arab Emirates	2331	United Kingdom	59355
United States	273131	Uruguay	3309	Uzbekistan	24363
Vanuatu	186	Venezuela	23162	Vietnam	77601
Virgin Islands	120	Virgin Islands, British	20	Wallis and Futuna	15
West Bank	1953	Western Sahara	239	Yemen	16905
Yugoslavia	10698	Zambia	9398	Zimbabwe	11305

Tabelle 1.5: Einwohnerzahlen der Länder im Jahr 1999 in Tausend (adaptiert von *U.S. Bureau of Census, International Data Base*).

zugehörige Verteilungsfunktion für die Basis $b = 10$ ist

$$F(t) = \log_{10}(\lfloor t + 1 \rfloor), \qquad \forall t \in [0, 9]. \tag{1.10}$$

Die sich aus dem Bendfordschen Gesetz ergebenden Ziffernwahrscheinlichkeiten
sind in Abbildung 1.4 dargestellt. Demnach ist die 1 als Anfangsziffer gegenüber
der 9 mehr als sechsmal wahrscheinlicher.

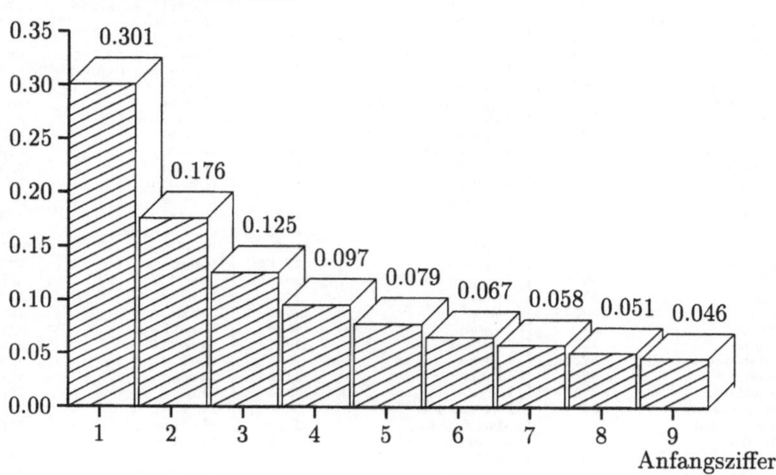

Abbildung 1.4: Wahrscheinlichkeiten der Benford-Verteilung

Die Häufigkeiten der Anfangsziffern für die Einwohnerzahlen der Länder stimmen
bis auf Zufallsschwankungen überein mit den erwarteten Häufigkeiten nach dem
Benfordschen Verteilungsgesetz, wie Tabelle 1.6 verdeutlicht.

Anfangsziffer	1	2	3	4	5	6	7	8	9
beobachtete Häufigkeit	67	39	27	24	16	22	16	9	9
erwartete Häufigkeit nach Benford	68.9	40.3	28.6	22.2	18.1	15.3	13.3	11.7	10.5

Tabelle 1.6: Beobachtete und nach dem Benfordschen Gesetz erwartete Häufigkeiten der Anfangsziffern für den Datensatz in Tabelle 1.5.

Hierbei handelt es sich um ein für zahlreiche empirische Daten beobachtetes Phänomen. Benford selbst fand es bestätigt für so unterschiedliche Datensammlungen

wie die Molekulargewichte chemischer Stoffe, die Oberflächen von Gewässern und für Tabellen physikalischer Naturkonstanten. Auch Aktienkursnotierungen (Ley (1996)), Halbwertszeiten bei radioaktivem Zerfall (Buck, Merchant und Perez (1993)) und Rundungsfehler (Schatte (1988)) gehorchen einer Benford-Verteilung. Das Benfordsche Gesetz lässt sich über die Anfangsziffern $\lfloor m_{10}(x) \rfloor =: D_{10}^1$ hinaus auf die Belegung beliebiger Positionen erweitern. In vielen empirischen Datensätzen treten die Ziffern der ersten k signifikanten Positionen $D_{10}^1, \ldots, D_{10}^k$ im System zur Basis 10 mit relativen Häufigkeiten auf, die annähernd gleich den Wahrscheinlichkeiten

$$P(D_{10}^1 = d_1 \cap \cdots \cap D_{10}^k = d_k) = \log_{10}\left(1 + \left[\sum_{i=1}^{k} d_i \cdot 10^{k-i}\right]^{-1}\right) \qquad (1.11)$$

sind. Die verschiedenen Positionen verhalten sich nicht unabhängig. Aus (1.11) lassen sich die Korrelationen berechnen. Sie nehmen mit wachsendem Abstand zwischen den Stellen ab. Die Verteilung von D_{10}^k konvergiert zudem für $k \to \infty$ gegen die Gleichverteilung auf $\{1, \ldots, 9\}$.

Als Verallgemeinerung lässt sich sogar ein Verteilungsgesetz für die gesamte Mantisse $m_b(x)$ statt nur für $\lfloor m_b(x) \rfloor$ oder die ersten k Positionen formulieren. Es hat die Verteilungsfunktion

$$G(t) = \log_b t, \qquad \forall t \in [1, b],$$

und wird als allgemeines Benfordsches Gesetz bezeichnet.

Was ist der Grund für die weite Verbreitung der Benford-Verteilung bei empirischen Daten? Welche allgemeinen Prinzipien oder probabilistischen Mechanismen erzeugen Benford-artigen Output? Wir werden auf diese Fragen an späterer Stelle zurückkommen (siehe Aufgabe 2.16). Hier zunächst nur dieser Hinweis: Die Verteilung von Benford tritt approximativ dann auf, wenn der Zufall über viele Zehnerpotenzen streuende Daten liefert, die man sich als Produkte von vielen unabhängigen Größen vorstellen kann. Wir schließen mit einem Hinweis auf Anwendungen des beschriebenen Phänomens: Rechenzentren müssen sich bemühen, sparsam mit Speicherkapazitäten umzugehen. Wäre bei aufwendigen numerischen Berechnungen die Verteilung der Eingangsdaten bekannt, könnten Computer-Einstellungen so vorgenommen werden, dass Gleitkomma-Kalkulationen von vorhandenen Kapazitäten optimalen Gebrauch machen. Schatte (1988) hat nachgewiesen, dass für Benford-artigen Input die Speicherplatz minimierende Basis $b = 2^3$ ist und nicht $b = 2$. Weitere Anwendungen der Benford-Verteilung finden sich in Raimi (1969), Varian (1972), Nigrini (1996) sowie in Feldstein und Turner (1986).

2 | Grundlagen

2 Grundlagen

2.1 Realität und Modell

Die Wahrscheinlichkeitstheorie befasst sich mit der Beschreibung und der
Analyse von Zufallsvorgängen sowie mit dem Studium der Eigenschaften
der dafür konzipierten mathematischen Strukturen. Als Zufallsvorgang gelten
all jene Vorgänge, die bei wiederholter Ausführung unter identischen
oder doch zumindest ähnlichen Voraussetzungen nicht immer zu demselben
Ergebnis führen. Ergebnisse von Zufallsvorgängen sind etwa der Ausgang
eines Münzwurfes, das Geschlecht eines neugeborenen Kindes, der
Messwert eines Messvorgangs, das Resultat eines sportlichen Wettkampfes,
die Lebensdauer von Geräten desselben Typs, die Zahl der jährlichen Unfälle
in einer Stadt, die Tagesproduktion einer Maschine. Der Ausgang eines
Zufallvorgangs hängt also neben situativen Bedingungen auch vom Zufall
ab. Dabei ist es nicht relevant, ob der Zufallsanteil dem Vorgang inhärent
ist oder auf lückenhafte Information des Beobachters zurückzuführen ist:
Auch das Werfen einer Münze ist deshalb unter den üblichen Voraussetzungen
ein Zufallsvorgang; würden allerdings Abwurfgeschwindigkeit, Rotationsfrequenz
und eventuell weitere physikalische Parameter hinreichend
genau ermittelt (Ford (1983)), so könnte der Ausgang schließlich exakt aus
den Werten dieser physikalischen Größen prognostiziert werden, und das
Ergebnis des Münzwurfes wäre deterministisch.
Als Synonym für Zufallsvorgang verwenden wir häufig den Begriff *Zufallsexperiment*.
Die Beantwortung quantitativer Fragen im Zusammenhang mit
Zufallsexperimenten geschieht im Rahmen mathematischer *Modelle*. Bei
diesen handelt es sich um Darstellungen von Ausschnitten der Wirklichkeit
durch mathematischen Formalismus. Ein Modell ist aus der Wirklichkeit
allerdings nicht logisch ableitbar, es gründet sich vielmehr auf ausgewählte
situationsbezogene Fakten. Die Konstruktion von Modellen erfordert Ent-

scheidungen hinsichtlich Auswahl und Verknüpfung dieser Fakten. Modelle können somit mehr oder weniger detailliert sein, je nach Zahl und Art der berücksichtigten situativen Eigenschaften. Der Grad der Detailtreue hängt von der ins Auge gefassten Anwendung und von der Zielsetzung des Modells ab. Das Modell-Konzept ist von fundamentaler Bedeutung in allen quantitativen Wissenschaften.

Im Folgenden führen wir die grundlegenden mathematischen Strukturen für die Analyse von Zufallsvorgängen ein. Der an mathematischen Details weniger interessierte Leser kann die theoretischen Abschnitte 2.3 und 2.4 sowie 2.6-2.8 diagonal lesen.

2.2 Wahrscheinlichkeitsmodelle

Die grundlegende Struktur für die Analyse eines Zufallsvorgangs bildet ein *Wahrscheinlichkeitsraum* $(\Omega, \mathcal{A}, P)$. Dazu gehört eine Menge Ω, deren Elemente ω die möglichen Ausfälle des Zufallsvorgangs umfasst. Ω wird als *Merkmalsraum* (Stichprobenraum oder Ereignisraum) bezeichnet, die Elemente von Ω heißen *Merkmale*. Für die Untersuchung der Lebensdauer von Glühbirnen kann z.B. $\Omega = \mathbb{R}_+$ als Merkmalsraum zugrunde gelegt werden. Interessant sind aber bei einem Zufallsvorgang häufig nicht oder nicht nur die Merkmale, sondern damit verbundene Strukturen, *Ereignisse* genannt, die in der Regel aus mehreren Merkmalen zusammengesetzt sind (etwa:«die Lebensdauer einer Glühbirne beträgt mindestens 100 Stunden»). Ereignisse werden als Teilmengen von Ω modelliert. Wird bei einem Zufallsvorgang ein Merkmal $\omega \in \Omega$ beobachtet und gilt $\omega \in A \subseteq \Omega$, so ist das Ereignis A eingetreten. Die Mengenfunktion P des Wahrscheinlichkeitsraumes ordnet dem Ereignis A eine Wahrscheinlichkeit $P(A)$ zu.

Obwohl prinzipiell jede Teilmenge von Ω Ereignis sein kann, sind gelegentlich manche Teilmengen des Merkmalsraumes in konkreten Anwendungen nicht von Interesse, so dass für sie keine Wahrscheinlichkeiten festgelegt werden müssen. Die Menge aller relevanten Teilmengen des Merkmalsraumes Ω fassen wir zum *Ereignissystem* $\mathcal{A}$ zusammen. Die Elemente von $\mathcal{A}$ sind dann die Ereignisse. Es besteht somit ein formaler Unterschied zwischen dem Merkmal $\omega \in \Omega$ und dem Ereignis $\{\omega\} \in \mathcal{A}$. Nur Ereignissen werden Wahrscheinlichkeiten zugeordnet.

Es ist nun intuitiv sinnvoll, das Ereignissystem $\mathcal{A}$ mit einem Ereignisvorrat so auszustatten, dass die Verknüpfung von Ereignissen durch herkömmliche mengentheoretische Operationen wiederum zu Ereignissen führt. Auch der Merkmalsraum Ω sollte Element von $\mathcal{A}$ sein. Wir verlangen deshalb von $\mathcal{A}$ im Einzelnen:

$$
\begin{aligned}
&(1)\ \Omega \in \mathcal{A}.\\
&(2)\ A \in \mathcal{A} \Rightarrow A^c \in \mathcal{A}.\\
&(3)\ A_i \in \mathcal{A},\ i = 1,\ldots,n \Rightarrow \bigcup_{i=1}^{n} A_i \in \mathcal{A}, \qquad \forall n \in \mathbb{N}.
\end{aligned}
\qquad (2.1)
$$

Ein Mengensystem mit den Eigenschaften (2.1) heißt *Algebra*. Es ist leicht zu überprüfen, dass eine Algebra auch gegenüber der Bildung endlicher Durchschnitte abgeschlossen ist.

Aus theoretischen Gründen, insbesondere im Hinblick auf Konvergenzbetrachtungen, ist es darüber hinaus vorteilhaft, vom Ereignissystem auch noch die Abgeschlossenheit gegenüber der Bildung abzählbarer Verknüpfungen von mengentheoretischen Operationen zu verlangen und deshalb die Anforderung (3) in (2.1) durch

$$
(3^*)\ A_i \in \mathcal{A},\ \forall i \in \mathbb{N} \Rightarrow \bigcup_{i=1}^{\infty} A_i \in \mathcal{A}
$$

zu ersetzen. Ein Mengen-System mit den Eigenschaften (1),(2),(3*) heißt σ -*Algebra*. Natürlich ist jede σ -Algebra auch eine Algebra, aber die Umkehrung dieser Aussage gilt nicht : Ist z.B. $\Omega = \mathbb{R}$ und $\mathcal{A}$ die Algebra der endlichen, disjunkten Vereinigungen von halboffenen Intervallen $(a, b]$ mit $a, b \in \mathbb{R}$, dann liegt die Menge

$$
(-1, 1) = \bigcup_{k=1}^{\infty} (-1, 1 - 1/k]
$$

nicht in $\mathcal{A}$.

Für ein beliebiges Mengensystem $\mathcal{D}$ bezeichnen wir mit $\sigma(\mathcal{D})$ die kleinste σ -Algebra, die $\mathcal{D}$ enthält. Da auch Durchschnitte von σ -Algebren wiederum σ -Algebren sind, ist $\sigma(\mathcal{D})$ der Durchschnitt aller σ -Algebren $\mathcal{A}$ mit $\mathcal{D} \subseteq \mathcal{A}$. Für spätere Zwecke führen wir noch zwei weitere Begriffe ein:

Definition 2.2.1 (π -System, λ -System) *Eine Menge $\mathcal{P}$ von Teilmengen von Ω heißt π -System, falls mit $A, B \in \mathcal{P}$ auch $A \cap B \in \mathcal{P}$ ist. Eine Menge $\mathcal{L}$ von Teilmengen von Ω heißt λ -System, wenn Folgendes gilt:*

(a) $\Omega \in \mathcal{L}$.

(b) $A, B \in \mathcal{L}$ *und* $A \subseteq B$, *dann* $B \backslash A \in \mathcal{L}$.

(c) $A_i \in \mathcal{L}$ *und* $A_1 \subseteq A_2 \subseteq \ldots$, *dann* $\bigcup_{i=1}^{\infty} A_i \in \mathcal{L}$.

Wie man leicht prüft, ist eine σ-Algebra sowohl ein π-System als auch ein λ-System. Die Umkehrung dieser Aussage ist ebenfalls richtig:

Satz 2.2.2 *Ist* $\mathcal{L}$ *ein* π*-System und ein* λ*-System, dann ist* $\mathcal{L}$ *eine* σ*-Algebra.*

Beweis. Nach *(b)* in Definition 2.2.1 ist $A^c = \Omega \backslash A \in \mathcal{L}$, falls $\mathcal{A} \in \mathcal{L}$. Damit ist $\mathcal{L}$ auch abgeschlossen unter Vereinigungsbildung, denn $A \cup B = (A^c \cap B^c)^c$. Also ist $\mathcal{L}$ eine Algebra. Schließlich ist für $A_i \in \mathcal{L}$

$$A_1 \cup A_2 \cup \ldots = \bigcup_{n=1}^{\infty} (A_1 \cup \ldots \cup A_n)$$

und $A_1 \cup \ldots \cup A_n \subseteq A_1 \cup \ldots \cup A_{n+1}$. Also ist $\bigcup_{n=1}^{\infty} A_n \in \mathcal{L}$ nach *(c)* in Definition 2.2.1. $\blacksquare$

Die Bedeutung der soeben eingeführten Begriffe liegt hierin: Gelegentlich ist es schwer, direkt zu zeigen, dass ein Mengensystem eine σ-Algebra ist, aber vergleichsweise leicht zu prüfen, dass es sich um ein unter Durchschnittsbildung abgeschlossenes λ-System handelt. Dann kommt Satz 2.2.2 zum Einsatz.
Die folgende Verallgemeinerung von Satz 2.2.2 gibt weitere Einblicke in die Beziehungen zwischen σ-Algebren, π-Systemen und λ-Systemen.

Theorem 2.2.3 (Dynkins $\pi - \lambda$ Theorem) *Ist* $\mathcal{P}$ *ein* π*-System und* $\mathcal{L}$ *ein* λ*-System mit* $\mathcal{P} \subseteq \mathcal{L}$, *dann ist* $\sigma(\mathcal{P}) \subseteq \mathcal{L}$.

Beweis. Sei $\lambda(\mathcal{P})$ das kleinste λ-System, welches $\mathcal{P}$ enthält. Wir zeigen, dass $\lambda(\mathcal{P})$ eine σ-Algebra ist. Dann folgt $\sigma(\mathcal{P}) \subseteq \lambda(\mathcal{P}) \subseteq \mathcal{L}$. Nach Satz 2.2.2 reicht es, sich zu überzeugen, dass $\lambda(\mathcal{P})$ ein π-System ist. Sei $\mathcal{M}_A$ die Menge aller B mit $A \cap B \in \lambda(\mathcal{P})$. Wir überlegen zunächst, dass $\mathcal{M}_A$ für $A \in \lambda(\mathcal{P})$ ein λ-System ist:

(a) $A \cap \Omega = A \in \lambda(\mathcal{P})$, also auch $\Omega \in \lambda(\mathcal{P})$.

(b) Falls $B, C \in \mathcal{M}_A$ mit $B \subseteq C$, dann ist $C \backslash B \in \mathcal{M}_A$, da $A \cap (C \backslash B) = (A \cap C) \backslash (A \cap B)$ ist und da $A \cap C, A \cap B \in \lambda(\mathcal{P})$ mit $A \cap B \subseteq A \cap C$.

(c) Falls $A_1 \subseteq A_2 \subseteq \ldots$ und $A_i \in \mathcal{M}_A$, dann $A \cap A_1 \subseteq A \cap A_2 \subseteq \ldots$ und $A \cap A_i \in \lambda(\mathcal{P})$. Also $\bigcup_{n=1}^{\infty} A \cap A_n = A \cap \bigcup_{n=1}^{\infty} A_n \in \lambda(\mathcal{P})$ und somit $\bigcup_{n=1}^{\infty} A_n \in \lambda(\mathcal{P})$.

Damit ist $\mathcal{M}_A$ für $A \in \lambda(\mathcal{P})$ ein λ-System, speziell also auch für $A \in \mathcal{P}$. Da für $A \in \mathcal{P}$ nach Voraussetzung $\mathcal{P} \subseteq \mathcal{M}_A$ ist, haben wir $\lambda(\mathcal{P}) \subseteq \mathcal{M}_A$, oder mit anderen Worten ausgedrückt: Ist $A \in \mathcal{P}$ und $B \in \lambda(\mathcal{P})$, dann ist $A \cap B \in \lambda(\mathcal{P})$. Anders gewendet bedeutet die letzte Aussage, dass für $B \in \lambda(\mathcal{P})$ immer $\mathcal{P} \subseteq \mathcal{M}_B$ gilt und somit auch $\lambda(\mathcal{P}) \subseteq \mathcal{M}_B$. Daraus können wir nun schließen: Sind $B, C \in \lambda(\mathcal{P})$, dann ist auch $B \cap C \in \lambda(\mathcal{P})$. Also ist $\lambda(\mathcal{P})$ ein π-System. ∎

Den Elementen eines Ereignissystems sollen nun Wahrscheinlichkeiten zugeordnet werden. In der Praxis hängen diese natürlich vom untersuchten Sachverhalt ab. Wir verdeutlichen an einem konkreten Beispiel, wie die Belegung von Ereignissen mit Wahrscheinlichkeiten empirisch erfolgen kann. Zur Untersuchung der Wahrscheinlichkeit einer Mädchengeburt in der Bundesrepublik greifen wir auf Daten für den Zeitraum 1970-1999 zurück, siehe Tabelle 2.1.

Bezeichnet $m(n)$ die Anzahl der Mädchengeburten unter den ersten n Geburten im Intervall 1970-1999 und ist

$$p(n) = \frac{m(n)}{n}$$

die relative Häufigkeit der Mädchengeburten, so zeigt der Graph von $p(n)$, zeitlich nach Jahren diskretisiert, nach anfänglichen Fluktuationen eine Stabilisierung für größer werdende n, siehe Abbildung 2.1.

Auch gilt entweder $p(n) = \frac{n-1}{n}p(n-1)$, falls die n-te Geburt ein Junge ist, oder aber $p(n) = \frac{n-1}{n}p(n-1) + \frac{1}{n}$, falls die n-te Geburt ein Mädchen ist.

Daraus folgt für beide Fälle

$$|p(n) - p(n-1)| \leq \frac{1}{n},$$

so dass der Abstand benachbarter relativer Häufigkeiten für größer werdende n gegen 0 geht. Dies deutet darauf hin (impliziert aber nicht), dass ein «Grenzwert» der relativen Häufigkeiten $p(n)$ für $n \to \infty$ existiert. Die Stabilisierung der relativen Häufigkeiten bei wiederholter Durchführung eines Zufallsexperimentes ist eine in vielen Situationen beobachtete Erfahrungstatsache. Sie wird als *empirisches Gesetz der großen Zahlen* bezeichnet. Wir postulieren die Existenz eines *«Grenzwertes»* der Folge relativer Häufigkeiten eines Ereignisses und nennen diesen Grenzwert die *Wahrscheinlichkeit* des Ereignisses. Hierbei kann es sich nicht um einen

Jahr	Anzahl der Mädchengeburten	Gesamtzahl der Lebendgeburten
1970	509 815	1 047 737
1971	492 035	1 013 396
1972	438 185	901 657
1973	397 070	815 969
1974	391 990	805 500
1975	379 520	782 310
1976	388 585	798 334
1977	390 847	805 496
1978	392 753	808 619
1979	397 627	817 217
1980	421 641	865 789
1981	419 560	862 100
1982	418 516	861 275
1983	402 494	827 933
1984	395 045	812 292
1985	396 555	813 803
1986	413 331	848 232
1987	421 298	867 969
1988	433 942	892 993
1989	428 873	880 459
1990	440 296	905 675
1991	403 921	830 019
1992	394 307	809 114
1993	388 376	798 447
1994	373 734	769 603
1995	372 492	765 221
1996	386 800	796 013
1997	395 167	812 173
1998	382 169	785 034
1999	374 448	770 744
Gesamt	12 241 392	25 171 123

Tabelle 2.1: Gesamtzahl der Lebendgeburten und Anzahl der Mädchengeburten unter den Lebendgeburten in der Bundesrepublik für die Jahre 1970-1999.

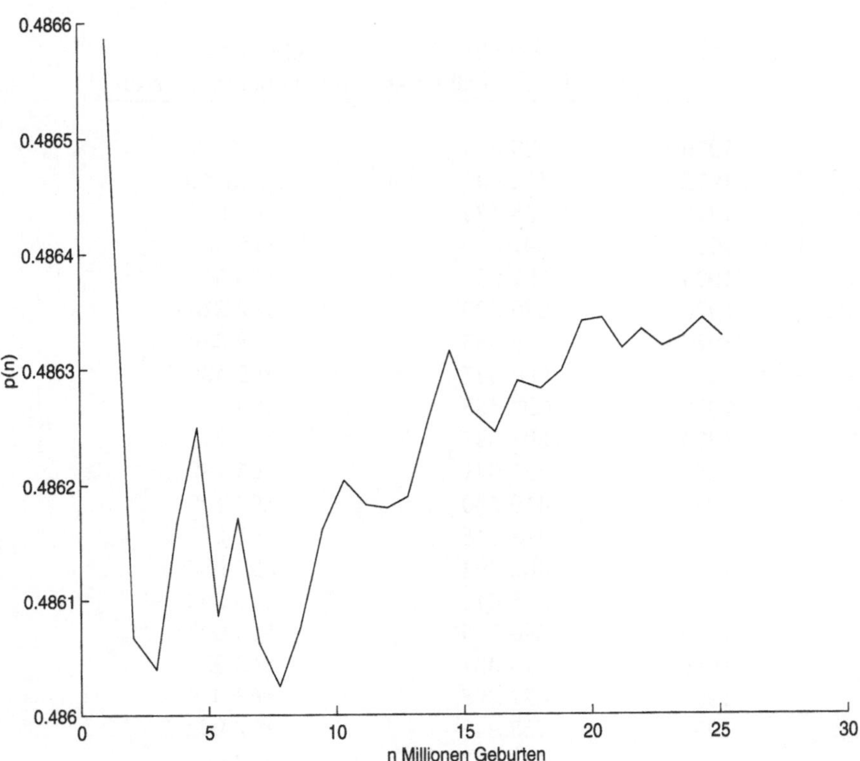

Abbildung 2.1: Relative Häufigkeiten von Mädchengeburten in der Bundesrepublik während der Jahre 1970-1999, kumulativ.

Grenzwert im üblichen Sinn der Analysis handeln, da nicht für jede Geburtenfolge und jedes positive ϵ die Existenz eines $n_0(\epsilon)$ garantiert werden kann, so dass für alle $n \geq n_0(\epsilon)$ die Fluktuationen der $p(n)$ kleiner als ϵ sind. Wir werden an späterer Stelle den zugrunde liegenden Konvergenzbegriff formalisieren. Aber dazu müssen noch einige Vorarbeiten geleistet werden. An dieser Stelle begnügen wir uns zunächst mit dem intuitiven Gehalt des empirischen Gesetzes der großen Zahlen.

Geht man nun daran, etwa im Rahmen einer konkreten Anwendung, für alle Ereignisse eines Ereignissystems $\mathcal{A}$ Wahrscheinlichkeiten festzulegen, so müssen diese gewissen Kompatibilitätsanforderungen genügen, z.B. können nicht sowohl $P(A)$ als auch $P(A^c)$ größer als $\frac{1}{2}$ sein. Zudem besitzen Wahrscheinlichkeiten einige nahe liegende Eigenschaften, die sich direkt an das Verhalten relativer Häufigkeiten anlehnen:

$$(1) \quad P(A) \in [0,1], \qquad \forall A \in \mathcal{A}.$$

$$(2) \quad P(\Omega) = 1.$$

$$(3) \quad P\left(\bigcup_{i=1}^{\infty} A_i\right) = \sum_{i=1}^{\infty} P(A_i), \quad \forall A_i \in \mathcal{A} \text{ mit } A_{i_1} \cap A_{i_2} = \emptyset \quad \text{für } i_1 \neq i_2.$$

$$(2.2)$$

Die unter (3) formulierte Eigenschaft ist der offenkundigen Additivitätseigenschaft relativer Häufigkeiten für disjunkte Ereignisse nachgebildet. Die in (1),(2) und (3) notierten Anforderungen zusammen mit der Wahl von σ-Algebren als Ereignissysteme $\mathcal{A}$ nennt man die *Kolmogorovschen Axiome*. Darauf lässt sich die Wahrscheinlichkeitstheorie aufbauen. Diese Vorgehensweise entspricht dem seit Euklid bekannten axiomatischen Zugang zur Geometrie. Jede Mengenfunktion, die auf einem Ereignissystem $\mathcal{A}$ die Kolmogorovschen Axiome erfüllt, heißt *Wahrscheinlichkeitsfunktion*. Die reelle Zahl $P(A)$ wird als Wahrscheinlichkeit des Ereignisses A interpretiert. Bildlich spricht man auch von *Wahrscheinlichkeitsmasse* (wegen (2) ist die gesamte Wahrscheinlichkeitsmasse gleich 1), die von P über $\mathcal{A}$ verteilt wird. Einem konkreten Zufallsvorgang ist als wahrscheinlichkeitstheoretisches Modell nicht eindeutig ein Wahrscheinlichkeitsraum (kurz: W-Raum) zugeordnet. So kann die Grundmenge Ω zusätzlich zu den möglichen Ausfällen des Zufallsvorgangs noch weitere Elemente enthalten, etwa aus Gründen der mathematischen Vereinfachung. Beispielsweise kann bei der Untersuchung der Lebensdauer von Glühbirnen auch mit dem Merkmalsraum $\Omega = \mathbb{R}$ gearbeitet werden. Eine entsprechende Wahl der Wahrscheinlichkeitsfunktion P mit $P((-\infty, 0]) = 0$ bewerkstelligt dann die Konzentration auf den relevanten Bereich $\mathbb{R}_+$.

Wie andere mathematische Theorien, so wird also auch die Wahrscheinlichkeitstheorie aus Axiomen abgeleitet. Verwendet man dafür die Kolmogorovschen Axiome, so leiten sich aus diesen unmittelbar die folgenden elementaren Rechenregeln für Wahrscheinlichkeiten ab:

$$P(A^c) = 1 - P(A), \qquad \forall A \in \mathcal{A}. \tag{2.3}$$

$$P(A \backslash B) = P(A) - P(A \cap B), \qquad \forall A, B \in \mathcal{A}. \tag{2.4}$$

$$P(A \cup B) = P(A) + P(B) - P(A \cap B), \qquad \forall A, B \in \mathcal{A}. \tag{2.5}$$

$$P(A) \leq P(B), \qquad \forall A, B \in \mathcal{A} \text{ mit } A \subseteq B \text{ (Monotonie).} \tag{2.6}$$

$$P\left(\bigcup_{i=1}^{n} A_i\right) \leq \sum_{i=1}^{n} P(A_i), \qquad \forall A_i \in \mathcal{A}, \forall n \in \mathbb{N} \text{ (Subadditivität).} \tag{2.7}$$

Die Beziehung (2.7) ist auch als *Bonferroni-Ungleichung* bekannt. Diese Eigenschaften ergeben sich allesamt bei Anwendung des Additivitätsaxioms (3) in (2.2), wenn man die disjunkten Zerlegungen $\Omega = A \cup A^c$, $A = (A\backslash B) \cup (A \cap B)$, $A \cup B = A \cup (B\backslash A)$, $B = A \cup B\backslash A$ für $A \subseteq B$ sowie $\bigcup_{i=1}^{n} A_i = A_1 \cup A_2\backslash A_1 \cup A_3\backslash(A_1 \cup A_2) \cup \ldots \cup A_n\backslash(A_1 \cup \ldots \cup A_{n-1})$ bildet. Als Verallgemeinerung von (2.5) ist auch die folgende Rechenregel nützlich.

Satz 2.2.4 (Formel von Poincaré-Sylvester) *Es seien* $A_1, \ldots, A_n$ *Ereignisse. Dann gilt*

$$P\left(\bigcup_{i=1}^{n} A_i\right) = \sum_{k=1}^{n} \sum_{1 \leq i_1 < \ldots < i_k \leq n} (-1)^{k-1} P(A_{i_1} \cap \ldots \cap A_{i_k}), \qquad \forall n \geq 2. \tag{2.8}$$

Die zweite Summe ist über alle k-elementigen Teilmengen $\{i_1, \ldots i_k\}$ von $\{1, \ldots, n\}$ gebildet.

Beweis. Wir führen den Beweis induktiv. Für $n = 2$ behauptet (2.8), dass

$$P(A_1 \cup A_2) = P(A_1) + P(A_2) - P(A_1 \cap A_2). \tag{2.9}$$

Nach (2.5) ist dies eine wahre Aussage. Im Induktionsschritt wenden wir (2.9) auf $\bigcup_{i=1}^{n} A_i$ und A_{n+1} an:

$$P\left(\bigcup_{i=1}^{n+1} A_i\right) = P\left(\bigcup_{i=1}^{n} A_i\right) + P(A_{n+1}) - P\left(\bigcup_{i=1}^{n}(A_i \cap A_{n+1})\right)$$

$$= \sum_{k=1}^{n}(-1)^{k-1}S_k + P(A_{n+1}) - \sum_{k=1}^{n}(-1)^{k-1}S_k^*, \tag{2.10}$$

bei Berücksichtigung der Induktionsvoraussetzung. Dabei bedeutet

$$S_k := \sum_{1 \leq i_1 < \ldots < i_k \leq n} P(A_{i_1} \cap \ldots \cap A_{i_k})$$

und

$$S_k^* := \sum_{1 \leq i_1 < \ldots < i_k \leq n} P(A_{i_1} \cap \ldots \cap A_{i_k} \cap A_{n+1}).$$

Wir schreiben (2.10) als

$$P\left(\bigcup_{i=1}^{n+1} A_i\right) = S_1 + P(A_{n+1}) + \sum_{k=2}^{n}(-1)^{k-1}(S_k + S_{k-1}^*) + (-1)^n S_n^* \tag{2.11}$$

und bedenken, dass

$$S_1 = P(A_1) + \cdots + P(A_n)$$
$$S_n^* = P(A_1 \cap \ldots \cap A_{n+1})$$

sowie

$$S_k + S_{k-1}^* = \sum_{1 \leq i_1 < \ldots < i_k \leq n+1} P(A_{i_1} \cap \ldots \cap A_{i_k}) \qquad \text{für } k = 2, \ldots n,$$

denn S_{k-1}^* (bzw. S_k) enthält alle die Summanden $P(A_{i_1} \cap \ldots \cap A_{i_k})$, in denen das Element $(n+1)$ in der k-elementigen Teilmenge $\{i_1, \ldots i_k\}$ von $\{1, \ldots, n+1\}$ auftritt (bzw. nicht auftritt). Die rechte Seite von (2.11) hat die gewünschte Form. Damit ist der Induktionsschluss durchgeführt. ∎

Die folgenden Resultate betreffen das Verhalten von Wahrscheinlichkeiten bei Mengenfolgen. Die Stetigkeitseigenschaften sind bei der Approximation von Ereignissen durch monotone Mengenfolgen nützlich. Die Ungleichungskette in (c) beinhaltet die Symbole $\liminf_{n \to \infty} A_n := \bigcup_{n=1}^{\infty} \bigcap_{i=n}^{\infty} A_i$ und $\limsup_{n \to \infty} A_n := \bigcap_{n=1}^{\infty} \bigcup_{i=n}^{\infty} A_i$ für Folgen $(A_n)_{n \in \mathbb{N}}$ von Mengen sowie $\liminf_{n \to \infty} \alpha_n := \sup_{n \in \mathbb{N}} \inf_{i \geq n} \alpha_i$ und $\limsup_{n \to \infty} \alpha_n := \inf_{n \in \mathbb{N}} \sup_{i \geq n} \alpha_i$ für Zahlenfolgen $(\alpha_n)_{n \in \mathbb{N}}$.

Satz 2.2.5 *Es sei* $(A_n)_{n \in \mathbb{N}}$ *eine Folge von Mengen aus der* σ *-Algebra* $\mathcal{A}$.

(a) *(Stetigkeit von unten)*

Ist $A_1 \subseteq A_2 \subseteq \ldots$, *dann gilt* $\lim_{n \to \infty} P(A_n) = P\left(\bigcup_{i=1}^{\infty} A_i \right)$.

(b) *(Stetigkeit von oben)*

Ist $A_1 \supseteq A_2 \supseteq \ldots$, *dann gilt* $\lim_{n \to \infty} P(A_n) = P\left(\bigcap_{i=1}^{\infty} A_i \right)$.

(c) $P\left(\liminf_{n \to \infty} A_n \right) \leq \liminf_{n \to \infty} P(A_n) \leq \limsup_{n \to \infty} P(A_n) \leq P\left(\limsup_{n \to \infty} A_n \right)$.

Beweis. Die Stetigkeitseigenschaft (a) ergibt sich aus dem Additivitätsaxiom (3) in (2.2). Wir setzen $A_0 := \emptyset$ und definieren $B_n := A_n \backslash A_{n-1}$, $n \in \mathbb{N}$. Die Mengen B_n sind disjunkt mit

$$\bigcup_{i=1}^{\infty} A_i = \bigcup_{i=1}^{\infty} B_i \quad \text{und} \quad A_n = B_1 \cup \ldots \cup B_n.$$

Mit dem Additivitätsaxiom ist

$$P\left(\bigcup_{i=1}^{\infty}A_i\right) = P\left(\bigcup_{i=1}^{\infty}B_i\right) = \sum_{i=1}^{\infty}P(B_i) = \lim_{n\to\infty}\sum_{i=1}^{n}P(B_i) = \lim_{n\to\infty}P(A_n).$$

Zur Begründung von (b) schließen wir aus (2.4), dass $P(A_1\backslash A_n) = P(A_1) - P(A_n)$, $\forall n \in \mathbb{N}$. Wegen $A_n \supseteq A_{n+1}$ ist $A_1\backslash A_n \subseteq A_1\backslash A_{n+1}$, $\forall n \in \mathbb{N}$. Mit (a) erhalten wir dann

$$P(A_1) - P\left(\bigcap_{i=1}^{\infty}A_i\right) = P\left(A_1\backslash\bigcap_{i=1}^{\infty}A_i\right) = P\left(\bigcup_{i=1}^{\infty}(A_1\backslash A_i)\right)$$
$$= \lim_{n\to\infty}P(A_1\backslash A_n) = P(A_1) - \lim_{n\to\infty}P(A_n).$$

Zur Überprüfung von (c) setzen wir $B_k := \bigcap_{i=k}^{\infty}A_i$, so dass $\lim_{n\to\infty}\bigcup_{k=1}^{n}B_k = \liminf_{n\to\infty}A_n$. Anschließend sorgt (a) für

$$P\left(\liminf_{n\to\infty}A_n\right) = \lim_{n\to\infty}P(B_n) = \sup_{n\in\mathbb{N}}P(B_n), \tag{2.12}$$

und wegen der Monotonie von P ist

$$P(B_n) \le P(A_i), \qquad \forall i \ge n,$$

so dass auch

$$P(B_n) \le \inf_{i\ge n}P(A_i). \tag{2.13}$$

Mit Bildung des Supremums über n folgt dann die erste Ungleichung in (c) aus (2.12) und (2.13). Die letzte Ungleichung in (c) lässt sich ähnlich beweisen.   ■

Soll nun ein wahrscheinlichkeitstheoretisches Modell für eine konkrete Anwendung konstruiert werden, dann muss die Wahrscheinlichkeitsfunktion P so festgelegt werden, etwa über den Begriff der relativen Häufigkeit, dass die resultierenden Ereignis-Wahrscheinlichkeiten unserer intuitiven Vorstellung von *«Chance, dass das Ereignis eintritt»* entsprechen.
Gelegentlich können auch aufgrund von Symmetrieüberlegungen die Wahrscheinlichkeiten von Ereignissen bestimmt werden. Beim Wurf eines regelmäßigen Würfels etwa kann man den möglichen Ausfällen jeweils die Wahrscheinlichkeit $\frac{1}{6}$ zuordnen.
In der Praxis ist es meist nicht möglich, aus Symmetrieüberlegungen oder mittels der Häufigkeitsinterpretation die Wahrscheinlichkeiten *aller* Ereignisse eines zur Analyse des Sachverhaltes gewählten Ereignissystems $\mathcal{A}$ zu ermitteln. Oft gelingt es nur, Wahrscheinlichkeiten $P(D)$ für die Elemente D eines Mengensystems $\mathcal{D}$ festzulegen, das selbst keine σ-Algebra ist.

Kann dann P eindeutig und in einer mit den Kolmogorovschen Axiomen kompatiblen Weise auf ganz $\mathcal{A}$ ausgedehnt werden? Dies ist in der Tat generell möglich, wenn es sich bei $\mathcal{D}$ um ein π-System und bei $\mathcal{A}$ um die kleinste σ-Algebra handelt, die $\mathcal{D}$ enthält. Wir bedenken dazu den folgenden Satz. Er teilt mit, dass, sofern eine Ausdehnung auf ganz $\mathcal{A}$ vorgenommen werden kann, diese eindeutig ist. Galambos (1988) zeigt, wie P auf $\sigma(\mathcal{D}) = \mathcal{A}$ ausgedehnt werden kann.

Satz 2.2.6 (Eindeutigkeitssatz) *Es seien P_1 und P_2 Wahrscheinlichkeitsfunktionen auf einer σ-Algebra $\mathcal{A}$ in einer Menge Ω. Sei $\mathcal{D}$ ein π-System mit $\sigma(\mathcal{D}) = \mathcal{A}$. Ist $P_1(A) = P_2(A)$ für alle $A \in \mathcal{D}$, dann ist $P_1(A) = P_2(A)$ für alle $A \in \mathcal{A}$.*

Beweis. Die Argumentation ist auf Dynkins $\pi - \lambda$ Theorem gegründet. Sei $\mathcal{L} \subseteq \mathcal{A}$ die Menge der Ereignisse A mit $P_1(A) = P_2(A)$. Nach Voraussetzung ist $\mathcal{D} \subseteq \mathcal{L}$. Wir zeigen zunächst, dass $\mathcal{L}$ ein λ-System ist.

(a) Wegen $P_1(\Omega) = P_2(\Omega) = 1$ ist $\Omega \in \mathcal{L}$.

(b) Sind $A, B \in \mathcal{L}$ mit $A \subseteq B$, dann ist $P_1(B \backslash A) = P_1(B) - P_1(A) = P_2(B) - P_2(A) = P_2(B \backslash A)$, d.h. $B \backslash A \in \mathcal{L}$.

(c) Sind $A_i \in \mathcal{L}$ mit $A_1 \subseteq A_2 \subseteq \ldots$ und $A = \bigcup_{n=1}^{\infty} A_n$, dann ist wegen Satz 2.2.5(a) $P_1(A) = \lim_{n \to \infty} P_1(A_n) = \lim_{n \to \infty} P_2(A_n) = P_2(A)$, d.h. $A \in \mathcal{L}$.

Daraufhin ist $\mathcal{L}$ ein λ-System, und die Voraussetzungen von Theorem 2.2.3 sind erfüllt. Indem wir es anwenden, stellen wir fest, dass $\sigma(\mathcal{D}) = \mathcal{A} \subseteq \mathcal{L}$. Also gilt $P_1(A) = P_2(A)$ für alle $A \in \mathcal{A}$. ∎

Um sich von der Gleichheit zweier Wahrscheinlichkeitsfunktionen auf einer σ-Algebra $\mathcal{A}$ zu überzeugen, reicht es daher aus, ihre Gleichheit auf einem π-System zu prüfen, das $\mathcal{A}$ erzeugt. Meist ist dies wesentlich leichter zu realisieren.

Für endlich viele Ereignisse $A_1, \ldots, A_n$ hatten wir uns in Gestalt der Formel von Poincaré-Sylvester eine Rechenregel verschafft, um die Wahrscheinlichkeit für die Vereinigung von n Ereignissen zu ermitteln. In manchen Situationen, unter anderem häufig bei Konvergenzuntersuchungen, stellt sich für abzählbar viele A_n die Frage, mit welcher Wahrscheinlichkeit *unendlich viele* der A_n eintreten. Das nachfolgende Lemma sagt aus, dass diese Wahrscheinlichkeit nur entweder 0 oder 1 betragen kann und liefert ein Kriterium, um beide Fälle voneinander zu unterscheiden. Wir definieren dabei $\{A_n \text{ u.o.}\}$ (sprich: A_n unendlich oft) als $\{A_n \text{ u.o.}\} := \limsup_{n \to \infty} A_n$.

Satz 2.2.7 (Borel-Cantelli-Lemma) *Sei* $(\Omega, \mathcal{A}, P)$ *ein W-Raum und* $(A_n)_{n \in \mathbb{N}}$ *eine Folge von Ereignissen aus* $\mathcal{A}$.

(a) *Ist* $\sum\limits_{i=1}^{\infty} P(A_i) < \infty$, *dann* $P(A_n \ u.o.) = 0$.

(b) *Ist* $\sum\limits_{i=1}^{\infty} P(A_i) = \infty$, *dann* $P(A_n \ u.o.) = 1$, *sofern für alle* $k \in \mathbb{N}$ *und alle* $i_1 < i_2 < \ldots < i_k$ *jeweils*

$$P(A_{i_1} \cap \ldots \cap A_{i_k}) = P(A_{i_1}) \cdot \ldots \cdot P(A_{i_k}). \tag{2.14}$$

Beweis. Die Begründungen sind jeweils kurz und direkt.

(a) Nach Definition von $\{A_n \ u.o.\}$ ist mit (2.7) und Satz 2.2.5(b)

$$P(A_n \ u.o.) = P\left(\bigcap_{n=1}^{\infty} \bigcup_{i=n}^{\infty} A_i\right) = \lim_{n \to \infty} P\left(\bigcup_{i=n}^{\infty} A_i\right) \leq \lim_{n \to \infty} \sum_{i=n}^{\infty} P(A_i)$$
$$= 0,$$

da die $P(A_i)$ summierbar sind.

(b) Da die Schnittmenge einer Folge von Ereignissen, die alle Wahrscheinlichkeit 1 haben, selbst auch Wahrscheinlichkeit 1 hat, reicht es zu zeigen, dass $P\left(\bigcup_{i=n}^{\infty} A_i\right) = 1, \forall n \in \mathbb{N}$. Nun gilt für alle $N \geq n$

$$1 - P\left(\bigcup_{i=n}^{\infty} A_i\right) \leq 1 - P\left(\bigcup_{i=n}^{N} A_i\right) = P\left(\bigcap_{i=n}^{N} A_i^c\right) = \prod_{i=n}^{N} [1 - P(A_i)],$$

da (2.14) auch für A_{i_j} ersetzt durch $A_{i_j}^c$ gilt, wie man mit Induktion leicht zeigt. Mit der für alle $x \in [0,1]$ gültigen Ungleichung $1 - x \leq e^{-x}$ ist dann

$$1 - P\left(\bigcup_{i=n}^{\infty} A_i\right) \leq \exp\left(-\sum_{i=n}^{N} P(A_i)\right) \overset{N \to \infty}{\longrightarrow} 0, \qquad \forall n \in \mathbb{N}.$$

Also gilt $P\left(\bigcup_{i=n}^{\infty} A_i\right) = 1$ für alle $n \in \mathbb{N}$.   ■

Die Bedingung (2.14) werden wir später als *Unabhängigkeit* der Ereignisse $A_1, A_2, \ldots$ interpretieren.

Beispiel 2.1 Wir betrachten eine Folge von Urnen $(U_n)_{n \in \mathbb{N}}$, wobei die i-te Urne eine weiße und i^2 schwarze Kugeln enthält. Aus jeder Urne wird *rein zufällig* eine Kugel gezogen. Mit diesem Begriff ist gemeint, dass keine Kugel hinsichtlich ihrer Chance gezogen zu werden gegenüber jeder beliebigen anderen Kugel bevorzugt ist. Wir sagen, das Ereignis A_i tritt ein, wenn aus der i-ten Urne eine weiße Kugel gezogen wird. Die Wahrscheinlichkeitsfunktion P, die dem Ereignis A_i die Wahrscheinlichkeit $P(A_i) = (1 + i^2)^{-1}$ zuordnet, erscheint für die Modellierung dieses Vorgangs sinnvoll. Da $\sum_{i=1}^{\infty}(1 + i^2)^{-1} < \infty$ ist, werden nach Satz 2.2.7(a) mit Wahrscheinlichkeit 1 nur endlich viele weiße Kugeln gezogen.

2.3 Maße, Zufallsvariablen, Erwartungswerte

Unser nächster Programmpunkt ist ein kurzer und auf unsere Belange abgestimmter Abriss maß- und integrationstheoretischer Tatsachen. Eine ausführliche, lehrbuchmäßige Darstellung bietet z.B. Bauer (1990). Alle Mengenfunktionen P, welche die Kolmogorovschen Axiome erfüllen, sind *Wahrscheinlichkeitsmaße*. Denn *Maße* sind per Definition jene Mengenfunktionen μ auf einer σ-Algebra $\mathcal{A}$ in einer Menge Ω, die mit den Eigenschaften

$$
\begin{aligned}
&(1) \quad \mu(A) \geq 0, \qquad\qquad \forall A \in \mathcal{A}, \\
&(2) \quad \mu(\emptyset) = 0, \\
&(3) \quad \mu\left(\bigcup_{n=1}^{\infty} A_n\right) = \sum_{n=1}^{\infty}\mu(A_n), \qquad \forall A_n \in \mathcal{A} \text{ mit } A_i \cap A_j = \emptyset \text{ für } i \neq j,
\end{aligned}
$$

$$(2.15)$$

ausgestattet sind. Und Wahrscheinlichkeitsmaße sind Maße mit $\mu(\Omega) = 1$.

Beispiel 2.2 Sei Ω eine beliebige Menge und $\mathcal{P}(\Omega)$ ihre Potenzmenge.

(a) Für $\omega \in \Omega$ wird durch

$$
\delta_\omega(A) := \begin{cases} 1, & \text{falls } \omega \in A \\ 0, & \text{falls } \omega \notin A \end{cases}
$$

auf $\mathcal{P}(\Omega)$ ein Wahrscheinlichkeitsmaß definiert. Es heißt *Dirac-Maß* in ω.

(b) Durch

$$
\zeta(A) := \begin{cases} n, & \text{falls } \#A = n \in \mathbb{N}_0 \\ \infty, & \text{sonst} \end{cases}
$$

wird auf $\mathcal{P}(\Omega)$ ein Maß definiert. Es heißt *Zählmaß*. Dabei bezeichnet $\#A$ die Anzahl der Elemente von A (die *Mächtigkeit* von A).

Zur Klassifizierung von Maßen haben sich einige Begriffe als nützlich erwiesen. Ein Maß μ ist σ-*endlich*, falls Mengen $A_1, A_2, \ldots$ aus $\mathcal{A}$ existieren, mit $\bigcup_{n=1}^{\infty} A_n = \Omega$ und $\mu(A_n) < \infty$, $\forall n \in \mathbb{N}$. Ist sogar $\mu(\Omega) < \infty$, dann ist μ *endlich*. Ein Maß μ heißt *stetig bezüglich eines Maßes* ν, wenn jede ν-Nullmenge auch eine μ-Nullmenge ist. Andererseits nennt man μ *singulär bezüglich* ν, wenn es eine ν-Nullmenge $\mathcal{N}$ gibt mit $\mu(\mathcal{N}^c) = 0$. Der so definierte Begriff ist symmetrisch: Wenn μ singulär bezüglich ν ist, dann ist auch ν singulär bezüglich μ. Man sagt deshalb, μ und ν sind zueinander singulär.

Die Singularität zweier Maße μ und ν zueinander impliziert, dass für eine ν-Nullmenge $\mathcal{N} \in \mathcal{A}$ und für beliebiges $A \in \mathcal{A}$

$$\mu(A) = \mu(A \cap \mathcal{N}), \tag{2.16}$$

was sich direkt aus der Zerlegung $\mu(A) = \mu(A \cap \mathcal{N}) + \mu(A \cap \mathcal{N}^c)$ ableitet. Man sagt: Das Maß μ wird von einer ν-Nullmenge getragen. Ebenso wird wegen Symmetrie ν umgekehrt von einer μ-Nullmenge getragen.

Ist nun μ stetig und gleichzeitig singulär bezüglich ν, dann ist jede ν-Nullmenge auch eine μ-Nullmenge und wegen (2.16) muss daher zwingend $\mu \equiv 0$ sein. In diesem Sinn bildet Singularität den Gegenbegriff zu Stetigkeit.

Für wahrscheinlichkeitstheoretische Untersuchungen spielen Abbildungen zwischen *Messräumen* eine zentrale Rolle. Bei einem Messraum handelt es sich um einen Merkmalsraum Ω mit einer σ-Algebra $\mathcal{A}$ auf Ω. Seien $(\Omega, \mathcal{A})$ und $(\Omega', \mathcal{A}')$ Messräume; eine Abbildung $X : \Omega \longrightarrow \Omega'$ (oder genauer $X : (\Omega, \mathcal{A}) \longrightarrow (\Omega', \mathcal{A}')$) heißt $(\mathcal{A}, \mathcal{A}')$-*messbar*, falls $X^{-1}(A') \in \mathcal{A}$ für alle $A' \in \mathcal{A}'$.

Die Menge $\sigma(X) := \{X^{-1}(A') : A' \in \mathcal{A}'\}$ ist eine σ-Algebra. Es ist die kleinste σ-Algebra auf Ω, die X zu einer messbaren Abbildung macht; $\sigma(X)$ heißt die von X *erzeugte* σ-Algebra. Ähnlich stellen wir die kleinste σ-Algebra, welche alle Mengen einer Mengenfamilie $\mathcal{D}$ enthält, als $\sigma(\mathcal{D})$ dar. Eine wichtige σ-Algebra ist die Borelsche σ-Algebra $\mathcal{B}^d$ auf $\mathbb{R}^d$. Dies ist die kleinste σ-Algebra, die alle Mengen vom Typ $\{(x_1, \ldots, x_d) : x_i \leq a_i$ für $i = 1, \ldots, d\}$ mit $a_i \in \mathbb{R}$ enthält. Man sagt, die Borelsche σ-Algebra wird von diesen Mengen *erzeugt*. Statt $\mathcal{B}^1$ schreiben wir auch einfach $\mathcal{B}$. Ist $\mathcal{A}' = \mathcal{B}^d$, so spricht man statt von $(\mathcal{A}, \mathcal{B}^d)$-Messbarkeit kürzer auch von $\mathcal{A}$-Messbarkeit oder Messbarkeit.

Jede stetige Abbildung von $(\mathbb{R}^d, \mathcal{B}^d) \longrightarrow (\mathbb{R}^{d'}, \mathcal{B}^{d'})$ mit $d, d' \in \mathbb{N}$ ist messbar, sowie auch jede monotone Funktion von $(\mathbb{R}, \mathcal{B}) \longrightarrow (\mathbb{R}, \mathcal{B})$. Ferner bleibt die Messbarkeit bei Hintereinanderausführung von Abbildungen erhalten: Wenn $X : \Omega \longrightarrow \Omega'$ $(\mathcal{A}, \mathcal{A}')$-messbar und $Y : \Omega' \longrightarrow \Omega''$ $(\mathcal{A}', \mathcal{A}'')$-messbar ist, dann ist die zusammengesetzte Abbildung $Y \circ X : \Omega \longrightarrow \Omega''$ $(\mathcal{A}, \mathcal{A}'')$-messbar, denn für $A'' \in \mathcal{A}''$ ist $(Y \circ X)^{-1}(A'') = X^{-1}(Y^{-1}(A'')) \in \mathcal{A}$.

Eine $(\mathcal{A}, \mathcal{B})$-messbare Abbildung $X : (\Omega, \mathcal{A}) \longrightarrow (\mathbb{R}, \mathcal{B})$ heißt *Zufallsvariable* (auf $(\Omega, \mathcal{A})$). Ein Funktionswert x von X, also die Zahl $x \in \mathbb{R}$, deren Urbild $X^{-1}(x)$ ein Ereignis $A \in \mathcal{A}$ ist, heißt *Realisierung* oder Ausfall der Zufallsvariable X. Wird $\mathbb{R}$ zu $\overline{\mathbb{R}} = \mathbb{R} \cup \{+\infty, -\infty\}$ erweitert, so heißen diejenigen Mengen B *borelsch* in $\overline{\mathbb{R}}$, für welche $B \cap \mathbb{R} \in \mathcal{B}$ ist. Die Menge all dieser Mengen bildet ebenfalls eine σ-Algebra $\overline{\mathcal{B}}$. Somit ist nun auch die $(\mathcal{A}, \overline{\mathcal{B}})$-Messbarkeit von Abbildungen $X : (\Omega, \mathcal{A}) \longrightarrow (\overline{\mathbb{R}}, \overline{\mathcal{B}})$ definiert; $(\mathcal{A}, \overline{\mathcal{B}})$-messbare Abbildungen heißen *verallgemeinerte Zufallsvariablen*. Oft sprechen wir aber auch hier einfach von Zufallsvariablen.

Da die Borelsche σ-Algebra $\mathcal{B}$ von den Intervallen $(-\infty, \alpha]$ sowie auch von den Intervallen $[\alpha, \infty)$ erzeugt wird, ist eine Abbildung $X : (\Omega, \mathcal{A}) \longrightarrow (\mathbb{R}, \mathcal{B})$ genau dann $\mathcal{A}$-messbar, falls $\{X \leq \alpha\} \in \mathcal{A}$ oder $\{X \geq \alpha\} \in \mathcal{A}$ für alle $\alpha \in \mathbb{R}$. Dabei bedeutet z.B. die Kurzform «$\{X \leq \alpha\}$» ausführlich «$\{\omega \in \Omega : X(\omega) \leq \alpha\}$». Entsprechendes gilt für die Intervalle (α, ∞) bzw. $(-\infty, \alpha)$.

Schließlich führen wir im Zusammenhang mit Nullmengen noch eine weitere nützliche Begriffsbildung ein: Wenn $\mathcal{E}$ eine Eigenschaft ist, welche die Elemente $\omega \in \Omega$ jeweils entweder besitzen oder nicht besitzen, so sagen wir, $\mathcal{E}$ bestehe P-*fast sicher* (P-f.s.), sofern für eine P-Nullmenge $\mathcal{N}$ allen $\omega \in \mathcal{N}^c$ die Eigenschaft $\mathcal{E}$ zukommt. Z.B. sagen wir $(X_n)_{n \in \mathbb{N}}$ konvergiert P-f.s. gegen X, wenn $X_n(\omega) \longrightarrow X(\omega)$ punktweise für alle ω außerhalb einer Nullmenge. Ist $X = x$ P-f.s., so nennen wir X *degeneriert*.

Beispiel 2.3 Sei $(\Omega, \mathcal{A})$ ein Messraum und A eine Teilmenge von Ω. Die Abbildung

$$1_A(\omega) := \begin{cases} 1, & \text{falls } \omega \in A \\ 0, & \text{falls } \omega \in A^c \end{cases}$$

ist $\mathcal{A}$-messbar (und also eine Zufallsvariable) genau dann, wenn $A \in \mathcal{A}$ ist. Denn offensichtlich ist $(1_A)^{-1}(B) \in \{\emptyset, A, A^c, \Omega\}$ für jedes $B \in \overline{\mathcal{B}}$. Die Funktion 1_A heißt *Indikatorfunktion* von A.

Beispiel 2.4 Sind $X, Y : \Omega \longrightarrow \mathbb{R}$ Zufallsvariablen, so auch aX für $a \in \mathbb{R}$ und $X \pm Y$. Man prüft leicht, dass $\{aX \leq \alpha\} \in \mathcal{A}$ und $\{X \pm Y \leq \alpha\} \in \mathcal{A}$ für $\alpha \in \mathbb{R}$. Letzteres, weil für beliebige Zufallsvariablen V und W

$$\{V \leq W\} = \{W < V\}^c = \left\{ \bigcup_{r \in \mathbb{Q}} \{W < r\} \cap \{r < V\} \right\}^c,$$

denn die Ungleichung $W(\omega) < V(\omega)$ gilt genau dann, wenn es ein $r \in \mathbb{Q}$ gibt mit $W(\omega) < r < V(\omega)$. Außerdem ist mit W auch $aW + b$ für alle $a, b \in \mathbb{R}$ messbar.

Beispiel 2.5 Sind $X, Y : \Omega \to \mathbb{R}$ Zufallsvariablen, dann ist auch XY eine Zufallsvariable. Aufgrund von

$$XY = \frac{1}{4}(X + Y)^2 - \frac{1}{4}(X - Y)^2$$

reicht es wegen Beispiel 2.4, sich zu vergewissern, dass mit X auch X^2 eine Zufallsvariable ist: Für $\alpha \geq 0$ gilt

$$\{X^2 \geq \alpha\} = \{X \geq \sqrt{\alpha}\} \cup \{-X \geq \sqrt{\alpha}\},$$

und für $\alpha < 0$ ist $\{X^2 \geq \alpha\} = \Omega$.

Beispiel 2.6 Ist $(X_n)_{n \in \mathbb{N}}$ eine Folge von Zufallsvariablen auf $(\Omega, \mathcal{A})$, dann sind auch

$$\sup_{n \in \mathbb{N}} X_n \qquad \text{und} \qquad \inf_{n \in \mathbb{N}} X_n$$

Zufallsvariablen. Für $\sup\limits_{n \in \mathbb{N}} X_n =: Y$ folgt dies aus

$$\{Y \leq \alpha\} = \bigcap_{n=1}^{\infty} \{X_n \leq \alpha\},$$

so dass Y also $\mathcal{A}$ -messbar ist. Dann ist aufgrund von Beispiel 2.4 offensichtlich auch $\inf_{n \in \mathbb{N}} X_n = -\sup_{n \in \mathbb{N}}(-X_n)$ $\mathcal{A}$ -messbar.

Beispiel 2.7 Ist $(X_n)_{n \in \mathbb{N}}$ eine Folge von Zufallsvariablen auf $(\Omega, \mathcal{A})$, dann sind auch

$$\limsup_{n \to \infty} X_n \qquad \text{und} \qquad \liminf_{n \to \infty} X_n$$

Zufallsvariablen. Dies können wir mit Beispiel (2.6) bestätigen, denn nach Definition ist

$$\limsup_{n \to \infty} X_n = \inf_{n \in \mathbb{N}} \sup_{k \geq n} X_k,$$

$$\liminf_{n \to \infty} X_n = \sup_{n \in \mathbb{N}} \inf_{k \geq n} X_k.$$

Existiert der Grenzwert $\lim\limits_{n \to \infty} X_n$, so ist also auch er eine Zufallsvariable.

Beispiel 2.8 Ist X eine Zufallsvariable auf einem W -Raum $(\Omega, \mathcal{A}, P)$, dann handelt es sich bei der durch

$$P_X(B) := P(X^{-1}(B)), \qquad \forall B \in \mathcal{B},$$

definierten Abbildung um ein Wahrscheinlichkeitsmaß auf $\mathcal{B}$. Es heißt *Bildmaß* von X oder *Verteilung* von X . (Wir schreiben auch $\mathcal{L}(X)$ für die Verteilung von X .)

Unser nächstes Ziel ist die Einführung des Integrals einer Zufallsvariable bezüglich eines Wahrscheinlichkeitsmaßes P. Es wird als *Lebesgue-Integral* bezeichnet. Sei $(\Omega, \mathcal{A}, P)$ ein W-Raum. Die Menge aller verallgemeinerten Zufallsvariablen auf $(\Omega, \mathcal{A})$ bezeichnen wir mit $\mathcal{M}$, und $\mathcal{M}^+$ sei die Teilmenge der nichtnegativen verallgemeinerten Zufallsvariablen. Wir beginnen mit der Definition des Integrals für *elementare* Zufallsvariablen. Bei diesen handelt es sich um nichtnegative, $\mathcal{A}$-messbare Abbildungen, die nur endlich viele reelle Werte annehmen. Die Menge aller elementaren Zufallsvariablen bezeichnen wir mit $\mathcal{M}^e$. Ist $\Omega = \mathbb{R}$ und $\mathcal{A} = \mathcal{B}$, spricht man auch von *verallgemeinerten* bzw. von *elementaren Funktionen*.
Elementare Zufallsvariablen besitzen eine Darstellung der Form

$$X(\omega) = \sum_{i=1}^{m} \alpha_i 1_{A_i}(\omega), \qquad A_i \in \mathcal{A}, \, m \in \mathbb{N}, \, \alpha_i \in \mathbb{R}_+^0. \tag{2.17}$$

Diese Darstellung ist nicht notwendig eindeutig, z.B. führen $\alpha_1 = 1$, $\alpha_2 = 3$, $\alpha_3 = 2$, $A_1 = [0, 1/3]$, $A_2 = (1/3, 2/3]$, $A_3 = (2/3, 1]$ und $\beta_1 = 1$, $\beta_2 = 2$, $B_1 = [0, 2/3]$, $B_2 = (1/3, 1]$ zu zwei verschiedenen Darstellungen der elementaren Zufallsvariable

$$X(\omega) = \begin{cases} 1, & \text{falls } 0 \leq \omega \leq 1/3 \\ 3, & \text{falls } 1/3 < \omega \leq 2/3 \\ 2, & \text{falls } 2/3 < \omega \leq 1. \end{cases}$$

Für $X \in \mathcal{M}^e$ heißt die von der gewählten Darstellung (2.17) unabhängige Zahl

$$\int X \, dP := \sum_{i=1}^{m} \alpha_i P(A_i)$$

das *Integral von X bezüglich P*. Die Unabhängigkeit des Integrals von der gewählten Darstellung sieht man so: Seien

$$X(\omega) = \sum_{i=1}^{m} \alpha_i 1_{A_i}(\omega) = \sum_{j=1}^{n} \beta_j 1_{B_j}(\omega)$$

zwei Darstellungen der Zufallsvariable X, und sei $\mathcal{D}$ die Menge aller Durchschnitte

$$\bigcap_{i=1}^{m+n} C_i$$

mit $C_i \in \{A_i, A_i^c\}$ für $i = 1, \ldots, m$ und $C_i \in \{B_i, B_i^c\}$ für $i = m + 1, \ldots, m + n$. Die Elemente von $\mathcal{D}$ bezeichnen wir mit $D_1, \ldots, D_l$. Diese

Mengen sind paarweise disjunkt. Denn zu zwei verschiedenen dieser Mengen existiert immer ein i oder ein j, so dass entweder eine der beiden in A_i und die andere in A_i^c oder die eine in B_j und die andere in B_j^c enthalten ist. Damit besitzt X genau eine Darstellung als Linearkombination der Indikatorfunktionen von $D_1, \ldots, D_l$ mit nichtnegativen Gewichten δ_k :

$$X(\omega) = \sum_{k=1}^{l} \delta_k 1_{D_k}(\omega). \tag{2.18}$$

Also kann für jede elementare Zufallsvariable immer eine Darstellung der Form (2.18) mit disjunkten D_k gefunden werden. Wir müssen uns nun noch überzeugen, dass

$$\sum_{i=1}^{m} \alpha_i P(A_i) = \sum_{k=1}^{l} \delta_k P(D_k).$$

Nach Konstruktion ist für alle $k = 1, \ldots, l$ jeweils

$$\delta_k = \sum_{\{i : D_k \subseteq A_i\}} \alpha_i.$$

Es folgt

$$\begin{aligned}
\sum_{k=1}^{l} \delta_k P(D_k) &= \sum_{k=1}^{l} \Big(\sum_{\{i : D_k \subseteq A_i\}} \alpha_i \Big) P(D_k) \\
&= \sum_{i=1}^{m} \alpha_i \sum_{\{k : D_k \subseteq A_i\}} P(D_k) \\
&= \sum_{i=1}^{m} \alpha_i P(A_i),
\end{aligned}$$

da A_i für alle $i = 1, \ldots, m$ jeweils gleich der Vereinigung der in A_i enthaltenen Mengen D_k ist. Ähnlich überlegt man sich, dass auch

$$\sum_{j=1}^{n} \beta_j P(B_j) = \sum_{k=1}^{l} \delta_k P(D_k).$$

Damit ist das Integral von der gewählten Darstellung der elementaren Zufallsvariable unabhängig.

Unser weiteres Vorgehen richtet sich an der Möglichkeit aus, den Integralbegriff auf Zufallsvariablen zu erweitern, die sich durch Bildung monotoner
Grenzwerte aus elementaren Zufallsvariablen ergeben. Dies ist die Klasse
$\mathcal{M}^+$: Denn einerseits ist jeder Limes nichtnegativer messbarer Funktionen
wiederum messbar (siehe Beispiel 2.7) sowie auch nichtnegativ, und andererseits gibt es für jedes $X \in \mathcal{M}^+$ eine isotone (d.h. punktweise monoton
wachsende) Folge $(X_n)_{n \in \mathbb{N}}$ in $\mathcal{M}^e$, die punktweise gegen X konvergiert,
z.B. die Folge mit den Gliedern

$$X_n := \sum_{i=0}^{n \cdot 2^n} \frac{i}{2^n} 1_{A_i^n}, \qquad (2.19)$$

wobei

$$A_i^n := \begin{cases} \{\frac{i}{2^n} \le X < \frac{i+1}{2^n}\}, & \text{falls } i = 0, \ldots, n \cdot 2^n - 1 \\ \{X \ge n\}, & \text{falls } i = n \cdot 2^n. \end{cases}$$

Für alle $n \in \mathbb{N}$ liegen die Mengen $A_0^n, A_1^n, \ldots, A_{n \cdot 2^n}^n$ in $\mathcal{A}$ und bilden
eine disjunkte Zerlegung von Ω . Also ist $X_n \in \mathcal{M}^e$, $\forall n \in \mathbb{N}$. Ferner ist
$X_n(\omega) \le X_{n+1}(\omega)$, $\forall \omega \in \Omega$, denn für $i = 0, \ldots, n \cdot 2^n - 1$ ist A_i^n die
disjunkte Vereinigung von A_{2i}^{n+1} und A_{2i+1}^{n+1} , und $A_{n \cdot 2^n}^n$ ist die disjunkte
Vereinigung von A_k^{n+1} mit $k = n \cdot 2^{n+1}, \ldots, (n+1)2^{n+1}$. Für jene $\omega \in \Omega$,
deren Funktionswert $X(\omega) = \infty$ ist, gilt $X_n(\omega) = n \uparrow \infty = X(\omega)$, und
für jene $\omega \in \Omega$ mit $X(\omega) < \infty$ ist $X_n(\omega) \le X(\omega) < X_n(\omega) + 2^{-n}$, sofern
$n > X(\omega)$ ist. Insgesamt gilt $X_n \uparrow X$.
Für $X \in \mathcal{M}^+$ sei nun $(X_n)_{n \in \mathbb{N}}$ eine punktweise gegen X konvergente,
isotone Folge in $\mathcal{M}^e$. Die von der speziell gewählten Folge unabhängige
Zahl

$$\int X \, dP := \lim_{n \to \infty} \int X_n \, dP \qquad (2.20)$$

heißt *das Integral von* X *bezüglich* P . Die Unabhängigkeit des Integrals
von der gewählten isotonen Folge sieht man so: Seien $(X_n)_{n \in \mathbb{N}}$ und $(Y_n)_{n \in \mathbb{N}}$
zwei isoton gegen X konvergente Folgen mit Gliedern aus $\mathcal{M}^e$. Für alle
$k \in \mathbb{N}$ ist

$$X_k \le \lim_{n \to \infty} Y_n,$$

$$\qquad (2.21)$$

$$Y_k \le \lim_{n \to \infty} X_n,$$

woraus man die noch zu begründenden Beziehungen

$$\int X_k \, dP \leq \lim_{n\to\infty} \int Y_n \, dP,$$

$$\int Y_k \, dP \leq \lim_{n\to\infty} \int X_n \, dP \tag{2.22}$$

erhält. Mit $k \to \infty$ ergeben sich hieraus die Ungleichungen

$$\lim_{k\to\infty} \int X_k \, dP \leq \lim_{n\to\infty} \int Y_n \, dP,$$

$$\lim_{k\to\infty} \int Y_k \, dP \leq \lim_{n\to\infty} \int X_n \, dP,$$

und die Gleichheit dieser Grenzwerte ist zwingend. Die Ungleichungen (2.22) kann man in dieser Weise aus den Ungleichungen (2.21) ableiten: Sei z.B. $X_k = \sum_{i=1}^{m} \alpha_i 1_{A_i}$ für disjunkte $A_1, \ldots, A_m \in \mathcal{A}$. Für $\alpha > 1$ und $n \in \mathbb{N}$ definiere $B_n := \{\alpha Y_n \geq X_k\}$. Auch die Mengen B_n liegen in $\mathcal{A}$ und $B_n \uparrow \Omega$. Denn für alle $\omega \in \Omega$ mit $X_k(\omega) = 0$ ist $\omega \in B_n, \forall n \in \mathbb{N}$, und für jene $\omega \in \Omega$ mit $X_k(\omega) > 0$ haben wir

$$\lim_{l\to\infty} \alpha Y_l(\omega) > X_k(\omega),$$

so dass $\omega \in B_n$ immerhin für alle hinreichend großen n. Nach Konstruktion ist ferner $\alpha Y_n \geq X_k \cdot 1_{B_n}$, und bei Berücksichtigung der Stetigkeit von Wahrscheinlichkeitsmaßen erreichen wir

$$\int X_k \, dP = \sum_{i=1}^{m} \alpha_i P(A_i) = \lim_{n\to\infty} \sum_{i=1}^{m} \alpha_i P(A_i \cap B_n)$$

$$= \lim_{n\to\infty} \int X_k \cdot 1_{B_n} \, dP$$

$$\leq \alpha \lim_{n\to\infty} \int Y_n \, dP.$$

Die letzte Ungleichung ist eine Anwendung der Monotonie des Integrals für Elemente aus $\mathcal{M}^e$, d.h. sind $V, W \in \mathcal{M}^e$ mit $V \leq W$, so ist immer

$$\int V \, dP \leq \int W \, dP.$$

Diese Eigenschaft wird deutlich, wenn man sich überzeugt, dass V, W stets Darstellungen

$$V = \sum_{i=1}^{l} \delta_i 1_{D_i} \qquad \text{und} \qquad W = \sum_{i=1}^{l} \gamma_i 1_{D_i}$$

mit gleichen Mengen $D_1, \ldots, D_l$ haben. Aus $V \leq W$ folgt $\delta_i \leq \gamma_i, \forall i$, und die Monotonie.

Mit $\alpha \downarrow 1$ ergibt sich nun der erste Teil von (2.22). Die Überlegung zum zweiten Teil verläuft nach demselben Muster. Damit ist die Argumentation lückenlos.

Die ursprüngliche Definition des Integrals für elementare Zufallsvariablen ist mit dieser Erweiterung auf $\mathcal{M}^+$ konsistent, wie sofort ersichtlich wird, wenn man $X_n = X, \forall n \in \mathbb{N}$, wählt.

In einem letzten Schritt wird der Integralbegriff nun auf beliebige verallgemeinerte Zufallsvariablen ausgedehnt. Sei $X \in \mathcal{M}$, dann besitzt X die Darstellung

$$X = X^+ - X^-,$$

wobei sowohl $X^+ := \max\{X, 0\}$ als auch $X^- := -\min\{X, 0\}$ aus $\mathcal{M}^+$ sind. Wir nennen

$$\int X \, dP := \int X^+ \, dP - \int X^- \, dP$$

das *Integral von X bezüglich P*. Ausführlicher schreiben wir gelegentlich $\int_\Omega X(\omega) dP(\omega)$. Dieses Integral heißt auch *Erwartungswert* von X, und wir kürzen es mit EX ab.

Eine verallgemeinerte Zufallsvariable X nennen wir *integrierbar* (oder genauer P-integrierbar), falls

$$\int X^+ \, dP < \infty \qquad \text{und} \qquad \int X^- \, dP < \infty,$$

d.h., wenn

$$\int |X| \, dP < \infty.$$

In einer weiteren Generalisierung kann man für beliebiges $A \in \mathcal{A}$ auch noch das Symbol $\int_A X \, dP$ mittels

$$\int_A X \, dP := \int X \cdot 1_A \, dP$$

einführen. Da in die Definition des Integrals einer Zufallsvariable X bezüglich eines Maßes P nirgends eingeht, dass P tatsächlich ein Wahrscheinlichkeitsmaß ist, kann in analoger Weise auch das Integral $\int_A X\,d\mu$ für ein beliebiges Maß μ definiert werden. Damit ist das Lebesgue-Integral nun allgemein eingeführt. Wir erwähnen noch, dass mit einer nichtnegativen, $(\mathcal{A}, \overline{\mathcal{B}})$- messbaren Funktion auf $(\Omega, \mathcal{A})$ und einem Maß μ auf $\mathcal{A}$ mittels $\nu(A) := \int_A f\,d\mu$, $\forall A \in \mathcal{A}$, ebenfalls ein Maß auf $\mathcal{A}$ definiert wird. Es wird als Maß mit der *Dichte* f bezüglich μ bezeichnet und auch in der Form $\nu = f\mu$ geschrieben.

Wichtige elementare Eigenschaften des Lebesgue-Integrals bzw. des Erwartungswertes sind Linearität und (die über $\mathcal{M}^e$ schon angesprochene) Monotonie: Für $X, Y \in \mathcal{M}$ und $\alpha, \beta \in \mathbb{R}$ ist leicht zu überprüfen, dass

$$E(\alpha X + \beta Y) = \alpha EX + \beta EY, \qquad (2.23)$$

$$X \leq Y \; P\text{-f.s.} \;\Rightarrow\; EX \leq EY. \qquad (2.24)$$

Ferner kann, falls X aus $\mathcal{M}$ und die Abbildung g messbar ist, der Erwartungswert der Zufallsvariable $g(X)$ durch

$$E[g(X)] = \int g(X)\,dP \qquad (2.25)$$

ausgedrückt werden. Es ist möglich, diesen Erwartungswert auch mit der Verteilung von X darzustellen:

Satz 2.3.1 *Sei X eine Zufallsvariable auf dem W-Raum $(\Omega, \mathcal{A}, P)$, P_X die Verteilung von X und $g : \mathbb{R} \to \mathbb{R}$ eine messbare Funktion. Dann ist*

$$\int_\Omega g(X)\,dP = \int_\mathbb{R} g\,dP_X. \qquad (2.26)$$

Beweis. Wir zeigen (2.26) zunächst für elementare Funktionen

$$g = \sum_{i=1}^m \alpha_i 1_{B_i}, \qquad \forall \alpha_i \in \mathbb{R}_+^0, \forall B_i \in \mathcal{B}.$$

In diesem Spezialfall ist auch

$$g(X) = \sum_{i=1}^m \alpha_i 1_{A_i}, \qquad A_i = X^{-1}(B_i),$$

eine elementare Zufallsvariable und

$$\int_\Omega g(X)\,dP = \sum_{i=1}^m \alpha_i P(A_i) = \sum_{i=1}^m \alpha_i P_X(B_i) = \int_\Omega g\,dP_X.$$

Ist g nichtnegativ, so wählt man eine isotone Folge $(g_n)_{n \in \mathbb{N}}$ von elementaren Funktionen mit $g_n \uparrow g$. Dann sind $g_n(X), n \in \mathbb{N}$, elementare Zufallsvariablen. Mit (2.20) folgt (2.26). Ist g beliebig, so erreicht man (2.26) durch die Aufspaltung $g = g^+ - g^-$ mit

$$[g(X)]^+ = g^+(X), \qquad [g(X)]^- = g^-(X)$$

und

$$\int_\Omega g(X)\, dP = \int_\Omega g^+(X)\, dP - \int_\Omega g^-(X)\, dP = \int_\mathbb{R} g^+ \, dP_X - \int_\mathbb{R} g^- \, dP_X$$

$$= \int_\mathbb{R} g\, dP_X.$$

∎

Der Erwartungswert $E[g(X)]$ einer mit g transformierten Zufallsvariable X entspricht in aller Regel nicht dem durch Transformation des Erwartungswertes EX mit g erhaltenen Wert. Zum Beispiel ist für $X = 1_A$ und $g(x) = x^2$ einerseits $E(1_A^2) = E(1_A) = P(A)$, aber andererseits $(E1_A)^2 = [P(A)]^2$. Für bestimmte Transformationen g lassen sich aber immerhin $E[g(X)]$ und $g(EX)$ zueinander in Beziehung setzen: Ist X eine Zufallsvariable, die fast sicher Werte in einem Intervall I annimmt, und g eine Funktion auf I mit $g''(x) \geq 0$ für alle $x \in I$, dann gilt

$$g(EX) \leq E[g(X)], \tag{2.27}$$

sofern die Erwartungswerte existieren. Dies ist die *Jensensche Ungleichung*. Die formale Begründung: Nach Taylor-Entwicklung ist für alle $x, y \in I$

$$g(x) \geq g(y) + g'(y)(x - y). \tag{2.28}$$

Setzt man in (2.28) $x = X$ und $y = EX$, so wird die Behauptung (2.27) durch

$$E[g(X)] \geq E[g(EX)] + g'(EX)E(X - EX) = g(EX)$$

bestätigt.

Die Funktion g ist ein Beispiel für eine auf I *konvexe* Funktion. Allgemein heißt eine Funktion auf einem Intervall I konvex, wenn für alle $\alpha \in [0, 1]$ und alle $x, y \in I$

$$g(\alpha x + (1 - \alpha)y) \leq \alpha g(x) + (1 - \alpha)g(y). \tag{2.29}$$

Dies bedeutet, dass für je zwei verschiedene Werte x und y aus I die Strecke durch die Punkte $(x, g(x))$ und $(y, g(y))$ oberhalb des Graphen von g verläuft. Die Jensensche Ungleichung behält ihre Gültigkeit für alle konvexen Funktionen:

Theorem 2.3.2 (Jensensche Ungleichung) *Sei* $g : \mathbb{R} \to \mathbb{R}$ *eine konvexe Funktion und* X *eine integrierbare Zufallsvariable auf einem* W *-Raum* $(\Omega, \mathcal{A}, P)$. *Dann ist*

$$g(EX) \le E[g(X)] \quad \text{P-f.s.}$$

Beweis. Wir wählen $x > y$ und für $\alpha \in (0,1)$ sei $z := \alpha x + (1-\alpha)y$ eine reelle Zahl zwischen y und x. Dann ist $\alpha = (z-y)/(x-y)$, $1-\alpha = (x-z)/(x-y)$ und als Folge der Konvexitätsbedingung

$$g(z) \le \frac{z-y}{x-y}g(x) + \frac{x-z}{x-y}g(y), \qquad y < z < x,$$

oder äquivalent

$$g(z) \le \frac{g(x) - g(y)}{x-y}(z-y) + g(y) \tag{2.30}$$

$$= \frac{g(x) - g(y)}{x-y}(z-x) + g(x). \tag{2.31}$$

Für gegebenes $\epsilon > 0$ und z hinreichend nahe bei x gewinnt man daraus $g(z) \le g(x) + \epsilon$. Um die umgekehrte Ungleichung $g(x) \le g(z) + \epsilon$ zu erhalten, wählt man $w > x$ und benutzt die analog zu (2.30) hergeleitete Abschätzung

$$g(x) \le \frac{g(w) - g(z)}{w-z}(x-z) + g(z). \tag{2.32}$$

Beides gleichzeitig geht nur bei linksseitig stetigem g. Ähnlich ergibt sich die rechtsseitige Stetigkeit. Damit ist g stetig. Definieren wir die Funktion

$$f_y(x) := \frac{g(x) - g(y)}{x-y}, \tag{2.33}$$

dann gilt für alle $v < y < z < x$ wegen (2.30) einerseits $f_y(z) \le f_y(x)$, so dass $f_y(x)$ für festes y monoton nichtfallend ist; und da andererseits als Folge von (2.32) $f_y(v) \le f_y(x)$ ist, existiert der Grenzwert $h(y) := \lim_{x \downarrow y} f_y(x)$, ist endlich und h ist monoton nichtfallend. Aus (2.33) und der Monotonie resultiert

$$g(x) - g(y) \ge h(y)(x-y), \qquad \forall x,y \in \mathbb{R} \text{ mit } x > y. \tag{2.34}$$

Führt man die Argumentation mit $x < y < u$ nach demselben Muster durch, sieht man, dass (2.34) sogar für beliebige $x,y \in \mathbb{R}$ seine Gültigkeit behält. In (2.34) setzen wir nun $x = X, y = EX$, dann ist nach Erwartungswertbildung fast sicher

$$E[g(X)] - g(EX) \geq h(EX)E[X - EX] = 0. \qquad (2.35)$$

∎

Beispiel 2.9 Für beliebige positive reelle Zahlen $x_1, \ldots, x_n$ ist das geometrische Mittel nicht größer als das arithmetische Mittel, d.h. es ist stets

$$(x_1 \cdot \ldots \cdot x_n)^{\frac{1}{n}} \leq \frac{1}{n} \sum_{i=1}^{n} x_i.$$

Wir beweisen diese Ungleichung mit wahrscheinlichkeitstheoretischen Mitteln. Dazu sei X eine Zufallsvariable mit $P(X = x_i) = \frac{1}{n}$ für $i = 1, \ldots, n$. Die zweite Ableitung der Funktion $g(x) = -\ln x$ ist positiv auf $\mathbb{R}_+$. Also ist nach der Jensenschen Ungleichung:

$$E(-\ln X) \geq -\ln EX$$

bzw.

$$\frac{1}{n} \sum_{i=1}^{n} \ln x_i \leq \ln \left(\frac{1}{n} \sum_{i=1}^{n} x_i \right),$$

und daraus folgt die Beziehung zwischen den Mitteln nach Anwendung der Exponentialfunktion.

Ein weiteres wichtiges Resultat über das Verhalten von Erwartungswerten ist die *Höldersche Ungleichung*. Für $1 < p < \infty$ und q so, dass $p^{-1} + q^{-1} = 1$ ist, gibt sie eine obere Schranke für den Erwartungswert des Produktes zweier Zufallsvariablen mit endlichem p-ten bzw. q-ten *absoluten Moment*. Dabei ist das r-te *Moment* definiert als Erwartungswert EX^r und $E|X|^r$ ist das r-te absolute Moment, $r \in \mathbb{R}_+$. (Eine Zufallsvariablen mit r-tem absoluten Moment heißt r-*fach integrierbar*, speziell bei $r = 2$ *quadratisch integrierbar*. Die *Varianz* $\operatorname{var} X := E(X - EX)^2$ wird als 2-tes (zentriertes) Moment bezeichnet. Sie kann als Maßzahl für die Konzentration der Verteilung von X um den Erwartungswert EX gedeutet werden.) Die Höldersche Ungleichung besagt:

$$E|XY| \leq [E|X|^p]^{1/p}[E|Y|^q]^{1/q}. \qquad (2.36)$$

Diese Abschätzung erhält man wegen der Konvexität der Funktion $g(x) = \exp(x)$ durch geschickte Anwendung der Jensenschen Ungleichung, wenn man bedenkt, dass

$$|XY| = \exp\left(\frac{1}{p}\ln|X|^p + \frac{1}{q}\ln|Y|^q\right)$$

$$\leq \frac{1}{p}\exp(\ln|X|^p) + \frac{1}{q}\exp(\ln|Y|^q) \qquad (2.37)$$

$$= \frac{1}{p}|X|^p + \frac{1}{q}|Y|^q.$$

Wird in (2.37) X nun durch $X/\|X\|_p$ und Y durch $Y/\|Y\|_q$ ersetzt, wobei

$$\|X\|_p := \left(\int |X|^p\, dP\right)^{1/p} = E(|X|^p)^{1/p}$$

die $\mathcal{L}^p$-*Norm* der Abbildung X bezeichnet, so geht es nach Erwartungswertbildung weiter mit der zu (2.36) äquivalenten Aussage

$$\frac{E|XY|}{\|X\|_p\|Y\|_q} \leq \frac{1}{p}\frac{E|X|^p}{(\|X\|_p)^p} + \frac{1}{q}\frac{E|Y|^q}{(\|Y\|_q)^q} = \frac{1}{p} + \frac{1}{q} = 1.$$

Der sich mit $p = q = 2$ ergebende Spezialfall der Hölderschen Ungleichung für quadratisch integrierbare Zufallsvariablen ist als *Cauchy-Schwarz-Ungleichung* bekannt:

$$E(XY) \leq E|XY| \leq [E(X^2)E(Y^2)]^{1/2}. \qquad (2.38)$$

In (2.38) gilt Gleichheit zwischen der linken und der rechten Seite genau dann, wenn entweder X oder Y fast sicher gleich Null sind oder fast sicher die Beziehung $Y = \alpha X$ für eine Konstante α besteht. Unter der Annahme $E(X^2) > 0$, $E(Y^2) > 0$ wird letzteres ersichtlich aus der Entwicklung

$$E(Y - aX)^2 = E(Y^2) - 2aE(XY) + a^2E(X^2)$$

$$= E(Y^2) - \frac{[E(XY)]^2}{E(X^2)} + E(X^2)\left[a - \frac{E(XY)}{E(X^2)}\right]^2.$$

Die Parabel $E(Y - aX)^2$ hat ihr eindeutig bestimmtes Minimum an der Stelle $a = E(XY)/E(X^2) =: \alpha$. Aus $E(Y - \alpha X)^2 \geq 0$ folgt die Cauchy-Schwarz-Ungleichung und Gleichheit besteht genau dann, falls $E(Y - \alpha X)^2 = 0$, d.h., wenn $Y = \alpha X$ fast sicher.

Des Weiteren steht für die $\mathcal{L}^p$-Norm auch eine Dreiecksungleichung zur Verfügung. Dies ist die *Minkowski-Ungleichung*: Für $1 \leq p < \infty$ und für Zufallsvariablen X und Y mit endlichem p-ten Moment ist das die Aussage

$$[E|X + Y|^p]^{1/p} \leq [E|X|^p]^{1/p} + [E|Y|^p]^{1/p}. \tag{2.39}$$

Für $p = 1$ ist die Aussage trivial. Für $p > 1$ sei $q := p/(p-1)$, so dass $p^{-1} + q^{-1} = 1$. Dann gilt zunächst

$$E(|X + Y|^p) \leq E[(|X| + |Y|)^p]$$

$$= E[|X|(|X| + |Y|)^{p-1}] + E[|Y|(|X| + |Y|)^{p-1}] \tag{2.40}$$

$$\leq \|X\|_p [E((|X| + |Y|)^{(p-1)q})]^{\frac{1}{q}} + \|Y\|_q [E((|X| + |Y|)^{(p-1)q})]^{\frac{1}{q}}$$

mit der Hölderschen Ungleichung, und wegen $(p-1)q = p$ auch

$$E[(|X| + |Y|)^p] \leq (\|X\|_p + \|Y\|_q)(E[(|X| + |Y|)^p])^{1/q}.$$

Die Division durch $(E[(|X| + |Y|)^p])^{1/q}$ führt mit $1 - \frac{1}{q} = \frac{1}{p}$ und (2.40) zur behaupteten Ungleichung.

Nach Einführung des Erwartungswertes und Durchsicht einiger seiner Eigenschaften ist unser nächster Programmpunkt das Studium von Folgen von Erwartungswerten.

2.4 Folgen von Erwartungswerten

Das Lebesgue-Integral kann eine Reihe interessanter Konvergenzresultate für sich reklamieren. Wir notieren die drei wichtigsten in Erwartungswert-Formulierung. Ähnlich starke Sätze gelten für das Riemann-Integral nicht.

Satz 2.4.1 (Monotone Konvergenz) *Es sei $(X_n)_{n \in \mathbb{N}}$ eine isotone Folge nichtnegativer Zufallsvariablen auf einem W-Raum $(\Omega, \mathcal{A}, P)$. Konvergiert $(X_n)_{n \in \mathbb{N}}$ P-f.s. gegen eine Zufallsvariable X, dann ist*

$$\lim_{n \to \infty} EX_n = EX. \tag{2.41}$$

Beweis. Der Gedankengang beginnt mit der Feststellung, dass für $X_n \in \mathcal{M}^e, \forall n \in \mathbb{N}$, die Identität (2.41) nichts anderes ist als die Definition des Erwartungswertes der Zufallsvariable X. Ist $X_n \in \mathcal{M}^+, \forall n \in \mathbb{N}$, dann existiert für jedes feste n eine isotone Folge $(X_{n,k})_{k \in \mathbb{N}}$ elementarer Zufallsvariablen, die P-f.s. gegen X_n konvergiert. Auch die Funktionen $(Y_k)_{k \in \mathbb{N}}$ mit

$$Y_k := \max_{1 \leq n \leq k} X_{n,k}$$

bilden eine isotone Folge elementarer Zufallsvariablen. Wegen $X_{n,k} \leq X_n \leq X_k$ für $n \leq k$ ist

$$X_{n,k} \leq Y_k \leq X_k, \tag{2.42}$$

und wegen Monotonie des Integrals gilt

$$EX_{n,k} \leq EY_k \leq EX_k. \tag{2.43}$$

Mit $k \to \infty$ folgt aus (2.42)

$$X_n \leq \lim_{k \to \infty} Y_k \leq \lim_{k \to \infty} X_k. \tag{2.44}$$

Mit $n \to \infty$ folgt aus (2.44)

$$\lim_{n \to \infty} X_n \leq \lim_{k \to \infty} Y_k \leq \lim_{k \to \infty} X_k$$

und daraus $\lim_{k \to \infty} Y_k = \lim_{k \to \infty} X_k$. Mit $k \to \infty$ wird aus (2.43)

$$EX_n \leq E(\lim_{k \to \infty} Y_k) = E(\lim_{k \to \infty} X_k) \leq \lim_{k \to \infty} EX_k. \tag{2.45}$$

Schließlich erhält man mit $n \to \infty$ aus (2.45)

$$\lim_{n \to \infty} EX_n \leq E(\lim_{k \to \infty} X_k) \leq \lim_{k \to \infty} EX_k$$

und damit die Aussage des Satzes. ∎

Beispiel 2.10 Die Voraussetzung der Monotonie der Folge $(X_n)_{n \in \mathbb{N}}$ ist unabdingbar für die Gültigkeit von Satz 2.4.1: Man betrachte dazu den W-Raum $([0,1], \mathcal{B}([0,1]), \lambda)$, wobei λ das Lebesgue-Maß bezeichnet. Wir definieren $X_n := n 1_{[0,1/n]}$. Die Folge $(X_n)_{n \in \mathbb{N}}$ konvergiert auf $[0,1]$ λ-f.s. gegen 0, aber es ist $EX_n = 1, \forall n \in \mathbb{N}$.

Als Anwendung des Satzes von der monotonen Konvergenz untersuchen wir abermals die Berechnung von Erwartungswerten der Form $E[g(X)]$ für eine messbare Funktion $g : \mathbb{R} \to \mathbb{R}$. Wir wissen bereits, dass sich mit der

Verteilung P_X von X dieser Erwartungswert als $E[g(X)] = \int g\,dP_X$ dar-stellen lässt. Besitzt darüber hinaus die Verteilung P_X eine ($\mathcal{B}$-messbare) Dichte f bezüglich eines σ-endlichen Maßes Q, d.h. ist

$$P_X(B) = \int_B f\,dQ, \qquad \forall B \in \mathcal{B},$$

so gilt insgesamt

$$E[g(X)] = \int g\,dP_X = \int gf\,dQ. \tag{2.46}$$

Um sich davon zu überzeugen, sei g zunächst eine elementare Funktion auf $\mathbb{R}$, also

$$g = \sum_{i=1}^{m} \alpha_i 1_{B_i}, \qquad \forall \alpha_i \in \mathbb{R}_+^0,\ \forall B_i \in \mathcal{B}.$$

Dann bestätigt

$$\int g\,dP_X = \sum_{i=1}^{m} \alpha_i P_X(B_i) = \sum_{i=1}^{m} \alpha_i \int_{B_i} f\,dQ = \sum_{i=1}^{m} \alpha_i \int 1_{B_i} f\,dQ$$

$$= \int \left(\sum_{i=1}^{m} \alpha_i 1_{B_i} \right) f\,dQ = \int gf\,dQ$$

die Aussage.

Ist g nichtnegativ, so existiert eine Folge $(g_n)_{n \in \mathbb{N}}$ von elementaren Funk-tionen mit $g_n \uparrow g$. Dann konvergieren die $g_n f$ isoton gegen gf und (2.46) folgt mit dem Satz von der monotonen Konvergenz. Schließlich führt man für beliebiges g über die Zerlegung $g = g^+ - g^-$ diesen allgemeinen Fall mit der Linearität der Integration auf den nichtnegativen Fall zurück.

Beispiel 2.11 Sei X eine Zufallsvariable, welche die Werte x_n mit den Wahr-scheinlichkeiten $P(X = x_n) = p_n$, $n \in \mathbb{N}$, annimmt, $\sum_{n=1}^{\infty} p_n = 1$. Für messba-res g gilt

$$E[g(X)] = \sum_{n=1}^{\infty} g(x_n) p_n,$$

denn in diesem Fall ist

$$f(x) = \begin{cases} p_n, & \text{falls } x = x_n,\ n \in \mathbb{N} \\ 0, & \text{sonst} \end{cases}$$

die Dichte der Verteilung von X bezüglich des Zählmaßes.

Beispiel 2.12 Ist X eine Zufallsvariable, deren Verteilung die Dichte $f(x)$ bezüglich des Lebesgue-Maßes besitzt, so ist offensichtlich

$$E[g(X)] = \int g(x)f(x)dx.$$

Um zu einer einheitlichen Behandlung der in Beispiel 2.11 und Beispiel 2.12 getrennt betrachteten Fälle zu kommen, drücken wir den Erwartungswert auch noch als Riemann-Stieltjes-Integral bezüglich der so genannten *Verteilungsfunktion* $F_X(x) := P_X((-\infty, x]), \forall x \in \mathbb{R}$, aus. Ist $F_X(a) = 0$ und $F_X(b) = 1$ sowie $a = x_0 < x_1 < \cdots < x_n = b$ eine beliebige Zerlegung von $[a, b]$, dann gilt mit $m_i := \inf\{g(x) : x \in (x_{i-1}, x_i]\}$, $M_i = \sup\{g(x) : x \in (x_{i-1}, x_i]\}$

$$\sum_{i=1}^{n} P(x_{i-1} < X \le x_i) m_i \le E[g(X)] \le \sum_{i=1}^{n} P(x_{i-1} < X \le x_i) M_i$$

bzw.

$$\sum_{i=1}^{n} [F_X(x_i) - F_X(x_{i-1})] m_i \le E[g(X)] \le \sum_{i=1}^{n} [F_X(x_i) - F_X(x_{i-1})] M_i.$$

Existiert nun das Riemann-Stieltjes-Integral von g bezüglich F_X (für stetiges g ist dies z.B. der Fall), dann ist nach der Definition dieses Integrals

$$E[g(X)] = \int g(x) dF_X(x).$$

Der Erwartungswert besitzt damit noch die alternative Darstellung

$$EX = \int x dF_X(x).$$

Ist X integrierbar, so wird dies mit partieller Integration zu

$$EX = \lim_{n \to \infty} \left([xF_X(x)]_{-n}^{n} - \int_{-n}^{n} F_X(x)dx \right)$$

$$= \lim_{n \to \infty} \left(n[F_X(n) - 1 + F_X(-n)] - \int_{-n}^{0} F_X(x)dx + \int_{0}^{n} [1 - F_X(x)]dx \right)$$

$$= -\int_{-\infty}^{0} F_X(x)dx + \int_{0}^{+\infty} [1 - F_X(x)]dx,$$

wenn man sich überzeugt hat, dass $n[F_X(n) - 1 + F_X(-n)] \longrightarrow 0$ für $n \to \infty$.

Als Nächstes präsentieren wir eine Verallgemeinerung des Satzes von der monotonen Konvergenz für Folgen von Zufallsvariablen, die nicht notwendig konvergieren.

Satz 2.4.2 (Lemma von Fatou)

(a) Es sei $(X_n)_{n\in\mathbb{N}}$ eine Folge nichtnegativer, integrierbarer Zufallsvariablen auf einem W-Raum $(\Omega, \mathcal{A}, P)$. Dann ist

$$E(\liminf_{n\to\infty} X_n) \leq \liminf_{n\to\infty} EX_n.$$

(b) Es sei $(X_n)_{n\in\mathbb{N}}$ eine Folge von Zufallsvariablen auf einem W-Raum $(\Omega, \mathcal{A}, P)$ mit $X_n \leq Y$ P-f.s. , $\forall n \in \mathbb{N}$, und sei $EY < \infty$. Dann ist

$$E(\limsup_{n\to\infty} X_n) \geq \limsup_{n\to\infty} EX_n.$$

Beweis. (a) Der Beweis wurzelt im Satz von der monotonen Konvergenz. Wir definieren zunächst

$$Y_n := \inf_{k\geq n} X_k.$$

Dann ist $(Y_n)_{n\in\mathbb{N}}$ eine isotone Folge nichtnegativer Zufallsvariablen mit

$$\lim_{n\to\infty} Y_n = \sup_{n\geq 1} Y_n = \liminf_{n\to\infty} X_n.$$

Da $X_n \geq Y_n$, $\forall n \in \mathbb{N}$, folgt mit dem Satz von der monotonen Konvergenz sofort

$$\liminf_{n\to\infty} EX_n \geq \lim_{n\to\infty} EY_n = E(\lim_{n\to\infty} Y_n) = E(\liminf_{n\to\infty} X_n)$$

und damit Teil (a) des Satzes.

(b) Diese Aussage ergibt sich unmittelbar aus Teil (a) angewendet auf $Z_n := Y - X_n$ unter Berücksichtigung von $\liminf_{n\to\infty} X_n = -\limsup_{n\to\infty}(-X_n)$.
∎

Beispiel 2.13 Die Ungleichungen in Fatous Lemma können strikt sein. Z.B. ist für die Folge von Zufallsvariablen $(X_n)_{n\in\mathbb{N}}$ aus Beispiel 2.10, $X_n = n1_{[0,1/n]}$,

$$E(\liminf_{n\to\infty} X_n) = 0 \qquad \text{und} \qquad \liminf_{n\to\infty} EX_n = 1.$$

Bei dem folgenden Konvergenzsatz handelt es sich um eine direkte Anwendung von Fatous Lemma.

Satz 2.4.3 (Majorisierte Konvergenz) *Es sei* $(X_n)_{n\in\mathbb{N}}$ *eine Folge von Zufallsvariablen auf einem W-Raum* $(\Omega, \mathcal{A}, P)$. *Konvergiert* $(X_n)_{n\in\mathbb{N}}$ P-*f.s. gegen eine Zufallsvariable* X *und existiert eine integrierbare Zufallsvariable* Y *mit* $|X_n| \le Y$ P-*f.s.,* $\forall n \in \mathbb{N}$, *dann ist*

$$\lim_{n\to\infty} EX_n = EX.$$

Beweis. Die Glieder der Folge $(X_n + Y)_{n\in\mathbb{N}}$ sind nichtnegative, integrierbare Zufallsvariablen. Eine Anwendung von Satz 2.4.2(a) liefert

$$EX \le \liminf_{n\to\infty} EX_n,$$

und

$$EX \ge \limsup_{n\to\infty} EX_n$$

folgt direkt aus 2.4.2(b). Beides zusammengenommen ergibt die Aussage. ∎

Die Konvergenzsätze 2.4.1 - 2.4.3 gelten entsprechend umformuliert für beliebige Lebesgue-Integrale $\int X_n d\mu$ und nicht nur für Erwartungswerte $EX_n = \int X_n dP$. Insbesondere gelten sie auch dann, wenn μ das Zählmaß ist.

2.5 Bedingte Wahrscheinlichkeiten

Manchmal wissen wir bereits, dass bei einem Zufallsexperiment ein Ereignis B eingetreten ist und interessieren uns für die Wahrscheinlichkeit, dass gleichzeitig auch das Ereignis A eingetreten ist. Wir bezeichnen diese Wahrscheinlichkeit mit $P(A\,|\,B)$ und nennen sie die *bedingte Wahrscheinlichkeit von* A *gegeben* (oder *unter der Voraussetzung*) B. Wenn beispielsweise aus einer Menge von n Produktionsstücken m zufällig ausgewählt werden und in dieser Teilmenge sich k defekte Stücke befinden, könnte man sich für die Wahrscheinlichkeit interessieren, dass insgesamt mehr als die Hälfte der n Produktionsstücke defekt sind. Bezeichnet die Zufallsvariable X die Anzahl der insgesamt defekten Produktionsstücke, dann ist hier $A = \{X > n/2\}$ und $B = \{X \ge k\}$.
Die erste Frage, die wir uns stellen, ist diese: Wenn das Zufallsexperiment durch den W-Raum $(\Omega, \mathcal{A}, P)$ modelliert wird, wie lässt sich allgemein die bedingte Wahrscheinlichkeit von A gegeben B mit Hilfe des Wahrscheinlichkeitsmaßes P ermitteln? Da das Ereignis B eingetreten ist, muss es

entweder zusammen *mit* A eingetreten sein (dann ist also $A \cap B$ eingetreten), oder B muss *ohne* A eingetreten sein (dann ist $A^c \cap B$ eingetreten). Es ist deshalb nahe liegend, $P(A \mid B)$ als

$$\frac{P(A \cap B)}{P(A \cap B) + P(A^c \cap B)}$$

zu definieren, im Sinne der Häufigkeitsinterpretation der Wahrscheinlichkeit also als jenen Anteil der Wiederholungen, in denen A und B gemeinsam eintreten, relativ zum Anteil der Wiederholungen, in denen B mit A oder mit A^c eintritt. Somit führt uns $P(A \cap B) + P(A^c \cap B) = P(B)$ zu folgender

Definition 2.5.1 *Sei* $(\Omega, \mathcal{A}, P)$ *ein W-Raum und* $B \in \mathcal{A}$ *ein Ereignis mit* $P(B) > 0$. *Dann heißt*

$$P(A \mid B) := \frac{P(A \cap B)}{P(B)}, \qquad A \in \mathcal{A}, \tag{2.47}$$

die bedingte Wahrscheinlichkeit von A *gegeben* B.

Wie man leicht sieht, ist $P(\cdot \mid B)$ ein Wahrscheinlichkeitsmaß auf $\mathcal{A} \cap B :=$ $\{A \cap B : A \in \mathcal{A}\}$ und $(\Omega, \mathcal{A} \cap B, P(\cdot \mid B))$ ist ebenfalls ein W-Raum. Verfügt man nicht über die in B enthaltene Information über den Ausgang des Zufallsexperiments, dann ist die Wahrscheinlichkeit für das Eintreten von A natürlich $P(A)$. Wenn nun allerdings bekannt wird, dass B eingetreten ist, dann kann im Lichte dieser neuen Information die Wahrscheinlichkeit für das Eintreten von A zu $P(A \mid B)$ aktualisiert werden.
Wir notieren zunächst einige elementare Eigenschaften bedingter Wahrscheinlichkeiten. Sie ergeben sich unmittelbar aus der Definition.

Satz 2.5.2 *Es seien* $A, B, C, A_1, \ldots A_n, B_1, B_2, \ldots$ *Ereignisse.*

(a) **(Additionsformel)** *Ist* $P(C) > 0$, *so gilt*

$$P(A \cup B \mid C) = P(A \mid C) + P(B \mid C) - P(A \cap B \mid C).$$

(b) **(Multiplikationsformel)** *Ist* $P(A_1 \cap \cdots \cap A_{n-1}) > 0$, *so gilt*

$$P(A_1 \cap \ldots \cap A_n)$$
$$= P(A_1) P(A_2 \mid A_1) P(A_3 \mid A_1 \cap A_2) \cdot \ldots \cdot P(A_n \mid A_1 \cap \ldots \cap A_{n-1}). \tag{2.48}$$

(c) **(Zerlegungssatz)** *Ist $(B_n)_{n\in\mathbb{N}}$ eine Partition von Ω, d.h. ist $\bigcup_{n=1}^{\infty} B_n = \Omega$ und $B_i \cap B_j = \emptyset$, $\forall i \neq j$, dann gilt für alle $A \in \mathcal{A}$*

$$P(A) = \sum_{i=1}^{\infty} P(A \mid B_i) P(B_i). \tag{2.49}$$

Gelegentlich nennt man $P(A)$ die *Apriori-Wahrscheinlichkeit* von A und $P(A \mid B_i)$ die *Aposteriori-Wahrscheinlichkeit* von A unter der Voraussetzung B_i; auch können die B_i bisweilen als Ursachen gedeutet werden, aus denen A mit den Wahrscheinlichkeiten $P(A \mid B_i)$ folgt.

Beispiel 2.14 Die Maschinen M_1, M_2, M_3 produzieren jeweils $60\%, 30\%$ bzw. 10% der gesamten Tagesproduktion einer Firma. Die Anteile defekter Produktionsstücke dieser Maschinen betragen 1%, 2% bzw. 3%. Aus der Gesamt-Tagesproduktion wird ein Produktionsstück rein zufällig ausgewählt. Mit welcher Wahrscheinlichkeit ist es defekt?
Wir definieren die Ereignisse

$D = $ das ausgewählte Produktionsstück ist defekt,

$M_i = $ das ausgewählte Produktionsstück wurde von der Maschine M_i produziert,

und es ist

$$P(D) = P(D \mid M_1)P(M_1) + P(D \mid M_2)P(M_2) + P(D \mid M_3)P(M_3)$$

$$= \frac{1}{100} \cdot \frac{6}{10} + \frac{2}{100} \cdot \frac{3}{10} + \frac{3}{100} \cdot \frac{1}{10} = \frac{3}{200}.$$

Der folgende zwar elementare, doch wichtige und weit reichende Satz ermöglicht es, aus der Beobachtung des Ereignisses A auf die möglichen Ursachen B_i zurückzuschließen und aus den Apriori-Wahrscheinlichkeiten $P(B_i)$ der Ursachen sowie den bedingten Wahrscheinlichkeiten $P(A \mid B_i)$ die Aposteriori-Wahrscheinlichkeiten $P(B_i \mid A)$ der Ursachen zu ermitteln.

Theorem 2.5.3 (Satz von Bayes) *Es sei $(\Omega, \mathcal{A}, P)$ ein W-Raum und $(B_n)_{n\in\mathbb{N}}$ eine Partition von Ω mit $P(B_i) > 0, \forall i \in \mathbb{N}$. Dann ist für $A \in \mathcal{A}$ mit $P(A) > 0$*

$$P(B_i \mid A) = \frac{P(A \mid B_i)P(B_i)}{\sum_{i=1}^{\infty} P(A \mid B_i)P(B_i)}, \qquad \forall i \in \mathbb{N}. \tag{2.50}$$

Entsprechendes gilt für Partitionen mit endlich vielen B_n.

Beweis. Nach der Definition bedingter Wahrscheinlichkeiten ist

$$P(B_i \mid A) = \frac{P(B_i \cap A)}{P(A)} = \frac{P(A \mid B_i)P(B_i)}{P(A)},$$

und der Nenner kann mit Hilfe des Zerlegungssatzes 2.5.2(c) in die gewünschte Form gebracht werden. ∎

Der Satz von Bayes wird gelegentlich als Satz von der Wahrscheinlichkeit der Ursachen bezeichnet. Er bildet den Ausgangspunkt für eine fundamentale Kontroverse in der Stochastik zwischen *Bayesianern* und *Frequentisten*, die sich an der Interpretation der Apriori-Wahrscheinlichkeiten und ihrer Festlegung in konkreten Anwendungen entzündet. In gewissen Situationen (siehe etwa Beispiel 2.16) lassen sich die Ursachen B_i nicht als Ereignisse in einem wohldefinierten Zufallsexperiment auffassen, so dass für sie im Rahmen der Häufigkeitsinterpretation gar keine Wahrscheinlichkeiten definierbar sind. Die Bayesianer umgehen dieses Problem, indem sie die frequentistische Wahrscheinlichkeitsinterpretation, die jede zahlenmäßige Wahrscheinlichkeitsaussage als eine Aussage über die relative Häufigkeit eines Ereignisses innerhalb einer Folge von Ereignissen auffasst, durch die subjektivistische Wahrscheinlichkeitsinterpretation ersetzen. Nach dieser Auffassung ist eine Wahrscheinlichkeit die Quantifizierung des Gefühls der Ungewissheit eines Individuums darüber, ob ein Ereignis eintreten wird, eine Aussage richtig ist oder eine Vermutung sich bestätigt, und drückt deshalb eine subjektive Bewertung aus. Der Satz von Bayes ist dann ein Rezept, diese subjektiven Bewertungen im Licht der objektiven Erfahrungsdaten (zusammengefasst als Ereignis A) zu revidieren.
Sind die Apriori-Wahrscheinlichkeiten dagegen bekannt (siehe Beispiel 2.15) oder können im Rahmen der Häufigkeitsinterpretationen gedeutet werden, so ist die Anwendung des Satzes von Bayes nicht kontrovers.

Beispiel 2.15 (Trisomie 21) Trisomie 21 ist eine genetische Anomalie, deren Träger das Chromosom Nr.21 dreifach besitzen. Die auch als Down-Syndrom bezeichnete Ausprägung kann durch eine Fruchtwasser-Untersuchung (Amniozentese) pränatal festgestellt werden. Dieses diagnostische Verfahren hat eine hohe Zuverlässigkeit. Das Untersuchungsergebnis ist positiv in 99% aller Fälle, in denen Trisomie 21 vorliegt, und ebenso ist in 99% aller Fälle, in denen der Fötus nicht vom Syndrom betroffen ist, der Befund richtigerweise negativ. Die Häufigkeit des Down-Syndroms hängt stark vom Alter der Mutter ab: In der Altersklasse der 25-jährigen Mütter ist lediglich einer von 1250 Föten hiervon betroffen, während es in der Gruppe der 43-Jährigen immerhin bei einem von 50 Föten auftritt (siehe Hook et al. (1983)).
Bezeichnen wir mit D das Vorliegen des Down-Syndroms beim Fötus sowie mit $\oplus$ und $\ominus$ die möglichen Ergebnisse des Befundes, so sind für eine 25-jährige Schwangere die folgenden Wahrscheinlichkeiten relevant:

$$P(D) = \tfrac{1}{1250} \quad P(\oplus \,|\, D) = \tfrac{99}{100} \quad P(\oplus \,|\, D^c) = \tfrac{1}{100}$$

$$P(D^c) = \tfrac{1249}{1250} \quad P(\ominus \,|\, D) = \tfrac{1}{100} \quad P(\ominus \,|\, D^c) = \tfrac{99}{100}.$$

Ein positiver Befund der Amniozentese konfrontiert sie mit der bedingten Wahrscheinlichkeit

$$P(D \,|\, \oplus) = \frac{P(\oplus \,|\, D)P(D)}{P(\oplus \,|\, D)P(D) + P(\oplus \,|\, D^c)P(D^c)} = \frac{\tfrac{99}{100} \cdot \tfrac{1}{1250}}{\tfrac{99}{100} \cdot \tfrac{1}{1250} + \tfrac{1}{100} \cdot \tfrac{1249}{1250}} = 0.07.$$

Die Antwort liegt nicht im Bereich des vielleicht Erwarteten. Selbst bei einem positiven Ergebnis liegt also in der weit überwiegenden Mehrzahl der Fälle das Syndrom *nicht* vor. Dies ist insofern überraschend, als dem Untersuchungsverfahren mit 99% eine sehr hohe Zuverlässigkeit zukommt. Das hier beobachtete Phänomen tritt generell immer dann auf, wenn mit weniger als 100% zuverlässigen Testverfahren (und kein Verfahren ist völlig fehlerfrei) auf das Vorliegen seltener Ereignisse geprüft wird: Bei Krebs-, Aids- und anderen Tests gilt dies sowie auch z.B. bei Feueralarmen: Die meisten Alarme sind falsche Alarme.

Die 43-jährige Schwangere findet sich bei positivem Befund in einer anderen Situation, denn für sie ist $P(D \,|\, \oplus) = 0.67$. In ihrer Altersklasse ist eine Geburt mit Down-Syndrom mit $P(D) = \tfrac{1}{50}$ relativ zur Fehlerquote des Untersuchungsverfahrens kein seltenes Ereignis mehr.
Bei einem negativen Ergebnis der Amniozentese kann sowohl die 25-Jährige wie auch die 43-Jährige so gut wie sicher sein, dass beim Fötus das Down-Syndrom nicht vorliegt. Für die 25-Jährige ist $P(D \,|\, \ominus) = 8.1 \cdot 10^{-6}$ und für die 43-Jährige immerhin noch $P(D \,|\, \ominus) = 2.1 \cdot 10^{-4}$.

Beispiel 2.16 (Schwarzfahren) Herr K fährt mit der S-Bahn grundsätzlich ohne Fahrschein. Er hat dies k-mal in Folge getan, immer ohne erwischt zu werden. Wie groß ist die Wahrscheinlichkeit, dass er auch beim $(k+1)$-ten Mal nicht kontrolliert wird?
Zur Modellierung ziehen wir ein Urnen-Modell mit n Urnen heran, wobei die i-te Urne U_i i weiße Kugeln und $(n-i)$ schwarze Kugeln enthält. Im Rahmen des Modells ist S-Bahn fahren für Herrn K wie das Ziehen mit Zurücklegen von Kugeln aus einer der Urnen: Ist die gezogene Kugel weiß, so wird er nicht kontrolliert, ist sie schwarz, so wird er erwischt. Auf diese Weise werden die möglichen Werte der Wahrscheinlichkeit p, bei einer S-Bahn-Fahrt kontrolliert zu werden, diskretisiert. Über p ist nichts bekannt, mit anderen Worten: es ist nicht bekannt, aus welcher Urne die Kugeln gezogen werden. Wir nehmen deshalb a priori alle Urnen als gleich wahrscheinlich an und werden mit dem gegebenen Ereignis, dass k-mal in Folge eine weiße Kugel gezogen wurde, auf die Wahrscheinlichkeiten der einzelnen Urnen zurückschließen. Später nehmen wir noch den Grenzübergang $n \to \infty$ vor, um die Diskretisierung der Wahrscheinlichkeit zu beseitigen. Wir definieren die Ereignisse

$$W_k = k \text{ weiße Kugeln ziehen}$$

$$W = \text{eine weitere weiße Kugel ziehen}$$

$$U_i = \text{die Kugeln werden aus Urne } i \text{ gezogen.}$$

Nach unseren Modellannahmen ist $P(U_i) = 1/n$ und $P(W_k \,|\, U_i) = \left(\frac{i}{n}\right)^k$. Wir suchen $P(W \,|\, W_k)$. Zunächst ist

$$P(W \,|\, W_k) = \sum_{i=1}^{n} P(W \,|\, W_k \cap U_i) P(U_i \,|\, W_k)$$

und mit dem Satz von Bayes, Theorem 2.5.3,

$$P(U_i \,|\, W_k) = \frac{P(W_k \,|\, U_i) P(U_i)}{\sum\limits_{j=1}^{n} P(W_k \,|\, U_j) P(U_j)} = \frac{\left(\frac{i}{n}\right)^k \cdot \frac{1}{n}}{\sum\limits_{j=1}^{n} \left(\frac{j}{n}\right)^k \cdot \frac{1}{n}} = \frac{i^k}{\sum\limits_{j=1}^{n} j^k}.$$

Also erhalten wir

$$P(W \,|\, W_k) = \sum_{i=1}^{n} \frac{i}{n} \frac{i^k}{\sum\limits_{j=1}^{n} j^k} = \frac{1}{n} \frac{\sum\limits_{i=1}^{n} i^{k+1}}{\sum\limits_{j=1}^{n} j^k}.$$

Für die auftretenden Summen verwenden wir die Abschätzungen

$$\int_0^n x^m \, dx \leq \sum_{i=1}^{n} i^m \leq \int_1^{n+1} x^m \, dx$$

bzw.

$$\frac{n^{m+1}}{m+1} \leq \sum_{i=1}^{n} i^m \leq \frac{(n+1)^{m+1} - 1}{m+1},$$

so dass

$$\frac{1}{n} \frac{k+1}{k+2} \frac{n^{k+2}}{[(n+1)^{k+1} - 1]} \leq P(W \,|\, W_k) \leq \frac{1}{n} \frac{k+1}{k+2} \frac{[(n+1)^{k+2} - 1]}{n^{k+1}}.$$

Für $n \to \infty$ konvergieren beide Schranken gegen $(k+1)/(k+2)$. Unter dem verwendeten Modell ist dies also die Wahrscheinlichkeit, dass Herr K auch bei einer weiteren Fahrt ungeschoren bleibt.

Im Beispiel (2.16) wurde der Versuch unternommen, auf der Grundlage von äußerst spärlichen Informationen ein Modell zu konstruieren. Dabei müssen naturgemäß Annahmen eingebracht werden. Man beachte, dass es sich bei den angenommenen Apriori-Wahrscheinlichkeiten $P(U_i)$ um subjektive Festlegungen handelt, die nicht innerhalb der Häufigkeitsinterpretation der Wahrscheinlichkeiten gedeutet werden können.

2.6   Unabhängigkeit

Es gibt Sachverhalte, bei denen die von einem Ereignis B gelieferte Zusatzinformation über den Ausgang eines Zufallsexperimentes nicht zu einer Änderung der Wahrscheinlichkeit des Ereignisses A führt, so dass $P(A\,|\,B) = P(A)$. In diesem Sinne wird A von B nicht beeinflusst und intuitiv kann man A als von B unabhängig ansehen. Mit Hilfe der Definition 2.5.1 für bedingte Wahrscheinlichkeiten folgt daraus sofort, dass dann auch B unabhängig von A ist. Mathematisch erfassen wir die beschriebene Situation mit

Definition 2.6.1 *Zwei beliebige Ereignisse A, B sind unabhängig, falls*

$$P(A \cap B) = P(A)P(B).$$

Eine direkte Konsequenz dieser Definition, die wir notieren wollen, ist die erwartete Symmetrie hinsichtlich Komplementbildung:

Satz 2.6.2 *Es seien A und B Ereignisse. Die folgenden Aussagen sind äquivalent:*

        (a)   *A und B sind unabhängig.*
        (b)   *A und B^c sind unabhängig.*
        (c)   *A^c und B sind unabhängig.*
        (d)   *A^c und B^c sind unabhängig.*

Beweis. Der Satz folgt aus den Implikationen (a) $\Rightarrow$ (b) $\Rightarrow$ (c) $\Rightarrow$ (d) $\Rightarrow$ (a). Von diesen beweisen wir lediglich die Erste: A und B seien unabhängig, d.h. $P(A \cap B) = P(A)P(B)$. Dann ist es richtig, dass $P(A \cap B^c) = P(A) - P(A \cap B) = P(A)[1 - P(B)] = P(A)P(B^c)$. Die übrigen Implikationen können ähnlich bewiesen werden.   ■

Wir fassen einige weitere elementare Eigenschaften unabhängiger Ereignisse zusammen.

Satz 2.6.3 *Es seien $A, B, C, A_1, A_2, \dots$ Ereignisse.*

(a) *Sind A und B sowie B und C unabhängig mit $C \subseteq A$, dann sind auch $A \backslash C$ und B unabhängig.*

(b) *Ist A entweder selbst Nullmenge oder Komplement einer Nullmenge, dann sind A und jede beliebige Menge B unabhängig.*

(c) Sind die Ereignisse $A_1, A_2, \ldots$ paarweise disjunkt und A_n und B unabhängig, für alle $n \in \mathbb{N}$, dann sind auch $\bigcup_{n=1}^{\infty} A_n$ und B unabhängig.

Beweis.

(a) Offensichtlich ist

$$P((A\backslash C) \cap B) = P((A \cap B)\backslash(C \cap B)) = P(A \cap B) - P(C \cap B)$$
$$= P(A)P(B) - P(C)P(B) = [P(A) - P(C)]P(B)$$
$$= P(A\backslash C)P(B).$$

(b) Ist $P(A) = 0$, so folgt $P(A \cap B) = 0 = P(A)P(B)$. Ist andererseits $P(A) = 1$, dann folgt $P(A \cap B) = P(A) + P(B) - P(A \cup B) = P(B) = P(A)P(B)$.

(c) Die Aussage verifizieren wir mit

$$P\left(\left(\bigcup_{n=1}^{\infty} A_n\right) \cap B\right) = P\left(\bigcup_{n=1}^{\infty}(A_n \cap B)\right) = \sum_{n=1}^{\infty} P(A_n \cap B)$$
$$= \sum_{n=1}^{\infty} P(A_n)P(B) = P\left(\bigcup_{n=1}^{\infty} A_n\right) \cdot P(B).$$

$\blacksquare$

Unser weiteres Vorgehen besteht darin, den Begriff der Unabhängigkeit nun schrittweise zu erweitern. Die erste Erweiterung bezieht sich auf Familien von Ereignissen.

Definition 2.6.4 *Eine Familie $(A_i)_{i \in I}$ von Ereignissen heißt vollständig unabhängig, falls für jede nichtleere, endliche Teilmenge K von I*

$$P\left(\bigcap_{i \in K} A_i\right) = \prod_{i \in K} P(A_i).$$

Oft ist $I = \{1, \ldots, n\}$ oder $I = \mathbb{N}$, dann sprechen wir auch von den vollständig unabhängigen Ereignissen $A_1, \ldots, A_n$ bzw. der vollständig unabhängigen Folge $(A_n)_{n \in \mathbb{N}}$. Gilt lediglich $P(A_i \cap A_j) = P(A_i)P(A_j)$, $\forall i \neq j \in I$, dann heißen die Ereignisse der Familie $(A_i)_{i \in I}$ paarweise unabhängig.

Zwischen diesen beiden Konzepten muss man scharf unterscheiden. Sind die Ereignisse einer Familie paarweise unabhängig, so müssen sie nicht auch vollständig unabhängig sein. Dies wird bestätigt durch

Beispiel 2.17 Eine faire Münze werde zweimal geworfen. Definiert seien die Ereignisse

$$A_1 = \text{der erste Wurf ist } Zahl\ (Z)$$
$$A_2 = \text{der zweite Wurf ist } Kopf\ (K)$$
$$A_3 = \text{die Ausfälle beider Würfe sind verschieden.}$$

Als Merkmalsraum ist $\Omega = \{ZZ, ZK, KZ, KK\}$ geeignet. Dann haben wir die Darstellungen

$$A_1 = \{ZZ, ZK\}$$
$$A_2 = \{KK, ZK\}$$
$$A_3 = \{KZ, ZK\},$$

und es ist $P(A_1) = P(A_2) = P(A_3) = \frac{1}{2}$. Ferner gilt $P(A_1 \cap A_2) = P(ZK) = \frac{1}{4} = P(A_1)P(A_2)$ und $P(A_1 \cap A_3) = P(ZK) = \frac{1}{4} = P(A_1)P(A_3)$ sowie auch $P(A_2 \cap A_3) = P(ZK) = \frac{1}{4} = P(A_2)P(A_3)$. Aber $P(A_1 \cap A_2 \cap A_3) = P(ZK) = \frac{1}{4} \neq P(A_1)P(A_2)P(A_3)$. Damit sind die Ereignisse A_1, A_2, A_3 zwar paarweise unabhängig, nicht aber vollständig unabhängig.

Wir sind dem Konzept der Unabhängigkeit bereits an früherer Stelle begegnet: Die im Borel-Cantelli-Lemma, Satz 2.2.7(b), formulierte Aussage gilt – in der uns nun zur Verfügung stehenden Redeweise – für vollständig unabhängige Ereignisse A_i. Bedenken wir, dass

$$\left(\limsup_{n \to \infty} A_n \right)^c = \liminf_{n \to \infty} A_n^c$$

so ist

$$P\left(\limsup_{n \to \infty} A_n \right) = 1 - P\left(\liminf_{n \to \infty} A_n^c \right).$$

Dann kann die Aussage des Borel-Cantelli-Lemmas noch folgendermaßen angereichert werden:

$$\text{Falls } \sum_{n=1}^{\infty} P(A_n^c) < \infty, \text{ dann } P\left(\liminf_{n \to \infty} A_n \right) = 1.$$

$$\text{Falls } \sum_{n=1}^{\infty} P(A_n^c) = \infty, \text{ dann } P\left(\liminf_{n \to \infty} A_n \right) = 0.$$

Für die zweite Aussage wird die vollständige Unabhängigkeit der beteiligten Ereignisse benötigt. Nebenbei bemerkt sprechen wir statt von vollständiger Unabhängigkeit oft einfach nur von Unabhängigkeit. Bei unabhängigen Ereignissen A_n treten also entweder fast sicher (mit Wahrscheinlichkeit 1) oder fast nie (mit Wahrscheinlichkeit 0) unendlich viele der A_n (also das Ereignis $\limsup_{n\to\infty} A_n$) ein. Dasselbe gilt auch für das Ereignis $\liminf_{n\to\infty} A_n$, das auch lediglich die Wahrscheinlichkeit 0 oder 1 besitzen kann. Dies ist generell richtig für alle so genannten *terminalen Ereignisse*. Zur Erweiterung des Begriffs der Unabhängigkeit und zur Klärung des Begriffs des terminalen Ereignisses folgen zunächst einige Definitionen. Man kann leicht von Familien von Ereignissen zu Familien von Mengen von Ereignissen übergehen:

Definition 2.6.5 *Es sei* $(\Omega, \mathcal{A}, P)$ *ein W-Raum und* $(\mathcal{A}_i)_{i\in I}$ *eine Familie von Teilmengen von* $\mathcal{A}$ *. Dann heißt* $(\mathcal{A}_i)_{i\in I}$ *unabhängig, falls für jede nichtleere, endliche Teilmenge* K *von* I

$$P\left(\bigcap_{i\in K} A_i\right) = \prod_{i\in K} P(A_i), \qquad \forall A_i \in \mathcal{A}_i.$$

Insbesondere ist damit die Unabhängigkeit einer Familie von σ -Algebren erklärt. Diese lässt sich oft mit dem folgenden Satz leicht überprüfen.

Satz 2.6.6 *Es seien* $\mathcal{A}_1, \ldots, \mathcal{A}_n$ *unabhängige* π *-Systeme auf dem W-Raum* $(\Omega, \mathcal{A}, P)$ *. Dann sind auch* $\sigma(\mathcal{A}_1), \ldots, \sigma(\mathcal{A}_n)$ *unabhängig.*

Beweis. Für $A_i \in \mathcal{A}_i$, $i = 2, \ldots, n$, sei

$$\mathcal{L} := \{A \in \mathcal{A} : P(A \cap A_2 \cap \ldots \cap A_n) = P(A)\prod_{i=2}^{n} P(A_i)\}$$

definiert. Als erstes vermerken wir, dass $\mathcal{L}$ ein λ -System ist:

(a) Offensichtlich ist $\Omega \in \mathcal{L}$.

(b) Falls $A, B \in \mathcal{L}$ mit $A \subseteq B$, dann ergibt sich $B\backslash A \in \mathcal{L}$ aus

$$P(B\backslash A \cap A_2 \cap \ldots \cap A_n) = P(B \cap A_2 \cap \ldots \cap A_n) - P(A \cap A_2 \cap \ldots \cap A_n)$$

$$= [P(B) - P(A)]\prod_{i=2}^{n} P(A_i)$$

$$= P(B\backslash A)\prod_{i=2}^{n} P(A_i).$$

(c) Für $B_1 \subseteq B_2 \subseteq \ldots$ und $B_i \in \mathcal{L}$ ist jeweils

$$P(B_k \cap A_2 \cap \ldots \cap A_n) = P(B_k) \prod_{i=2}^{n} P(A_i). \qquad (2.51)$$

Wegen $B_k \cap A_2 \cap \ldots \cap A_n \uparrow (\bigcup_{i=1}^{\infty} B_i) \cap A_2 \cap \ldots \cap A_n$ für $k \to \infty$ folgt aus (2.51) mit der Stetigkeit von Maßen

$$P\left(\left(\bigcup_{i=1}^{\infty} B_i\right) \cap A_2 \cap \ldots A_n\right) = P\left(\bigcup_{i=1}^{\infty} B_i\right) \prod_{i=1}^{n} P(A_i).$$

Also ist $\mathcal{L}$ ein λ-System. Ferner ist $\mathcal{A}_1 \subseteq \mathcal{L}$. Wir überzeugen uns, dass auch $\sigma(\mathcal{A}_1) \subseteq \mathcal{L}$. Dies gelingt unmittelbar mit Dynkins $\pi - \lambda$ Theorem 2.2.3. Wir wissen jetzt: Sind $\mathcal{A}_1, \ldots \mathcal{A}_n$ unabhängig, dann sind auch $\sigma(\mathcal{A}_1), \mathcal{A}_2, \ldots, \mathcal{A}_n$ unabhängig. Durch geschickte Anwendung dieses Resultats erhalten wir den Satz. Zunächst wenden wir die Aussage auf $\mathcal{A}_2, \ldots \mathcal{A}_n$, $\sigma(\mathcal{A}_1)$ an und bekommen die Unabhängigkeit von $\sigma(\mathcal{A}_2), \mathcal{A}_3, \ldots, \mathcal{A}_n, \sigma(\mathcal{A}_1)$. Nach n-facher Anwendung dieses Prinzips ist die Aussage des Satzes erreicht.   ■

Wir kommen nun zur angekündigten Definition von terminalen Ereignissen.

Definition 2.6.7 *Sei* $(\mathcal{A}_n)_{n \in \mathbb{N}}$ *eine Folge von* σ-*Algebren von Ereignissen aus* $\mathcal{A}$. *Dann heißt*

$$\sigma_{\infty}\left[(\mathcal{A}_n)_{n \in \mathbb{N}}\right] := \bigcap_{n=1}^{\infty} \sigma\left(\bigcup_{m=n}^{\infty} \mathcal{A}_m\right)$$

die σ-*Algebra der terminalen Ereignisse oder terminale* σ-*Algebra der Folge* $(\mathcal{A}_n)_{n \in \mathbb{N}}$. *Die Elemente von* $\sigma_{\infty}\left[(\mathcal{A}_n)_{n \in \mathbb{N}}\right]$ *heißen terminale Ereignisse von* $(\mathcal{A}_n)_{n \in \mathbb{N}}$.

Eine kurze Anschlussüberlegung scheint angebracht: Da der Durchschnitt beliebig vieler σ-Algebren wieder eine σ-Algebra ist, handelt es sich bei dem Mengensystem $\sigma_{\infty}\left[(\mathcal{A}_n)_{n \in \mathbb{N}}\right]$ tatsächlich um eine σ-Algebra.
Ist $(A_i)_{i \in I}$ eine Familie von Mengen, dann bezeichnet $\sigma((A_i)_{i \in I})$ die kleinste σ-Algebra, welche alle Mengen A_i enthält. Speziell ist für eine Zufallsvariable $X : \Omega \to \mathbb{R}$ dann $\sigma(X^{-1}(\mathcal{B})) = X^{-1}(\mathcal{B})$ die kleinste σ-Algebra $\mathcal{A}$, so dass X messbar ist, also $\sigma(X) = \sigma(X^{-1}(\mathcal{B}))$. Allgemeiner ist für eine Familie $(X_i)_{i \in I}$ von Zufallsvariablen $\sigma((X_i)_{i \in I}) := \sigma(\bigcup_{i \in I} X_i^{-1}(\mathcal{B}))$ die kleinste σ-Algebra $\mathcal{A}$, so dass alle $X_i : \Omega \to \mathbb{R}$ $(\mathcal{A}, \mathcal{B})$-messbar sind. Wir können nun den Begriff der Unabhängigkeit auf Familien von Zufallsvariablen ausdehnen.

Definition 2.6.8 *Sei* $(\Omega, \mathcal{A}, P)$ *ein* W *-Raum und* $(X_i)_{i \in I}$ *eine Familie von Zufallsvariablen auf* $(\Omega, \mathcal{A}, P)$. *Dann heißt* $(X_i)_{i \in I}$ *unabhängig, falls die Familie* $(\sigma(X_i))_{i \in I}$ *der von den* X_i *erzeugten* σ *-Algebren unabhängig ist. Ist* $I = \{1, \ldots, n\}$ *oder* $I = \mathbb{N}$ *, sprechen wir auch von den unabhängigen Zufallsvariablen* $X_1, \ldots, X_n$ *bzw. von der unabhängigen Folge* $(X_n)_{n \in \mathbb{N}}$ *.*

Die Zufallsvariablen $X_1, \ldots, X_n$ sind also unabhängig genau dann, wenn für alle $B_i \in \mathcal{B}$

$$P\left(\bigcap_{i=1}^{n} \{X_i \in B_i\}\right) = \prod_{i=1}^{n} P(X_i \in B) \tag{2.52}$$

ist. Da $B_i = \Omega$ gewählt werden kann, gilt die Gleichung (2.52) entsprechend auch für Durchschnitte von $X_i, i \in K$, für beliebige nichtleere Teilmengen K von $\{1, \ldots, n\}$.

Beispiel 2.18 (Primzahlpotenzen) Für komplexes z mit $Re\, z > 1$ ist

$$\zeta(z) = \sum_{n=1}^{\infty} \frac{1}{n^z}$$

die *Riemannsche Zeta-Funktion* an der Stelle z. Mithilfe dieser Funktion definieren wir für ein beliebiges reelles $z > 1$ auf dem Messraum $(\mathbb{N}, \mathcal{P}(\mathbb{N}))$ das Wahrscheinlichkeitsmaß

$$P_z(\{\omega\}) := \frac{1}{\zeta(z)\omega^z}, \qquad \forall \omega \in \mathbb{N}.$$

Für die Ereignisse $A(k) = \{\omega \in \mathbb{N} : \omega \text{ ist durch } k \text{ teilbar }\}$ ist

$$P_z(A(k)) = \frac{1}{\zeta(z)} \sum_{m=1}^{\infty} \frac{1}{(mk)^z} = \frac{1}{k^z}. \tag{2.53}$$

Bezeichnet $\mathcal{P}$ die Menge aller Primzahlen, dann schreiben wir $\omega \in \mathbb{N}$ als

$$\omega = \prod_{p \in \mathcal{P}} p^{X_p(\omega)},$$

wobei $X_p(\omega)$ die Potenz von p in der Primzahl-Faktorisierung von ω ist. Wir zeigen, dass die Familie der Primzahlpotenzen

$$(X_p)_{p \in \mathcal{P}}$$

eine unabhängige Familie von Zufallsvariablen auf $(\mathbb{N}, \mathcal{P}(\mathbb{N}), P_z)$ ist, für alle $z > 1$.

Sei $J \subseteq \mathcal{P}$ eine nichtleere, endliche Teilmenge von $\mathcal{P}$ und $a_j \in \mathbb{N}_0$ für $\forall j \in J$. Dann ist mit (2.53)

$$P_z\left(\bigcap_{j \in J}\{X_j \geq a_j\}\right) = P_z\left(A\left(\prod_{j \in J} j^{a_j}\right)\right) = \frac{1}{\left(\prod_{j \in J} j^{a_j}\right)^z}$$

$$= \prod_{j \in J}\frac{1}{j^{a_j z}} = \prod_{j \in J} P_z(A(j^{a_j}))$$

$$= \prod_{j \in J} P_z(X_j \geq a_j).$$

Dann begründet Satz 2.6.6 die Unabhängigkeit der Familie $(X_p)_{p \in \mathcal{P}}$, wenn man bedenkt, dass die Menge aller Mengen vom Typ $X^{-1}(A)$ mit $A = [a, \infty)$ ein π -System bildet, das $\sigma(X)$ erzeugt.

Beispiel 2.19 (Rekorde) Es sei $(X_n)_{n \in \mathbb{N}}$ eine Folge unabhängiger, identisch verteilter Zufallsvariablen, deren Verteilung eine Dichte bezüglich des Lebesgue-Maßes besitzt. Wir definieren den relativen Rang R_n von X_n unter $X_1, \ldots, X_n$ als

$$R_n = \sum_{k=1}^{n} 1_{\{X_k \geq X_n\}}.$$

Von besonderem Interesse sind die Ereignisse $\{R_n = 1\}$. Sie treten ein, falls

$$X_n > \max\{X_1, \ldots, X_{n-1}\}$$

ist, und wir nennen dann X_n einen *Rekord*. Die Folge der $(1_{\{R_n=1\}})_{n \in \mathbb{N}}$ gibt die *Rekordzeitpunkte* an. Wir zeigen, dass die Zufallsvariablen $R_1, R_2, \ldots$ unabhängig sind mit

$$P(R_n = r) = \frac{1}{n}, \qquad \forall r \in \{1, \ldots, n\}.$$

Damit sind auch die Rekordzeitpunkte unabhängig. Da die Verteilung der X_i eine Dichte bezüglich des Lebesgue-Maßes besitzt, sind die Realisierungen der X_i fast sicher verschieden. Es gibt $n!$ mögliche Anordnungen der Realisierungen von $X_1, \ldots, X_n$ nach zunehmender Größe. Da die X_i unabhängig und identisch verteilt sind, hat jede mögliche Anordnung dieselbe Wahrscheinlichkeit $\frac{1}{n!}$.
Ferner wird durch jede Realisierung von $R_1, \ldots, R_n$ genau eine Anordnung der Realisierungen von $X_1, \ldots, X_n$ bestimmt, und so hat jede Realisierung von $R_1, \ldots, R_n$ dieselbe Wahrscheinlichkeit wie die zugehörige Anordnung der Realisierungen von $X_1, \ldots, X_n$, d.h.

$$P(R_1 = r_1 \cap \ldots \cap R_n = r_n) = \frac{1}{n!}, \qquad \forall r_k \in \{1, \ldots, k\}, \forall k \in \{1, \ldots, n\}.$$

Dies wandeln wir um in

$$P(R_n = r_n) = \sum_{r_1=1}^{1}\sum_{r_2=1}^{2} \cdots \sum_{r_{n-1}=1}^{n-1} \frac{1}{n!} = \frac{1}{n},$$

da es insgesamt $1\cdot 2\cdot\ldots\cdot(n-1)$ Summanden gibt. Daraus folgt die Unabhängigkeit der R_n , denn

$$P(R_n = r_1 \cap \ldots \cap R_n = r_n) = \frac{1}{n!}$$
$$= P(R_1 = r_1) \cdot \ldots \cdot P(R_n = r_n).$$

Zählen wir abschließend noch die Rekorde. Unter $X_1, \ldots, X_n$ treten $\sum_{k=1}^{n} 1_{\{R_k=1\}}$ Rekorde auf, also kann man

$$E\left(\sum_{k=1}^{n} 1_{\{R_k=1\}}\right) = \sum_{k=1}^{n} \frac{1}{k} \sim \ln n$$

Rekorde erwarten.

Als Nächstes wollen wir die bereits angekündigte Aussage zur Wahrscheinlichkeit terminaler Ereignisse präzisieren. Wir formulieren sie allgemeiner für die terminale σ -Algebra

$$\mathcal{T} := \bigcap_{n=1}^{\infty} \sigma(X_n, X_{n+1}, \ldots) = \bigcap_{n=1}^{\infty} \sigma\left(\bigcup_{m=n}^{\infty} X_m^{-1}(\mathcal{B})\right)$$

einer unabhängigen Folge $(X_n)_{n\in\mathbb{N}}$ von Zufallsvariablen. Intuitiv gesprochen ist ein Ereignis also dann ein terminales Ereignis, wenn sich seine Wahrscheinlichkeit selbst bei beliebiger Modifikation von endlich vielen X_n nicht ändert. Für diese Ereignisse gilt

Satz 2.6.9 (Kolmogorovsches Null-Eins-Gesetz). *Sei $\mathcal{T}$ die terminale σ -Algebra einer unabhängigen Folge $(X_n)_{n\in\mathbb{N}}$ von Zufallsvariablen. Für alle $T \in \mathcal{T}$ ist entweder $P(T) = 0$ oder $P(T) = 1$.*

Beweis. Der Wortlaut der Definition der Unabhängigkeit hat zur Folge, dass Ereignisse von sich selbst unabhängig sein können. Ein Ereignis T ist nach Definition von sich selbst unabhängig genau dann, wenn $P(T \cap T) = P(T)P(T)$, also genau dann, wenn $P(T) = 0$ oder $P(T) = 1$ ist. Somit ist der Satz bewiesen, wenn wir zeigen, dass die terminale σ -Algebra $\mathcal{T}$ von sich selbst unabhängig ist. Nun ist für alle $n \in \mathbb{N}$ jeweils $\mathcal{T} \subseteq \sigma(X_{n+1}, X_{n+2}, \ldots)$, und da es sich bei $(X_n)_{n\in\mathbb{N}}$ um eine unabhängige Folge handelt, ist $\sigma(X_1, \ldots, X_n)$ unabhängig von $\sigma(X_{n+1}, X_{n+2}, \ldots)$.

Also ist für alle $n \in \mathbb{N}$ auch $\mathcal{T}$ unabhängig von $\sigma(X_1, \ldots, X_n)$, somit unabhängig von $\sigma(X_1, X_2, \ldots)$. Da aber $\mathcal{T}$ in $\sigma(X_1, X_2, \ldots)$ enthalten ist, muss $\mathcal{T}$ unabhängig von sich selbst sein.   ■

Das folgende Korollar liegt auf der Hand.

Korollar 2.6.10 *Sei* $(\Omega, \mathcal{A}, P)$ *ein* W*-Raum und* $(\mathcal{A}_n)_{n \in \mathbb{N}}$ *eine unabhängige Folge von* σ*-Algebren. Dann ist für jedes terminale Ereignis* A *der Folge* $(\mathcal{A}_n)_{n \in \mathbb{N}}$ *entweder* $P(A) = 0$ *oder* $P(A) = 1$.

Beweis. In Anlehnung an den Beweis von Satz 2.6.9 zeigt man, dass die terminale σ-Algebra unabhängig von sich selbst ist.   ■

Beispiel 2.20 (Terminale Ereignisse)

(a) Für jede Folge von Ereignissen $(A_n)_{n \in \mathbb{N}}$ sind sowohl $\liminf_{n \to \infty} A_n$ als auch $\limsup_{n \to \infty} A_n$ terminale Ereignisse der Folge von σ-Algebren $(\sigma(A_n))_{n \in \mathbb{N}} = (\{\emptyset, \Omega, A_n, A_n^c\})_{n \in \mathbb{N}}$. Sie treten also entweder fast sicher oder fast nie ein. Sind die $(A_n)_{n \in \mathbb{N}}$ zudem vollständig unabhängig, so kann man aufgrund des Verhaltens von $\sum_{n=1}^{\infty} P(A_n^c)$ bzw. von $\sum_{n=1}^{\infty} P(A_n)$ entscheiden, welche der beiden Möglichkeiten vorliegt.

(b) Sei $(X_n)_{n \in \mathbb{N}}$ eine unabhängige Folge von Zufallsvariablen jeweils mit

$$P(X_n \leq x) = \begin{cases} 1 - e^{-x}, & \text{falls } x \geq 0 \\ 0, & \text{sonst.} \end{cases}$$

Dann gilt

$$\limsup_{n \to \infty} \frac{X_n}{\ln n} = 1 \quad P\text{-f.s.} \tag{2.54}$$

Für jede Folge $(c_n)_{n \in \mathbb{N}}$ reeller Zahlen ist $\{X_n > c_n \text{ u.o.}\}$ ein terminales Ereignis und hat nach Satz 2.6.9 die Wahrscheinlichkeit 1 oder 0. Speziell für $c_n = c_{n,\epsilon} := (1 - \epsilon) \ln n$ wird $P(X_n > c_n) = e^{-c_n} = n^{\epsilon - 1}$, so dass

$$\sum_{n=1}^{\infty} P(X_n > c_n) \begin{cases} = \infty, & \text{falls } \epsilon \geq 0 \\ < \infty, & \text{falls } \epsilon < 0. \end{cases}$$

Für jedes positive ϵ ist dann wegen des Borel-Cantelli-Lemmas $X_n/\ln n$ fast sicher unendlich oft größer als $1 - \epsilon$ und nur endlich oft größer als $1 + \epsilon$. Eine andere Art dies auszudrücken ist (2.54).

Will man eine Familie $(X_i)_{i\in I}$ von Zufallsvariablen auf Unabhängigkeit untersuchen, so muss man nicht für alle Borel-Mengen B_i die Unabhängigkeit der Ereignisse $\{X_i \in B_i\}_{i\in I}$ überprüfen, denn diese folgt aus der Unabhängigkeit der Ereignisse $\{X_i \le x_i\}_{i\in I}$, $\forall x_i \in \mathbb{R}$. Dieser Aussage liegt die Tatsache zugrunde, dass aus der Unabhängigkeit von Familien beliebiger π-Systeme $(\mathcal{D}_i)_{i\in I}$ auf die Unabhängigkeit der Familie der erzeugten σ-Algebren $(\sigma(\mathcal{D}_i))_{i\in I}$ geschlossen werden kann (Satz 2.6.6), und die Intervalle vom Typ $(-\infty, x_i]$ erzeugen die Borelsche σ-Algebra.

Die Eigenschaft der Unabhängigkeit einer Familie $(X_i)_{i\in I}$ von Zufallsvariablen bleibt erhalten, wenn die Funktionswerte $X_i(\omega)$ durch messbare Abbildungen $f_i : \mathbb{R} \to \mathbb{R}$ transportiert werden:

Satz 2.6.11 *Sei* $(X_i)_{i\in I}$ *eine unabhängige Familie von Zufallsvariablen auf* $(\Omega, \mathcal{A})$ *, und seien* $f_i : (\mathbb{R}, \mathcal{B}) \longrightarrow (\mathbb{R}, \mathcal{B})$ *,* $\forall i \in I$*, messbare Abbildungen. Dann ist* $(f_i(X_i))_{i\in I}$ *eine unabhängige Familie von Zufallsvariablen auf* $(\Omega, \mathcal{A})$.

Beweis. Der Beweis ist nahezu trivial. Die Hintereinanderausführung von messbaren Abbildungen ist wiederum messbar. Die Funktionen $f_i(X_i)$ sind somit Zufallsvariablen . Wegen

$$\{[f_i(X_i)]^{-1}(B) : B \in \mathcal{B}\} = \{X_i^{-1}(f_i^{-1}(B)) : B \in \mathcal{B}\} \subseteq \{X_i^{-1}(B) : B \in \mathcal{B}\}$$

folgt aus der Unabhängigkeit der X_i die Unabhängigkeit der $f_i(X_i)$. ∎

In aller Regel ist der Umgang mit unabhängigen Zufallsvariablen weitaus unkomplizierter als mit abhängigen Zufallsvariablen. Zahlreiche Sätze über Eigenschaften von Mengen von Zufallsvariablen gelten nur unter der Prämisse der Unabhängigkeit. Es ist deshalb wichtig, entscheiden zu können, ob man es in einer konkreten Situation mit unabhängigen Zufallsvariablen zu tun hat.

Im nächsten Abschnitt werden wir zeigen, dass die Unabhängigkeit von endlich vielen Zufallsvariablen mittels ihrer Verteilungen charakterisiert werden kann.

2.7 Mehrstufige Zufallsexperimente

Oft besteht ein Zufallsexperiment nicht nur aus einem einzigen Zufallsvorgang, sondern aus einer ganzen Reihe einzelner Zufallsvorgänge. Beschreibt dabei $(\Omega_i, \mathcal{A}_i, P_i)$ den i-ten Vorgang $(i = 1, \ldots, n)$, so kann das Gesamtexperiment durch einen W-Raum $(\Omega, \mathcal{A}, P)$ beschrieben werden, wobei

$$\Omega = \Omega_1 \times \cdots \times \Omega_n$$

das kartesische Produkt der beteiligten Merkmalsräume ist,

$$\mathcal{A} = \mathcal{A}_1 \otimes \cdots \otimes \mathcal{A}_n$$

die kleinste σ-Algebra bezeichnet, welche die Menge aller *Rechteckmengen*

$$\mathcal{A}^* := \{A_1 \times \cdots \times A_n \ : \ A_1 \in \mathcal{A}_1, \ldots, A_n \in \mathcal{A}_n\}$$

enthält, und P ein geeignetes W-Maß auf $\mathcal{A}$ darstellt. Ein mögliches Maß auf $\mathcal{A}$ ist das so genannte *Produkt-Maß* $P_1 \otimes \cdots \otimes P_n$. Es ist bereits durch die Festlegung

$$P_1 \otimes \cdots \otimes P_n(A_1 \times \cdots \times A_n) = P_1(A_1) \cdot \ldots \cdot P_n(A_n)$$

auf ganz $\mathcal{A}$ eindeutig bestimmt. Dies ergibt sich aus dem Eindeutigkeitssatz 2.2.6, denn $\mathcal{A}^*$ ist ein π-System, das $\mathcal{A}$ erzeugt.

Der W-Raum $(\Omega_1 \times \cdots \times \Omega_n, \, \mathcal{A}_1 \otimes \cdots \otimes \mathcal{A}_n, \, P_1 \otimes \cdots \otimes P_n)$ heißt *Produkt-Raum* der Räume $(\Omega_i, \mathcal{A}_i, P_i)$ oder auch *unabhängige Koppelung* dieser Räume. Ist P ein beliebiges Maß auf $(\Omega_1 \times \cdots \times \Omega_n, \, \mathcal{A}_1 \otimes \cdots \otimes \mathcal{A}_n)$, so heißt das durch

$$P_i(A_i) := P(\Omega_1 \times \cdots \times \Omega_{i-1} \times A_i \times \Omega_{i+1} \times \cdots \times \Omega_n), \qquad \forall A_i \in \mathcal{A}_i,$$

auf $(\Omega_i, \mathcal{A}_i)$ definierte Maß das *i-te Marginal-Maß* von P oder die *i-te Marginal-Verteilung* von P. P_i ist tatsächlich ein Maß, da die durch

$$\begin{aligned} \Pi_i : \quad \Omega_1 \times \cdots \times \Omega_n \quad &\longrightarrow \quad \Omega_i \\ (\omega_1, \ldots, \omega_n) \quad &\longmapsto \quad \omega_i \end{aligned}$$

definierte Projektion auf die i-te Komponente eine $(\mathcal{A}_1 \otimes \cdots \otimes \mathcal{A}_n, \mathcal{A}_i)$-messbare Abbildung ist und P_i als Bildmaß von Π_i aufgefasst werden kann.

Produkt-Maße ergeben sich als *gemeinsame Verteilungen* von unabhängigen Zufallsvariablen: Sind X_i, $i = 1, \ldots, n$, Zufallsvariablen auf einem beliebigen W-Raum $(\Omega, \mathcal{A}, P)$, so heißt

$$P_{(X_1, \ldots, X_n)}(A_1 \times \cdots \times A_n) := P(X_1 \in A_1 \cap \ldots \cap X_n \in A_n), \qquad \forall A_i \in \mathcal{B},$$

die gemeinsame Verteilung der X_i. Besitzen die Zufallsvariablen X_i Verteilungen P_{X_i}, d.h. ist $P_{X_i}(A_i) = P(X_i \in A_i)$, so sind nach Definition 2.6.8 und (2.52) die X_i unabhängig, falls

$$P(X_1 \in A_1 \cap \cdots \cap X_n \in A_n) = \prod_{i=1}^{n} P(X_i \in A_i), \qquad \forall A_i \in \mathcal{B}, \quad (2.55)$$

wenn also die gemeinsame Verteilung $P_{(X_1,\ldots,X_n)}$ das Produkt-Maß $P_{X_1} \otimes \cdots \otimes P_{X_n}$ der Verteilungen P_{X_i} ist. Im Falle der Unabhängigkeit stimmen die Marginal-Maße von $P_{(X_1,\ldots,X_n)}$ und die Verteilungen der X_i überein. Wählt man in (2.55) insbesondere $A_i = (-\infty, x_i]$, $x_i \in \mathbb{R}$, und definiert die *gemeinsame Verteilungsfunktion* der X_i als

$$F(x_1,\ldots,x_n) := P(X_1 \le x_1 \cap \cdots \cap X_n \le x_n),$$

so wird erkennbar, dass für unabhängige Zufallsvariablen X_i die gemeinsame Verteilungsfunktion das Produkt der Funktionen F_i ist, wobei $F_i(x_i) := P(X_i \le x_i)$ die Verteilungsfunktion von X_i darstellt:

$$F(x_1,\ldots,x_n) = F_1(x_1) \cdot \ldots \cdot F_n(x_n).$$

Auch die Umkehrung dieser Aussage ist richtig. Insgesamt gilt

Theorem 2.7.1 *Seien $X_1,\ldots,X_n$ Zufallsvariablen auf $(\Omega, \mathcal{A}, P)$ mit gemeinsamer Verteilungsfunktion F. Sei F_i die Verteilungsfunktion von $X_i, i = 1,\ldots,n$. Dann sind $X_1,\ldots,X_n$ unabhängig genau dann, wenn*

$$F(x_1,\ldots,x_n) = F_1(x_1) \cdot \ldots \cdot F_n(x_n), \qquad \forall x_1,\ldots,x_n \in (-\infty,+\infty]. \tag{2.56}$$

Beweis. Wir schließen von der Gültigkeit der Gleichung (2.56) auf die Unabhängigkeit der Zufallsvariablen. Dazu definieren wir

$$\mathcal{A}_i := \{\{X_i \le x_i\} : x_i \in (-\infty,+\infty]\}.$$

Da $x_i = \infty$ gewählt werden kann, ist $\Omega \in \mathcal{A}_i$, und $\mathcal{A}_i$ ist ein π-System. Wegen (2.56) sind $\mathcal{A}_1,\ldots,\mathcal{A}_n$ unabhängig. Da $\sigma(\mathcal{A}_i) = \sigma(X_i)$, folgt die Aussage mit Satz 2.6.6. ∎

Die Funktion F_i heißt *i-te Marginal-Verteilungsfunktion* oder auch *Rand-Verteilungsfunktion* von X_i. Lässt sich diese als

$$F_i(x_i) = \int_{-\infty}^{x_i} f_i(x_i')dx_i', \qquad \forall x_i \in \mathbb{R},$$

darstellen, so nennt man $f_i : \mathbb{R} \to \mathbb{R}$ die *i-te Marginal-Dichte* oder auch *Rand-Dichte* von X_i bezüglich des Lebesgue-Maßes. Entsprechend heißt im Fall einer möglichen Darstellung

$$F(x_1,\ldots,x_n) = \int_{-\infty}^{x_1} \cdots \int_{-\infty}^{x_n} f(x_1',\ldots,x_n')dx_1'\ldots dx_n', \; \forall (x_1,\ldots,x_n) \in \mathbb{R}^n,$$

die Funktion $f : \mathbb{R}^n \to \mathbb{R}$ die *gemeinsame Dichte* der X_i bezüglich des Lebesgue-Maßes.

Analog definiert man die gemeinsame Dichte und die Rand-Dichten bezüglich anderer Maße. Existiert die Darstellung

$$P((X_1, \ldots, X_n) \in B) = \int_B f \, d\mu, \qquad \forall B \in \mathcal{B}^n,$$

so heißt f gemeinsame Dichte der X_i bezüglich des Maßes μ. Existiert die Darstellung

$$P(X_i \in B) = \int_B f_i \, d\mu_i, \qquad \forall B \in \mathcal{B},$$

so heißt f_i i-te Marginal-Dichte oder Rand-Dichte von X_i bezüglich μ_i. Wichtig ist insbesondere der Fall, wenn μ_i das Zählmaß ist.
Für die Integration bezüglich Produkt-Maßen erweist sich der nachfolgend für den Fall $n = 2$ notierte Satz als nützlich.

Satz 2.7.2 (Fubini) *Es seien* $(\Omega_1, \mathcal{A}_1)$, $(\Omega_2, \mathcal{A}_2)$ *Messräume und* μ_1, μ_2 σ *-endliche Maße auf* $\mathcal{A}_1$ *bzw.* $\mathcal{A}_2$. *Sei* $f : (\Omega_1 \times \Omega_2, \mathcal{A}_1 \otimes \mathcal{A}_2) \longrightarrow (\overline{\mathbb{R}}, \overline{\mathcal{B}})$ *eine messbare Abbildung mit* $f \geq 0$ $\mu_1 \otimes \mu_2$ *-f.s. oder mit* $\int_{\Omega_1 \times \Omega_2} |f| d(\mu_1 \otimes \mu_2) < \infty$. *Dann gilt mit den durch* $f_{\omega_1}(\omega_2) := f(\omega_1, \omega_2)$, $f_{\omega_2}(\omega_1) := f(\omega_1, \omega_2)$ *definierten Schnitt-Funktionen* $f_{\omega_1} : \Omega_2 \longrightarrow \overline{\mathbb{R}}$ *und* $f_{\omega_2} : \Omega_1 \longrightarrow \overline{\mathbb{R}}$

$$\int_{\Omega_1 \times \Omega_2} f \, d(\mu_1 \otimes \mu_2) = \int_{\Omega_2} \left(\int_{\Omega_1} f_{\omega_2} \, d\mu_1 \right) d\mu_2 = \int_{\Omega_1} \left(\int_{\Omega_2} f_{\omega_1} \, d\mu_2 \right) d\mu_1.$$

Beweis. Wir beweisen nur die erste Gleichung, da sich die zweite ganz analog ergibt.
Die Abbildungen $\omega_1 \longrightarrow f_{\omega_2}(\omega_1)$ bzw. $\omega_2 \longrightarrow \int_{\Omega_1} f_{\omega_2}(\omega_1) d\mu_1$ sind $(\mathcal{A}_1, \overline{\mathcal{B}})$ - messbar bzw. $(\mathcal{A}_2, \overline{\mathcal{B}})$ -messbar. Wir beginnen mit dem Fall $f = 1_D$ und der Aussage:

$$\text{Für } D \in \mathcal{A}_1 \otimes \mathcal{A}_2 \text{ ist } D_{\omega_2} := \{\omega_1 : (\omega_1, \omega_2) \in D\} \text{ in } \mathcal{A}_1. \qquad (2.57)$$

Der Grund hierfür: Sei $\mathcal{D}$ die Kollektion aller Mengen D mit $D_{\omega_2} \in \mathcal{A}_1$. Wegen $(D^c)_{\omega_2} = (D_{\omega_2})^c$ und $\left(\bigcup_{i=1}^{\infty} D_i \right)_{\omega_2} = \bigcup_{i=1}^{\infty} \left(D_i \right)_{\omega_2}$ für alle $D, D_i \in \mathcal{D}$ ist $\mathcal{D}$ eine σ -algebra. Da $\mathcal{D}$ die Rechteckmengen enthält, ist (2.57) bewiesen.
Ferner benötigen wir:

Für $D \in \mathcal{A}_1 \otimes \mathcal{A}_2$ ist $g(\omega_2) := \mu_1(D_{\omega_2})$ eine $(\mathcal{A}_2, \overline{\mathcal{B}})$-

messbare Abbildung mit $\int_{\Omega_2} g d\mu_2 = \mu_1 \otimes \mu_2(D)$. $\qquad$ (2.58)

Zur Begründung dient uns Dynkins $\pi - \lambda$ Theorem 2.2.3 und die folgende Tatsache:

Wenn (2.58) für Mengen D_n gilt mit $D_n \uparrow D$, dann gilt dies

wegen Satz 2.4.1 von der monotonen Konvergenz auch für D. $\qquad$ (2.59)

Wegen der σ-Endlichkeit von μ_1, μ_2 reicht es, (2.58) für $D \subseteq A_1 \times A_2$ mit $\mu_1(A_1) < \infty$ und $\mu_2(A_2) < \infty$ zu zeigen. Oder man kann $\Omega_1 \times \Omega_2 = A_1 \times A_2$ festlegen und ohne Einschränkung der Allgemeinheit $\mu_1 \otimes \mu_2 (\Omega_1 \times \Omega_2) < \infty$ annehmen. Sei dann $\mathcal{L}$ die Kollektion aller Mengen D, für welche (2.58) gilt. Dann erfüllt $\mathcal{L}$ die Eigenschaften (a), (b), (c) in Definition 2.2.1 und ist ein λ-System. Dabei ist Eigenschaft (a) trivial erfüllt und (c) folgt aus Tatsache (2.59). Für Eigenschaft (b) reicht die Beobachtung

$$\mu_1((B \setminus A)_{\omega_2}) = \mu_1(B_{\omega_2} \setminus A_{\omega_2}) = \mu_1(B_{\omega_2}) - \mu_1(A_{\omega_2})$$

mit anschließender Integration über $\omega_2 \in \Omega_2$. Da $\mathcal{L}$ die Rechteckmengen enthält und diese ein π-System bilden, das $\mathcal{A}_1 \otimes \mathcal{A}_2$ erzeugt, folgt (2.58) mit Theorem 2.2.3.

Nach diesen Vorarbeiten sind nur noch ein paar Schritte nötig.

1. Schritt: Für $D \in \mathcal{A}_1 \otimes \mathcal{A}_2$ und $f = 1_D$ folgt Fubinis Theorem aus der soeben bewiesenen Aussage (2.58).

2. Schritt: Aufgrund der Linearität der Integration können wir die Aussage von Schritt 1 auf alle elementaren Funktionen erweitern.

3. Schritt: Für nichtnegative f bildet man die Folge f_n analog zu (2.19). Diese f_n sind elementare Funktionen mit $f_n \uparrow f$, so dass Satz 2.4.1 von der monotonen Konvergenz das Fubini Theorem liefert.

4. Schritt: Der allgemeine Fall folgt aus der Zerlegung $f = f^+ - f^-$ mit nichtnegativen f^+, f^- und Anwendung von Schritt 3 auf diese.

$\blacksquare$

Der Satz von Fubini lässt sich in nahe liegender Weise auf endlich viele Messräume $(\Omega_1, \mathcal{A}_1), \ldots, (\Omega_n, \mathcal{A}_n)$ mit σ-endlichen Maßen $\mu_1, \ldots, \mu_n$ über $\mathcal{A}_1, \ldots, \mathcal{A}_n$ und messbare Funktionen

$$f : (\Omega_1 \times \cdots \times \Omega_n, \mathcal{A}_1 \otimes \cdots \otimes \mathcal{A}_n) \longrightarrow (\overline{\mathbb{R}}, \overline{\mathcal{B}})$$

ausdehnen. Dabei wird zunächst für ein $i \in \{1, \ldots, n\}$ die mittels Festhalten von ω_k für alle $k \in \{1,\ldots,n\}\backslash\{i\}$ durch

$$f_{\omega_1,\ldots,\omega_{i-1},\omega_{i+1},\ldots,\omega_n}(\omega_i) := f(\omega_1,\ldots,\omega_n)$$

definierte ω_i-Schnitt-Funktion bezüglich des Maßes μ_i über Ω_i integriert, anschließend dann die ω_j-Schnitt-Funktion der resultierenden, von $\omega_k, k \in \{1,\ldots,n\}\backslash\{i\}$, abhängenden Funktion bezüglich μ_j über Ω_j integriert, usw. Unsere häufigste Anwendung des Satzes von Fubini hat $\Omega_i = \mathbb{R}$ und $\mu_i = \lambda$, das Lebesgue-Maß auf den Borel-Mengen.

Beispiel 2.21 Sei $S_n(r)$ die Sphäre vom Radius $r > 0$ in $\mathbb{R}^n$ und $V_n(r)$ ihr Volumen. Ausgedrückt mit dem Lebesgue-Maß λ^n auf $\mathcal{B}^n$ ist $V_n(r) = \lambda^n(S_n(r))$. Wir wollen das Volumen $V_n(1)$ der Einheitssphäre bestimmen. Wegen $S_n(r) = \{(x_1,\ldots,x_n) : \sum_{i=1}^n x_i^2 \leq r^2\}$ ist zunächst

$$V_n(r) = \int_{S_n(r)} dx_1 \ldots dx_n = r^n \int_{S_n(1)} dx_1 \ldots dx_n \qquad (2.60)$$

$$= r^n V_n(1).$$

Sei $A = \{(x_1,x_2) : x_1^2 + x_2^2 \leq 1\}$ und $B_{x_1,x_2} = \{(x_3,\ldots,x_n) : \sum_{i=3}^n x_i^2 \leq 1 - x_1^2 - x_2^2\}$ für $|x_1|, |x_2| \leq 1$. Eine Rechnung mit dem Satz von Fubini liefert die einfache Rekursion

$$
\begin{aligned}
V_n(1) &= \int_{S_n(1)} dx_1 \ldots dx_n = \int_A \left(\int_{B_{x_1,x_2}} dx_3 \ldots dx_n \right) dx_1 dx_2 \\
&= \int_A V_{n-2}\left(\sqrt{1 - x_1^2 - x_2^2}\right) dx_1 dx_2 = V_{n-2}(1) \int_A (1 - x_1^2 - x_2^2)^{\frac{n-2}{2}} dx_1 dx_2 \\
&= V_{n-2}(1) \int_0^{2\pi} \int_0^1 (1 - z^2)^{\frac{n-2}{2}} z\, dz\, d\varphi = \pi V_{n-2}(1) \int_0^1 y^{\frac{n-2}{2}} dy \\
&= \frac{2\pi}{n} V_{n-2}(1).
\end{aligned}
$$

Setzt man noch $V_0(1) = 1$, so trifft diese Beziehung für alle $n \geq 2$ zu. Ferner ist $V_1(1) = 2$, also durch Iteration

$$
V_n(1) = \begin{cases} \dfrac{2(2\pi)^{k-1}}{1 \cdot 3 \cdot \ldots \cdot (2k-1)} & \text{für } n = 2k - 1 \\[2ex] \dfrac{(2\pi)^k}{2 \cdot 4 \cdot \ldots \cdot (2k)} & \text{für } n = 2k. \end{cases}
$$

Mit Hilfe des Satzes von Fubini können wir nun eine weitere wichtige Eigenschaft unabhängiger Zufallsvariablen beweisen.

Satz 2.7.3 *Seien $X_1, \ldots, X_n$ Zufallsvariablen auf einem W-Raum $(\Omega, \mathcal{A}, P)$ mit der gemeinsamen Dichte f bezüglich des Produkt-Maßes $\mu_1 \otimes \ldots \otimes \mu_n$, wobei die μ_i jeweils σ-endliche Maße auf $(\mathbb{R}, \mathcal{B})$ sind. Dann besitzt X_i eine Dichte f_i bezüglich $\mu_i, i = 1, \ldots, n$. Ferner sind die X_i unabhängig genau dann, wenn*

$$f(x_1, \ldots, x_n) = f_1(x_1) \cdot \ldots \cdot f_n(x_n) \qquad \mu_1 \otimes \ldots \otimes \mu_n\text{-f.s.} \qquad (2.61)$$

Beweis. Bei Verwendung des Satzes von Fubini ist für alle $B_i \in \mathcal{B}$

$$P(X_i \in B_i) = \int_{B_i} \left[\int \cdots \int f \, d\mu_n \cdots d\mu_{i+1} d\mu_{i-1} \cdots d\mu_1 \right] d\mu_i.$$

Erkennbar ist dann

$$f_i(\cdot) = \int \cdots \int f(x_1, \ldots, x_{i-1}, \cdot, x_{i+1}, \ldots, x_n) d\mu_n \cdots d\mu_{i+1} d\mu_{i-1} \cdots d\mu_1$$

$$(2.62)$$

eine Dichte der Verteilung von X_i bezüglich μ_i. Besitzt f die Darstellung

$$f(x_1, \ldots, x_n) = f_1(x_1) \cdot \ldots \cdot f_n(x_n),$$

dann ist wiederum mit Fubini für alle $B_i \in \mathcal{B}$

$$P(X_1 \in B_1 \cap \ldots \cap X_n \in B_n) = \int_{B_1} \cdots \int_{B_n} f_1(x_1) \cdot \ldots \cdot f_n(x_n) d\mu_n \ldots d\mu_1$$

$$= \int_{B_1} f_1(x_1) d\mu_1 \cdot \ldots \cdot \int_{B_n} f_n(x_n) d\mu_n$$

$$= P(X_1 \in B_1) \cdot \ldots \cdot P(X_n \in B_n),$$

und es folgt die Unabhängigkeit. Sind umgekehrt die X_i unabhängig mit Verteilungsfunktionen F_i, dann ist die gemeinsame Verteilungsfunktion F nach Theorem 2.7.1

$$F(x_1, \ldots, x_n) = F_1(x_1) \cdot \ldots \cdot F_n(x_n)$$

$$= \int_{-\infty}^{x_1} f_1(x_1') d\mu_1 \cdot \ldots \cdot \int_{-\infty}^{x_n} f_n(x_n') d\mu_n$$

$$= \int_{(-\infty, x_1] \times \cdots \times (-\infty, x_n]} f_1(x_1') \cdot \ldots \cdot f_n(x_n') d(\mu_1 \otimes \ldots \otimes \mu_n)$$

für alle $x_i \in \mathbb{R}$. Da die Mengen vom Typ $(-\infty, x_1] \times \ldots \times (-\infty, x_n]$ die Borel-Mengen auf $\mathbb{R}^n$ erzeugen, ergibt sich (2.61) ∎

Als Nächstes führen wir *bedingte Verteilungen* ein. Der Übersichtlichkeit halber beschränken wir uns dabei auf Situationen mit nur zwei Zufallsvariablen X und Y. Nimmt Y mit positiver Wahrscheinlichkeit den Wert y an, so ist nach der Diskussion in Abschnitt 2.5 die Funktion

$$F(x \mid y) = P(X \le x \mid Y = y) \qquad (2.63)$$

wohldefiniert. Ist dagegen $P(Y = y) = 0$, dann hat (2.63) für uns noch keine Bedeutung. Um beide Fälle abzudecken, definieren wir

$$F(x \mid y) := \lim_{h \downarrow 0} P(X \le x \mid y \le Y \le y + h),$$

sofern für alle $h > 0$ stets $P(y \le Y \le y + h) > 0$ ist, und wir nennen $F(x \mid y)$ die *bedingte Verteilungsfunktion* von X gegeben $Y = y$. Haben X und Y die gemeinsame Dichte $f(x, y)$ und ist $f_Y(y)$ die Rand-Dichte von Y, bezüglich der Lebesgue-Maße auf $\mathcal{B}^2$ bzw. $\mathcal{B}$, dann besteht die Darstellung

$$F(z \mid y) = \int_{-\infty}^{z} \frac{f(x, y)}{f_Y(y)} dx, \qquad (2.64)$$

sofern $f_Y(y) \neq 0$ ist, und wir nennen deshalb

$$f(z \mid y) := \frac{\partial F(z \mid y)}{\partial z} = \frac{f(z, y)}{f_Y(y)} \qquad (2.65)$$

die *bedingte Dichte* von X gegeben $Y = y$. Die Darstellung (2.64) ist das Resultat der Umwandlung

$$P(X \le z \mid y < Y \le y + h) = \frac{P(X \le z \cap y < Y \le y + h)}{P(y < Y \le y + h)}$$

$$= \frac{P(X \le z \cap Y \le y + h) - P(X \le z \cap Y \le y)}{P(y < Y \le y + h)}$$

$$= \frac{[F(z, y + h) - F(z, y)]/h}{[F_Y(y + h) - F_Y(y)]/h},$$

und für $h \downarrow 0$ geht dies gegen $\frac{1}{f_Y(y)} \frac{\partial F(z,y)}{\partial y} = F(z \mid y)$, wobei F die gemeinsame Verteilungsfunktion von X und Y und F_Y die Rand-Verteilungsfunktion von Y ist. Daraus entsteht (2.65) nach partieller Differenziation bezüglich z. Die Darstellung (2.64) erhält man daraus durch Integration.

Wir erwähnen noch, dass mit (2.62) die Rand-Dichte von X durch

$$f_X(x) = \int_{\mathbb{R}} f(x, y) dy$$

gegeben ist, und aufgrund von (2.65) schreibt sich dies alternativ als

$$f_X(x) = \int_{\mathbb{R}} f(x\,|\,y) f_Y(y) dy. \tag{2.66}$$

Ist es erforderlich für unabhängige Zufallsvariablen X und Y, deren Dichten bezüglich des Lebesgue-Maßes existieren, die Verteilungsfunktion F_{X+Y} und gegebenenfalls die Dichte f_{X+Y} ihrer Summe zu ermitteln, so können wir dies erreichen durch

$$\begin{aligned}
F_{X+Y}(z) = P(X+Y \le z) &= \iint\limits_{x+y \le z} f(x,y) dx dy \\
&= \int_{\mathbb{R}} \int_{-\infty}^{z-y} f_X(x) f_Y(y) dx dy \\
&= \int_{\mathbb{R}} \left(\int_{-\infty}^{z-y} f_X(x) dx \right) f_Y(y) dy = \int_{\mathbb{R}} F_X(z-y) f_Y(y) dy,
\end{aligned}$$

dabei ist F_X die Rand-Verteilungsfunktion von X. Nach Differenziation wird daraus

$$\begin{aligned}
f_{X+Y}(z) &= \frac{d}{dz} \int_{\mathbb{R}} F_X(z-y) f_Y(y) dy = \int_{\mathbb{R}} \frac{d}{dz} F_X(z-y) f_Y(y) dy \\
&= \int_{\mathbb{R}} f_X(z-y) f_Y(y) dy. \tag{2.67}
\end{aligned}$$

Das Integral auf der rechten Seite von (2.67) heißt *Faltung* oder *Konvolution* der Dichten f_X und f_Y.
Die Summenbildung ist nur eine der möglichen Transformationen, denen man Zufallsvariablen unterziehen kann. Der folgende Satz gibt Auskunft über das Verhalten der Dichte bei allgemeinen Transformationen.

Satz 2.7.4 (Transformationssatz für Dichten) *Es seien* $X_1, \dots, X_n$ *Zufallsvariablen mit gemeinsamer Dichte* $f(x_1, \dots, x_n)$ *bezüglich des Lebesgue-Maßes und*

$$\int_D \cdots \int f(x_1, \dots, x_n) dx_1 \dots dx_n = 1$$

für eine offene Menge $D \subseteq \mathcal{B}^n$. *Es gelten die folgenden Voraussetzungen:*

(a) Durch

$$y_1 = g_1(x_1, \ldots, x_n)$$

$$\vdots$$

$$y_n = g_n(x_1, \ldots, x_n)$$

werde eine bijektive Abbildung g von D nach $g(D)$ definiert und durch

$$x_1 = k_1(y_1, \ldots, y_n)$$

$$\vdots$$

$$x_n = k_n(y_1, \ldots, y_n)$$

die zugehörige inverse Abbildung k. Beide Abbildungen seien stetig.

(b) Die partiellen Ableitungen $\frac{\partial k_i}{\partial y_j}$ für $i, j = 1, \ldots, n$ seien stetig.

(c) Die Jacobi-Determinante

$$J := \det \left\| \begin{matrix} \frac{\partial k_1}{\partial y_1} & \cdots & \frac{\partial k_1}{\partial y_n} \\ \vdots & & \\ \frac{\partial k_n}{\partial y_1} & \cdots & \frac{\partial k_n}{\partial y_n} \end{matrix} \right\|$$

sei nicht Null für alle $(y_1, \ldots, y_n) \in g(D)$.

Dann ist eine gemeinsame Dichte der transformierten Zufallsvariablen $Y_1 = g_1(X_1, \ldots, X_n), \ldots, Y_n = g_n(X_1, \ldots, X_n)$ gegeben durch

$$h(y_1, \ldots, y_n) = |J| f\left(k_1(y_1, \ldots, y_n), \ldots, k_n(y_1, \ldots, y_n)\right) \cdot 1_{g(D)}(y_1, \ldots, y_n).$$

Beweis. Für $(y_1, \ldots, y_n) \in \mathbb{R}^n$ sei

$$A := \{(y_1', \ldots, y_n') \in \mathbb{R}^n : y_i' \le y_i \text{ für alle } i = 1, \ldots, n\}.$$

Mit dieser Festlegung ist

$$g^{-1}(A) = \{x \in \mathbb{R}^n : g(x) \in A\}$$
$$= \{(x_1, \ldots, x_n) \in \mathbb{R}^n : g_i(x_1, \ldots, x_n) \le y_i \text{ für alle } i = 1, \ldots, n\}$$

und

$$H_Y(y) := P((Y_1, \ldots, Y_n) \in A) = P((X_1, \ldots, X_n) \in g^{-1}(A))$$

$$= \int \cdots \int_{g^{-1}(A)} f(x_1, \ldots, x_n) dx_1 \ldots dx_n$$

$$= \int_{-\infty}^{y_1} \cdots \int_{-\infty}^{y_n} f(k_1(y_1', \ldots, y_n'), \ldots, k_n(y_1', \ldots, y_n')) |J| dy_n' \ldots dy_1'$$

bei Anwendung des Transformationssatzes für Integrale. Die Aussage des Satzes ergibt sich durch Ableiten von H_Y. ∎

Der Transformationssatz für Dichten ist auch dann einsetzbar, wenn die Transformation von $X_1, \ldots, X_n$ nach $Y_1, \ldots, Y_n$ nur teilweise festgelegt ist, wenn also nur $m < n$ der Funktionen g_i gegeben sind. In diesem Fall kann man eine gemeinsame Dichte der zugehörigen Zufallsvariablen Y_i wie folgt bestimmen: Man führt $(n-m)$ beliebige weitere Funktionen g_i ein, so dass die insgesamt n Funktionen g_i die Voraussetzungen des Satzes 2.7.4 erfüllen. Nach Anwendung des Transformationssatzes wird dann die Dichte h über die $n - m$ beliebig eingeführten Variablen integriert.
Als Nächstes wollen wir zur Übung die Dichten einiger transformierter Zufallsvariablen bestimmen.

Beispiel 2.22 Die Zufallsvariablen X_1, X_2, X_3 seien unabhängig und besitzen jeweils die Dichte $e^{-x} \cdot 1_{\mathbb{R}_+}(x)$ bezüglich des Lebesgue-Maßes. (Die zugehörige Verteilung heißt *Exponentialverteilung* mit Parameter 1.) Wir bestimmen die Dichte der gemeinsamen Verteilung von

$$Y_1 = X_1 + X_2 + X_3$$
$$Y_2 = \frac{X_1}{X_1 + X_2}$$
$$Y_3 = \frac{X_1 + X_2}{X_1 + X_2 + X_3}.$$

Die transformierende Abbildung ist gegeben durch

$$g_1(x_1, x_2, x_3) = x_1 + x_2 + x_3 = y_1$$
$$g_2(x_1, x_2, x_3) = \frac{x_1}{x_1 + x_2} = y_2$$
$$g_3(x_1, x_2, x_3) = \frac{x_1 + x_2}{x_1 + x_2 + x_3} = y_3.$$

Sie besitzt die inverse Abbildung

$$x_1 = y_1 y_2 y_3 = k_1(y_1, y_2, y_3)$$
$$x_2 = y_1 y_3(1 - y_2) = k_2(y_1, y_2, y_3)$$
$$x_3 = y_1(1 - y_3) = k_3(y_1, y_2, y_3).$$

Die Determinante der zugehörigen Jacobi-Matrix ist

$$J = \det \left\| \begin{array}{ccc} y_2 y_3 & y_1 y_3 & y_1 y_2 \\ y_3(1 - y_2) & -y_1 y_3 & y_1(1 - y_2) \\ 1 - y_3 & 0 & -y_1 \end{array} \right\| = y_1^2 y_3.$$

Die Voraussetzungen des Transformationssatzes sind erfüllt, und die gemeinsame Dichte von Y_1, Y_2, Y_3 errechnet sich aus der gemeinsamen Dichte

$$f(x_1, x_2, x_3) = e^{-(x_1 + x_2 + x_3)} \cdot 1_{\mathbb{R}_+}(x_1) \cdot 1_{\mathbb{R}_+}(x_2) \cdot 1_{\mathbb{R}_+}(x_3)$$

von X_1, X_2, X_3 als

$$h(y_1, y_2, y_3) = y_1^2 y_3 e^{-y_1} \cdot 1_{\mathbb{R}_+}(y_1) \cdot 1_{(0,1)}(y_2) \cdot 1_{(0,1)}(y_3)$$
$$= [\frac{1}{2} y_1^2 e^{-y_1} \cdot 1_{\mathbb{R}_+}(y_1)][1_{(0,1)}(y_2)][2y_3 \cdot 1_{(0,1)}(y_3)].$$

Wir vermerken noch, dass nach Satz 2.7.3 die transformierten Zufallsvariablen Y_1, Y_2, Y_3 ebenfalls unabhängig sind.

Beispiel 2.23 Die Zufallsvariable X habe eine Verteilung mit der Dichte

$$f(x) = \frac{1}{\sqrt{2\pi\sigma^2}} \exp\left(-\frac{(x - \mu)^2}{2\sigma^2}\right), \qquad \forall x \in \mathbb{R},$$

bezüglich des Lebesgue-Maßes. Die Dichte der Zufallsvariable $Y = e^X$ ist gesucht. Wir wenden den Transformationssatz mit der Abbildung $g(x) = e^x$ an, deren Umkehrfunktion durch $k(y) = \ln y$ gegeben ist. Wegen $\frac{\partial k}{\partial y} = \frac{1}{y}$ ist die Dichte von Y dann

$$h(y) = \frac{1}{\sqrt{2\pi\sigma^2}y} \exp\left(-\frac{(\ln y - \mu)^2}{2\sigma^2}\right) 1_{\mathbb{R}_+}(y).$$

Der Verteilung von X werden wir später als *Normalverteilung* $\mathbf{N}(\mu, \sigma^2)$ mit Erwartungswert μ und Varianz σ^2 wieder begegnen; die Verteilung von Y heißt *logarithmische Normalverteilung* .

Als Nächstes wollen wir uns mit Erwartungswerten von Produkten unabhängiger Zufallsvariablen beschäftigen.

Satz 2.7.5 (Multiplikationssatz) *Es seien* $X_1, \ldots, X_n$ *unabhängige, integrierbare Zufallsvariablen auf einem W-Raum* $(\Omega, \mathcal{A}, P)$. *Dann ist auch das Produkt* $X_1 \cdot \ldots \cdot X_n$ *integrierbar und für dessen Erwartungswert gilt*

$$E(X_1 \cdot \ldots \cdot X_n) = EX_1 \cdot \ldots \cdot EX_n. \tag{2.68}$$

Beweis. Sei $P_{(X_1,\ldots,X_n)}$ die gemeinsame Verteilung der X_i und P_{X_i} die Verteilung von X_i. Nach Voraussetzung ist

$$P_{(X_1,\ldots,X_n)} = P_{X_1} \otimes \ldots \otimes P_{X_n}.$$

Wir benötigen eine Verallgemeinerung der Aussage von Satz 2.3.1 für n Zufallsvariablen $X_1, \ldots, X_n$ auf $(\Omega, \mathcal{A}, P)$ und eine messbare Funktion $g : \mathbb{R}^n \longrightarrow \mathbb{R}$, nämlich die Identität

$$\int_\Omega g(X_1, \ldots, X_n) dP = \int_{\mathbb{R}^n} g \, dP_{(X_1,\ldots,X_n)},$$

die man sich auf ähnliche Weise verschaffen kann wie (2.26). Mit dieser Transformationsformel und dem Satz von Fubini erhalten wir bei Wahl von $g(x_1, \ldots, x_n) = |x_1 \cdot \ldots \cdot x_n|$ zunächst

$$
\begin{aligned}
E(|X_1 \cdot \ldots \cdot X_n|) &= \int_{\mathbb{R}^n} g \, dP_{(X_1,\ldots,X_n)} \\
&= \int_{\mathbb{R}^n} g \, d(P_{X_1} \otimes \ldots \otimes P_{X_n}) \\
&= \int_{\mathbb{R}} \cdots \int_{\mathbb{R}} |x_1 \cdot \ldots \cdot x_n| dP_{X_1} \cdots dP_{X_n} \quad \text{(Fubini)} \\
&= \int_{\mathbb{R}} \cdots \int_{\mathbb{R}} |x_2 \cdot \ldots \cdot x_n| \left(\int_{\mathbb{R}} |x_1| dP_{X_1} \right) dP_{X_2} \cdots dP_{X_n} \\
&= \int_{\mathbb{R}} |x_1| dP_{X_1} \cdot \ldots \cdot \int_{\mathbb{R}} |x_n| dP_{X_n} \\
&= E(|X_1|) \cdot \ldots \cdot E(|X_n|) < \infty.
\end{aligned}
$$

Damit ist $X_1 \cdot \ldots \cdot X_n$ integrierbar. Analog ergibt sich mit $g(x_1, \ldots, x_n) = x_1 \cdot \ldots \cdot x_n$ die Identität (2.68). ∎

Unabhängigkeit ist nur eine der möglichen Beziehungen, die zwischen Zufallsvariablen bestehen können. Die Definition der Unabhängigkeit formalisiert die intuitive Vorstellung der wechselseitigen Nicht-Beeinflussung. Beeinflussen sich Zufallsvariablen dagegen in dem Sinne, dass die beobachtete

Realisierung einer Zufallsvariable nichttriviale Schlüsse über die Realisierung der anderen Zufallsvariable erlaubt, so ist es nützlich, Art und Grad dieses Zusammenhangs charakterisieren und quantifizieren zu können. Zur Quantifizierung von linearen Zusammenhängen kann der Begriff der *Kovarianz* verwendet werden.

Definition 2.7.6 *Seien* X, Y *integrierbare Zufallsvariablen auf einem W - Raum* ($\Omega, \mathcal{A}, P$). *Dann heißt*

$$Cov(X, Y) := E[(X - EX)(Y - EY)] \qquad (2.69)$$

Kovarianz von X *und* Y .

Je nachdem, ob die Kovarianz zweier Zufallsvariablen positiv, null oder negativ ist, nennt man diese *positiv korreliert, unkorreliert* oder *negativ korreliert*. Bei positiv korrelierten Zufallsvariablen sind große (d.h. oberhalb des Erwartungswertes liegende) Ausfälle der Zufallsvariablen X im Mittel auch mit großen Ausfällen der Zufallsvariable Y verbunden, und entsprechend treten Realisierungen unterhalb des Erwartungswertes von X im Mittel mit ebensolchen von Y auf. Bei negativ korrelierten Zufallsvariablen ist es umgekehrt: Große Realisierungen von X treten im Mittel mit kleinen Realisierungen von Y auf. Körpergröße und Gewicht von Menschen etwa sind positiv korreliert, Intelligenzquotient und Schulnoten negativ korreliert, Intelligenzquotient und Gewicht dagegen unkorreliert.
Aus der Definition der Kovarianz entsteht durch Ausmultiplizieren unmittelbar $Cov(X, Y) = E(XY) - EXEY$. Auch weitere einfache Rechenregeln liegen auf der Hand:

Satz 2.7.7 (Rechenregeln der Kovarianz) *Es seien* X, Y, X_i, Y_i *Zufallsvariablen und* a, b, c, d, a_i, b_j *reelle Konstanten. Dann ist*

(a) $Cov(X, X) = var\, X.$

(b) $Cov(aX + b, cY + d) = ac\, Cov(X, Y).$

(c) $Cov\Big(\sum\limits_{i=1}^{n} a_i X_i \,,\, \sum\limits_{j=1}^{m} b_j Y_j\Big) = \sum\limits_{i=1}^{n}\sum\limits_{j=1}^{m} a_i b_j\, Cov(X_i, Y_j).$

(d) $var\Big(\sum\limits_{i=1}^{n} a_i X_i\Big) = \sum\limits_{i=1}^{n} a_i^2\, var\, X_i + 2\sum\limits_{i<j} \sum a_i a_j\, Cov(X_i, X_j).$

Beweis. Ein Vergleich der Definitionen von Varianz und Kovarianz bestätigt (a). Die anderen Identitäten gewinnt man durch Ausmultiplizieren.
∎

Das Folgende ist ein Musterbeispiel für das Rechnen mit Varianzen und Kovarianzen.

Beispiel 2.24 (Übereinstimmungen) Ein Kartenspiel bestehend aus n Karten, die von 1 bis n nummeriert sind, wird gemischt. Anschließend werden die Karten nacheinander gezogen. Wenn Karte i als i-te Karte gezogen wird, sprechen wir von einer Übereinstimmung. Um Erwartungswert und Varianz der Zahl M_n der Übereinstimmungen zu ermitteln, führen wir die Zufallsvariablen $I_1, \ldots, I_n$ ein mit

$$
I_k = \begin{cases} 1, & \text{falls bei Karte } k \text{ Übereinstimmung herrscht} \\ 0, & \text{sonst.} \end{cases}
$$

Dann ist

$$
M_n = \sum_{k=1}^{n} I_k
$$

und $EM_n = \sum_{k=1}^{n} P(I_k = 1) = 1$, denn für alle k ist $P(I_k = 1) = \frac{1}{n}$, weil für jede Karte nur eine einzige der n Ziehungspositionen zu einer Übereinstimmung führt. Ferner ist nach Satz 2.7.7(d)

$$
var\, M_n = \sum_{k=1}^{n} var\, I_k + 2 \sum \sum_{i<j} Cov(I_i, I_j).
$$

Nun verwenden wir, dass $var\, I_k = EI_k^2 - (EI_k)^2 = \frac{1}{n} - \frac{1}{n^2} = \frac{n-1}{n^2}$ und

$$
Cov(X_i, X_j) = E(X_i X_j) - EX_i\, EX_j = P(X_i X_j = 1) - P(X_i = 1)P(X_j = 1)
$$

$$
= \frac{1}{(n-1)n} - \frac{1}{n^2} = \frac{1}{(n-1)n^2},
$$

denn für $i \neq j$ gilt $P(X_i X_j = 1) = P(X_i X_j = 1 \,|\, X_j = 1)P(X_j = 1) = P(X_i = 1 \,|\, X_j = 1) \cdot \frac{1}{n} = \frac{1}{(n-1)n}$. Also,

$$
var\, M_n = \frac{n(n-1)}{n^2} + 2 \cdot \frac{n(n-1)}{2} \cdot \frac{1}{(n-1)n^2} = 1.
$$

Das überraschende Ergebnis lautet somit: Unabhängig von n ist

$$
EM_n = var\, M_n = 1.
$$

Die Interpretierbarkeit und damit auch die Eignung des Begriffes der Kovarianz zur Quantifizierung von Zusammenhängen wird dadurch erheblich beeinträchtigt, dass die Kovarianz zweier Zufallsvariablen nicht dimensionsunabhängig ist, sondern von den zugrunde gelegten Mess-Skalen abhängt. Durch einfache Skalierung der Kovarianz gelangt man aber zu einem Begriff, der dieses Manko nicht besitzt:

Definition 2.7.8 *Es seien* X, Y *Zufallsvariablen mit positiven, endlichen Varianzen auf einem W-Raum* $(\Omega, \mathcal{A}, P)$. *Dann heißt*

$$Corr(X, Y) := \frac{Cov(X, Y)}{\sqrt{var\,X}\,\sqrt{var\,Y}}$$

Korrelation von X *und* Y.

Wir notieren als Erstes einige Eigenschaften und Rechenregeln. Die Vorteile der Korrelation gegenüber der Kovarianz sind greifbar.

Satz 2.7.9 (Eigenschaften und Rechenregeln der Korrelation) *Es seien* X, Y, X_i, Y_i *Zufallsvariablen mit positiven, endlichen Varianzen und* a, b, c, d, a_i, b_i *reelle Konstanten. Dann ist*

(a) $Corr(X, Y) \in [-1, +1]$.

(b) $|Corr(X, Y)| = 1 \Leftrightarrow \exists a, b \in \mathbb{R}, a \neq 0 \ mit \ Y = aX + b \quad P\text{-}f.s.$

(c) $Corr(aX + b, cY + d) = Corr(X, Y), \qquad \forall a, b, c, d \in \mathbb{R}, ab > 0.$

Die Korrelation ist also unabhängig von linearen Transformationen der Mess-Skalen.

Beweis. (a) Als direkte Folge der Cauchy-Schwarz-Ungleichung (2.38) ist

$$[E(X - EX)(Y - EY)]^2 \leq var X \cdot var Y, \tag{2.70}$$

so dass $[Corr(X, Y)]^2 \leq 1$.

(b) Da keine der beteiligten Zufallsvariablen fast sicher verschwindet, gilt die Cauchy-Schwarz-Ungleichung mit Gleichheit genau dann, wenn eine der Zufallsvariablen fast sicher das α-fache der anderen Zufallsvariable ist, d.h. in (2.70) steht das Gleichheitszeichen genau dann, wenn

$$\alpha(X - EX) = Y - EY \quad P\text{-f.s.}$$

Mit $\alpha = a$ und $b = EY - \alpha EX$ erhält man die Behauptung.

(c) Anhand der in Satz 2.7.7 aufgeführten Rechenregeln für die Kovarianz und wegen $var(cZ + d) = c^2 var\, Z$ schreiben wir

$$Corr(aX + b, cY + d) = \frac{Cov(aX + b, cY + d)}{\sqrt{var(aX + b)}\sqrt{var(cY + d)}} = \frac{acCov(X, Y)}{\sqrt{a^2 var\, X}\sqrt{c^2 var\, Y}}$$

$$= Corr(X, Y).$$

∎

Bei Anwendung des Multiplikationssatzes 2.7.5 wird deutlich, dass unabhängige Zufallsvariablen auch unkorreliert sind. Das Umgekehrte gilt aber im Allgemeinen nicht. Als Illustration dient

Beispiel 2.25 Es sei X eine Zufallsvariable, welche die Werte $-1, 0, +1$ mit den Wahrscheinlichkeiten $P(X = -1) = P(X = 0) = P(X = +1) = \frac{1}{3}$ annimmt und $Y = X^2$. Die Zufallsvariablen X und Y sind offensichtlich abhängig, aber es ist $Corr(X, Y) = 0$, denn

$$\begin{aligned} Cov(X, Y) &= E(XY) - EX\, EY \\ &= EX^3 - EX\, EX^2 \\ &= 0. \end{aligned}$$

Der Umkehrschluss von der Unkorreliertheit auf die Unabhängigkeit ist aber immerhin für eine wichtige Klasse von Zufallsvariablen erlaubt. Darüber gibt der folgende Satz Auskunft.

Satz 2.7.10 *Die gemeinsame Verteilung der Zufallsvariablen X_1 und X_2 besitze bezüglich des Lebesgue-Maßes die Dichte*

$$f(x) = \frac{1}{\sqrt{\det 2\pi D}} \exp\left(-\frac{1}{2}(x - \mu)D^{-1}(x - \mu)^t\right), \qquad \forall x \in \mathbb{R}^2, \quad (2.71)$$

wobei $x = (x_1, x_2)$, $\mu = (\mu_1, \mu_2)$ *und* D *eine reelle, symmetrische, positiv-definite* (2×2) *-Matrix ist.* X_1 *und* X_2 *sind genau dann unabhängig, wenn sie unkorreliert sind.*

Beweis. Wir setzen

$$D = \begin{pmatrix} \sigma_1^2 & \rho\sigma_1\sigma_2 \\ \rho\sigma_1\sigma_2 & \sigma_2^2 \end{pmatrix}.$$

Da D nach Voraussetzung positiv-definit ist, muss $\sigma_1 > 0, \sigma_2 > 0$ und $|\rho| < 1$ sein. Mit dieser Darstellung für D wird (2.71) zu

$$f(x_1, x_2) = \frac{1}{2\pi\sigma_1\sigma_2(1-\rho^2)^{1/2}}$$
$$\cdot \exp\left[-\frac{1}{2(1-\rho^2)}\left(\frac{(x_1-\mu_1)^2}{\sigma_1^2} - \frac{2\rho(x_1-\mu_1)(x_2-\mu_2)}{\sigma_1\sigma_2} + \frac{(x_2-\mu_2)^2}{\sigma_2^2}\right)\right].$$

Durch direkte Integration kann man daraus $EX_1 = \mu_1, EX_2 = \mu_2$ sowie $var\,X_1 = \sigma_1^2$, $var\,X_2 = \sigma_2^2$ und $Cov(X_1, X_2) = \rho\sigma_1\sigma_2$ ermitteln. Als Konsequenz ist $Corr(X_1, X_2) = \rho$. Falls X_1, X_2 unkorreliert sind, d.h., falls $\rho = 0$ ist, kann $f(x_1, x_2)$ in das Produkt zweier Normalverteilungsdichten aufgespalten werden:

$$f(x_1, x_2) = \frac{1}{\sqrt{2\pi\sigma_1^2}} \exp\left(-\frac{(x_1 - \mu_1)^2}{2\sigma_1^2}\right) \cdot \frac{1}{\sqrt{2\pi\sigma_2^2}} \exp\left(-\frac{(x_2 - \mu_2)^2}{2\sigma_2^2}\right).$$

Dieser Sachverhalt fällt unter Satz 2.7.3: Danach sind X_1 und X_2 unabhängig. ∎

Die Funktion f in (2.71) heißt Dichte der 2 -*dimensionalen Normalverteilung* mit Parametern μ und D. Mit den entsprechenden n -dimensionalen Objekten x, μ, D ist f die Dichte der n -dimensionalen Normalverteilung, abgekürzt als $\mathbf{N}_n(\mu, D)$. Die Zufallsvariablen $X_1, \ldots, X_n$ heißen entsprechend n -dimensional normalverteilt. Wir werden die Verteilungen von Zufallsvariablen in Kapitel 4 ausführlich untersuchen.

Die Korrelation $Corr(X, Y)$ quantifiziert, in wie weit zwei quadratisch integrierbare Zufallsvariablen X, Y von einer linearen Beziehung $Y = \alpha + \beta X$ abweichen. Den Begriff der Abweichung verstehen wir dabei als *mittleren quadratischen Abstand* zwischen Y und der am besten geeigneten linearen Funktion von X, d.h. es sind Parameter α und β zu finden, für welche

$$E[Y - (\alpha + \beta X)]^2 =: EZ^2 \tag{2.72}$$

kleinstmöglich wird. Die Gerade $y = \alpha + \beta x$ heißt *Regressionsgerade*. Zunächst ist $EZ^2 = (EZ)^2 + var\,Z$ und der zweite Summand ist unabhängig von α. Also minimieren wir den ersten Summanden in α für jedes feste β. Das Minimum wird offensichtlich für $\alpha = EY - \beta EX$ erreicht, da dann EZ verschwindet.

Außerdem ist nach Einsetzen für α das sich ergebende Minimierungsproblem

$$var\,Z = E[(Y-EY)-\beta(X-EX)]^2 = var\,Y - 2\beta Cov(X, Y) + \beta^2 var\,X \overset{!}{=} \min$$

nach quadratischer Ergänzung äquivalent mit

$$\left[\beta - \frac{Cov(X,Y)}{varX}\right]^2 varX + \left[1 - \frac{Cov^2(X,Y)}{(varX)(varY)}\right] varY \overset{!}{=} \min.$$

Wir ziehen uns nun auf den einzig interessanten Fall $varX \neq 0, varY \neq 0$ zurück (andere Fälle sind trivial). Dann wird für

$$\beta = \frac{Cov(X,Y)}{varX} = Corr(X,Y)\frac{\sqrt{varY}}{\sqrt{varX}} \tag{2.73}$$

das Minimum von EZ^2 erreicht. Nach Einsetzen in (2.72) ist der Minimalwert der mittleren quadratischen Abweichung offensichtlich

$$\min_{\alpha,\beta} EZ^2 = [1 - Corr^2(X,Y)]varY.$$

Für $|Corr(X,Y)| = 1$ bestätigt sich damit 2.7.9(b). Bleibt alles Übrige gleich, so streuen die Wertepaare $(X(\omega), Y(\omega))$ um die Regressionsgerade umso weniger, je größer $|Corr(X,Y)|$ ist. Ist dabei $Corr(X,Y) > 0$, so hat diese Gerade positive Steigung. Anschaulich bedeutet dies, dass tendenziell $X(\omega)$ für jene ω überdurchschnittlich große Werte annimmt, für die auch $Y(\omega)$ überdurchschnittlich große Werte annimmt. Entsprechend sind unterdurchschnittliche Werte von $X(\omega)$ mit unterdurchschnittlichen Werten von $Y(\omega)$ verbunden. Ist $Corr(X,Y) < 0$, dann streuen die Wertepaare $(X(\omega), Y(\omega))$ um eine Gerade negativer Steigung, und tendenziell nimmt $X(\omega)$ dann einen überdurchschnittlich großen (bzw. unterdurchschnittlich kleinen) Wert an, wenn $Y(\omega)$ einen unterdurchschnittlich kleinen (bzw. überdurchschnittlich großen) Wert annimmt.

Besonders aufschlussreich und anschaulich ist die Situation, wenn die gemeinsame Verteilung von X und Y den Punkten $(x_1, y_1), \ldots, (x_n, y_n)$ jeweils die Wahrscheinlichkeit $\frac{1}{n}$ zuordnet. Wir stellen die (x_i, y_i) als Punktwolke in $\mathbb{R}^2$ dar.

In Abbildung 2.2(a) verläuft die Punktwolke von links unten nach rechts oben, und die (x_i, y_i) liegen in der Nähe einer Geraden mit positiver Steigung. Die Korrelation ist nahe bei 1. In (b) verläuft die Punktwolke von links oben nach rechts unten, aber die Streuung auch um die bestangepasste Gerade ist groß. Die Korrelation ist leicht negativ. In (c) lässt sich in der Punktwolke keine Tendenz erkennen. Die Korrelation liegt nahe bei 0.

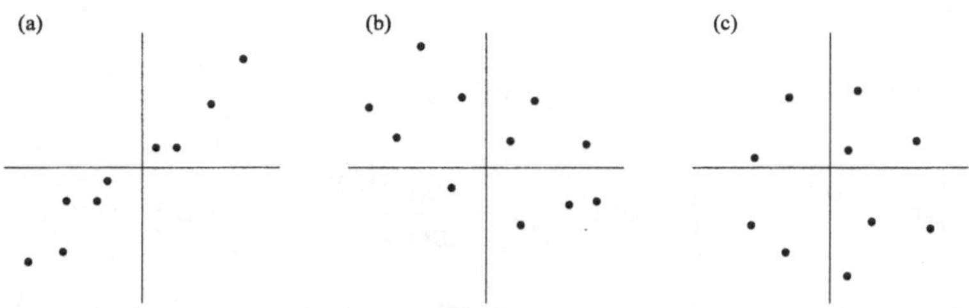

Abbildung 2.2: Darstellungen verschieden stark korrelierter Zufallsvariablen.

Beispiel 2.26 Die gemeinsame Verteilung der Zufallsvariablen X und Y besitze die Dichte

$$f_{X,Y}(x,y) = 2 \qquad \text{für } 1 \le x \le y \le 2.$$

Die Verteilung ist auf dem Dreieck mit Eckpunkten in (1,1), (1,2) und (2,2) konzentriert. Es gilt

$$EX = 2 \int_1^2 \int_x^2 x\,dy\,dx = 2 \int_1^2 x(2-x)\,dx = \frac{4}{3},$$

$$EY = 2 \int_1^2 \int_x^2 y\,dy\,dx = \int_1^2 (4-x^2)\,dx = \frac{5}{3},$$

$$E(X^2) = 2 \int_1^2 \int_x^2 x^2\,dy\,dx = 2 \int_1^2 x^2(2-x)\,dx = \frac{11}{6},$$

$$E(Y^2) = 2 \int_1^2 \int_x^2 y^2\,dy\,dx = \frac{2}{3} \int_1^2 (8-x^3)\,dx = \frac{17}{6},$$

$$E(XY) = 2 \int_1^2 \int_x^2 xy\,dy\,dx = \int_1^2 x(4-x^2)\,dx = \frac{9}{4}.$$

Daraus ermittelt man

$$varX = \frac{1}{18}, \qquad varY = \frac{1}{18}, \qquad Cov(X,Y) = \frac{1}{36},$$

sowie

$$Corr(X,Y) = \frac{Cov(X,Y)}{\sqrt{varX}\sqrt{varY}} = \frac{1}{2}.$$

Die Regressionsgerade hat die Gleichung

$$y = \frac{1}{2}x + 1.$$

Wird z.B. $X = \frac{5}{3}$ beobachtet, dann ist $Y = \frac{11}{6}$ die beste Schätzung für Y nach dem Prinzip der Minimierung des mittleren quadratischen Abstands.

2.8 Erzeugende Funktionen, charakteristische Funktionen

In einem früheren Abschnitt dieses Kapitels wurden Erwartungswerte der Form $E[g(X)]$ betrachtet. Für spezielle Funktionen g kommt diesen eine besondere Bedeutung zu. Für $g(x) = x^k$ ist $E[g(X)]$ offensichtlich das k-te Moment der Zufallsvariable X. Mit ausgewählten Momenten und Funktionen von Momenten können Eigenschaften der Verteilung von X, wie etwa Lage oder Streuung, zusammenfassend beschrieben werden. Diese und andere Verteilungskennzahlen werden wir im Kapitel 5 genauer beleuchten. Für $g(x) = \exp(tx)$ heißt der von t abhängende Erwartungswert $E[g(X)]$ die *momenterzeugende Funktion* von X. Mit ihrer Hilfe lassen sich alle Momente einer Zufallsvariable ermitteln. Ferner wird für $g(x) = t^x$, $t \in [0,1]$, der zugehörige Erwartungswert als *wahrscheinlichkeitserzeugende Funktion* bezeichnet. Bei $\mathbb{N}_0$-wertigen Zufallsvariablen können daraus die Wahrscheinlichkeiten aller möglichen Ausfälle abgeleitet werden. Mit $g(x) = \exp(itx)$ erhält man schließlich die so genannte *charakteristische Funktion*, die sich als wirkungsvolles Hilfsmittel bei der Untersuchung von Verteilungseigenschaften erweist.
Wir beginnen mit einer Diskussion der erzeugenden Funktionen.

Die wahrscheinlichkeitserzeugende Funktion wird vorwiegend zum Studium $\mathbb{N}_0$-wertiger Zufallsvariablen eingesetzt.

Definition 2.8.1 *Sei* X *eine* $\mathbb{N}_0$*-wertige Zufallsvariable. Die durch* $G_X(t) := E\left(t^X\right) = \sum_{n=0}^{\infty} t^n P(X = n)$ *für* $t \in [0,1]$ *definierte Funktion heißt wahrscheinlichkeitserzeugende Funktion von* X.

$G_X(t)$ existiert für alle $t \in [0,1]$, da

$$\sum_{n=0}^{\infty} P(X = n) = 1$$

ist. Lineare Transformationen von X haben eine einfache Wirkung auf die wahrscheinlichkeitserzeugende Funktion: $G_{aX+b}(t) = t^b G_X(t^a)$, $a, b \in \mathbb{R}$. Wegen

$$G_X^{(k)}(t) = \sum_{n=k}^{\infty} n(n-1) \cdot \ldots \cdot (n-k+1) t^{n-k} P(X = n)$$

kann mittels der Ableitungen $G_X^{(k)}(0) = k! P(X = k)$ die gesamte Verteilung von X ermittelt werden. Außerdem bestimmt die Funktion $G_X(t)$ die Verteilung von X eindeutig:

Satz 2.8.2 *Ist* $G_X(t) = G_Y(t)$ *für alle* $t \in [0,\gamma]$ *und* $\gamma \in (0,1]$, *dann folgt* $P(X = k) = P(Y = k)$ *für alle* $k \in \mathbb{N}_0$.

Beweis. Wir zeigen: Sind $(\alpha_n)_{n \in \mathbb{N}_0}, (\beta_n)_{n \in \mathbb{N}_0}$ beliebige beschränkte Zahlenfolgen und $K(t) = \sum_{n=0}^{\infty} \alpha_n t^n, H(t) = \sum_{n=0}^{\infty} \beta_n t^n$ so, dass für $\gamma \in (0,1]$

$$K(t) = H(t) \qquad \forall t \in [0,\gamma],$$

dann folgt $\alpha_n = \beta_n$ für alle $n \in \mathbb{N}$.

Die Begründung basiert auf vollständiger Induktion. Offensichtlich ist $\alpha_0 = K(0) = H(0) = \beta_0$. Angenommen, wir wissen nun bereits, dass $\alpha_0 = \beta_0, \ldots, \alpha_n = \beta_n$. Wir prüfen, dass dies $\alpha_{n+1} = \beta_{n+1}$ nach sich zieht. Dazu betrachten wir

$$t^{-(n+1)}[K(t) - H(t)] = t^{-(n+1)} \sum_{i=n+1}^{\infty} (\alpha_i - \beta_i)t^i$$

$$= (\alpha_{n+1} - \beta_{n+1}) + \sum_{i=n+2}^{\infty} (\alpha_i - \beta_i)t^{i-(n+1)}$$

und schließen, dass

$$|\alpha_{n+1} - \beta_{n+1}| \leq t^{-(n+1)}|K(t) - H(t)| + \sum_{i=n+2}^{\infty} |\alpha_i - \beta_i|t^{i-(n+1)}.$$

Wegen der Beschränktheit der Zahlenfolgen gibt es ein $K < \infty$ mit $|\alpha_i - \beta_i| \leq K$, für alle $i \in \mathbb{N}_0$, so dass für alle $t \in [0,\gamma]$

$$|\alpha_{n+1} - \beta_{n+1}| \leq K \sum_{i=n+2}^{\infty} t^{i-(n+1)} = Kt/(1-t). \qquad (2.74)$$

Da für $t \downarrow 0$ die rechte Seite von (2.74) gegen 0 geht, folgt $\alpha_{n+1} = \beta_{n+1}$. ∎

Mit dem nächsten Satz können wahrscheinlichkeitserzeugende Funktionen von Summen unabhängiger Zufallsvariablen bestimmt werden.

Satz 2.8.3 *Es seien* $X_1, \ldots, X_n$ *unabhängige,* $\mathbb{N}_0$ *-wertige Zufallsvariablen. Dann ist*

$$G_{X_1 + \cdots + X_n}(t) = \prod_{i=1}^{n} G_{X_i}(t).$$

Beweis. Offensichtlich gilt

$$G_{X_1+\cdots+X_n}(t) = E\left(t^{X_1+\cdots+X_n}\right) = E\left(\prod_{i=1}^{n} t^{X_i}\right) = \prod_{i=1}^{n} E\left(t^{X_i}\right)$$

$$= \prod_{i=1}^{n} G_{X_i}(t),$$

und der Beweis ist erbracht. $\blacksquare$

Mit dem folgenden Satz bereiten wir die Berechnung von Erwartungswert und Varianz mittels der wahrscheinlichkeitserzeugenden Funktion vor.

Satz 2.8.4 *Für eine* $\mathbb{N}_0$ *-wertige Zufallsvariable* X *mit endlichem* k *-ten Moment,* $k \in \mathbb{N}$*, ist*

$$\lim_{t\uparrow 1} G_X^{(k)}(t) = G_X^{(k)}(1) = E[X(X-1)\cdot\ldots\cdot(X-k+1)] < \infty.$$

Falls $EX^k = \infty$*, so ist* $E[X(X-1)\cdot\ldots\cdot(X-k+1)] = \infty$ *und dann auch* $\lim_{t\uparrow 1} G_X^{(k)}(t) = \infty$*.*

Beweis. Aufgrund allgemeiner Eigenschaften von Potenzreihen ist für $t \in [0,1)$

$$G_X^{(k)}(t) = \sum_{n=k}^{\infty} n(n-1)\cdot\ldots\cdot(n-k+1)t^{n-k}P(X=n),$$

und für den Grenzwert gilt

$$\lim_{t\uparrow 1} G_X^{(k)}(t) = \sum_{n=k}^{\infty} n(n-1)\cdot\ldots\cdot(n-k+1)P(X=n)$$

auch dann, wenn die Summe nicht existiert. Ferner ist $E[X(X-1)\cdot\ldots\cdot(X-k+1)] = \sum_{n=k}^{\infty} n(n-1)\cdot\ldots\cdot(n-k+1)P(X=n)$ und dieser Erwartungswert ist endlich genau dann, wenn $EX^k < \infty$. $\blacksquare$

Satz 2.8.4 eröffnet die Möglichkeit, Erwartungswert und Varianz mittels G_X darzustellen:

$$EX = G_X'(1),$$

$$var\, X = G_X''(1) + G_X'(1)[1 - G_X'(1)].$$

An den folgenden Beispielen wird auch die Anpassungsfähigkeit des Instruments der wahrscheinlichkeitserzeugenden Funktion deutlich.

Beispiel 2.27 (Das Waldegravesche Problem) Dies ist ein altes Problem der Wahrscheinlichkeitstheorie, mit dem sich bereits de Moivre und Laplace beschäftigt haben. Eine moderne Einkleidung ist die Folgende: Die Mitglieder $M_1, \ldots, M_k$ eines Tennis-Clubs tragen ein Turnier aus. Alle Spieler sind gleich stark, jeder besiegt jeden anderen mit Wahrscheinlichkeit $\frac{1}{2}$. Das erste Spiel bestreiten M_1 und M_2. Der Gewinner tritt anschließend gegen M_3 an, der Gewinner dieses Spiels gegen M_4, usw. Ist M_1 der Sieger des $(k-1)$-ten Spiels, dann hat er alle anderen Mitglieder besiegt und gewinnt das Turnier. Andernfalls spielt der Sieger des $(k-1)$-ten Spiels wiederum gegen M_1 (bzw. gegen M_2, falls M_1 im $(k-1)$-ten Spiel unterlegen ist), und ein weiterer Zyklus beginnt. Der erste Spieler, der alle anderen in aufeinander folgenden Spielen besiegt, der also $(k-1)$ Spiele in Folge siegreich bleibt, gewinnt das Turnier. Wie viele Spiele dauert ein Turnier im Mittel?

Um diese Frage zu beantworten, stellen wir den Turnierverlauf wie folgt dar. Beginnend mit dem zweiten Spiel notieren wir eine 1, wenn bei einem gegebenen Spiel derselbe Spieler gewinnt wie im vorhergehenden Spiel, andernfalls eine 0. Ein Turnier ergibt auf diese Weise eine $0-1$ Folge, wobei jedes Symbol von den vorhergehenden unabhängig und mit Wahrscheinlichkeit $\frac{1}{2}$ entweder eine 0 oder eine 1 ist. Offensichtlich wird bei $k = 2$ nur ein einziges Spiel benötigt. Für $k \geq 3$ hat ein Turnier die Länge $m \geq 2$ genau dann, wenn eine Folge von $(k-2)$ aufeinander folgenden Einsen erstmals mit dem $(m-1)$-ten Symbol vollständig ist. Sei X_l eine Zufallsvariable und bezeichne $\{X_l = i\}$ das Ereignis, dass in einer unabhängigen $0-1$-Folge, in der beide Ausfälle mit derselben Wahrscheinlichkeit $\frac{1}{2}$ eintreten, erstmals beim i-ten Symbol eine Folge von l Einsen vollständig ist. Sei $G_l(t)$ die wahrscheinlichkeitserzeugende Funktion von X_l. Die mittlere Turnierlänge ist dann $G'_{k-2}(1) + 1$. Wir müssen also die wahrscheinlichkeitserzeugende Funktion von X_l bestimmen. Zunächst ist

$$P(X_l = l) = \left(\frac{1}{2}\right)^l,$$

und für $i \geq l+1$ ist $X_l = i$ genau dann, wenn unter den ersten $(i - l - 1)$ Ausfällen sich keine Folge von l aufeinander folgenden Zahlen 1 befindet, der $(i-l)$-te Ausfall eine 0 ist und sich anschließend l-mal eine 1 realisiert. Damit ist

$$P(X_l = i) = P(X_l > i - l - 1) \cdot \left(\frac{1}{2}\right)^{l+1}$$

und

$$
\begin{aligned}
G_l(t) &= \left(\frac{1}{2}\right)^l t^l + \left(\frac{1}{2}\right)^{l+1} \sum_{i=l+1}^{\infty} \sum_{j=i-l}^{\infty} P(X_l = j) t^i \\
&= \left(\frac{1}{2}t\right)^l + \left(\frac{1}{2}\right)^{l+1} \sum_{j=1}^{\infty} P(X_l = j) \sum_{i=l+1}^{l+j} t^i \\
&= \left(\frac{1}{2}t\right)^l + \left(\frac{1}{2}\right)^{l+1} \frac{t^{l+1}}{1-t} \sum_{j=1}^{\infty} P(X_l = j)(1 - t^j) \\
&= \left(\frac{1}{2}t\right)^l + \left(\frac{1}{2}t\right)^{l+1} \cdot \frac{1}{1-t}(1 - G_l(t)).
\end{aligned}
$$

Infolgedessen haben wir

$$
G_l(t) = \frac{t^l(2-t)}{2^{l+1}(1-t) + t^{l+1}},
$$

und die mittlere Turnierlänge bei k Spielern beträgt

$$
G'_{k-2}(1) + 1 = 2^{k-1} - 1, \quad k \geq 3.
$$

Beispiel 2.28 Wir fragen uns, ob es möglich ist, zwei Würfel so zu konstruieren, dass beim unabhängigen Werfen jede Augensumme mit gleicher Wahrscheinlichkeit auftritt. Formal: Gibt es zwei unabhängige $\{1, 2, 3, 4, 5, 6\}$-wertige Zufallsvariablen X_1 und X_2, so dass $P(X_1 + X_2 = k) = \frac{1}{11}$ für $k = 2, 3, \ldots, 12$? Wir werden zeigen, dass dies nicht möglich ist. Der Beweis wird durch Widerspruch geführt. Wir nehmen an, es gebe zwei unabhängige Zufallsvariablen X_1, X_2 mit der erwähnten Eigenschaft. Zunächst gilt dann wegen Unabhängigkeit für die wahrscheinlichkeitserzeugenden Funktionen die Beziehung

$$
G_{X_1+X_2}(t) = G_{X_1}(t) G_{X_2}(t), \qquad \forall t \in \mathbb{R},
$$

und mit $p_{j,i} := P(X_i = j)$

$$
\begin{aligned}
G_{X_i}(t) &= p_{1,i} t + p_{2,i} t^2 + \cdots + p_{6,i} t^6 \\
&=: t\, P_i(t), \qquad i = 1, 2,
\end{aligned}
\tag{2.75}
$$

wobei $P_1(t)$ und $P_2(t)$ Polynome vom Grad nicht größer als 5 sind. Außerdem ist unter der erwähnten Eigenschaft

$$
G_{X_1+X_2}(t) = \frac{1}{11}(t^2 + t^3 + \cdots + t^{12}) = \frac{t^2}{11}(1 + t + \cdots + t^{10})
\tag{2.76}
$$

und wegen (2.75)

$$
G_{X_1+X_2}(t) = t^2\, P_1(t) P_2(t).
\tag{2.77}
$$

Mit (2.76) und (2.77) folgt dann, dass P_1 und P_2 jeweils genau vom Grad 5 sind. Ferner wissen wir, dass sowohl $P_i(0) \neq 0$ (da nach (2.76) $t = 0$ eine doppelte Nullstelle von $G_{X_1+X_2}$ ist und somit $t = 0$ wegen der Darstellung (2.77) weder eine Nullstelle von P_1 noch von P_2 sein kann) als auch $P_i(1) \neq 0$ (da $G_{X_i}(1) = 1 = P_i(1)$).

Des Weiteren schließen wir aus (2.76) und (2.77), dass

$$P_1(t)P_2(t) = \frac{1}{11} \cdot \frac{t^{11} - 1}{t - 1}. \tag{2.78}$$

Also können P_1 und P_2 keine reellen Nullstellen besitzen. Denn diese müssten reelle Nullstellen des Zählers $t^{11} - 1$ in (2.78) sein. Andererseits besitzen nach dem Fundamentalsatz der Algebra alle Polynome ungeraden Grades, also auch P_1 und P_2, mindestens eine reelle Nullstelle. Damit ist ein Widerspruch erzeugt.

Potenzreihen vom Typ $\sum_{n=0}^{\infty} \alpha_n t^n$ sind auch dann nützlich, wenn es sich bei den α_n nicht um eine Wahrscheinlichkeitsverteilung handelt. Man spricht dann von der *erzeugenden Funktion* der Zahlenfolge $(\alpha_n)_{n \in \mathbb{N}_0}$. Wir geben an dieser Stelle lediglich ein Beispiel ihrer Anwendung und werden im Kapitel über Kombinatorik auf diese erzeugenden Funktionen zurückkommen.

Beispiel 2.29 Ein im Ursprung startendes Teilchen macht pro Zeiteinheit mit Wahrscheinlichkeit p einen Schritt nach rechts und mit Wahrscheinlichkeit $q = 1 - p$ bleibt es an seiner jeweiligen Position. Wie groß ist die Wahrscheinlichkeit α_n, dass es sich zur Zeit n um eine gerade Anzahl von Schritten vom Ursprung entfernt hat?

Durch Konditionierung auf den ersten Schritt erhalten wir für α_n, α_{n-1} die Gleichung

$$\alpha_n = q\alpha_{n-1} + p(1 - \alpha_{n-1}), \qquad \alpha_0 = 1.$$

Multiplikation dieser Gleichung mit t^n und Addition über $n \in \mathbb{N}$ liefert für $P(t) = \sum_{n=0}^{\infty} \alpha_n t^n$, $t \in [0,1)$, die Beziehung

$$P(t) - 1 = qtP(t) + pt(1 - t)^{-1} - ptP(t)$$

mit der Lösung

$$P(t) = \frac{1 - t + pt}{[1 - (q - p)t](1 - t)},$$

bzw. nach Partialbruchzerlegung

$$2P(t) = \frac{1}{1 - t} + \frac{1}{1 - (q - p)t}. \tag{2.79}$$

Ersetzt man die Summanden der rechten Seite von (2.79) durch ihre geometrischen Reihen, bekommt man mit Koeffizientenvergleich

$$\alpha_n = \frac{1}{2} + \frac{1}{2}(q - p)^n, \qquad \forall n \in \mathbb{N}_0.$$

Als Nächstes lenken wir unser Augenmerk auf die *momenterzeugende Funktion*.

Definition 2.8.5 *Sei X eine Zufallsvariable. Die durch $M_X(t) = E \exp(tX)$ definierte Funktion, sofern sie existiert, heißt momenterzeugende Funktion von X.*

Die momenterzeugende Funktion kann zur Berechnung der Momente verwendet werden, was die Begriffsbildung erklärt. Falls $M_X(t)$ in einer Umgebung von 0 existiert, ist

$$M_X^{(k)}(0) = EX^k$$

das k-te Moment von X. Eine weitere Anwendung vermerken wir als

Beispiel 2.30 (Chernoff-Schranke) Es seien $X_1, \ldots, X_n$ unabhängige und identisch verteilte Zufallsvariablen, deren momenterzeugende Funktion $M(t)$ für $t \in [0, \gamma], \gamma > 0$, existiert. Wir schreiben

$$S_n := \sum_{i=1}^{n} X_i$$

und

$$A := \{S_n \geq \lambda\}.$$

Dann gilt

$$e^{tS_n} \geq e^{t\lambda} 1_A, \qquad \forall t \geq 0,$$

und nach Erwartungswertbildung

$$E \exp(tS_n) = M^n(t) \geq \exp(t\lambda) P(A).$$

Mit $K(t) := \ln M(t)$ folgt daraus die *Chernoff-Schranke*

$$P(S_n \geq \lambda) \leq \inf_{t \geq 0} e^{-t\lambda} E \exp(tS_n) = \inf_{t \geq 0} \exp[-t\lambda + nK(t)]. \qquad (2.80)$$

Handelt es sich bei der Verteilung von X_i um eine Exponentialverteilung mit Parameter 1 (siehe Beispiel 2.22), dann haben wir

$$M(t) = \int_{\mathbb{R}} e^{tx} e^{-x} dx = \frac{1}{1-t}, \qquad \forall t \in [0,1).$$

Das absolute Minimum von $-t\lambda + nK(t) = -t\lambda - n\ln(1-t)$ in t wird auf $[0,1)$ für $\lambda > n$ an der Stelle $t_0 = 1 - n/\lambda$ angenommen. Also gilt für alle $\lambda > n$

$$P(S_n \geq \lambda) \leq e^{n-\lambda} \left(\frac{\lambda}{n}\right)^n.$$

Die momenterzeugende Funktion muss nicht für alle t oder auch nur für irgendein $t \neq 0$ existieren. Ein Beispiel liefert die Zufallsvariable mit der Dichte $f(x) = c(1 + x^2)^{-m}$, $m \in \mathbb{N}$, bezüglich des Lebesgue-Maßes. Aus diesem Grund wird in der Regel die charakteristische Funktion bevorzugt, die ähnliche Anwendungen besitzt, deren Existenz aber für alle Zufallsvariablen und alle $t \in \mathbb{R}$ gesichert ist.

Definition 2.8.6 *Sei X eine Zufallsvariable mit Verteilungsfunktion $F_X(x)$. Die Funktion $\Psi_X(t) := E\exp(itX) = \int \cos(tx)dF_X(x) + i\int \sin(tx)dF_X(x) =: \int \exp(itx)dF_X(x)$ heißt charakteristische Funktion von X.*

Beispiel 2.31 Die charakteristische Funktion einer normalverteilten Zufallsvariable X mit der Dichte $f(x) = \frac{1}{\sqrt{2\pi\sigma^2}}\exp\left(-(x-\mu)^2/2\sigma^2\right)$ ist

$$\Psi(t) = \exp\left(i\mu t - \sigma^2 t^2/2\right). \tag{2.81}$$

Wir beweisen dies wie folgt. Im Fall $\mu = 0, \sigma^2 = 1$ ermitteln wir

$$\Psi(t) = \int_{\mathbb{R}} e^{itx}\frac{1}{\sqrt{2\pi}}e^{-x^2/2}dx = \int_{\mathbb{R}}\cos(tx)\frac{1}{\sqrt{2\pi}}e^{-x^2/2}dx$$

und

$$\Psi'(t) = \int_{\mathbb{R}} -x\sin(tx)\frac{1}{\sqrt{2\pi}}e^{-x^2/2}dx = -\int_{\mathbb{R}} t\cos(tx)\frac{1}{\sqrt{2\pi}}e^{-x^2/2}dx$$
$$= -t\Psi(t).$$

Dem entnimmt man

$$\frac{d}{dt}\left[\Psi(t)e^{t^2/2}\right] = 0, \qquad \forall t \in \mathbb{R},$$

so dass mit $\Psi(0) = 1$ sich $\Psi(t) = \exp(-t^2/2)$ ergibt. Für allgemeines μ und σ^2 verwenden wir diese Tatsache: Ist X normalverteilt mit Parametern μ und σ^2, dann ist $(X-\mu)/\sigma$ ebenfalls normalverteilt, aber mit den Parametern 0 und 1. Diese Aussage wird durch eine elementare Anwendung des Transformationssatzes 2.7.4 für Dichten untermauert. Es gilt also

$$e^{-t^2/2} = Ee^{it(X-\mu)/\sigma} = Ee^{i(t/\sigma)X} \cdot e^{-i(t/\sigma)\mu}$$

nebst

$$Ee^{itX} = e^{-(\sigma t)^2/2}e^{it\mu} = e^{it\mu - \sigma^2 t^2/2}.$$

Beispiel 2.32 Die charakteristische Funktion einer Zufallsvariable mit Dichte $f(x) = \frac{1}{2}e^{-|x|}$, $\forall x \in \mathbb{R}$, bezüglich des Lebesgue-Maßes ist $\Psi(t) = (1 + t^2)^{-1}$,

$\forall t \in \mathbb{R}$. (Eine Verteilung mit dieser Dichte heißt *Laplace-Verteilung.*). Eine kurze Rechnung liefert

$$\Psi(t) = \frac{1}{2} \int e^{itx} e^{-x} dx = \int_0^\infty \cos(tx) e^{-x} dx = 1 - t \int_0^\infty \sin(tx) e^{-x} dx$$

$$= 1 - t^2 \int_0^\infty \cos(tx) e^{-x} dx$$

$$= 1 - t^2 \Psi(t).$$

Daraus ergibt sich die Behauptung.

Im Sprachgebrauch der Analysis ist die charakteristische Funktion einer Zufallsvariable X die Fourier-Stieltjes-Transformation der Verteilungsfunktion F_X. Wenn eine Dichte f_X bezüglich des Lebesgue-Maßes existiert, dann ist

$$\Psi_X(t) = \int_{\mathbb{R}} e^{itx} f_X(x) dx \tag{2.82}$$

die Fourier-Transformation der Dichte. Also ergibt sich umgekehrt die Dichte durch Fourier-Inversion als

$$f_X(x) = \frac{1}{2\pi} \int_{\mathbb{R}} e^{-itx} \Psi_X(t) dt. \tag{2.83}$$

Wegen $|\Psi_X(t)| \leq \int |\exp(itx)| dF_X(x) = \int dF_X(x) = 1$ existiert die charakteristische Funktion einer Zufallsvariable immer und ist betragsmäßig beschränkt. Wegen

$$|\Psi(t+h) - \Psi(t)| = |E(\exp(itX))[\exp(ihX) - 1]|$$

$$\leq E(|\exp(ihX) - 1|) \xrightarrow{h \to 0} 0$$

(aufgrund des Satzes von der majorisierten Konvergenz) ist Ψ sogar gleichmäßig stetig. Weitere elementare Eigenschaften ergeben sich mühelos:

(a) $\Psi_X(-t) = \overline{\Psi_X(t)}$.

(b) Genau dann ist Ψ_X reell-wertig, wenn $\mathcal{L}(X) = \mathcal{L}(-X)$.

(c) $\Psi_{aX+b}(t) = \exp(ibt) \Psi_X(at)$ für alle $a, b \in \mathbb{R}$.

(d) $\Psi_{X_1 + \cdots + X_n}(t) = \prod_{i=1}^n \Psi_{X_i}(t)$ für unabhängige X_i.

Weit weniger elementar sind die nun folgenden Eigenschaften:

Theorem 2.8.7 (Inversionsformel) *Es sei* X *eine Zufallsvariable mit charakteristischer Funktion* Ψ_X *sowie mit Verteilungsfunktion* F_X *, und sei* P *mit* $P((a,b]) := F_X(b) - F_X(a)$ *das zugehörige Wahrscheinlichkeitsmaß. Für* $a < b$ *ist*

$$\lim_{T \to \infty} \frac{1}{2\pi} \int_{-T}^{+T} \frac{e^{-ita} - e^{-itb}}{it} \Psi_X(t)dt = P((a,b)) + \frac{1}{2}P(\{a,b\}).$$

Beweis. Wir schreiben

$$I_T := \int_{-T}^{+T} \frac{e^{-ita} - e^{-itb}}{it} \Psi_X(t)dt = \int_{-T}^{+T} \int_{\mathbb{R}} \frac{e^{-ita} - e^{-itb}}{it} e^{itx} dF_X(x)dt.$$

Der Betrag des Integranden ist

$$\left| \frac{e^{-ita} - e^{-itb}}{it} e^{itx} \right| = \left| \int_{-a}^{+b} e^{-itz} dz \right| \leq b - a. \qquad (2.84)$$

Also gilt mit dem Satz 2.7.2 von Fubini

$$I_T = \int_{\mathbb{R}} \int_{-T}^{+T} \frac{e^{-ita} - e^{-itb}}{it} e^{itx} dt dF_X(x)$$

$$= \int_{\mathbb{R}} \left[\int_{-T}^{+T} \frac{\sin(t(x-a))}{t} dt - \int_{-T}^{+T} \frac{\sin(t(x-b))}{t} dt \right] dF_X(x)$$

bei Berücksichtigung der Additionstheoreme und Symmetrieeigenschaften von Winkelfunktionen. Mit

$$K_T(\alpha) := \int_{-T}^{+T} \frac{\sin \alpha t}{t} dt$$

hat man

$$I_T = \int_{\mathbb{R}} [K_T(x-a) - K_T(x-b)] \, dF_X(x). \qquad (2.85)$$

Aus der Analysis ist

$$M_T := \int_0^T \frac{\sin t}{t} dt \xrightarrow{T \to \infty} \frac{\pi}{2} \qquad (2.86)$$

bekannt. Eine kurze Begründung von (2.86) liefert die folgende Überlegung: $e^{-tx} \sin t$ ist über $\{(t,x) \in \mathbb{R}^2 : t \in (0,T) \text{ und } x > 0\}$ integrierbar. Der Satz von Fubini und zweimalige partielle Integration führen zu

$$\int_0^T \int_0^\infty e^{-tx} \sin t dx dt = \int_0^T \frac{\sin t}{t} dt$$

$$= \frac{\pi}{2} - \cos(T) \int_0^\infty \frac{e^{-Tx}}{1+x^2} dx - \sin(T) \int_0^\infty \frac{xe^{-Tx}}{1+x^2} dx,$$

und wegen $(1+x^2)^{-1} \leq 1$ nebst $x(1+x^2)^{-1} \leq 1$, für alle $x \geq 0$, resultiert die Abschätzung

$$\left| \int_0^T \frac{\sin t}{t} dt - \frac{\pi}{2} \right| \leq \frac{2}{T}.$$

Wir widmen uns nun dem Integranden von (2.85). Für $\alpha > 0$ ist $K_T(\alpha) = 2M_{\alpha T}$ und entsprechend für $\alpha < 0$ $K_T(\alpha) = -2M_{|\alpha|T}$. Bei Verwendung der Vorzeichenfunktion $sign(\alpha)$ schreibt sich dies für beliebiges α als

$$K_T(\alpha) = 2(sign(\alpha))M_{|\alpha|T} \stackrel{T \to \infty}{\longrightarrow} \pi\, sign(\alpha)$$

wegen (2.86). Also

$$K_T(x-a) - K_T(x-b) \stackrel{T \to \infty}{\longrightarrow} \begin{cases} 0, & \text{falls} \quad x < a \\ \pi, & \text{falls} \quad x = a \\ 2\pi, & \text{falls} \quad x \in (a,b) \\ \pi, & \text{falls} \quad x = b \\ 0, & \text{falls} \quad x > b. \end{cases}$$

Da $K_T(\alpha) \leq 2 \sup_T M_T < \infty$, gelangt man mit Satz 2.4.3 von der majorisierten Konvergenz zur Aussage des Theorems.   ∎

Als unmittelbare Konsequenz von Theorem 2.8.7 formulieren wir

Korollar 2.8.8 *Sind a und b Stetigkeitsstellen der Verteilungsfunktion F_X, dann gilt*

$$F_X(b) - F_X(a) = \lim_{T \to \infty} \frac{1}{2\pi} \int_{-T}^{+T} \frac{e^{-ita} - e^{-itb}}{it} \Psi_X(t) dt. \qquad (2.87)$$

Dieses Korollar fordert die Frage heraus, ob die Verteilung einer Zufallsvariablen durch ihre charakteristische Funktion bereits eindeutig festgelegt ist. Dass dem so ist, sagt

Satz 2.8.9 (Eindeutigkeitssatz) *Die charakteristische Funktion einer Zufallsvariable bestimmt deren Verteilung eindeutig.*

Beweis. Aus der charakteristischen Funktion kann mit (2.87) der Zuwachs ihrer Verteilungsfunktion F auf jedem Intervall $[a, b]$ ermittelt werden, dessen Endpunkte Stetigkeitsstellen von F sind. Wir stellen zunächst fest, dass jede Verteilungsfunktion höchstens abzählbar viele Unstetigkeitsstellen besitzt. Die Menge der Unstetigkeitsstellen ist nämlich

$$\{x \in \mathbb{R} : F(x) - F(x-0) > 0\} = \bigcup_{n=1}^{\infty} \{x \in \mathbb{R} : F(x) - F(x-0) > \frac{1}{n}\},$$

und da $F(+\infty) - F(-\infty) = 1$ ist, handelt es sich dabei um eine abzählbare Vereinigung von abzählbaren Mengen. Wegen der Abzählbarkeit der Unstetigkeitsstellen kann man a in (2.87) über eine Folge von Stetigkeitsstellen von F gegen $-\infty$ gehen lassen. Dann ist $F(b)$ für alle Stetigkeitsstellen von F bekannt. Da F rechtsseitig stetig ist, kann $F(x)$ an einer Unstetigkeitsstelle x bestimmt werden, indem man $F(b_n)$ für eine Folge $(b_n)_{n \in \mathbb{N}}$ bildet, die von rechts über Stetigkeitsstellen von F gegen x konvergiert.

∎

Eine typische Anwendung des Eindeutigkeitssatzes hat man in

Beispiel 2.33 Die Verteilung mit der Dichte

$$f(x) = \frac{1}{\pi} \frac{1}{1 + x^2} \cdot 1_{\mathbb{R}}(x).$$

bezüglich des Lebesgue-Maßes heißt *Cauchy-Verteilung*. Es seien $X_1, \ldots, X_n$ unabhängige, Cauchy-verteilte Zufallsvariablen. Wir zeigen, dass das arithmetische Mittel der X_i dieselbe Verteilung besitzt wie jedes der X_i, es ist also ebenfalls Cauchy-verteilt:

$$\mathcal{L}(X_i) = \mathcal{L}\left(\frac{1}{n} \sum_{i=1}^{n} X_i\right). \tag{2.88}$$

Besonders einfach ist ein auf der charakteristischen Funktion Ψ_{X_i} basierendes Argument. Deren Darstellung

$$\Psi_{X_i}(t) = e^{-|t|}, \qquad \forall t \in \mathbb{R},$$

findet man mit Beispiel 2.32 nebst (2.82) und (2.83). Also haben wir

$$\Psi_{(X_1 + \ldots + X_n)/n}(t) = E e^{it(X_1 + \ldots + X_n)/n} = [\Psi_{X_1}(t/n)]^n = e^{-|t|}, \qquad \forall t \in \mathbb{R}.$$

Die Verteilungsgleichheit (2.88) gewährleistet der Eindeutigkeitssatz.

Als Implikation der Inversionsformel vermerken wir noch

Satz 2.8.10 *Ist die charakteristische Funktion* Ψ_X *einer Zufallsvariable* X *absolut integrierbar, dann besitzt* X *eine beschränkte, stetige Dichte* f *bezüglich des Lebesgue-Maßes, und diese ist gegeben durch*

$$f(x) = \frac{1}{2\pi} \int_{\mathbb{R}} e^{-itx} \Psi_X(t) dt.$$

Beweis. Die einfache Abschätzung

$$P((a,b)) + \frac{1}{2}P(\{a,b\}) \leq \frac{b-a}{2\pi} \int |\Psi_X(t)|dt$$

ist eine erlaubte Folgerung aus Theorem 2.8.7 und (2.84). Mit $b = a$ ist offensichtlich $P(\{a\}) = 0$ für alle $a \in \mathbb{R}$. Für $a = z$ und $b = z+h$ liefert die Inversionsformel dann

$$\begin{aligned}
P((z, z+h)) &= \frac{1}{2\pi} \int_{\mathbb{R}} \frac{e^{-itz} - e^{-it(z+h)}}{it} \Psi_X(t)dt \\
&= \frac{1}{2\pi} \int_{\mathbb{R}} \left[\int_z^{z+h} e^{-itx}dx \right] \Psi_X(t)dt \\
&= \int_z^{z+h} \left[\frac{1}{2\pi} \int_{\mathbb{R}} e^{-itx}\Psi_X(t)dt \right] dx.
\end{aligned}$$

Also besitzt X die Dichte $f(x) = \frac{1}{2\pi} \int e^{-itx}\Psi_X(t)dt$. Diese ist offensichtlich durch $\frac{1}{2\pi} \int |\Psi_X(t)|dt$ beschränkt. Von ihrer Stetigkeit überzeugt man sich anhand von

$$\begin{aligned}
|f(x+h) - f(x)| &\leq \frac{1}{2\pi} \int_{\mathbb{R}} |e^{-it(x+h)} - e^{-itx}||\Psi_X(t)|dt \\
&= \frac{1}{\pi} \int_{\mathbb{R}} |e^{-ith} - 1||\Psi_X(t)|dt,
\end{aligned}$$

da die rechte Seite für $h \to 0$ gegen 0 konvergiert. $\blacksquare$

Beispiel 2.34 (Stirlingsche Approximation für $n!$ **)** Für große n können nach Stirling die Fakultäten $n! = \Gamma(n+1)$ durch $\sqrt{2\pi}e^{-n}n^{n+\frac{1}{2}}$ approximiert werden, denn es gilt

$$\lim_{n \to \infty} \frac{\sqrt{2\pi}e^{-n}n^{n-\frac{1}{2}}}{\Gamma(n)} = 1.$$

Um dies zu beweisen, denke man sich eine Zufallsvariable X mit der Dichte

$$f_X(x) = \frac{1}{\Gamma(n)}e^{-x}x^{n-1} \cdot 1_{\mathbb{R}_+^0}(x) \tag{2.89}$$

bezüglich des Lebesgue-Maßes. Die charakteristische Funktion ist gegeben durch

$$\Psi_X(t) = (1 - it)^{-n}, \qquad \forall t \in \mathbb{R}.$$

(Wir werden f_X später als Dichte einer Gamma-Verteilung wiedererkennen. Die charakteristische Funktion wird in (4.44) bestimmt.) Nach dem Transformationssatz hat dann $Y := (X - n)/\sqrt{n}$ die Dichte

$$f_Y(y) = \sqrt{n}f_X(\sqrt{n}y + n) \tag{2.90}$$

und die charakteristische Funktion ist

$$\Psi_Y(t) = E e^{it(X-n)/\sqrt{n}} = e^{-it\sqrt{n}} \Psi_X(t/\sqrt{n}) = e^{-it\sqrt{n}}(1 - it/\sqrt{n})^{-n}$$
$$= e^{-it\sqrt{n} - n\ln(1 - it/\sqrt{n})}$$
$$= e^{-t^2/2 + \mathcal{O}(1/\sqrt{n})},$$

Mit Satz 2.8.10 nebst (2.89), (2.90) erkennen wir, dass

$$\frac{e^{-n} n^{n-\frac{1}{2}}}{\Gamma(n)} = f_Y(0) = \frac{1}{2\pi} \int_{\mathbb{R}} \Psi_Y(t) dt. \tag{2.91}$$

In (2.91) lassen wir nun $n \to \infty$ gehen. Für alle $t \in \mathbb{R}$ und für alle $n \geq 2$ wird $|\Psi_Y(t)|$ von $1/(1 + t^2/2)$ dominiert. Wenn man Satz 2.4.3 von der majorisierten Konvergenz heranzieht, ist wie gewünscht

$$\lim_{n \to \infty} \frac{1}{2\pi} \int_{\mathbb{R}} \Psi_Y(t) dt = \frac{1}{2\pi} \int_{\mathbb{R}} e^{-t^2/2} dt = \frac{1}{\sqrt{2\pi}}.$$

Zur Bestätigung der letzten Gleichung kann man sich auf die Rechnung in (4.46) stützen.

2.9　Aufgaben

2.1 (Maßerhaltende Abbildungen) Der W-Raum $(\Omega, \mathcal{A}, P)$ sei gegeben durch

$$\Omega = [0, 1), \qquad \mathcal{A} = \mathcal{B}([0, 1))$$

und durch das Maß P, das für alle $A \in \mathcal{A}$ definiert ist als

$$P(A) = \frac{1}{\ln 2} \int_A \frac{1}{1 + x} dx.$$

Dies ist das *Gaußsche Maß*.
Eine messbare Abbildung $T : (\Omega, \mathcal{A}) \longrightarrow (\Omega, \mathcal{A})$ heißt μ-*maßerhaltend*, wenn für das durch $\mu^*(A) := \mu(T^{-1}(A))$ auf $\mathcal{A}$ definierte Maß gilt:

$$\mu^* = \mu.$$

Eine Abbildung T sei durch

$$T(x) = \begin{cases} \left(\frac{1}{x}\right), & \text{falls } x \in (0, 1) \\ 0, & \text{falls } x = 0 \end{cases}$$

definiert, wobei (z) den nichtganzzahligen Anteil von z bezeichnet, d.h.

$$(z) = z - \lfloor z \rfloor, \qquad \forall z > 0.$$

(Wiederholte Anwendung von T erzeugt die *Kettenbruchdarstellung* von x.)
Zeigen Sie:

(a) Die Abbildung T ist P-maßerhaltend.

(b) Die Abbildung T ist nicht λ-maßerhaltend, wobei λ das Lebesgue-Maß ist.

2.2 (Erfolgsserien) Ein Zufallsexperiment wird unabhängig wiederholt. Es sei A_n das Ereignis, einen Erfolg im n-ten Versuch zu erzielen und $P(A_n) = p$ für alle $n \in \mathbb{N}$. Das Ereignis

$$A_{n,m} := \bigcap_{n \leq k < n+m} A_k$$

bezeichnet eine mit dem n-ten Versuch beginnende Erfolgsserie der Länge m. Erfolgsserien sind höchstens von logarithmischer Länge:

$$P(A_{n,\alpha \cdot \ln n} \quad u.o.) = \begin{cases} 1, & \text{falls } \frac{1}{\alpha} > \ln \frac{1}{p} \\ 0, & \text{falls } \frac{1}{\alpha} < \ln \frac{1}{p} \end{cases}.$$

Beweisen Sie dies.

2.3 Sei Ω eine überabzählbare Menge und $\mathcal{A} := \{A \subseteq \Omega : A \text{ ist abzählbar oder } A^c \text{ ist abzählbar}\}$. Auf $\mathcal{A}$ seien die Maße μ und ν wie folgt definiert:

$$\mu(A) = \begin{cases} 0, & \text{falls } A \text{ abzählbar} \\ \infty, & \text{falls } A^c \text{ abzählbar}, \end{cases} \qquad \nu(A) = \begin{cases} \#A, & \text{falls } A \text{ endlich} \\ \infty, & \text{sonst.} \end{cases}$$

(a) Besitzt μ eine Dichte bezüglich ν?

(b) Ist μ stetig bezüglich ν?

2.4 (Gewinnen eines Verlustspiels) Ein Spiel besteht aus einer Reihe von Runden. In jeder Runde gewinnen Sie unabhängig von anderen Runden mit Wahrscheinlichkeit $p < \frac{1}{2}$, und Ihr Gegner gewinnt mit Wahrscheinlichkeit $q = 1 - p$. Die Zahl der Runden muss eine gerade Zahl $2k$ sein, $k \in \mathbb{N}$. Um das Spiel zu gewinnen, müssen Sie mehr als die Hälfte der Runden gewinnen. Sie kennen p und können die Zahl $2k$ der Runden frei wählen. Welche Wahl ist optimal, wenn Sie Ihre Gewinnwahrscheinlichkeit maximieren wollen? Was ergibt sich für $p = 0.45$?

2.5 Ermitteln Sie die Wahrscheinlichkeit, dass beim Zahlenlotto *6 aus 49* während eines Kalenderjahres (52 Ausspielungen à 6 gezogener Gewinnzahlen) jede der 49 Zahlen mindestens einmal Gewinnzahl wird.

2.6 (Barndorff-Nielsons Verschärfung des Borel-Cantelli-Lemmas) Sei $(\Omega, \mathcal{A}, P)$ ein W-Raum und $(A_n)_{n \in \mathbb{N}}$ eine Folge von Ereignissen aus $\mathcal{A}$. Ist $\lim_{n \to \infty} P(A_n) = 0$ und

$$\sum_{n=1}^{\infty} P(A_n^c \cap A_{n+1}) < \infty,$$

dann gilt

$$P(A_n \ u.o.) = 0.$$

Beweisen Sie diese Aussage.

2.7 Es seien $\Omega_1 = \Omega_2 = \mathbb{N}$ Merkmalsräume, $\mathcal{A}_1 = \mathcal{A}_2 = \mathcal{P}(\mathbb{N})$ σ-Algebren und $\nu_1 = \nu_2$ Zählmaße auf der Potenzmenge $\mathcal{P}(\mathbb{N})$. Die Zufallsvariable $X : \Omega_1 \times \Omega_2 \to \mathbb{R}$ sei definiert durch

$$X(\omega_1,\omega_2) := \begin{cases} -1, & \text{falls} \quad \omega_2 = \omega_1 + 1 \\ 0, & \text{falls} \quad \omega_2 \notin \{\omega_1,\omega_1+1\} \\ +1, & \text{falls} \quad \omega_2 = \omega_1. \end{cases}$$

Berechnen Sie die beiden Integrale

$$\int_{\Omega_1} \left(\int_{\Omega_2} X(\omega_1,\omega_2) d\nu_2(\omega_2) \right) d\nu_1(\omega_1),$$

$$\int_{\Omega_2} \left(\int_{\Omega_1} X(\omega_1,\omega_2) d\nu_1(\omega_1) \right) d\nu_2(\omega_2).$$

Warum ist in diesem Fall der Satz von Fubini nicht anwendbar?

2.8 Es sei $\mathcal{A}_n$ die von der Potenzmenge $\mathcal{P}(\{1,\dots,n\})$ erzeugte σ-Algebra auf $\mathbb{N}$. Ist $\bigcup_{n\in\mathbb{N}} \mathcal{A}_n$ eine σ-Algebra?

2.9 Es seien X und Y unabhängige Zufallsvariablen mit den Verteilungen $\mathbf{N}(0,\sigma^2)$ und $\mathbf{N}(0,\tau^2)$. Bestimmen Sie die Verteilung von $XY/\sqrt{X^2+Y^2}$.

2.10 Es seien X und Y unabhängige und identisch verteilte Zufallsvariablen mit Erwartungswert 0 und Varianz 1.
Beweisen Sie: Falls $\mathcal{L}\left(\frac{1}{\sqrt{2}}(X+Y)\right) = \mathcal{L}(X)$, dann sind X und Y normalverteilt mit $\mu = 0$ und $\sigma^2 = 1$.

2.11 Bei der ersten Ziehung der *Glücksspirale* im Jahr 1971 wurde die 7-ziffrige Gewinnzahl dadurch ausgelost, dass aus einer Trommel mit 70 Kugeln (je 7 davon beschriftet mit den Ziffern $0,\dots,9$) nacheinander 7 Kugeln ohne Zurücklegen gezogen wurden.

  (a) Welche Gewinnzahlen besitzen die größte und welche besitzen die kleinste Ziehungswahrscheinlichkeit?

  (b) Ermitteln Sie den Quotienten der Ziehungswahrscheinlichkeiten der Gewinnzahlen 9999999 und 9876543.

(Für die Ziehung im darauf folgenden Jahr wurde der Ziehungsmodus geändert.)

2.12 **(Das St. Petersburger Spiel, D. Bernoulli (1738))** Beim St. Petersburger Spiel wird eine Münze so lange geworfen, bis erstmals *Zahl* erscheint. Geschieht dies beim n-ten Wurf, so erhält der Spieler 2^n Geldeinheiten vom Casino, $\forall n \in \mathbb{N}$. Sei X die Auszahlung an den Spieler.

  (a) Der vom Spieler zu leistende Einsatz K für ein Spiel heißt *fair*, falls

$$EX = K.$$

Gibt es im St. Petersburger Spiel einen fairen Einsatz?

(b) Ist in N Würfen der Münze *Zahl* nicht erschienen, so werden die verfügbaren Mittel des Casinos überschritten, und der Spieler erhält gar nichts. Bestimmen Sie den fairen Einsatz für diese Modifikation des Auszahlungsprofils.

2.13 Es seien $F, G, F_1, F_2, \ldots$ Verteilungsfunktionen auf $\mathbb{R}$. Welche der folgenden Funktionen sind ebenfalls Verteilungsfunktionen?

(a) $F^n, n \in \mathbb{N}$ (b) $F \cdot G$ (c) $\min(F, G)$ (d) $\max(F, G)$ (e) $2F - G$
(f) $\exp[(F - 1)/F]$ (g) $F/(2 - G)$ (h) $\sum_{k=1}^{\infty} p_k F_k$ mit $p_k \geq 0, \forall k$, und
$\sum_{k=1}^{\infty} p_k = 1$.

2.14 **(Genetik: Hardy-Weinberg-Gesetz)** Ein bestimmtes Gen trete in zwei Versionen (Allelen) A und a auf. Jedes Individuum trägt ein Genpaar und die relativen Häufigkeiten der Genotypen AA, Aa (=aA), aa in einer Population seien durch $p_1, 2p_2, p_3$ mit $p_1 + 2p_2 + p_3 = 1$ gegeben. Vater und Mutter vererben rein zufällig je eines ihrer beiden Gene an das Kind. Wir nehmen an, dass ein Partner nicht aufgrund seines Genotyps ausgewählt wird. Zeigen Sie, dass die Verteilung der Genotypen in der ersten Nachkommengeneration dieselbe ist wie in allen weiteren Generationen und ermitteln Sie diese Verteilung.

2.15 Es sei $([0, 1], \mathcal{B} \cap [0, 1], P)$ ein W-Raum, wobei für eine gegebene Abzählung $x_1, x_2, \ldots$ aller rationalen Zahlen in $[0, 1]$ das W-Maß P definiert ist durch

$$P = \sum_{k=1}^{\infty} 2^{-k} \delta_{x_k},$$

δ_x bezeichnet das Dirac-Maß in x. Ermitteln Sie die Menge aller Stetigkeitspunkte der zugehörigen Verteilungsfunktion $F(x) = P([0, x])$.

2.16 **(Das Benfordsche Gesetz, Fortsetzung von Beispiel 1.5)** Diese Aufgabe versucht, das allgemeine Benfordsche Gesetz plausibel zu machen. Es besagt, dass für viele empirische Datensätze die Mantissen im Dezimalsystem einer Verteilung mit Verteilungsfunktion $\log_{10} t$, $\forall t \in [1, 10)$, folgen. Wenn ein universelles Verteilungsgesetz für die Mantissen in empirischen Datensätzen gilt, dann sollte es unabhängig von den gewählten Einheiten sein und beim Übergang von \$ zu €, cm zu inch, usw., erhalten bleiben (Es sollte skaleninvariant sein.). In der Tat verlieren empirische Datensätze, welche die Benford-Eigenschaft besitzen, diese meist auch bei Konversion zu anderen Einheiten nicht.
Sei $(\Omega, \mathcal{A}, P)$ ein W-Raum mit

$$\Omega = \mathbb{R}_+,$$
$$\mathcal{A} = \{A : A = \bigcup_{n=-\infty}^{+\infty} 10^n B \text{ für } B \subseteq [1, 10) \text{ eine Borel-Menge}\}$$

und P ein auf dem Messraum $(\mathbb{R}_+, \mathcal{A})$ *skaleninvariantes* Maß, d.h. es ist

$$P(A) = P(\alpha A), \qquad \forall \alpha > 0 \text{ und } \forall A \in \mathcal{A}.$$

Dabei ist für eine Konstante α und eine Menge A die Menge $\alpha A := \{\alpha a : a \in A\}$.
Zeigen Sie:

(a) Die σ-Algebra $\mathcal{A}$ ist abgeschlossen unter skalarer Multiplikation und *selbstähnlich* :

$$\forall \alpha > 0 \text{ und } \forall A \in \mathcal{A} \text{ ist } \alpha A \in \mathcal{A},$$
$$\forall A \in \mathcal{A} \text{ und } \forall m \in \mathbb{Z} \text{ ist } 10^m A = A.$$

(b) Ein W-Maß P auf $\mathcal{A}$ ist genau dann skaleninvariant, wenn

$$P\left(\bigcup_{n=-\infty}^{+\infty} 10^n [1,t) \right) = \log_{10} t, \qquad \forall t \in [1, 10).$$

(c) Allein die allgemeine Benford-Verteilung ist skaleninvariant auf $(\mathbb{R}_+, \mathcal{A})$.

2.17 Beim Zahlenlotto *6 aus 49* kreuzt jemand nur ungerade Zahlen an. Wie verhält sich die Gewinnwahrscheinlichkeit für 6 Richtige dieses Spielers zur Gewinnwahrscheinlichkeit eines Spielers, der alle Zahlenkombinationen mit gleicher Wahrscheinlichkeit auswählt?

2.18 Es werden $n \geq 2$ Münzen geworfen, und jede zeigt *Zahl* mit Wahrscheinlichkeit p. Die folgenden Ereignisse werden definiert:

A: alle Münzen zeigen dieselbe Seite,

B: höchstens eine Münze zeigt *Kopf*.

(a) Es sei $p = \frac{1}{2}$. Zeigen Sie, dass nur für $n = 3$ die Ereignisse A und B unabhängig sind.

(b) Zeigen Sie: Für jedes $n \geq 3$ gibt es genau ein $p \in (0,1)$, so dass A und B unabhängig sind.

Hinweis: Setzen Sie $p = (1+y)^{-1}$ für $0 < y < \infty$, und überzeugen Sie sich durch Vorzeichenüberlegungen, dass das Polynom $(y^n + 1)(ny + 1) - (1+y)^n$ für $n \geq 3$ genau eine positive reelle Nullstelle besitzt. Der Ausdruck y^2 in $(1+y)^n$ wird durch keinen Term in $(y^n + 1)(ny + 1)$ beseitigt.

2.19 **(Würfelproblem des Gerolamo Cardano (1501-1576))** Ab welcher Zahl von Würfen zweier Spielwürfel ist es günstig, auf mindestens eine Doppelsechs zu wetten? Lösen Sie das Problem allgemein für den Fall, dass jeweils k Würfel gleichzeitig geworfen werden und auf mindestens eine k-fache 6 gewettet wird.

2.20 **(Teilungsproblem des Luca Paccioli (1445 - 1514))** Zwei Spieler A und B spielen gegeneinander um einen Geldpreis. Wer zuerst 6 Runden gewinnt, soll den Geldpreis erhalten. In jeder Runde ist die Gewinnwahrscheinlichkeit für beide $p = \frac{1}{2}$. Aufgrund unvorhergesehener Umstände muss die Spielserie vorzeitig abgebrochen werden, und zwar bei einem Spielstand von 5:2 zugunsten von Spieler A. Der Geldpreis soll im Verhältnis der Siegchancen beider Spieler (sofern die Spielserie fortgesetzt würde) aufgeteilt werden. Wie sollte dies geschehen? Lösen Sie das Problem allgemein für einen Spielstand von $n : m$, wenn k Siege erforderlich sind.

(Das Problem findet sich in Pacciolis 1494 veröffentlichtem Buch *Summa de arithmetica, geometria, proportioni et proportionalità*, das die gesamte Mathematik des Mittelalters zusammenfasst. Paccioli selbst schlug eine Aufteilung des Geldpreises im Verhältnis der gewonnenen Runden vor.)

2.21 Zeigen Sie unter Verwendung charakteristischer Funktionen, dass

$$\sum_{k=1}^{\infty} \frac{1}{k^2} = \frac{\pi^2}{6}.$$

Hinweis: Für $\epsilon \geq 0$ sei X_ϵ eine $\mathbb{Z}$-wertige Zufallsvariable mit

$$P(X_\epsilon = k) = \begin{cases} 0, & \text{falls } k = 0 \\ c(\epsilon)\frac{e^{-\epsilon|k|}}{k^2}, & \text{falls } k \neq 0, \end{cases}$$

wobei $c(\varepsilon) > 0$ durch $\sum_{k=-\infty}^{+\infty} P(X_\varepsilon = k) = 1$ festgelegt ist. Bestimmen Sie die zweite Ableitung $\Psi_\varepsilon''(t)$ der charakteristischen Funktion $\Psi_\epsilon(t)$ von X_ϵ und daraus $\Psi_0(t)$, um zu zeigen, dass $c(0) = \frac{3}{\pi^2}$ sein muss.

2.22 **(Probabilistische Einkleidung der Fermatschen Vermutung)** Zwei Familien A und B haben dieselbe Anzahl von Kindern. Aus beiden Familien wird je eine Stichprobe von $n \geq 2$ Kindern mit Zurücklegen gezogen. Die beiden Wahrscheinlichkeiten

P(in der Stichprobe aus Familie A befinden sich nur Mädchen),

P(in der Stichprobe aus Familie B haben alle Kinder dasselbe Geschlecht)

sind gleich. Bestimmen Sie den Stichprobenumfang n.

2.23 Es seien X und Y unabhängige, identisch verteilte Zufallsvariablen mit endlichem Erwartungswert. Beweisen Sie die Ungleichung

$$E|X + Y| \geq E|X - Y|,$$

wenn die Verteilungsfunktionen von X und Y stetig sind.

Hinweis: Für $\alpha, \beta \in \mathbb{R}$ ist $|\alpha + \beta| - |\alpha - \beta| = 2\,sign\,(\alpha\beta)\min\{|\alpha|, |\beta|\}$.

2.24 **(Probabilistische Arithmetik)** Das W-Maß P_n auf der Menge $\mathcal{A}$ aller Teilmengen von $\Omega = \mathbb{N}$ sei definiert durch

$$P_n(A) = \frac{1}{n}\#\{k \in \mathbb{N} : 1 \leq k \leq n, k \in A\}, \qquad A \in \mathcal{A}.$$

Wenn der Grenzwert von $P_n(A)$ existiert, nennen wir

$$d(A) := \lim_{n \to \infty} P_n(A)$$

die *Dichte* von A und bezeichnen mit $\mathcal{D}$ die Menge aller Teilmengen von Ω, die eine Dichte besitzen.

(a) Zeigen Sie, dass $\emptyset \in \mathcal{D}, \Omega \in \mathcal{D}$ und dass $\mathcal{D}$ abgeschlossen ist unter der Bildung von Komplementen, Differenzen und von Vereinigungen endlich vieler disjunkter Mengen.

(b) Zeigen Sie, dass $\mathcal{D}$ *nicht* abgeschlossen ist unter der Bildung von Vereinigungen von abzählbar vielen disjunkten oder endlich vielen nichtdisjunkten Mengen.

(c) Sei $\mathcal{K}_a := \{ka : k \in \mathbb{N}\}, a \in \mathbb{N}$. Ermitteln Sie die Dichte $d(\mathcal{K}_a)$.

2.25 Die Zufallsvariablen X und Y seien integrierbar. Zeigen Sie:

(a) $EY - EX = \int_{-\infty}^{+\infty}[P(X \leq t < Y) - P(Y \leq t < X)]dt$.

(b) Sei $Y > X$ fast sicher und $I := [X, Y)$ ein nichtentartetes zufälliges Intervall. Die mittlere Länge von I ist die bezüglich t integrierte Wahrscheinlichkeit, dass $t \in I$ ist.

2.26 **(Das Drei-Türen-Problem)** In der US-amerikanischen Fernsehshow *Let's make a deal* ist als Hauptgewinn ein Auto zu gewinnen. In der letzten Spielrunde sind dabei 3 Türen aufgebaut, hinter einer von diesen befindet sich das Auto, hinter den beiden anderen jeweils eine Ziege. Der Kandidat darf eine Tür auswählen und gewinnt den dazugehörigen Preis, Auto oder Ziege. Sagen wir, er wählt Tür 1. Der Showmaster, der weiß, hinter welcher Tür sich das Auto befindet, öffnet anschließend nicht etwa die vom Kandidaten gewählte, sondern eine andere Tür: Hat der Kandidat die Ziegen-Tür gewählt, so öffnet der Showmaster die andere Ziegen-Tür. Hat der Kandidat die Tür gewählt, hinter der sich das Auto befindet, dann öffnet der Showmaster mit gleicher Wahrscheinlichkeit irgendeine der verbleibenden Türen. Nehmen wir an, der Showmaster öffnet Tür 3. Der Kandidat, der die Vorgehensweise des Showmasters kennt, hat nun die Möglichkeit, bei seiner Wahl zu bleiben oder sich für die andere noch verschlossene Tür, in diesem Fall also für Tür 2, zu entscheiden. Welche Entscheidung maximiert seine Chance auf den Hauptgewinn?

Anmerkung: Die Journalistin Marylin vos Savant hatte in ihrer Kolumne *Ask Marylin* der amerikanischen Wochenzeitschrift PARADE die richtige, aber unintuitive Lösung dieses *Drei-Türen-Problems* veröffentlicht und damit eine heftige Kontroverse ausgelöst. Etwa 10 000 Zuschriften erhielt sie auf ihre Kolumne. Weitaus die meisten Briefeschreiber – darunter viele Mathematiker und Wissenschaftler – widersprachen ihrer Lösung. Auch in der deutschen Öffentlichkeit wurde das Problem diskutiert, besonders seit DIE ZEIT und DER SPIEGEL in ihren Ausgaben vom 19.07.1991 bzw. 19.08.1991 auf die Kontroverse aufmerksam machten.

2.27 **(William Lowell Putnam-Mathematikwettbewerb)** Die Temperaturen in Chicago und Detroit seien mit X° bzw. Y° Fahrenheit bezeichnet. Diese

Zufallsvariablen können nicht als unabhängig vorausgesetzt werden. Gegeben sind:

- $P(X^\circ = 70^\circ)$, die Wahrscheinlichkeit, dass die Temperatur in Chicago 70° beträgt.

- $P(Y^\circ = 70^\circ)$, die Wahrscheinlichkeit, dass die Temperatur in Detroit 70° beträgt.

- $P(\max(X^\circ, Y^\circ) = 70^\circ)$, die Wahrscheinlichkeit, dass das Maximum der beiden Temperaturen 70° beträgt.

Bestimmen Sie daraus $P(\min(X^\circ, Y^\circ) = 70^\circ)$.

2.28 **(Das Zara-Spiel)** Im 13. und 14. Jahrhundert war das *Zara-Spiel* beliebt. Dabei werden gleichzeitig 3 Würfel geworfen, und man versucht, die Augensumme vorauszusagen. Welche Augensumme sollte man prognostizieren, um möglichst häufig Erfolg zu haben?

2.29 **(Das Simpsonsche Paradoxon)** Zwei Medikamente M_1 und M_2 werden in den Städten A und B getestet. In A werden von 16 Patienten, die das Medikament M_1 nehmen, 4 gesund, ebenso 11 von 40 Patienten, die Medikament M_2 nehmen. In B werden 29 von 40 Patienten nach Einnahme von M_1 und 12 von 16 Patienten nach Einnahme von M_2 gesund.

Überzeugen Sie sich, dass die Heilungsquote von Medikament 2 in beiden Städten größer ist als die von Medikament 1, dass aber bei einer Zusammenfassung der Daten für beide Städte Medikament 1 sich als das erfolgreichere erweist.

Anmerkung: Dies ist ein Beispiel für das *Simpsonsche Paradoxon*. Es bezeichnet die Möglichkeit, dass bei der Zusammenfassung von Daten aus verschiedenen Gruppen zu einer einzigen Gruppe sich die Richtung einer Beziehung ändert. Formal ausgedrückt: Sind A und B Ereignisse und ist $(C_j)_{j \in J}$ eine Partition von Ω mit $P(B \cap C_j) > 0, P(B^c \cap C_j) > 0, \forall j \in J$, dann liegt das Simpsonsche Paradoxon vor, wenn neben

$$P(A \mid B \cap C_j) > P(A \mid B^c \cap C_j), \qquad \forall j \in J, \qquad (2.92)$$

auch die Ungleichung

$$P(A \mid B) < P(A \mid B^c) \qquad (2.93)$$

erfüllt ist. Dies ist ohne weiteres möglich, denn es gilt

$$P(A \mid B) = \sum_{j \in J} P(C_j \mid B) P(A \mid B \cap C_j),$$

$$P(A \mid B^c) = \sum_{j \in J} P(C_j \mid B^c) P(A \mid B^c \cap C_j),$$

und (2.93) kann mit geeigneten Werten für die Gewichte $P(C_j|B)$ und $P(C_j|B^c)$ trotz (2.92) erreicht werden.

2.30 **(Nichttransitive Würfel)** Die Würfel A, B, C haben jeweils zwei mit den folgenden Augenzahlen markierte Seiten:

Würfel	Augenzahlen
A	8,1,6
B	3,5,7
C	4,9,2.

Zeigen Sie, dass die nichttransitiven Beziehungen $A > B, B > C, C > A$ gelten. Dabei bedeutet $V > W$, dass mit Wahrscheinlichkeit größer als $\frac{1}{2}$ ein Wurf mit V zu einer größeren Augenzahl führt als ein Wurf mit W.

2.31 Es seien X und Y Zufallsvariablen, deren Verteilungen die Dichten

$$f_X(x) = e^{-x} \cdot 1_{\mathbb{R}_+^0}(x)$$

und

$$f_Y(y) = \frac{5}{3} y^{-8/3} \cdot 1_{[1,\infty)}(y)$$

bezüglich des Lebesgue-Maßes besitzen. Verwenden Sie die Höldersche Ungleichung, um $E(XY)$ nach oben abzuschätzen.

2.32 **(Rademacher-Funktionen)** Es sei $\Omega = [0,1), \mathcal{A} = \mathcal{B}([0,1))$ und $P = \lambda$ das Lebesgue-Maß. Für alle $n \in \mathbb{N}$ sei

$$A_n := \left[0, \frac{1}{2^n}\right) \cup \left[\frac{2}{2^n}, \frac{3}{2^n}\right) \cup \ldots \cup \left[\frac{2^n - 2}{2^n}, \frac{2^n - 1}{2^n}\right).$$

Die Indikatorfunktionen $R_n(\omega) := 1_{A_n}(\omega)$ heißen *Rademacher-Funktionen*. Zeigen Sie, dass $(R_n)_{n \in \mathbb{N}}$ eine unabhängige Folge von Zufallsvariablen auf $(\Omega, \mathcal{A}, P)$ ist.

2.33 **(Stochastische Fraktale)** *Fraktale* sind selbstähnliche mathematische Objekte. Durch den Begriff der Selbstähnlichkeit wird ausgedrückt, dass sie in beliebig kleine Teile unterteilt werden können, die alle der Gesamtstruktur ähnlich sind. Bei *stochastischen Fraktalen* besteht Selbstähnlichkeit nicht für jede ihrer Realisierungen, sondern für die Verteilung aller Realisierungen.

(a) **Zufällige Cantor-Menge**: Wir unterteilen das Einheitsintervall $I_0 := [0,1]$ in 3 Teilintervalle der Länge $\frac{1}{3}$. Wir bilden eine Teilmenge I_1 von I_0, indem wir eine Auswahl dieser 3 Teilintervalle von I_0 vereinigen. Jedes der Teilintervalle von I_0 gehört unabhängig von den anderen dieser Auswahl mit Wahrscheinlichkeit $p \in [0,1]$ an. Jedes der ausgewählten Intervalle wird wiederum in 3 gleich lange Teilintervalle geteilt. Aus diesen bilden wir eine Menge I_2, indem wir jedes Intervall unabhängig mit Wahrscheinlichkeit p auswählen und die ausgewählten Intervalle vereinigen. Dieser Prozess wird fortgesetzt: I_k, $k \in \mathbb{N}$, ist die Vereinigung einer zufälligen Anzahl von Teilintervallen der Länge 3^{-k}. Die Menge

$$\mathcal{F}(p) := \bigcap_{k=0}^{\infty} I_k$$

heißt *zufällige Cantor-Menge*.

Angenommen, es ist $p \in [0, \frac{1}{3}]$. Mit welcher Wahrscheinlichkeit ist $\mathcal{F}(p)$ leer?

Angenommen, es ist $p = \frac{1}{2}$. Mit welcher Wahrscheinlichkeit ist $\mathcal{F}(p)$ leer?

(b) **Zufällige 2 -dimensionale Cantor-Menge**: Wir unterteilen das Einheitsquadrat $J_0 := [0,1]^2$ in 9 Quadrate der Seitenlänge $\frac{1}{3}$. Wir bilden eine Teilmenge J_1 von J_0 , indem wir eine Auswahl der 9 Teilquadrate von J_0 vereinigen. Jedes der Teilquadrate von J_0 gehört unabhängig von den anderen dieser Auswahl mit Wahrscheinlichkeit $p \in [0,1]$ an. Jedes ausgewählte Quadrat wird wiederum in 9 gleich große Teilquadrate unterteilt. Aus diesen bilden wir eine Menge J_2 , indem wir jedes Quadrat unabhängig mit Wahrscheinlichkeit p auswählen und die ausgewählten Quadrate vereinigen. Dieser Prozess wird fortgesetzt: J_k, $k \in \mathbb{N}$, ist die Vereinigung einer zufälligen Anzahl von Teilquadraten der Seitenlänge 3^{-k} . Die Menge

$$G(p) := \bigcap_{k=0}^{\infty} J_k$$

heißt *zufällige 2 -dimensionale Cantor-Menge*.

Zeigen Sie: Für $p \in [0,1]$ ist die Wahrscheinlichkeit s , dass die Menge $G(p)$ leer ist, als kleinste Lösung der Gleichung

$$s = (1 - p + ps)^9, \qquad s \in [0,1],$$

gegeben.

2.34 **(Stratifizierte Stichproben)** In einer Population der Größe N besitze eine unbekannte Zahl m von Mitgliedern ein Merkmal $\mathcal{M}$. Man denke etwa an die Zahl der Wähler einer gegebenen Partei in einem Wahlkreis. Der Anteil $p := m/N$ der Merkmalsträger soll mit einer Stichprobe vom Umfang n geschätzt werden. Angenommen, die Population ist in s disjunkte Teilmengen der Größen $N_1, \ldots, N_s$ mit $N_1 + \cdots + N_s = N$ eingeteilt (*stratifiziert*), in der i -ten Teilmenge (dem i -ten *Stratum*) gebe es m_i Träger des Merkmals $\mathcal{M}$ mit $m_1 + \cdots + m_s = m$.

Die Stichprobe kann auf verschiedene Weise gezogen werden. Eine einfache Zufallsstichprobe erhält man, wenn n -mal mit Zurücklegen aus der Gesamtpopulation rein zufällig ein Mitglied ausgewählt wird. Sei X die Zahl der Merkmalsträger in einer solchen Stichprobe.

Eine stratifizierte Stichprobe erhält man, wenn n_i -mal mit Zurücklegen aus dem i -ten Stratum rein zufällig ein Mitglied ausgewählt wird, für alle $i = 1, \ldots, s$. Sei X_i die Anzahl der Merkmalsträger in der Stichprobe aus dem i -ten Stratum und $n_1 + \cdots + n_s = n$.

Als Schätzer für p stehen im ersten Fall

$$\hat{p} = \frac{X}{n}$$

und im zweiten Fall

$$\tilde{p} = a_1\hat{p}_1 + \cdots + a_s\hat{p}_s$$

mit

$$a_i = \frac{N_i}{N}, \qquad \forall i = 1, \ldots, s,$$

$$\hat{p}_i = \frac{X_i}{n_i}, \qquad \forall i = 1, \ldots, s,$$

zur Verfügung.

(a) Zeigen Sie, dass $E\hat{p} = E\tilde{p} = p$ ist.

(b) Ermitteln Sie $var\,\hat{p}$ und $var\,\tilde{p}$.

(c) Angenommen, die Stichprobenumfänge $n_1, \ldots, n_s$ werden proportional zu den Größen der einzelnen Strata gewählt, d.h. $n_i = a_i n$ für alle $i = 1, \ldots, s$. Unter welchen Bedingungen ist die stratifizierte Stichprobe informativer als die einfache Zufallsstichprobe in dem Sinne, dass der Schätzer $\tilde{p}$ eine geringere Varianz hat als $\hat{p}$?

2.35 **(Die probabilistische Methode)** Angenommen, wir möchten uns überzeugen, dass es in einer Menge $\mathcal{M}$ ein Element mit vorgegebenen Eigenschaften gibt. Die von Erdös eingeführte *probabilistische Methode* besteht darin zu beweisen, dass man bei zufälliger Wahl eines Elementes aus $\mathcal{M}$ mit positiver Wahrscheinlichkeit ein Element erhält, dass die gewünschten Eigenschaften besitzt. Wenden Sie die probabilistische Methode in den folgenden Aufgaben an:

(a) Insgesamt 12% der Oberfläche einer Kugel ist schwarz und der Rest ist weiß. Gibt es einen einbeschriebenen Würfel, dessen Ecken allesamt weiß sind?

(b) **(Ein Zuordnungsproblem)** Angenommen, n Aufträge sollen n Mitarbeitern zugeordnet werden, je ein Auftrag für jeden Mitarbeiter. Der Mitarbeiter i benötigt $a_i \cdot \alpha_j$ Zeiteinheiten, um den Auftrag j auszuführen. Zeigen Sie, dass es eine Zuordnung der Aufträge gibt, deren zugehörige Gesamtbearbeitungszeit aller Aufträge nicht größer als $n\overline{a}\,\overline{\alpha}$ ist, mit

$$\overline{a} = \frac{1}{n}\sum_{i=1}^{n} a_i,$$

$$\overline{\alpha} = \frac{1}{n}\sum_{i=1}^{n} \alpha_i.$$

2.36 **(Fingerabdrücke: Die Überprüfung auf Gleichheit)** Zwei Objekte r und s sollen auf Gleichheit überprüft werden. Weil dazu häufig eine große Zahl von Merkmalen überprüft werden muss, ist es oft günstiger, statt der Objekte selbst, ihre Bilder unter einer Abbildung F zu vergleichen. Ist die Abbildung F geschickt gewählt, so lässt sich die Übereinstimmung oder

Nichtübereinstimmung der «Fingerabdrücke» $F(r)$ und $F(s)$ oft wesentlich effizienter feststellen.

Wir illustrieren das Prinzip am Beispiel der Überprüfung zweier $0-1$-Folgen. Man stelle sich etwa vor, dass festgestellt werden soll, ob die Datenbanken zweier Computer R und S denselben Inhalt haben, also denselben $0-1$-String der Länge n. Statt die Folge Bit für Bit zu übertragen und zu vergleichen, wird ein probabilistisches Kommunikationsprotokoll gewählt. Dabei werden die Strings $r_1 r_2 \ldots$ von R und $s_1 s_2 \ldots$ von S mit den Zahlen $r := \sum_{i=1}^{n} r_i 2^{i-1}$ und $s := \sum_{i=1}^{n} s_i 2^{i-1}$ identifiziert. Die Fingerabdrücke bilden wir mittels der Funktion $F_p(x) = x \bmod p$, wobei p eine Primzahl ist.

R wählt rein zufällig eine Primzahl p unter den insgesamt $\pi(n^2)$ Primzahlen, die kleiner oder gleich n^2 sind. R überträgt die binäre Darstellung von p und $F_p(r)$ an S. S berechnet $F_p(s)$ und vergleicht dies mit $F_p(r)$. Falls $F_p(r) \neq F_p(s)$ ist, wird von S die Ungleichheit der Strings als Ergebnis verkündet. Andernfalls wird $r = s$ angenommen. Sind die Strings identisch, gilt also $r = s$, dann ist das von S erzielte Ergebnis sicher richtig und die Fehlerwahrscheinlichkeit also gleich 0. Im Fall $r \neq s$ kann ein Fehler auftreten.

(a) Wie viele Bits müssen beim probabilistischen Kommunikationsprotokoll höchstens übertragen und verglichen werden?

(b) Ermitteln Sie n_0 so, dass im Fall $r \neq s$ die Fehlerwahrscheinlichkeit für $n \geq n_0$ höchstens $\frac{2 \ln n}{n}$ beträgt.

Hinweis: Ein Fehler wird begangen, wenn $d := |\sum_{i=1}^{n}(r_i - s_i)2^{i-1}| < 2^n$ von p geteilt wird. Überlegen Sie sich, dass d höchstens $n-1$ verschiedene Primfaktoren besitzen kann. Bedenken Sie den Primzahlsatz aus der Zahlentheorie: Für $\pi(n)$ gilt

$$\lim_{n \to \infty} \frac{\pi(n)}{n / \ln n} = 1.$$

Wie genau die Approximation von $\pi(n)$ durch $n / \ln n$ ist, beweisen die Ungleichungen

$$\ln n - \frac{3}{2} < \frac{n}{\pi(n)} < \ln n - \frac{1}{2},$$

die für $n \geq 67$ gültig sind.

2.37 **(Covers Spiel)** A spielt gegen B nach folgenden Regeln: A schreibt auf 2 Zettel verdeckt je eine ganze Zahl. Die einzige Einschränkung besteht darin, dass diese verschieden sein müssen. B wählt nun einen der beiden Zettel und darf die darauf notierte Zahl in Augenschein nehmen. Anschließend muss er raten, ob dies die kleinere oder die größere der beiden notierten Zahlen ist. Rät er richtig, so gewinnt er einen Preis, rät er falsch, so erhält A den Preis. Zeigen Sie, dass es – erstaunlicherweise – für B eine Strategie gibt, die seine

Gewinnchance größer als $\frac{1}{2}$ macht.

Hinweis: Untersuchen Sie diese Strategie: B wählt eine beliebige Wahrscheinlichkeitsverteilung $\mathbb{P}$ auf $\mathbb{Z}$, die jedem $k \in \mathbb{Z}$ eine positive Wahrscheinlichkeit zuordnet. B verschafft sich eine Realisierung aus $\mathbb{P}$ und addiert $\frac{1}{2}$ dazu. Dies ist sein kritischer Wert W. Zwischen den Zetteln wählt B, indem er eine faire Münze wirft. Ist die notierte Zahl z größer als der kritische Wert W, so rät B, dass es sich dabei um die größere der beiden Zahlen handelt, ist $z < W$ so rät er, dass es die kleinere ist. Betrachten Sie die drei möglichen Fälle, dass die von A notierten Zahlen beide kleiner oder beide größer sind als W bzw. dass W zwischen ihnen liegt.

2.38 **(Entropie)** Die *Entropie* dient der Quantifizierung des Grades der Ungewissheit, der über den Ausgang eines Zufallsexperimentes besteht. Alternativ kann man sie auch als ein Maß für den Informationsgewinn deuten. Intuitiv gesprochen definieren wir die Entropie $H(p)$ eines Ereignisses A mit Wahrscheinlichkeit p als den Informationsgewinn durch Bekanntwerden, dass sich das Ereignis A bei der Durchführung des Zufallsexperimentes realisiert hat. Der Informationsgewinn hängt offenbar von der Wahrscheinlichkeit p ab. Ist $p = 1$, so besteht keine Ungewissheit über den Ausgang des Zufallsexperimentes, und der Informationsgewinn ist gleich Null. Er ist um so größer, je kleiner p ist. Aus diesen und ähnlichen Überlegungen leiten wir die folgenden Axiome ab, welche die Entropie sinnvollerweise erfüllen sollte.

Axiom 1: $H(1) = 0$.

Axiom 2: Aus $p_1 < p_2$ folgt $H(p_2) < H(p_1)$, $\qquad \forall p_1, p_2 \in (0, 1]$.

Axiom 3: $H(p)$ ist stetig auf $(0, 1]$.

Axiom 4: $H(p_1 p_2) = H(p_1) + H(p_2)$, $\qquad \forall p_1, p_2 \in (0, 1]$.

Zwecks Standardisierung verlangen wir noch, dass die Entropie für die beiden möglichen Ausfälle eines idealen Münzwurfes gerade 1 (Bit) ist.

Axiom 5: $H(\frac{1}{2}) = 1$.

Beweisen Sie: Falls $H(p)$ die Axiome 1-5 erfüllt, dann ist

$$H(p) = -\log_2 p.$$

Hinweis: Es ist $H(p^2) = 2H(p)$ und per Induktion $H(p^k) = kH(p)$. Folgern Sie hieraus, dass $H(p^r) = rH(p)$ sein muss, für jede positive rationale Zahl r.

2.39 Nach dem in Aufgabe 2.38 Gesagten ist es sinnvoll, einem Zufallsexperiment, bei dem disjunkte Ereignisse $A_1, \dots, A_n$ mit zugehörigen positiven Wahrscheinlichkeiten $p_1, \dots, p_n$, $\sum_{i=1}^{n} p_i = 1$, eintreten können, den mittleren Informationsgewinn

$$-\sum_{i=1}^{n} p_i \log_2 p_i$$

als Entropie zuzuordnen. Wir erweitern auf beliebige Zufallsexperimente und definieren für die zugehörigen Wahrscheinlichkeitsmaße wie folgt: Sei ν ein Maß auf einem Messraum $(\Omega, \mathcal{A})$ und μ ein bezüglich ν stetiges Maß mit der Dichte f bezüglich ν. Dann ist

$$H(\mu) := - \int_\Omega f \log_2 f \, d\nu$$

die Entropie von μ. Sind $\mu = f\nu$ und $\tilde{\mu} = \tilde{f}\nu$ zwei bezüglich ν stetige Maße, dann ist

$$H(\tilde{\mu}|\mu) := \int_\Omega \tilde{f} \log_2(\tilde{f}/f) \, d\nu$$

die *relative Entropie* von $\tilde{\mu}$ bezüglich μ.

(a) Beweisen Sie die im Folgenden vermerkte *Gibbssche Ungleichung*: Es ist stets $0 \leq H(\tilde{\mu}|\mu) \leq \infty$, und es gilt $H(\tilde{\mu}|\mu) = 0$ genau dann, wenn $\mu = \tilde{\mu}$ ν-f.s.

(b) Sei Ω eine endliche Menge und ν das Zählmaß auf $\mathcal{P}(\Omega)$.
Zeigen Sie: Unter allen Verteilungen auf Ω besitzt die Gleichverteilung maximale Entropie.

(c) Sei $\Omega = \mathbb{R}_+^0$ und ν das Lebesgue-Maß auf $\mathcal{B}(\mathbb{R}_+^0)$. Zeigen Sie: Unter allen Verteilungen auf Ω mit Erwartungswert $\lambda > 0$ besitzt die Verteilung mit der Dichte $f(x) = \frac{1}{\lambda} e^{-x/\lambda} \cdot 1_{\mathbb{R}_+^0}(x)$ bezüglich ν maximale Entropie. (Wir werden dieser Verteilung später als Exponentialverteilung mit Parameter $1/\lambda$ wieder begegnen.)

(d) Sei $\Omega = \mathbb{R}$ und ν das Lebesgue-Maß auf $\mathcal{B}$. Zeigen Sie: Unter allen Verteilungen auf Ω mit Erwartungswert λ und Varianz σ^2 besitzt die Normalverteilung mit den Parametern λ und σ^2 maximale Entropie.

Hinweis: Zeigen Sie, dass $H(\tilde{\mu}|\mu) = H(\mu) - H(\tilde{\mu})$ ist, und verwenden Sie die Gibbssche Ungleichung.

2.40 **(Empirische Entropie)** Sei $(X_n)_{n\in\mathbb{N}}$ eine Folge von unabhängigen Zufallsvariablen, deren Verteilung auf $\mathcal{M} := \{1, \ldots, m\}$ gegeben ist durch

$$P(X_n = k) = p_k, \qquad \forall n \in \mathbb{N}, \forall k \in \mathcal{M}.$$

Jemand beobachtet die Realisierungen von $X_1, \ldots, X_n$ und schätzt die unbekannten Wahrscheinlichkeiten p_k mittels

$$\hat{p}_k = \frac{1}{n} \sum_{i=1}^n 1_{\{X_i = k\}}, \qquad k = 1, \ldots, m.$$

Eine Schätzung der Entropie $H(\mathbb{P})$ von $\mathbb{P} := (p_1, \ldots, p_m)$ ist dann die *empirische Entropie*

$$\hat{H} := H((\hat{p}_1, \ldots, \hat{p}_m)) = - \sum_{k=1}^m \hat{p}_k \log_2 \hat{p}_k$$

mit der Vereinbarung $0 \cdot \log_2 0 = 0$.

(a) Zeigen Sie, dass die empirische Entropie die Entropie der Verteilung
     unterschätzt:

$$E\hat{H} \leq H(\mathbb{P}). \qquad (2.94)$$

(b) Unter welchen Voraussetzungen gilt in (2.94) Gleichheit.

2.41 Von einer Zufallsvariablen wird die Realisierung $X = x$ beobachtet. Diese
      Information dient dazu, mittels der Regressionsgeraden die Vorhersage

$$y = EY + Corr(X,Y)\frac{\sqrt{var\,Y}}{\sqrt{var\,X}}(x - EX)$$

für eine Zufallsvariable Y zu treffen. Jemand hört von dieser Vorhersage,
denkt aber irrtümlich, dass $Y = y$ beobachtet wurde. Mittels der Regressi-
onsgeraden bestimmt er daraus die Vorhersage

$$x^* = EX + Corr(X,Y)\frac{\sqrt{var\,X}}{\sqrt{var\,Y}}(y - EY)$$

für X. Es sei $Corr(X,Y) \neq 0$.

(a) Zeigen Sie, dass $x^* \geq EX$ genau dann gilt, wenn $x \geq EX$ ist.

(b) Angenommen, es gilt $x \neq EX$ und $Corr^2(X,Y) < 1$. Zeigen Sie, dass
     dann $|x^* - EX| < |x - EX|$ ist. Damit liegt die Vorhersage x^* näher
     am Erwartungswert EX als die Beobachtung x.

2.42 (**Expertensysteme**) *Expertensysteme* sind Computerprogramme, in denen
      das Spezialwissen qualifizierter Fachleute nachgebildet wird. Sie enthalten
      Expertenwissen in Form von Fakten und Regeln sowie ein Inferenzsystem,
      dass die Beantwortung von Fragen durch formales Schließen aus dem vor-
      handenen Wissen erlaubt. Zu den verbreitetsten Expertensystemen gehören
      solche, die unterstützend in der medizinischen Diagnostik eingesetzt werden
      können. Wir geben ein vereinfachtes Beispiel.
      Die Symptome S_1 und S_2 treten nur im Zusammenhang mit den Krank-
      heiten K_1, K_2, K_3 auf. Sei $p_{ij} := P(S_j \mid K_i)$ die Wahrscheinlichkeit, dass
      Symptom S_j auftritt, wenn jemand an Krankheit K_i leidet. Wir stellen
      diese bedingten Wahrscheinlichkeiten in Matrixform dar:

$$P := (p_{ij})_{i,j} = \left\|\begin{matrix} 0.8 & 0.4 \\ 0.3 & 0.8 \\ 0.5 & 0.7 \end{matrix}\right\|.$$

Die Eintrittswahrscheinlichkeiten der Krankheiten K_1, K_2, K_3 seien die entsprechenden Komponenten des Vektors

$$(0.02, 0.05, 0.01)^t,$$

d.h. mit Wahrscheinlichkeit 0.02 bzw. 0.05 bzw. 0.01 leidet eine zufällig ausgewählte Person an der Krankheit K_1 bzw. K_2 bzw. K_3. Jede Person leidet
höchstens an einer Krankheit.

(a) Ermitteln Sie die Eintrittswahrscheinlichkeiten der Symptome S_1 und S_2 .

(b) Ermitteln Sie die bedingten Wahrscheinlichkeiten $P(K_i \,|\, S_j)$. Welche Krankheit ist am wahrscheinlichsten, wenn ein Patient das Symptom S_1 zeigt? Welche Krankheit ist es bei Symptom S_2 ?

(c) Es seien die bedingten Wahrscheinlichkeiten $P(S_1 \cap S_2 \,|\, K_i)$, $i = 1, 2, 3$, für das gleichzeitige Auftreten beider Symptome als Komponenten des Vektors

$$(0.3, 0.2, 0.4)^t$$

gegeben. Welche Krankheit ist am wahrscheinlichsten, wenn ein Patient das Symptom S_1 aufweist nicht aber S_2 ?

2.43 Der Titelkampf um die Schachweltmeisterschaft wurde lange Zeit nach dem folgenden Format durchgeführt: Zwischen Titelverteidiger und Herausforderer werden maximal $2n$ Partien gespielt, ein Sieg zählt 1 Punkt, ein Remis $1/2$ Punkt und eine Niederlage 0 Punkte. Um den Titel zu gewinnen muss der Titelträger mindestens n Punkte erreichen, während der Herausforderer mindestens $n + \frac{1}{2}$ Punkte benötigt. Angenommen, die beiden Spieler sind gleich stark, die Wahrscheinlichkeit für ein Unentschieden ist γ und die Spielergebnisse sind unabhängig voneinander.

(a) Wie groß ist die Wahrscheinlichkeit, dass der Titelträger seinen Titel verteidigt?

(b) Wachsen die Chancen des Titelträgers mit zunehmendem γ ?

2.44 Sei $p(l)$ die Wahrscheinlichkeit, dass ein Seil der Länge l bei Belastung mit einer gegebenen Last nicht reißt. Angenommen, für die differenzierbare Funktion p gilt $p(l_1 + l_2) = p(l_1)p(l_2)$ für alle $l_1, l_2 > 0$ und $p(2) = 1/2$. Können Sie daraus die erwartete Länge ermitteln, bei der das Seil reißt?

2.45 Zwei Würfel haben dieselbe Wahrscheinlichkeits-Verteilung $\mathbb{P} = (p_1, \ldots, p_6)$ und werden unabhängig ausgespielt. Zeigen Sie, dass die Wahrscheinlichkeit, mit beiden Würfeln dieselbe Zahl zu werfen, für jede Verteilung $\mathbb{P}$ mindestens $\frac{1}{6}$ ist.

Hinweis: Überzeugen Sie sich, dass für nichtnegative $p_1, \ldots, p_6$ mit $\sum_{i=1}^{6} p_i = 1$ stets $\left(\sum_{i=1}^{6} p_i\right)^2 \leq 6 \sum_{i=1}^{6} p_i^2$ ist.

2.46 Beweisen Sie die folgende Gleichung:

$$\frac{\sin t}{t} = \prod_{n=1}^{\infty} \cos\left(\frac{t}{2^n}\right).$$

Hinweis: Die rechte Seite ist die charakteristische Funktion einer Reihe, deren Summanden unabhängige Zufallsvariablen sind.

2.47 Sei X eine Zufallsvariable mit $P(X = k) = 1/n$, für alle $k \in \{0, \ldots, n-1\}$. Falls $n = ab$ mit $a, b \in \mathbb{N}$ ist, dann kann X als Summe zweier unabhängiger, $\mathbb{N}_0$-wertiger Zufallsvariablen dargestellt werden. Zeigen Sie dies.

2.48 Zeigen Sie, dass die Zufallsvariable X mit der Dichte $f(x) = \frac{1-\cos(x)}{\pi x^2}, \forall x \in \mathbb{R}$, bezüglich des Lebesgue-Maßes und die Zufallsvariable Y mit $P(Y = 0) = \frac{1}{2}$ und $P(Y = (2k-1)\pi) = \frac{2}{(2k-1)^2\pi^2}$, $\forall k \in \mathbb{Z}$, für $|t| \leq 1$ dieselbe charakteristische Funktion haben.

Dieses Beispiel lehrt, dass die Werte der charakteristischen Funktion in einem endlichen Intervall die Verteilung nicht eindeutig bestimmen.

2.49 Es sei $(X_n)_{n \in \mathbb{N}}$ eine Folge unabhängiger und identisch verteilter Zufallsvariablen mit der charakteristischen Funktion $\Psi(t) = \exp(-|t|^\alpha)$ für ein $\alpha \in (0, 2]$.

    (a) Zeigen Sie, dass es für je zwei reelle Konstanten a und b eine Konstante c gibt, so dass $aX_1 + bX_2$ dieselbe Verteilung besitzt wie cX_1. Bestimmmen Sie c in Abhängigkeit von a, b und α.

    (b) Es sei $s > 0$ so, dass $r = E(|X_1|^s) < \infty$. Bestimmen Sie den Erwartungswert $E\left(|\sum_{k=1}^n a_k X_k|^s\right)$ in Abhängigkeit von r, s, α und den reellen Konstanten $a_1, \ldots, a_n$.

2.50 **(Heisenbergsche Unschärferelation)** Die *Heisenbergsche Unschärferelation* besagt, dass Ort und Impuls eines Teilchens nicht gleichzeitig beliebig genau bestimmt werden können. Im Kern resultiert diese Aussage aus der Tatsache, dass eine Funktion $f(x)$ und ihre Fourier-Transformierte $\hat{f}(s) = \int_\mathbb{R} f(x)e^{isx}dx$ nicht gleichzeitig stark lokalisiert sein können: Es gilt

$$\int_\mathbb{R} (x-a)^2|f(x)|^2 dx \cdot \int_\mathbb{R} (s-\alpha)^2|\hat{f}(s)|^2 ds \geq \frac{\pi}{2}, \qquad \forall a, \alpha \in \mathbb{R}, \quad (2.95)$$

d.h. ist X eine Zufallsvariable mit Dichte $|f(x)|^2$, Y eine Zufallsvariable mit Dichte $|\hat{f}(s)|^2/2\pi$, so muss mit $a = EX$ und $\alpha = EY$

$$\sqrt{var\, X} \cdot \sqrt{var\, Y} \geq \frac{1}{2} \qquad (2.96)$$

sein.

Beweisen Sie diese Aussage unter geeigneten Voraussetzungen an die Funktion f.

Hinweis: Die Schwarzsche Ungleichung

$$\left(\int_\mathbb{R} |g_1(x)g_2(x)|dx\right)^2 \leq \int_\mathbb{R} |g_1(x)|^2 dx \int_\mathbb{R} |g_2(x)|^2 dx$$

könnte nützlich sein.

Anmerkung: In der Quantenmechanik wird der Zustand eines Teilchens durch die Wellenfunktion $\psi(x,t)$ beschrieben: $|\psi(x,t)|^2$ ist die W-Dichte der (eindimensionalen) Teilchen-Position X zur Zeit t, und $|\varphi(p,t)|^2/2\pi$ mit

$$\varphi(p,t) = \frac{1}{\sqrt{\hbar}} \int_\mathbb{R} \psi(x,t)e^{-ipx/\hbar}dx$$

ist die W-Dichte des Teilchen-Impulses Y zur Zeit t. Wegen der unterschiedlichen Skalierung tritt in der Heisenbergschen Unschärferelation auf der rechten Seite von (2.96) statt $\frac{1}{2}$ die Konstante $\frac{\hbar}{2}$ auf, welche das Plancksche Wirkungsquantum $\hbar$ beinhaltet.

2.51 (Mandatszuteilung bei Verhältniswahlrecht) In einem Parlament, dessen Zusammensetzung durch Verhältniswahl bestimmt wird, sollen für jede Partei so viele Abgeordnete vertreten sein, wie ihrem Anteil s_i/S an der Gesamtzahl S der abgegebenen Stimmen entspricht. Ist M die Zahl der zu vergebenden Mandate, dann sollte die Partei P_i also für ihre s_i Stimmen genau $s_i M/S$ Mandate erhalten. Da dies meist keine ganze Zahl ist, muss mit einem Zuteilungsverfahren eine Approximation an das Ideal der exakten proportionalen Mandatszuteilung erreicht werden. Bei Bundestagswahlen ist derzeit die *Quotenmethode* von Hare-Niemeyer in Gebrauch: in einem ersten Schritt werden $\lfloor s_i M/S \rfloor$ Mandate an die Partei P_i vergeben. Die Differenz zwischen M und den so zugeteilten Mandaten $\sum_i \lfloor s_i M/S \rfloor$ wird anschließend gemäß den Resten $s_i M/S - \lfloor s_i M/S \rfloor$ verteilt. Die Partei mit dem größten Rest erhält den ersten zusätzlichen Abgeordneten, die Partei mit dem zweitgrößten Rest den nächsten, usw.

Eine wichtige Frage ist, ob diese Zuteilungsmethode größere Parteien gegenüber kleineren bevorzugt. Wir gehen dieser Frage für ein 2-Parteien-Parlament nach. Sei P_1 die größere Partei und m_1 die ihr nach der Quotenmethode für s_1 Stimmen zugeteilten Mandate. Wir bilden

$$D := m_1 - s_1 M/S.$$

Ein Maß für die Fairness der Quotenmethode im Mittel ist der Erwartungswert dieser Differenz D, wenn der Stimmenanteil s_1/S der größeren Partei eine über $[\frac{1}{2}, 1]$ gleichverteilte Zufallsvariable ist.
Zeigen Sie, dass

$$ED = \begin{cases} 0, & \text{falls } M \text{ gerade} \\ \frac{1}{4M}, & \text{falls } M \text{ ungerade.} \end{cases}$$

2.52 (Modellierung einer Folge unabhängiger Münzwürfe) Es sei $(\Omega, \mathcal{A}, P)$ der W-Raum bestehend aus

$$\Omega = (0,1),$$
$$\mathcal{A} = \mathcal{B}(\Omega),$$
$$P = \lambda.$$

Für $n \in \mathbb{N}$ definieren wir die Ereignisse

$$A_n := \{\omega \in (0,1) : \omega \cdot 2^n \mod 1 \leq \frac{1}{2}\}$$

und die Zufallsvariablen

$$X_n := 1_{A_n}.$$

(a) Man beweise, dass die Folge $(A_n)_{n\in\mathbb{N}}$ unabhängig ist mit $P(A_n) = P(A_n^c) = \frac{1}{2}$.

(b) Man begründe, dass die Folge $(X_n)_{n\in\mathbb{N}}$ ein gutes Modell für eine unendliche Folge unabhängiger Würfe mit einer fairen Münze darstellt.

3 | Kombinatorik

3 Kombinatorik

Die Kombinatorik befasst sich allgemein gesprochen mit der Anordnung von Objekten und mit der Ermittlung der Anzahl möglicher Anordnungen mit vorgegebenen Eigenschaften. In diesem Kapitel wollen wir uns mit einigen kombinatorischen Grundstrukturen beschäftigen. Im gesamten Kapitel bezeichnet $\mathcal{N}$ eine n-elementige Menge.

3.1 Permutationen

Definition 3.1.1 *Eine Permutation einer n-Menge $\mathcal{N}$ ist ein geordnetes n-Tupel mit Elementen aus $\mathcal{N}$, dessen Einträge sich nicht wiederholen.*

Es gibt $n!$ verschiedene Permutationen einer Menge mit n Elementen. Ist $\pi : \mathcal{N} \to \mathcal{N}$ eine Bijektion und $\mathcal{S}(\mathcal{N})$ die Menge aller Bijektionen von $\mathcal{N}$ nach $\mathcal{N}$, dann kann man jede Permutation mit einem Element von $\mathcal{S}(\mathcal{N})$ identifizieren oder auch mit einem Element von $\mathcal{S}_n := \mathcal{S}(\{1, \ldots, n\})$.

Beispiel 3.1 Eine Kommission besteht aus n Personen. Auf wie viele verschiedene Arten können diese an einem runden Tisch Platz nehmen? Zwei Sitzordnungen werden dabei als verschieden betrachtet, wenn mindestens eine Person einen anderen Tischnachbarn zur Rechten hat.
Wir vergeben einen beliebigen Platz an eine beliebige Person. Dann gibt es $(n-1)!$ verschiedene Möglichkeiten für die verbleibenden $(n-1)$ Personen, Platz zu nehmen. Damit sind alle Sitzordnungen, die wir als verschieden werten wollen, erfasst.

Der folgende Begriff ist eng mit dem der Permutation verwandt.

3.2 Variationen

Definition 3.2.1 *Eine (m, n) -Variation einer n -Menge $\mathcal{N}$ ohne Wiederholung ist ein geordnetes m -Tupel mit Elementen aus $\mathcal{N}$, die im Tupel höchstens einmal auftreten.*

Es gibt $\frac{n!}{(n-m)!}$ dieser Variationen, wie man leicht mit der Überlegung bestätigt, dass die Zahl dieser Variationen um den Faktor $\frac{1}{(n-m)!}$ kleiner ist als die Zahl der möglichen Permutationen von n Elementen.

Definition 3.2.2 *Eine (m, n) -Variation einer n -Menge $\mathcal{N}$ mit Wiederholung ist ein geordnetes m -Tupel mit Elementen aus $\mathcal{N}$, die sich beliebig wiederholen dürfen.*

Es gibt n^m verschiedene (m, n) -Variationen mit Wiederholung.

Beispiel 3.2 Bei der Ergebniswette im Fußball-Toto wird der Ausgang von 11 Spielen getippt. Jedes Spiel hat 3 mögliche Ausgänge, also gibt es $3^{11} = 177\,147$ verschiedene Tippreihen.

3.3 Kombinationen

Definition 3.3.1 *Eine (m, n) -Kombination einer n -Menge $\mathcal{N}$ ohne Wiederholung ist ein ungeordnetes m -Tupel mit Elementen aus $\mathcal{N}$, die im Tupel höchstens einmal auftreten.*

Da jedes Element in einem m -Tupel höchstens einmal vertreten ist, sind alle (m, n) -Kombinationen ohne Wiederholung m -elementige Teilmengen einer n -Menge. Es gibt $\binom{n}{m} := \frac{n!}{m!(n-m)!}$ dieser Kombinationen, nämlich um den Faktor $\frac{1}{m!}$ weniger als (m, n) -Variationen ohne Wiederholung.

Beispiel 3.3 Beim Zahlenlotto *6 aus 49* wird als Gewinnreihe eine $(6, 49)$ -Kombination aus $\{1, \ldots, 49\}$ ohne Wiederholung ermittelt. Es gibt deshalb $\binom{49}{6} = 13\,983\,816$ verschiedene Tippreihen.

Beispiel 3.4 (Shapley-Index) Ein von Shapley (1953) eingeführter Index misst den Einfluss verschiedener Akteure bei gewichteten Mehrheitswahlen. Wir diskutieren ihn im Kontext der Spieltheorie. Eine *Wahl* ist ein Spiel mit n Spielern, Spieler k hat s_k Stimmen. Unter einer *Koalition* verstehen wir jede nichtleere

Teilmenge der Spieler. Eine solche ist *siegreich* genau dann, wenn ihre Mitglieder mindestens m Stimmen auf sich vereinigen, andernfalls heißt sie *unterlegen*. Wir bezeichnen ein solches Spiel mit $(m; s_1, \ldots, s_n)$ und treffen die Voraussetzung, dass keine Teilmenge einer unterlegenen Koalition siegreich sein kann. Sei nun π eine Permutation der Spieler $1, \ldots, n$. Wir nennen Spieler k *entscheidend*, wenn

$$\sum_{i=1}^{\pi^{-1}(k)-1} s_{\pi(i)} < m \quad \text{und} \quad \sum_{i=1}^{\pi^{-1}(k)} s_{\pi(i)} \geq m.$$

Dies ist eine Eigenschaft, die permutationsabhängig ist. Der Shapley-Index S_k von Spieler k ist nun definiert als

$$S_k = \frac{\text{Anzahl der Permutationen, in denen Spieler } k \text{ entscheidend ist}}{\text{Anzahl der Permutationen}}.$$

Der Weltsicherheitsrat besteht gegenwärtig (November 2002) aus 5 ständigen (mit Veto-Recht ausgestatteten) und 10 nichtständigen Mitgliedern. Nach den Statuten ist eine Koalition siegreich, falls sie alle ständigen und mindestens 4 der nichtständigen Mitglieder enthält. Ein Vergleich der jeweils siegreichen Koalitionen zeigt, dass der Sicherheitsrat mit obiger Sprachregelung als (39; 7, 7, 7, 7, 7, 1, 1, 1, 1, 1, 1, 1, 1, 1, 1) Spiel aufgefasst werden kann, wobei die ersten 5 Spieler den ständigen Mitgliedern entsprechen. Aus Symmetriegründen gilt zunächst $S_1 = \cdots = S_5$ und $S_6 = \cdots = S_{15}$. Ist k ein nichtständiges Mitglied, dann ist es entscheidend in genau den Permutationen mit $\pi^{-1}(k) = 9$, bei welchen die Menge $\{\pi(1), \ldots, \pi(8)\}$ alle ständigen und 3 nichtständige Mitglieder aus $\{6, \ldots, 15\} \setminus \{k\}$ enthält. Es gibt $\binom{9}{3} 8! 6!$ dieser Permutationen, und somit hat man

$$S_6 = \frac{9! 8!}{3! 15!} = 0.0019 \quad \text{und} \quad S_1 = \frac{1}{5}(1 - 10 S_6) = 0.196.$$

Der Einfluss eines ständigen Mitglieds ist also etwa 100-mal größer als der eines nichtständigen Mitglieds.

Definition 3.3.2 *Eine* (m, n) *-Kombination einer* n *-Menge* $\mathcal{N}$ *mit Wiederholung ist ein ungeordnetes* m *-Tupel mit Elementen aus* $\mathcal{N}$, *die sich beliebig wiederholen dürfen.*

Satz 3.3.3 *Es gibt* $\binom{n+m-1}{m}$ *verschiedene* (m, n) *-Kombinationen mit Wiederholung.*

Beweis. Die Formel beweist man am leichtesten dadurch, dass man Bijektionen in Mengen bekannter Mächtigkeiten konstruiert. Die Menge der (m, n) -Kombinationen mit Wiederholung lässt sich bijektiv abbilden auf die Menge $\mathcal{M}$ aller m -Tupel $(i_1, \ldots, i_m)$, wobei $i_j \in \{1, \ldots, n\}$ für alle

$j = 1, \ldots, m$ und $i_j \leq i_{j+1}$ für $j = 1, \ldots, m-1$. $\mathcal{M}$ wiederum lässt sich mittels

$$(i_1, \ldots, i_m) \longmapsto \{i_1, i_2 + 1, i_3 + 2, \ldots, i_m + (m-1)\}$$

bijektiv auf die Menge aller m-Teilmengen von $\{1, \ldots, n+m-1\}$ abbilden. Dies ist aber die Menge aller $(m, n + m - 1)$-Kombinationen ohne Wiederholung von $\{1, \ldots, n + m - 1\}$. Es gibt $\binom{n+m-1}{m}$ dieser Kombinationen.

∎

Beispiel 3.5 *DNS-Kettenmoleküle* bestehen aus den organischen Basen Adenin (A), Cytosin (C), Guanin (G) und Thymin (T). *Proteine* sind Makromoleküle, die sich aus *Aminosäuren* aufbauen. Die Abfolge der Basen im DNS-Molekül ist ein codiertes Rezept für den Aufbau der für ein Protein verwendeten Aminosäuren. Dieser Code wurde inzwischen entschlüsselt. Jede der insgesamt 20 Aminosäuren wird durch 3 Basen festgelegt. Das ist die minimale Tupel-Länge für eine Codierung von 20 Aminosäuren. In der Tat könnten auf diese Weise $4^3 = 64$ Aminosäuren codiert werden. Eine offene Frage war lange Zeit, die konkreten Zuordnungen zu ermitteln und die Redundanz (64 gegenüber 20) zu erklären. In diesem Zusammenhang untersucht Gamov (1954) die Hypothese, dass für die Festlegung einer Aminosäure die Anordnung der Basen im Tripel unerheblich ist, d.h., dass z.B. die Tripel (A, A, G), (A, G, A) und (G, A, A) alle dieselbe Aminosäure kennzeichnen. Auf diese Weise könnten dann genau

$$\binom{4 + 3 - 1}{3} = 20$$

Aminosäuren codiert werden. (Gamovs Hypothese wurde allerdings inzwischen widerlegt.)

Beispiel 3.6 Die Statistische Mechanik beschäftigt sich mit Vielteilchensystemen. Dabei wird der Zustand, in dem sich ein Teilchen befindet (z.B. ein Energiezustand), als *Mikrozustand* bezeichnet, im Unterschied zum *Makrozustand*, der das Teilchen-Ensemble charakterisiert. In einer diskretisierten Systembeschreibung mit m verschiedenen Mikrozuständen wird der Makrozustand etwa durch das m-Tupel $(k_1, \ldots, k_m)$ beschrieben, wobei k_i die Anzahl der Teilchen im i-ten Mikrozustand angibt. Für manche Systeme gilt das *Paulische Ausschlussprinzip*, das für jeden Mikrozustand höchstens jeweils ein Teilchen zulässt. Wenn n ununterscheidbare Teilchen das Ausschlussprinzip erfüllen (z.B. Elektronen), sagt man, sie gehorchen der *Fermi-Dirac-Statistik*. Dann gibt es $\binom{m}{n}$ verschiedene Makrozustände. Die Gleichverteilung über all diesen Makrozuständen heißt *Fermi-Dirac-Verteilung*. Falls n ununterscheidbare Teilchen das Ausschlussprinzip nicht erfüllen (z.B. Photonen), gehorchen sie der *Bose-Einstein-Statistik*, und es gibt $\binom{n+m-1}{n}$ verschiedene Makrozustände. Die Gleichverteilung über all diesen Makrozuständen heißt *Bose-Einstein-Verteilung*. Werden die Teilchen als unterscheidbar betrachtet und ist das Ausschlussprinzip nicht erfüllt, dann gibt es

m^n verschiedene Makrozustände, und man spricht von der *Maxwell-Boltzmann-Statistik*. Die Gleichverteilung über all diesen Makrozuständen heißt *Maxwell-Boltzmann-Verteilung*. Bisher konnte dieses Verhalten für keine Teilchenart beobachtet werden.

3.4 Partitionen

Ein weiterer wichtiger Begriff der Kombinatorik ist der der Partition. Er tritt in zwei Varianten auf, als Partition von Mengen und als Partition von Zahlen. Jede Menge nichtleerer, paarweise disjunkter Teilmengen von $\mathcal{N}$, deren Vereinigung $\mathcal{N}$ ist, wird als *Partition der Menge $\mathcal{N}$* bezeichnet. Für eine formale Definition greifen wir auf den Begriff der *Äquivalenzklasse* zurück.

Definition 3.4.1 *Ist $\mathcal{N}$ eine n-Menge und $\mathcal{E}$ die Menge der Äquivalenzklassen bezüglich einer Äquivalenzrelation auf $\mathcal{N}$, dann heißt $\mathcal{E}$ Partition von $\mathcal{N}$ vom Typ $(\lambda_1, \ldots, \lambda_n)$, falls für alle $i \in \{1, \ldots, n\}$ $\mathcal{E}$ jeweils λ_i i-Mengen enthält. $\mathcal{E}$ heißt m-Partition, falls $\mathcal{E}$ eine m-Menge ist. Die Menge der i-Mengen heißt i-te Klasse der Partition.*

Die Konstanten erfüllen die Identität $\sum_{i=1}^{n} i\lambda_i = n$ mit $\lambda_i \in \mathbb{N}_0$ und, sofern es sich um eine m-Partition handelt, zusätzlich die Identität $\sum_{i=1}^{n} \lambda_i = m$.

Eine n-elementige Menge hat

$$\frac{n!}{(1!)^{\lambda_1} \cdot \ldots \cdot (n!)^{\lambda_n} \lambda_1! \cdot \ldots \cdot \lambda_n!} \tag{3.1}$$

verschiedene Partitionen vom Typ $(\lambda_1, \ldots, \lambda_n)$. Ausgehend von den $n!$ möglichen Permutationen der Mengenelemente kommt man zu dieser Anzahl, wenn man berücksichtigt, dass die Anordnung der Elemente in jeder i-elementigen Menge unerheblich ist und auch die Mengen in jeder Klasse untereinander permutiert werden können, ohne den Typ der Partition zu ändern. Im ersten Fall ergibt sich eine Division durch $(1!)^{\lambda_1} \cdot \ldots \cdot (n!)^{\lambda_n}$, im zweiten Fall durch $\lambda_1! \cdot \ldots \cdot \lambda_n!$.

Die Anzahl S_n^m der verschiedenen m-Partitionen einer n-Menge wird als *Stirlingsche Zahl* bezeichnet. Man erhält sie durch Summation von (3.1)

$$S_n^m = \sum_{\substack{(\lambda_1, \ldots, \lambda_n) \\ \sum_i \lambda_i = m, \sum_i i\lambda_i = n}} \cdots \sum \frac{n!}{(1!)^{\lambda_1} \cdot \ldots \cdot (n!)^{\lambda_n} \lambda_1! \cdot \ldots \cdot \lambda_n!}.$$

Stirlingsche Zahlen spielen in der Zahlentheorie eine große Rolle. Sie erfüllen die *Rekursionsgleichungen*

$$S_n^1 = S_n^n = 1 \tag{3.2}$$

$$S_{n+1}^m = S_n^{m-1} + mS_n^m \qquad \text{für } 1 < m \le n. \tag{3.3}$$

Dabei wird $S_n^0 := 0$ und $S_n^m := 0$ für $m > n$ vereinbart. Um (3.3) zu verstehen, betrachten wir alle m-Partitionen einer $(n+1)$-Menge. Wir benutzen ein beliebiges Element Q der Menge, um diese Partitionen in zwei disjunkte, jeweils nichtleere Teilmengen zu unterteilen: alle Partitionen, in denen Q in der ersten Klasse auftritt (insgesamt gibt es davon S_n^{m-1}), und solche, in denen die Menge, deren Element Q ist, mindestens die Mächtigkeit 2 hat (insgesamt gibt es davon mS_n^m, da Q in m verschiedenen Mengen liegen kann).

Beispiel 3.7 Beim Skatspiel entsteht beim Austeilen der 32 Spielkarten eine 4-Partition vom Typ $\lambda_2 = 1, \lambda_{10} = 3$ und $\lambda_i = 0$ für $i \ne 2, 10$. Es gibt $32!/2!(10!)^3 3!$ dieser Partitionen. Die 3 Teilmengen der Mächtigkeit 10 können auf 3! Arten an die 3 Spieler verteilt worden sein. Also gibt es

$$\frac{32!}{2!(10!)^3} = \binom{32}{10}\binom{22}{10}\binom{12}{10} = 2.75 \cdot 10^{15}$$

mögliche Arten, die Karten an die Spieler auszuteilen. Dies verdeutlicht den Zusammenhang zwischen der Anzahl von Partitionen und den Binomialkoeffizienten.

Neben Partitionen von Mengen haben auch die *Partitionen natürlicher Zahlen* vielfältige Anwendungen.

Definition 3.4.2 *Eine* $(\lambda_{r_1}, \dots, \lambda_{r_s})$ *-Partition einer natürlichen Zahl* n *mit Summanden aus einer Referenzmenge* $R = \{r_1, \dots, r_s\} \subseteq \mathbb{N}$ *ist eine additive Zerlegung von* n *in* λ_{r_i} *Summanden* r_i, *d.h.* $n = \sum_{i=1}^{s} r_i \lambda_{r_i}$.

Das Symbol $P_R(n)$ bezeichne die Anzahl verschiedener Partitionen von n. Dafür gibt es keine explizite Formel. Doch $P_R(n)$ tritt auf als Koeffizient von x^n in der Entwicklung von

$$\prod_{i \in R} (1 - x^{r_i})^{-1}. \tag{3.4}$$

Um dies zu überprüfen, bildet man das Produkt

$$(1 + x^{r_1} + x^{2r_1} + \dots)(1 + x^{r_2} + x^{2r_2} + \dots) \cdot \dots \cdot (1 + x^{r_s} + x^{2r_s} + \dots).$$

Nach Ausmultiplizieren wird ersichtlich, dass jeder Summand vom Typ x^n sich aus einem Produkt ergibt, das mit einer Partition von n aus der Referenzmenge $\{r_1, \ldots, r_s\}$ korrespondiert.

Wir erweitern diese Überlegung und führen als analytisches Instrument die *erzeugenden Funktionen* von Zahlenfolgen ein.

Definition 3.4.3 *Sei* $(a_n)_{n \in \mathbb{N}_0}$ *eine Zahlenfolge. Die Potenzreihe*

$$g(x) = \sum_{n=0}^{\infty} a_n x^n \tag{3.5}$$

heißt erzeugende Funktion von $(a_n)_{n \in \mathbb{N}_0}$.

Erzeugende Funktionen spielen in der gesamten Kombinatorik eine große Rolle und haben sich bei zahlreichen Problemtypen wie etwa bei Auswahl-, Verteilungs-, Partitions- oder Konfigurationsproblemen als außerordentlich nützliche Hilfsmittel erwiesen.

Wir wissen seit Satz 3.3.3, dass es $\binom{n+m-1}{m}$ Möglichkeiten gibt, m Objekte mit Wiederholung aus n verschiedenen Klassen von Objekten auszuwählen. Um den Zusammenhang mit erzeugenden Funktionen herzustellen, führen wir das folgende Schema ein:

Klasse 1	Klasse 2	$\ldots$	Klasse n
1	1		1
x	x		x
x^2	x^2		x^2
$\vdots$	$\vdots$		$\vdots$
x^{k_1}	x^{k_2}		x^{k_n}
$\vdots$	$\vdots$		$\vdots$

Jede Auswahl von jeweils k_i Objekten aus Klasse i kann mit dem Produkt $x^{k_1} \cdot x^{k_2} \cdot \ldots \cdot x^{k_n}$ identifiziert werden. Da $\sum_{i=1}^{n} k_i = m$ ist, sind alle Produkte dieser Art gleich x^m . Interpretiert man die Spalten in obigem Schema als Darstellung der erzeugenden Funktion $g(x) := 1 + x + x^2 + \cdots = (1-x)^{-1}$, so ist die Anzahl aller (m, n) -Kombinationen mit Wiederholung nichts anders als der Koeffizient von x^m in $[g(x)]^n = (1-x)^{-n}$, infolgedessen haben wir

$$\sum_{m=0}^{\infty} \binom{n+m-1}{m} x^m = (1-x)^{-n}. \tag{3.6}$$

Beispiel 3.8 (Geld wechseln) Auf wie viele Arten kann eine 1-Euro-Münze in kleinere Münzen gewechselt werden?

Eine vorläufige Antwort lautet $P_R(100)$, wobei $R = \{1, 2, 5, 10, 20, 50\}$ ist. Um den Zahlenwert explizit zu ermitteln, überlegen wir wie folgt: In jeder Zerlegung der Zahl 100 bilden die Summanden aus $\overline{R} := \{10, 20, 50\}$ jeweils ein Vielfaches von 10. Damit erreichen wir in einem ersten Schritt die Vereinfachung

$$P_R(100) = \sum_{k=0}^{10} \#\{\text{Zerlegungen von 100, deren Terme aus } \overline{R} \text{ sich zu } 10k \text{ addieren}\}$$

$$= \sum_{k=0}^{10} P_{\{1,2,5\}}(100 - 10k) \cdot P_{\{1,2,5\}}(k), \tag{3.7}$$

wobei der letzten Gleichung die Beobachtung zugrunde liegt, dass es gleich viele Partitionen der Zahl $10k$ mit Summanden aus $\overline{R}$ gibt wie Partitionen der Zahl k mit Summanden aus $R^* := \{1, 2, 5\}$. Der Faktor $P_{\{1,2,5\}}(k) = P_{\{10,20,50\}}(10k)$ bezieht sich auf die Summanden aus $\overline{R}$, der Faktor $P_{\{1,2,5\}}(100 - 10k)$ auf die Summanden aus R^*.

Wir bestimmen nun $a_n := P_{\{1,2,5\}}(n)$. Dazu führen wir $b_n := P_{\{1,2\}}(n), n \in \mathbb{N}$, ein und schreiben $n = 5m + i$ mit $i \in \{0, 1, 2, 3, 4\}$. Zwischen diesen besteht der Zusammenhang

$$a_n = b_n + b_{n-5} + b_{n-10} + \ldots + b_{n-5m}, \tag{3.8}$$

denn in einer gegebenen Zerlegung von n können bis zu m Summanden 5 auftreten. Man beachte auch, dass $b_0 := 1$ ist, denn für $n - 5m = 0$ gibt es genau eine Partition mit m Summanden 5. Damit steht man nun vor der neuen Aufgabe, die b_j zu ermitteln. Nach den vorhergehenden Überlegungen tritt b_j als Koeffizient von x^j in der Entwicklung von $(1-x)^{-1}(1-x^2)^{-1}$ auf. Demzufolge ist

$$(1-x)^{-1}(1-x^2)^{-1} = b_0 + b_1 x + b_2 x^2 + \ldots$$

oder

$$(1-x)^{-1} = (b_0 + b_1 x + b_2 x^2 + \ldots)(1 - x^2)$$

bzw.

$$1 + x + x^2 + \ldots = b_0 + b_1 x + (b_2 - b_0)x^2 + \ldots + (b_j - b_{j-2})x^j + \ldots,$$

so dass durch Koeffizientenvergleich ein einfaches Gleichungssystem entsteht:

$$\begin{aligned} b_j - b_{j-2} &= 1, \qquad \forall j \geq 2, \\ b_1 &= 1, \\ b_0 &= 1. \end{aligned} \tag{3.9}$$

Die Lösung von (3.9) lautet

$$b_j = \lfloor j/2 \rfloor + 1 = \frac{1}{4}\left[2j + 3 + (-1)^j\right], \qquad \forall j \in \mathbb{N},$$

so dass wir (3.8) nun schreiben können als

$$a_n = \sum_{k=0}^{m} b_{n-5k} = \frac{1}{4}\left[\sum_{k=0}^{m}(2n - 10k + 3) + \sum_{k=0}^{m}(-1)^{n-5k}\right].$$

Die Vereinfachungen

$$\sum_{k=0}^{m}(2n - 10k + 3) = (2n + 3 - 5m)(m + 1)$$

und

$$\sum_{k=0}^{m}(-1)^{n-5k} = \sum_{k=0}^{m}(-1)^{n+k} = (-1)^n \sum_{k=0}^{m}(-1)^k = (-1)^n\left[\frac{1 + (-1)^m}{2}\right]$$

führen zu

$$a_n = \frac{1}{4}\left[(2n + 3 - 5m)(m + 1) + \frac{1}{2}\left((-1)^n + (-1)^{n+m}\right)\right].$$

Mit $a_0 := 1$ mündet diese Formel in die abschließende Rechnung

$$\begin{aligned} P_R(100) &= a_{100} \cdot a_0 + a_{90} \cdot a_1 + a_{80} \cdot a_2 + a_{70} \cdot a_3 + a_{60} \cdot a_4 \\ &\quad + a_{50} \cdot a_5 + a_{40} \cdot a_6 + a_{30} \cdot a_7 + a_{20} \cdot a_8 + a_{10} \cdot a_9 + a_0 \cdot a_{10} \\ &= 541 \cdot 1 + 442 \cdot 1 + 353 \cdot 2 + 274 \cdot 2 + 205 \cdot 3 + 146 \cdot 4 \\ &\quad + 97 \cdot 5 + 58 \cdot 6 + 29 \cdot 7 + 10 \cdot 8 + 1 \cdot 10 \\ &= 4562. \end{aligned}$$

Eine 1-Euro-Münze kann auf 4562 verschiedene Arten gewechselt werden.

In Beispiel 3.8 ergaben sich die b_j als Lösung von (3.9). Dies ist ein Beispiel für eine Rekursionsgleichung. Auch (3.3) ist eine Rekursionsgleichung – für die Stirlingschen Zahlen.

Wir geben zwei weitere Beispiele für die Nützlichkeit von Rekursionen.

Beispiel 3.9 (Sortieren) *Quicksort* ist einer der schnellsten Sortieralgorithmen. Er verfährt nach dem Prinzip «teile und herrsche». Gegeben seien n verschiedene Zahlen $a_1, \ldots, a_n$, die nach zunehmender Größe geordnet werden sollen. Wir erläutern die Vorgehensweise von Quicksort für die Zahlen $13, 7, 11, 3, 1, 6,$ 8 : Wähle rein zufällig eine der Zahlen aus, z.B. 6 . Vergleiche diese mit den übrigen Zahlen: $\{3, 1\}, 6, \{13, 7, 11, 8\}$. Wende nun dieselbe Strategie auf die Teilmengen der Zahlen kleiner als 6 und größer als 6 an. Es ergibt sich zunächst $1, 3, 6, \{13, 7, 11, 8\}$ und – sofern 8 aus $\{13, 7, 11, 8\}$ rein zufällig ausgewählt wird – anschließend $1, 3, 6, 7, 8, \{13, 11\}$ und dann

$$1, 3, 6, 7, 8, 11, 13.$$

Wie viele Vergleiche benötigt Quicksort? Im angegebenen Beispiel sind es $6 + 1 +$ $3 + 1 = 11$. Wir bestimmen die mittlere Anzahl C_n von Vergleichen. Dazu konditionieren wir auf den Rangplatz R_1 des zuerst gewählten zufälligen Elementes; $\{R_1 = k\}$ bedeutet, dass es $(k - 1)$ kleinere und $(n - k)$ größere Elemente in der zu sortierenden Zahlenmenge gibt. Also ist

$$C_n = \sum_{k=1}^{n} E(C_n \mid R_1 = k) P(R_1 = k)$$

$$= \sum_{k=1}^{n} (n - 1 + C_{k-1} + C_{n-k}) \cdot \frac{1}{n} = n - 1 + \frac{2}{n} \sum_{k=1}^{n-1} C_k.$$

Daraus erhalten wir die Rekursionsformel

$$nC_n = (n - 1)n + 2 \sum_{k=1}^{n-1} C_k, \tag{3.10}$$

die für $n - 1$ statt n die Form

$$(n - 1)C_{n-1} = (n - 2)(n - 1) + 2 \sum_{k=1}^{n-2} C_k \tag{3.11}$$

hat. Subtrahiert man (3.11) von (3.10), so vereinfacht sich die Rekursion zu

$$C_n = \frac{2(n - 1)}{n} + \frac{n + 1}{n} C_{n-1}$$

$$= \frac{2(n - 1)(n + 1)}{n(n + 1)} + \frac{2(n - 2)(n + 1)}{(n - 1)n} + \frac{n + 1}{n - 1} C_{n-2}$$

$$= 2(n + 1) \sum_{k=2}^{n} \frac{k - 1}{k(k + 1)} + \frac{1}{2}(n + 1) C_1.$$

Unter Verwendung von $C_1 = 0$ führt dies auf

$$C_n = 2(n + 1) \sum_{k=1}^{n} \left(\frac{2}{k + 1} - \frac{1}{k} \right)$$

$$= 2(n + 1) \left[2 \left(H_n + \frac{1}{n + 1} - 1 \right) - H_n \right]$$

mit $H_n := \sum_{k=1}^{n} \frac{1}{k} \sim \ln n$. Also benötigt Quicksort

$$C_n = 2(n+1)H_n - 4n \sim 2n \ln n$$

Vergleiche im Mittel.

Beispiel 3.10 (Le problème des rencontres von P. de Montmort(1708))
Wie viele Permutationen π von $\mathcal{N} := \{1, \ldots, n\}$ gibt es mit $\pi(i) \neq i$ für alle
i ? (Diese Permutationen heißen *fixpunktfrei*.)
Dies ist der Kern des von Montmort in folgender Version betrachteten Problems:
Die 13 Spielkarten *Ass, Zwei*, $\ldots$, *Zehn, Bube, Dame, König* einer einzigen Farbe
werden gemischt. Ein Spieler wird zum Kartengeber bestimmt, die anderen setzen
einen festen Geldbetrag ein. Der Geber deckt die Karten nacheinander auf und
ruft dabei *Ass* bei der ersten Karte, *Zwei* bei der zweiten, $\ldots$ und *König* bei
der 13. Karte. Entspricht je die ausgerufene Karte der aufgedeckten (Montmort
nannte dies ein *Rencontre*), gewinnt der Geber die Einsätze und ist auch im
nächsten Spiel Kartengeber. Andernfalls erhalten die Spieler ihre Einsätze zurück,
und der Nachbar zur Rechten des Gebers wird zum Kartengeber. Welcher Anteil
aller möglichen Ausspielungen der Karten führt nicht zum Gewinn für den Geber?
Die Zahl d_n der fixpunktfreien Permutationen von $\mathcal{N}$ erfüllt die Rekursion

$$
\begin{aligned}
d_n &= (n-1)d_{n-1} + (n-1)d_{n-2}, &&\forall n \geq 2, \\
d_1 &= 0, &&\qquad\qquad (3.12) \\
d_0 &= 1.
\end{aligned}
$$

Die Rekursion wird verständlich, wenn man bedenkt, dass d_n um den Faktor $(n-1)$ größer ist als die Zahl der fixpunktfreien Permutationen π mit
$\pi(1) = 2$. Ist bei diesen Permutationen zusätzlich $\pi(2) = 1$, dann muss $\pi(3) \neq$
$3, \ldots, \pi(n) \neq n$ sein. Dafür gibt es d_{n-2} Möglichkeiten. Andernfalls bestehen
d_{n-1} Möglichkeiten für $\pi(2) \neq 1, \pi(3) \neq 3, \ldots, \pi(n) \neq n$.

Aus (3.12) wird durch Umordnung

$$d_n - nd_{n-1} = -(d_{n-1} - (n-1)d_{n-2}), \qquad \forall n \geq 2,$$

und damit ist

$$(-1)^n(d_n - nd_{n-1}) = (-1)^m(d_m - md_{m-1}) = (-1)(d_1 - d_0) = 1, \qquad \forall m, n \geq 1,$$

woraus wir die leicht induktiv zu überprüfende Formel

$$d_n = nd_{n-1} + (-1)^n = n!\left(1 - \frac{1}{1!} + \frac{1}{2!} - \cdots + (-1)^n \frac{1}{n!}\right) \qquad (3.13)$$

ableiten. Der Klammerausdruck in (3.13) enthält die ersten $(n+1)$ Terme der Entwicklung von e^{-1}, so dass

$$\left| d_n - \frac{n!}{e} \right| < \frac{1}{n+1}. \qquad (3.14)$$

Die Zahl der fixpunktfreien Permutationen von $\{1, \ldots, n\}$ ist gegeben durch die beste ganzzahlige Approximation von $\frac{n!}{e}$. (Beachten Sie auch Beispiel 2.24.)

3.5 Aufgaben

3.1 Insgesamt $2n$ Spieler bestreiten ein Schachturnier. Wie viele Paarungsmöglichkeiten gibt es für die erste Runde, die aus n gleichzeitig gespielten Partien besteht? (Beachten Sie, dass bei einer Paarung auch die Verteilung der Farben eine Rolle spielt.)

3.2 Eine Tafel Schokolade ist mit 6 Querrinnen versehen. Auf wie viele verschiedene Arten kann die Tafel gebrochen werden, wenn dies nur längs der Querrinnen geschehen darf? Als verschieden gelten zwei Arten die Tafel zu berechnen, wenn die entstehenden Schokoladenstücke nicht allesamt deckungsgleich sind.

3.3 Es gibt n Bewerber für eine offene Stelle. Drei Interviewer erstellen unabhängig voneinander eine Rangliste der Bewerber nach Eignung. Ein Bewerber wird eingestellt, wenn er bei mindestens zwei der Interviewer Rang 1 erreicht. Welcher Anteil der möglichen Ranglisten führt zur Einstellung eines Bewerbers?

Hinweis: Ermitteln Sie zunächst den Anteil der möglichen Ranglisten, die nicht zur Einstellung eines Bewerbers führen.

3.4 **(Zeichenzahl der Blindenschrift)** In der nach Louis Braille benannten Blindenschrift werden durch Anordnung von 6 Punkten, die jeweils entweder erhaben sind oder als Löcher in Papier gestanzt werden, Buchstaben, Zahlen und Satzzeichen fühlbar gemacht. Wie viele verschiedene Zeichen sind auf diese Weise darstellbar?

3.5 Wie viele verschiedene Tippreihen gibt es im Lotto *6 aus 49* mit k Richtigen, $k \in \{0, \ldots, 6\}$?

3.6 Die Funktion $K(n) := \sum_{k=0}^{n} \binom{n-k}{k}(-1)^k$ nimmt nur die Werte $-1, 0, +1$ an. Ermitteln Sie $K(1000)$. (Die Binomialkoeffizienten $\binom{m}{k}$ sind 0 für $m < k$.)

3.7 In einer Firma werden Weihnachtsgeschenke unter den n Angestellten nach folgendem Verfahren verteilt: Jeder Angestellte bringt zur Weihnachtsfeier ein Geschenk mit, und anschließend werden die Geschenke unter den Angestellten zufällig verteilt. Bei der letztjährigen Feier ergab es sich, dass nur ein Angestellter das Geschenk erhielt, das er auch mitgebracht hatte. Ist dies ein außergewöhnliches Ereignis?

3.8 **(Gesetz vom universellen Freund)** Sie befinden sich auf einer Party. Je zwei der $n \geq 3$ Partyteilnehmer haben unter den Anwesenden genau einen gemeinsamen Freund. Die Freundschaftsrelation ist symmetrisch, aber nicht reflexiv. Dann gibt es mindestens einen Partyteilnehmer, der mit allen anderen Anwesenden befreundet ist. Beweisen Sie diese Aussage.

3.9 (a) Zeigen Sie:

$$\sum_{k=0}^{n} \binom{n}{k}^{2} = \binom{2n}{n}.$$

Hinweis: Auf wie viele Arten können aus n weißen und n schwarzen Objekten n Objekte ausgewählt werden?

(b) Beweisen Sie die Formel für die *Vandermonde-Konvolution*:

$$\sum_{k=0}^{n} \binom{n}{k} \binom{m}{i-k} = \binom{m+n}{i}.$$

3.10 **(Fibonacci-Zahlen)** Die Rekursionsgleichungen

$$F_{n+1} = F_n + F_{n-1}, \qquad n \geq 1,$$
$$F_0 = 1,$$
$$F_1 = 1,$$

werden durch die *Fibonacci-Zahlen* gelöst.

(a) Ermitteln Sie die erzeugende Funktion der Fibonacci-Zahlen in geschlossener Form.

(b) Leiten Sie aus der geschlossenen Form der erzeugenden Funktion die k-te Fibonacci-Zahl her.

Hinweis: Bringen Sie die erzeugende Funktion in die Form $g(x) = a(1-bx)^{-1} + c(1-dx)^{-1}$ für geeignete a,b,c,d, und benutzen Sie die geometrische Reihe.

(c) Zeigen Sie, dass $F_n = \sum_{k=0}^{\lfloor n/2 \rfloor} \binom{n-k}{k}$ ist.

3.11 (a) Eine Theke hat n Sitzgelegenheiten, die in einer Reihe angeordnet sind. Wie viele verschiedene Möglichkeiten gibt es, eine Teilmenge der Sitze zu besetzen, ohne dass von je zwei benachbarten Sitzgelegenheiten beide dazugehören?

(b) Wenn die Sitzgelegenheiten kreisförmig um eine runde Theke angeordnet sind, ist die Lösung des Problems von (a) gegeben durch $F_n + F_{n-2}, n \geq 2$, wobei F_n die n-te Fibonacci-Zahl ist. Zeigen Sie dies.

3.12 **(Ehegatten-Splitting)** Eine Gruppe von n Ehepaaren trifft sich zu einer Dinner-Party. Man sitzt um einen kreisförmigen Tisch. Der Abstand zwischen zwei Personen sei definiert als die Anzahl der Personen, die zwischen ihnen sitzen, entweder im Uhrzeigersinn oder im Gegenzeigersinn, je nachdem, welche Zahl kleiner ist. Wie viele verschiedene Sitzordnungen gibt es, wenn der Abstand zwischen Eheleuten mindestens jeweils 1 sein soll?

3.13 Ermitteln Sie die Anzahl der Lösungen (x, y, z) der Gleichung

$$x + y + z = 12,$$

bei welchen x, y, z ganzzahlig, nichtnegativ und kleiner als 7 sind.

Hinweis: Benutzen Sie erzeugende Funktionen.

3.14 **(Eötvös-Mathematikwettbewerb)** Dieses Problem setzt ein Schachbrett zur Lösung einer Algebra-Aufgabe ein. Die Aufgabe stammt aus dem ungarischen Eötvös-Mathematikwettbewerb.

(i) Man beweise: Für alle $m, n \in \mathbb{Z}$ besitzt das Gleichungssystem

$$a + b + 2c + 2d = m$$
$$2a - 2b + c - d = n$$

mindestens eine rein ganzzahlige Lösung $(a, b, c, d) \in \mathbb{Z}^4$.

Die Behauptung in Aufgabe (i) ist äquivalent mit der Behauptung der folgenden Aufgabe:

(ii) Man beweise: Ein Springer, der sich auf einem beliebigen Feld eines unendlichen Schachbretts befindet, kann jedes Feld des Schachbretts erreichen. Dabei besteht ein unendliches Schachbrett aus quadratischen Feldern, welche die ganze Ebene überdecken, und der Springer zieht, wie es im Schach üblich ist.

(a) Zeigen Sie, dass die Behauptungen in (i) und (ii) äquivalent sind.

(b) Lösen Sie Aufgabe (ii) und dadurch Aufgabe (i).

3.15 In einem Parlament sind 3 Parteien vertreten: 40 Konservative, 30 Sozialisten, 20 Liberale. Wie viele 9-köpfige Kommissionen mit dem Verteilungsschlüssel 4 Konservative, 3 Sozialisten, 2 Liberale lassen sich bilden?

3.16 In der Entwicklung von $(1 + x)^n$ ist der Koeffizient von x^5 halb so groß wie der von x^6. Bestimmen Sie n.

3.17 Wenn dieses Buch mindestens zwei Seiten mehr enthält als maximal eine Seite an Druckfehlern aufweist, dann gibt es in diesem Buch mindestens zwei Seiten mit gleich vielen Druckfehlern. Beweisen Sie dies.

3.18 Für ein Gruppenfoto sollen $2n$ Personen unterschiedlicher Größe in 2 Reihen aufgestellt werden. Wie viele mögliche Anordnungen gibt es, wenn die Person in der ersten Reihe jeweils kleiner sein soll als die hinter ihr stehende Person in der zweiten Reihe?

3.19 Auf wie viele Arten können $2n$ um einen kreisförmigen Tisch platzierte Personen sich in n Paaren die Hände schütteln, ohne dass ihre Arme sich kreuzen?

3.20 **(Problem des garantierten Lotto-Gewinns)** Wie viele verschiedene Tippreihen muss jemand beim Zahlenlotto *6 aus 49* abgeben, um mit Sicherheit mindestens einmal mindestens 3 Richtige zu erzielen? (Geben Sie eine nichttriviale obere Schränke für die Mindestanzahl L benötigbar Tickets; Sie brauchen L selbst nicht zu ermitteln.)

3.21 Es gibt $n!$ mögliche Permutationen der Zahlen $1, \dots, n$. Von diesen sind a_n fixpunktfrei und b_n besitzen genau einen Fixpunkt. Beweisen Sie:

$$a_n = b_n + (-1)^n$$

für alle $n \in \mathbb{N}$.

3.22 **(Satz von Ramsey)** Es seien m und n natürliche Zahlen nicht kleiner als 2 .

(a) Zeigen Sie diese Variante des Satzes von Ramsey:
Es gibt eine kleinste Zahl $R(m, n)$ mit der folgenden Eigenschaft: In jeder Gruppe von $N \geq R(m, n)$ Personen finden sich m Personen, die einander alle gegenseitig kennen oder n Personen, die einander paarweise nicht kennen. (Die Relation des Kennens ist nicht notwendigerweise symmetrisch.)

(b) Bestimmen Sie eine obere Schranke für $R(m, n)$. Antwort: Es gilt z.B. $R(m, n) \leq \binom{m+n-2}{m-1}$.

Hinweis: Ermitteln Sie $R(m, 2)$ und $R(2, n)$ für alle natürlichen Zahlen $m, n \geq 2$, und überzeugen Sie sich, dass $R(m, n) \leq R(m-1, n) + R(m, n-1)$ ist.

3.23 In jeder Gruppe von 6 Menschen gibt es entweder 3 , die sich untereinander alle kennen, oder 3 , die sich alle nicht kennen. Beweisen Sie dies.

3.24 Für die n Mitarbeiter eines Instituts stehen n in einer Reihe angeordnete und von 1 bis n nummerierte Parkplätze zur Verfügung. Jeder Mitarbeiter wählt unabhängig einen Lieblingsparkplatz, nicht notwendigerweise jeder einen anderen. Sie treffen nacheinander ein. Jeder Mitarbeiter parkt auf seinem Lieblingsparkplatz, es sei denn, er ist bereits belegt. In diesem Fall parkt er auf dem ersten freien Platz in Fahrtrichtung, d.h. in Richtung größer werdender Nummerierung. Sind alle Plätze zwischen seinem bevorzugten Parkplatz und n belegt, verlässt er verärgert die Parkplätze. Zeigen Sie, dass unter allen n^n verschiedenen Auswahlen von Lieblingsparkplätzen, welche die Mitarbeiter treffen können, nur $(n+1)^{n-1}$ dazu führen, dass alle erfolgreich parken können.

3.25 Ursprünglich hatte der Weltsicherheitsrat 5 ständige und lediglich 6 nicht-ständige Mitglieder. Die siegreichen Koalitionen bestanden aus allen ständigen und mindestens zwei nichtständigen Mitgliedern.

  (a) Geben Sie ein Spiel mit denselben siegreichen Koalitionen an.

  (b) Bestimmen Sie den Shapley-Index der ständigen und der nichtständigen Mitglieder.

3.26 **(William Lowell Putnam-Mathematikwettbewerb)** Es sei P_0 als 1 definiert. Für $n \geq 1$ sei P_n die Anzahl der $(n \times n)$-Matrizen, deren Elemente nichtnegative ganze Zahlen sind mit den Eigenschaften $a_{ij} = a_{ji}$ für alle i, $j = 1, \ldots, n$ und $\sum_{i=1}^{n} a_{ij} = 1$ für alle $j = 1, \ldots, n$.
Beweisen Sie:

  (a) $P_{n+1} = P_n + nP_{n-1}, \qquad \forall n \in \mathbb{N}$.

  (b) $\sum_{n=0}^{\infty} P_n \frac{x^n}{n!} = \exp(x + \frac{x^2}{2})$.

Hinweis: P_n ist die Zahl der symmetrischen $(n \times n)$-*Permutationsmatrizen*. Dabei hat eine Permutationsmatrix genau eine 1 in jeder Zeile und jeder Spalte, alle anderen Elemente sind 0.

3.27 Ein Blatt in einem Taschenbuch fehlt. Die Summe der verbleibenden Seitenzahlen ist 15000. Welche beiden Seiten fehlen?

3.28 (a) In den USA gibt es 1-, 5-, 10-, 25- und 50-Cent-Münzen. Zeigen Sie, dass es 292 verschiedene Möglichkeiten gibt, eine 1-Dollar-Note zu wechseln.

  (b) Zu Zeiten der D-Mark gab es 1-, 2-, 5-, 10- und 50-Pfennig-Münzen. Zeigen Sie, dass es 2498 verschiedene Möglichkeiten gab, ein 1-DM-Stück zu wechseln.

3.29 Ein Spielwürfel wird 4-mal ausgespielt. Wie oft kommt die Augensumme 17 unter den 6^4 möglichen Ausfällen vor?

3.30 Eine Reisegruppe besteht aus 8 Personen. Sie hat in einem Hotel zwei Dreibettzimmer und ein Doppelzimmer reserviert. Wie viele Möglichkeiten gibt es, die Zimmer zu belegen, wenn in der Reisegruppe zwei Personen sind, die nicht im selben Zimmer untergebracht sein können? (Die Aufteilung der Betten auf die Personen in einem Zimmer werde nicht berücksichtigt, doch die beiden Dreibettzimmer sollen unterschieden werden.)

3.31 Ein adliger Abgeordneter ist Mitglied des Ober- und des Unterhauses. Das Oberhaus besteht aus $2n-1$ Abgeordneten, das Unterhaus aus $2m-1$ Abgeordneten. Damit ein Gesetz verabschiedet wird, muss es in beiden Häusern die Mehrheit bekommen, d.h. n bzw. m Stimmen erhalten.

  (a) Bestimmen Sie den Shapley-Index des adligen Abgeordneten.

  (b) Bestimen Sie den Shapley-Index eines normalen Abgeordneten des Oberhauses.

3.32 Zeigen Sie, dass sich der Shapley-Index auf folgende Weise darstellen lässt:

$$S_k = \sum_{\mathcal{K}} \alpha(i)[\omega(\mathcal{K}) - \omega(\mathcal{K}\backslash\{k\})],$$

wobei die Summe über alle Koalitionen $\mathcal{K}$ gebildet wird, die k enthalten. Dabei ist $\omega(\mathcal{K}) = 1$, falls die Koalition $\mathcal{K}$ siegreich ist (andernfalls 0), $i = \#\mathcal{K}$ und $\alpha(i) = (i-1)!(n-i)!/n!$.

3.33 Ein Teilchen springt von einem Zustand (k,i) entweder nach $(k+1,i+1)$ oder nach $(k+1,i-1)$, $\forall k,i \in \mathbb{Z}$. Anfangszustand ist der Punkt $(0,0)$, und es führt $2n$ Sprünge durch. Jeder Pfad der Länge $2n$ kann durch ein $2n$ -Tupel $x = (x_1,\ldots,x_{2n}) \in \{-1,1\}^{2n}$ charakterisiert werden, und wir schreiben

$$R_{2n}(x) = \#(\{0 < k \le 2n : S_k > 0\} \cup \{0 < k \le 2n : S_k = 0 \text{ und } S_{k-1} > 0\})$$

mit $S_0 := 0$ und $S_k := \sum_{i=1}^{k} x_i$. Es ist $R_{2n}(x)$ die bis zur Zeit $2n$ vom Pfad x im positiven Quadranten verbrachte Zeit. Zeigen Sie, dass es

$$\binom{2r}{r}\binom{2n-2r}{n-r}$$

verschiedene Pfade gibt mit $R_{2n}(x) = 2r$.

Hinweis: Führen Sie den Beweis mit Induktion. Dazu ist die Zerlegung

$$\left\{x \in \{-1,1\}^{2n} : R_{2n}(x) = 2r\right\} = \left(\bigcup_{i=1}^{r} A_{2i,2r}\right) \cup \left(\bigcup_{i=1}^{n-r} B_{2i,2r}\right)$$

mit

$$A_{2i,2r} := \{x \in \{-1,1\}^{2n} : S_m > 0, \forall m = 1,\ldots,2i-1, S_{2i} = 0, R_{2n}(x) = 2r\}$$
$$B_{2i,2r} := \{x \in \{-1,1\}^{2n} : S_m < 0, \forall m = 1,\ldots,2i-1, S_{2i} = 0, R_{2n}(x) = 2r\}$$

nützlich. Zeigen Sie, dass

$$\#\bigcup_{i=1}^{r} A_{2i,2r} = \#\bigcup_{i=1}^{n-r} B_{2i,2r} = \frac{1}{2}\binom{2r}{r}\binom{2n-2r}{n-r}.$$

Dazu ist es hilfreich, sich zu überlegen, dass es $\binom{2n}{n}$ Pfade gibt mit $R_{2n}(x) = 2n$. Ferner gibt es $\binom{2n-1}{n-1}$ positive Pfade (mit $S_m > 0, \forall m = 1,\ldots,2n$) und $\binom{2n}{n}$ nichtnegative Pfade (mit $S_m \ge 0$, $\forall m = 1,\ldots,2n$).

3.34 **(Iterierte Binomialkoeffizienten)**

   (a) Zeigen Sie, dass für alle natürlichen Zahlen $n \ge 2$

$$\binom{\binom{n}{2}}{2} = 3\binom{n+1}{4}$$

      gilt.

(b) Aus jeder n-elementigen Menge mit $n > 3$ können mehr Tripel von
Paaren von Elementen gebildet werden als Paare von Tripeln von Elementen. Anders ausgedrückt: Es ist

$$\binom{\binom{n}{2}}{3} > \binom{\binom{n}{3}}{2}, \qquad \forall n > 3.$$

Beweisen Sie diese Ungleichung.

**3.35 (Randomisierte Algorithmen: Das Problem der Schrauben und Mut-
tern)** Insgesamt n Schrauben und n zugehörige Muttern liegen auf einem
Haufen. Jede Mutter passt auf genau eine Schraube, und jede Schraube passt
in genau eine Mutter. Man möchte die n zusammengehörenden Paare bestimmen.
Bei einem Versuch, eine Mutter auf eine Schraube zu drehen, kann man feststellen, welche von beiden größer ist oder gegebenenfalls, dass beide zueinander passen. Aber weder zwei Schrauben noch zwei Muttern können direkt
miteinander verglichen werden. Man ist daran interessiert, mit möglichst wenig Versuchen auszukommen.

(a) Eine naive Strategie ist diese: Wähle eine Mutter rein zufällig aus. Vergleiche sie nacheinander mit den Schrauben, bis die passende gefunden
ist. Wähle anschließend unter den verbleibenden Muttern eine rein zufällig aus, und wiederhole den Vorgang, usw. Wie viele Vergleiche werden im Mittel benötigt?

(b) Eine raffinierte Strategie ist diese: Wähle eine Mutter rein zufällig aus.
Vergleiche sie nacheinander mit *allen* Schrauben, finde so die passende Schraube und vergleiche sie mit allen übrigen Muttern. Erzeuge auf
diese Weise zwei Teilmengen. Die eine umfasst alle Schrauben und Muttern, die kleiner sind als das zusammenpassende Paar, und die andere
umfasst alle Schrauben und Muttern, die größer sind. Auf beide Teilmengen kann man wiederum die Ausgangs-Strategie anwenden, usw.
Wie viele Vergleiche werden im Mittel benötigt?

Hinweis: Man denke an den Sortieralgorithmus Quicksort in Beispiel
3.9.

3.36 Bei einer Variante des Schachs beginnt das Spiel nicht mit der üblichen,
sondern mit einer vom Zufall bestimmten Grundstellung. Für *Weiß* wird
dabei die Aufstellung der Offiziere hinter der Bauernreihe rein zufällig aus
der Menge aller Positionen gewählt, die folgende Nebenbedingungen erfüllen:

(i) Dame und König stehen direkt nebeneinander.

(ii) Ein Läufer ist weißfeldrig, der andere ist schwarzfeldrig.

Die Aufstellung der schwarzen Figuren wird durch Spiegelung bestimmt.

(a) Wie viele verschiedene Anfangsstellungen gibt es?

(b) Wie viele verschiedene Anfangsstellungen gibt es ohne Berücksichtigung der in (i) und (ii) formulierten Nebenbedingungen, bei denen kein Offizier so platziert ist wie in der üblichen Grundstellung?

3.37 Insgesamt m Studenten $M_1, \ldots, M_m$ sitzen in einem Hörsaal. Weitere n Studenten $(M_{m+1}, \ldots, M_{n+m})$ kommen nach und nach dazu. Sie treffen unabhängig voneinander ihre Wahl eines Kommilitonen, zu dem sie sich gesellen, und zwar so: M_{m+1} rein zufällig aus $\{M_1, \ldots, M_m\}$, M_{m+2} rein zufällig aus $\{M_1, \ldots, M_{m+1}\}$, usw. Auf diese Weise bilden sich um $M_1, \ldots, M_m$ schließlich Anhängerschaften der zufälligen Größen k_i mit $\sum_{i=1}^{m} k_i = n$. Wir nennen $(k_1, \ldots, k_m)$ einen Makrozustand der Hörsaalbelegung. Zeigen Sie, dass die Anhängerschaften der Bose-Einstein-Statistik gehorchen, d.h. es gibt $\binom{n+m-1}{n}$ verschiedene Makrozustände, und alle sind gleich wahrscheinlich.

3.38 **(Das faktorielle Zahlensystem)** Beweisen Sie:

(a) Für alle $m \in \mathbb{N}$ und $t \in \mathbb{R}$ gilt die Gleichung

$$(1+t^{1!})(1+t^{2!}+t^{2\cdot 2!}) \cdots (1+t^{m!}+t^{2\cdot m!}+\cdots+t^{m\cdot m!}) = 1+t+\cdots+t^{(m+1)!-1}.$$

Hinweis: Welche Beziehung besteht zwischen obiger Identität und

$$1 \cdot 1! + 2 \cdot 2! + \cdots + n \cdot n! = (n+1)! - 1?$$

(b) Für alle $n \in \mathbb{N}_0$ gibt es eine eindeutig bestimmte Folge $n_1, n_2, \ldots$ mit $n_i \in \{0, \ldots, i\}$ und

$$n = n_1 \cdot 1! + n_2 \cdot 2! + \cdots.$$

3.39 **(Ein Null-Eins-Gesetz)** In einer Kiste befinden sich anfangs m schwarze und n weiße Kugeln. In jedem Schritt entnehmen wir der Kiste rein zufällig zwei Kugeln. Sind diese gleichfarbig, so geben wir eine schwarze Kugel in die Kiste zurück, andernfalls eine weiße Kugel. Mit welcher Wahrscheinlichkeit sind die beiden letzten Kugeln in der Kiste gleichfarbig?

3.40 **(Parkettierung des Schachbretts)**

(a) Auf wie viele verschiedene Arten kann ein Schachbrett der Größe $2 \times n$ mit Dominosteinen der Größe 2×1 überdeckt werden?

Hinweis: Stellen Sie eine Rekursionsgleichung auf.

(b) Stellen Sie eine Rekursionsgleichung auf für die Anzahl a_n der verschiedenen Möglichkeiten, ein Schachbrett der Größe $3 \times n$ mit Dominosteinen der Größe 3×1 zu überdecken.

4 | Verteilungen

4 Verteilungen

In Kapitel 2 haben wir den Begriff der Verteilung

$$P_X(B) := P(X^{-1}(B)), \qquad \forall B \in \mathcal{B}, \tag{4.1}$$

einer auf einem W-Raum $(\Omega, \mathcal{A}, P)$ definierten Zufallsvariablen X allgemein eingeführt. Für Theorie und Praxis sind eine Reihe spezieller Verteilungen von besonderer Bedeutung. In diesem Kapitel beschäftigen wir uns mit einer Auswahl dieser Verteilungen, untersuchen Situationen, in denen sie auftreten und studieren einige ihrer Eigenschaften.

Im Zusammenhang mit Verteilungen ist der in Kapitel 2 bereits eingeführte Begriff der Verteilungsfunktion wichtig. Es ist

$$F(x) = P_X((-\infty, x]) = P(X \le x) \tag{4.2}$$

die Verteilungsfunktion von X. Verteilungsfunktionen sind monoton nichtfallende Funktionen mit den Grenzwerten

$$F(+\infty) := \lim_{x \to +\infty} F(x) = 1, \tag{4.3}$$

$$F(-\infty) := \lim_{x \to -\infty} F(x) = 0. \tag{4.4}$$

Umgekehrt gibt es für jede monoton nichtfallende Funktion F mit den Eigenschaften (4.3) und (4.4) einen Wahrscheinlichkeitsraum $(\Omega, \mathcal{A}, P)$ und darauf eine Zufallsvariable X, deren Verteilungsfunktion F ist: zum Beispiel $\Omega = [0,1]$, $\mathcal{A} = \mathcal{B}([0,1])$, $P = \lambda$ (Lebesgue-Maß), X eine Zufallsvariable auf $(\Omega, \mathcal{A})$ mit $X(\omega) = F^{-1}(\omega)$, $\forall \omega \in (0,1)$, und beliebiger Festsetzung von $X(0)$ und $X(1)$.

Drei grundverschiedene Typen von Verteilungsfunktionen treten auf: Treppenfunktionen, totalstetige Funktionen und überall stetige, nicht totalstetige Funktionen. Mischungen dieser Typen sind möglich. Konkret gilt der

Lebesguesche Zerlegungssatz, den wir hier ohne Beweis zur Kenntnis nehmen:

Ist F eine beliebige Verteilungsfunktion, dann existieren nichtnegative Konstanten α, β, γ mit $\alpha + \beta + \gamma = 1$, so dass für alle $x \in \mathbb{R}$

$$F(x) = \alpha F_t(x) + \beta F_s(x) + \gamma F_{ts}(x). \tag{4.5}$$

Hierbei ist F_t eine Treppenfunktion, F_s eine stetige, aber nicht totalstetige Verteilungsfunktion und F_{ts} eine totalstetige Verteilungsfunktion. Ein Beweis dieses Satzes, der im Verlauf des Buches nicht weiter in Erscheinung treten wird, findet sich etwa in Laha und Rohatgi (1979), Abschnitt 1.1.3. Zufallsvariablen X, deren Verteilungsfunktionen Treppenfunktionen sind, heißen *diskrete* Zufallsvariablen. Für alle $x_k \in \mathbb{R}$ ist

$$P(X = x_k) = P_X(\{x_k\}) = F(x_k) - F(x_k - 0). \tag{4.6}$$

Deshalb nehmen diskrete Zufallsvariablen höchstens abzählbar viele verschiedene Werte mit positiven Wahrscheinlichkeiten p_k an. Diese Werte entsprechen den Sprungstellen der Verteilungsfunktion, die Wahrscheinlichkeiten p_k sind die zugehörigen Sprunghöhen.

Zufallsvariablen, deren Verteilungsfunktionen totalstetig sind, heißen *stetige* Zufallsvariablen. In diesem Fall ist jede Funktion f mit

$$F(x) = \int_{-\infty}^{x} f(y)dy, \qquad \forall x \in \mathbb{R}, \tag{4.7}$$

eine *Dichte* der Verteilung (bzw. der Zufallsvariable) bezüglich des Lebesgue-Maßes und eine solche existiert für stetige Zufallsvariablen immer. Sprechen wir in Zukunft einfach von der Dichte, so ist damit immer die Dichte bezüglich des Lebesgue-Maßes gemeint.

Ist eine Verteilungsfunktion weder Treppenfunktion noch totalstetig, so heißt sie *singulär*. Auch diese treten gelegentlich in Anwendungen auf. Dazu ein Beispiel:

Beispiel 4.1 (Singuläre Verteilungsfunktion) Bei einem Glücksspiel sei die Gewinnwahrscheinlichkeit $0 < p = p_0 < \frac{1}{2}$, die Verlustwahrscheinlichkeit $p_1 = 1 - p_0$. Gewinn und Verlust entsprechen jeweils in ihrer Höhe dem Spieleinsatz. Das Startkapital sei $x \in [0, 1]$. Ziel ist es, mit einer Serie dieser Spiele das Kapital auf 1 zu vermehren. Als Strategie wird die Folgende gewählt: Bei einem

Kapitalstand von y beträgt der nächste Einsatz entweder y, sofern $0 < y \leq \frac{1}{2}$ ist, oder $1 - y$, falls $\frac{1}{2} < y < 1$ ist. $F(x)$ sei die Wahrscheinlichkeit, mit einem Startkapital von x je das Ziel 1 zu erreichen. Wir zeigen, dass F eine monoton wachsende, stetige, aber nicht totalstetige Funktion ist.

Offensichtlich erfüllt F die Gleichungen

$$F(x) = p_0 F(2x), \qquad \text{für } 0 \leq x \leq 1/2, \tag{4.8}$$

$$F(x) = p_0 + p_1 F(2x - 1), \quad \text{für } 1/2 \leq x \leq 1, \tag{4.9}$$

$$F(0) = 0, \tag{4.10}$$

$$F(1) = 1. \tag{4.11}$$

Die Zahlen $k_n/2^n$ mit $k_n \in \{0, \ldots, 2^n\}$ heißen *Binärzahlen der Ordnung* $n \in \mathbb{N}$. Die Menge aller Binärzahlen aller Ordnungen $n \in \mathbb{N}$ ist dicht im Intervall $[0, 1]$. Die Funktionswerte für die Binärzahlen der Ordnung 1 sind

$$F(0) = 0, \qquad F\left(\frac{1}{2}\right) = p_0 F(1) = p_0, \qquad F(1) = 1. \tag{4.12}$$

Wenn $x \in (0, 1)$ eine Binärzahl der Ordnung n ist und wenn die Funktionswerte von F für alle Binärzahlen der Ordnung $n - 1$ bekannt sind, kann $F(x)$ mittels (4.8), (4.9) berechnet werden, da sowohl $2x$ als auch $2x - 1$ Binärzahlen der Ordnung $n - 1$ sind. Ausgehend von (4.12) findet man

$$F\left(\frac{k}{2^n}\right) = \sum \left[p_{a_1} \cdot \ldots \cdot p_{a_n} : \sum_{i=1}^{n} \frac{a_i}{2^i} < \frac{k}{2^n} \right], \qquad \forall k \in \{1, \ldots, 2^n - 1\},$$
$$\tag{4.13}$$

wobei die Summe über alle n-Tupel $(a_1, \ldots, a_n) \in \{0, 1\}^n$ gebildet wird, welche die angegebene Ungleichung erfüllen. Wird $k2^{-n}$ in der Form $\sum_{i=1}^{n} c_i 2^{-i}$ mit $c_i \in \{0, 1\}$ dargestellt, erhalten wir aus (4.13)

$$F\left(\frac{k+1}{2^n}\right) - F\left(\frac{k}{2^n}\right) = p_{c_1} \cdot \ldots \cdot p_{c_n}.$$

Für $x \in [0, 1]$ sei $a_n \leq x < b_n$, mit $a_n = \frac{k_n}{2^n}$, $b_n - a_n = \frac{1}{2^n}$, $\forall n \in \mathbb{N}_0$ und $k_n \in \{0, \ldots, 2^n\}$.

Ist $x < \frac{1}{2}(a_n + b_n)$, dann sei $a_{n+1} = a_n$ und $b_{n+1} = b_n - 2^{-(n+1)}$.

Ist $x \geq \frac{1}{2}(a_n + b_n)$, dann sei $a_{n+1} = a_n + 2^{-(n+1)}$ und $b_{n+1} = b_n$.

Da für jede beliebige Folge $(c_n)_{n \in \mathbb{N}}$ mit $c_n \in \{0, 1\}$, $\forall n \in \mathbb{N}$, stets

$$\lim_{n \to \infty} p_{c_1} \cdot \ldots \cdot p_{c_n} = 0$$

ist, folgt

$$\lim_{n \to \infty} [F(b_n) - F(a_n)] = 0,$$

und F ist stetig auf $[0,1]$. Ferner ist F streng monoton wachsend. Indem man sich auf den Lebesgueschen Differenziationssatz stützt («Jede monotone, reelle Funktion ist fast überall differenzierbar.»), schließt man aus diesen Eigenschaften, dass F fast überall bezüglich des Lebesgue-Maßes eine endliche Ableitung besitzt. Wir zeigen, dass diese Ableitung gleich 0 sein muss. Sei $x \in (0, \frac{1}{2})$ und setzen wir

$$\Delta_n := \frac{F(b_n) - F(a_n)}{b_n - a_n},$$

so ist für alle $n \in \mathbb{N}$ der Quotient

$$\frac{\Delta_{n+1}}{\Delta_n} = \frac{2[F(b_{n+1}) - F(a_{n+1})]}{F(b_n) - F(a_n)}$$

$$= \begin{cases} \dfrac{2[F(b_n - 2^{-(n+1)}) - F(a_n)]}{F(b_n) - F(a_n)}, & \text{falls } x < \frac{1}{2}(a_n + b_n) \\[3mm] \dfrac{2[F(b_n) - F(a_n + 2^{-(n+1)})]}{F(b_n) - F(a_n)}, & \text{falls } x \geq \frac{1}{2}(a_n + b_n) \end{cases}$$

$$= \begin{cases} 2p_0 < 1, & \text{falls } x < \frac{1}{2}(a_n + b_n) \\[3mm] 2p_1 > 1, & \text{falls } x \geq \frac{1}{2}(a_n + b_n). \end{cases}$$

Der letzten Umformung liegt folgender Gedankengang zugrunde. Mit $a_n = k_n 2^{-n} = \sum_{i=1}^n c_i 2^{-i}$ wird $b_n - 2^{-(n+1)} = (2k_n + 1)2^{-(n+1)} = a_n + 2^{-(n+1)}$. Also ist $F(b_n) - F(a_n) = p_{c_1} \cdot \ldots \cdot p_{c_n}$ und

$$F\left(\tfrac{2k_n+1}{2^{n+1}}\right) - F\left(\tfrac{2k_n}{2^{n+1}}\right) = p_{c_1} \cdot \ldots \cdot p_{c_n} p_0,$$

$$F\left(\tfrac{2k_n+2}{2^{n+1}}\right) - F\left(\tfrac{2k_n+1}{2^{n+1}}\right) = p_{c_1} \cdot \ldots \cdot p_{c_n} p_1.$$

Falls F an der Stelle x differenzierbar ist, dann muss $F'(x) = 0$ sein, da andernfalls $\Delta_{n+1}/\Delta_n \to 1$. Es fällt nicht schwer, ähnliche Überlegungen auf den Fall $x \in (1/2, 1)$ anzuwenden. Damit ist die Verteilungsfunktion F singulär.

Um unterschiedliche Aspekte von Verteilungen bzw. Verteilungsfunktionen kompakt und griffig zu charakterisieren, stehen eine Reihe von Maßzahlen zur Verfügung. *Lagemaße* kennzeichnen das Zentrum einer Verteilung. Hierzu gehören der *Erwartungswert*

$$\mu = EX = \int_\Omega X dP = \int_\mathbb{R} x dP_X = \int_\mathbb{R} x dF \qquad (4.14)$$

sowie der *Median*

$$\xi_{\frac{1}{2}} = \inf\left\{x \in \mathbb{R} : F(x) \geq \tfrac{1}{2}\right\}. \tag{4.15}$$

Gibt es ein $\alpha \in \mathbb{R}$ mit $F(\alpha - x) = 1 - F(\alpha + x), \forall\, x \in \mathbb{R}$, so ist die Verteilung *symmetrisch* mit *Symmetriezentrum* α. In diesem Fall stimmen Symmetriezentrum und Median überein, sowie auch Symmetriezentrum und Erwartungswert, sofern dieser existiert.

Dispersionsmaße dienen der quantitativen Erfassung der Streuung von Verteilungen. Hierzu gehören *Varianz*

$$\sigma^2 = var\, X = E(X - EX)^2, \tag{4.16}$$

Standardabweichung $\sigma = \sqrt{var\, X}$, *mittlerer absoluter Abstand*

$$\tilde{\sigma} = mad(X) = E|X - EX|$$

und *Interquartilabstand*

$$\delta_Q = F(\xi_{\frac{3}{4}}) - F(\xi_{\frac{1}{4}}),$$

wobei als Verallgemeinerung von (4.15) das α-*Quantil* ξ_α einer Verteilung mit Verteilungsfunktion F definiert ist über

$$\xi_\alpha = \inf\{x \in \mathbb{R} : F(x) \geq \alpha\}. \tag{4.17}$$

Wählt man $\alpha = \tfrac{1}{4}$ bzw. $\alpha = \tfrac{3}{4}$, resultiert das erste bzw. dritte *Quartil*.

Neben Lage- und Dispersionsparametern stehen Indizes zur Verfügung, die besondere Gestalteigenschaften beschreiben. Mit der als *Schiefe* bezeichneten Größe

$$\beta = \frac{E(X - \mu)^3}{[E(X - \mu)^2]^{\frac{3}{2}}} \tag{4.18}$$

lässt sich die Verteilungssymmetrie feststellen, sowie auch Ausmaß und Richtung der Abweichung davon messen. Man spricht in diesem Zusammenhang von *rechtsschiefen, linksschiefen* oder *symmetrischen* Verteilungen, wenn $\beta > 0$, $\beta < 0$ oder $\beta = 0$ ist. Die durch

$$\kappa = \frac{E(X - \mu)^4}{(var\, X)^2} - 3 \tag{4.19}$$

definierte Maßzahl heißt *Kurtosis*. Sie dient zur Bestimmung der Wölbung einer Verteilung. Bei einer Normalverteilung ist $\kappa = 0$. Die Kurtosis kann deshalb als Maß für die Abweichung einer symmetrischen Verteilung von der Form der Normalverteilung verwendet werden: Ist die Kurtosis positiv, so können wir uns die Dichte stumpfer und mit schwereren Rändern als die Normalverteilung vorstellen (wie etwa die Laplace-Verteilung in Beispiel 2.32 mit einer Kurtosis von 3). Ist die Kurtosis negativ, sind die Ränder leichter als bei der Normalverteilung (wie z. B. bei der Gleichverteilung, siehe (4.20)).

Unser nächster Programmpunkt ist eine sorgfältige Untersuchung ausgewählter stetiger Verteilungen.

4.1 Stetige Verteilungen

Stetige Zufallsvariablen besitzen Verteilungsfunktionen, die bezüglich des Lebesgue-Maßes fast überall differenzierbar und mittels einer Dichte f gemäß (4.7) darstellbar sind. In diesem Abschnitt werden zahlreiche für Theorie und Anwendungen wichtige stetige Verteilungen diskutiert. Zufallsvorgänge, bei denen sie auftreten, werden beispielhaft erwähnt.

Bei einem Zufallsvorgang trete eine Zufallsvariable X auf, deren mögliche Realisierungen in einem Intervall $[a, b]$ liegen. Ist keiner der möglichen Ausfälle gegenüber einem anderen hervorgehoben in dem Sinne, dass Realisierungen in Teilintervalle fallen mit Wahrscheinlichkeiten, die zur Länge der Teilintervalle proportional und von ihrer Lage unabhängig sind, dann ist X *gleichverteilt* auf $[a, b]$, symbolisch: $X \sim \mathrm{U}[a, b]$. Man bezeichnet $\mathrm{U}[a, b]$ als Gleichverteilung, gelegentlich auch als *Rechteck-Verteilung*, über $[a, b]$. Es ist

$$f(x) = \frac{1}{b - a} \cdot 1_{[a,b]}(x) \tag{4.20}$$

die zugehörige Dichte und

$$F(x) = \frac{x - a}{b - a}, \qquad \forall x \in [a, b], \tag{4.21}$$

die Verteilungsfunktion. Diese ist offensichtlich identisch gleich 0 oder 1 außerhalb von $[a, b]$. Die Momente ermittelt man ohne Mühe:

$$EX = \frac{a + b}{2}, \tag{4.22}$$

$$var\, X = \frac{(b - a)^2}{12}. \tag{4.23}$$

Beispiel 4.2 (Buffonsches Nadelexperiment) Im 18. Jahrhundert beschäftigte sich Jean-Louis Leclerc, Comte de Buffon, mit der Wahrscheinlichkeit, dass eine Nadel der Länge ℓ, die zufällig auf ein Muster paralleler Linien mit Abstand

δ geworfen wird, eine der Linien schneidet (siehe Einleitung, Beispiel 1.3). Die Lage der Nadel wird durch den Abstand x und den Winkel θ bis auf Orientierung eindeutig festgelegt. Abstand x und Winkel θ werden als Realisierungen von Zufallsvariablen X und Θ aufgefasst. Zufälliges Werfen der Nadel wird interpretiert als

$$\text{(a)} \qquad X \sim \mathbf{U}[0, \tfrac{\delta}{2}],$$

$$\text{(b)} \qquad \Theta \sim \mathbf{U}[0, \pi),$$

$$\text{(c)} \qquad X \text{ und } \Theta \text{ sind unabhängig.}$$

Damit ist die gemeinsame Dichte der beiden Zufallsvariablen

$$f_{X,\Theta}(x,\theta) = \frac{2}{\pi\delta}, \qquad \forall (x,\theta) \in [0, \tfrac{\delta}{2}] \times [0,\pi), \qquad (4.24)$$

und 0 außerhalb dieses Bereiches. Die Nadel schneidet eine Linie genau dann, wenn

$$x \leq \frac{\ell}{2} \sin\theta, \qquad (4.25)$$

und dieses Ereignis hat die Wahrscheinlichkeit

$$p = \iint\limits_{x \leq \frac{\ell}{2} \sin\theta} \frac{2}{\pi\delta}\, d\theta\, dx = \frac{2}{\pi\delta} \int_0^\pi \frac{\ell}{2} \sin\theta\, d\theta = \frac{2\ell}{\pi\delta}. \qquad (4.26)$$

Für $\delta = 2\ell$ ist diese Wahrscheinlichkeit gleich $1/\pi$.

In Anwendungen ergeben sich Gleichverteilungen oft aufgrund von Symmetrieeigenschaften des probabilistischen Vorgangs, oder sie werden wegen mangelnder Information über den zugrunde liegenden Zufallsmechanismus unterstellt.

Ferner ist die Gleichverteilung bei der Erzeugung von Realisierungen aus vorgegebenen Verteilungen, so genannten *Zufallszahlen*, relevant. Werden etwa Zufallszahlen aus einer Verteilung mit Verteilungsfunktion F benötigt, so besteht ein möglicher Zugang in der Generierung von Zufallszahlen aus der $\mathbf{U}[0,1]$-Verteilung und anschließender Transformation mittels F^{-1}. Die transformierten Zufallsvariablen besitzen dann die Verteilungsfunktion F, d.h. ist $X \sim \mathbf{U}[0,1]$, dann besitzt $F^{-1}(X)$, wie man leicht sieht, die Verteilungsfunktion F.

Trotz der Vielzahl verschiedener Verteilungen, die in der theoretischen Stochastik eine Rolle spielen, werden in Anwendungen jedoch nur eine relativ geringe Zahl von Verteilungsfamilien als Modelle für empirische Vorgänge verwendet. Von besonderer Wichtigkeit sind dabei die *Exponentialfamilien*, darunter speziell die Klasse der *Exponentialverteilungen*.

Eine Zufallsvariable X ist *exponentialverteilt* mit Parameter λ, symbolisch: $X \sim \mathbf{Exp}(\lambda)$, falls X die Dichte

$$f(x) = \lambda \exp(-\lambda x) \cdot 1_{[0,\infty)}(x), \qquad \lambda > 0, \qquad (4.27)$$

hat, siehe Abbildung 4.1. Daraus ermittelt man sofort die Verteilungsfunktion

$$F(x) = \begin{cases} 0, & \text{falls } x < 0 \\ 1 - \exp(-\lambda x), & \text{falls } x \geq 0 \end{cases} \qquad (4.28)$$

sowie die Momente

$$EX = \lambda^{-1}, \qquad (4.29)$$

$$var\, X = \lambda^{-2}. \qquad (4.30)$$

Exponentialverteilungen besitzen eine Eigenschaft, die als *Gedächtnislosigkeit* bezeichnet wird. Dieser bildhafte Ausdruck meint Folgendes:

Theorem 4.1.1 (Gedächtnislosigkeit der $\mathbf{Exp}(\lambda)$-Verteilung) *Für eine* $\mathbf{Exp}(\lambda)$ *-verteilte Zufallsvariable* X *gilt*

$$P(X > t + s \mid X > t) = P(X > s), \qquad \forall\, s, t \geq 0. \qquad (4.31)$$

Beweis. Wir können uns kurz fassen. Nach der Definition bedingter Wahrscheinlichkeiten ist

$$\begin{aligned} P(X > t + s \mid X > t) &= \frac{P(X > t + s)}{P(X > t)} \\ &= \frac{\exp(-\lambda(t + s))}{\exp(-\lambda t)} \qquad \text{(mit (4.28))} \\ &= P(X > s). \end{aligned}$$

$\blacksquare$

Die Aussage von Theorem 4.1.1 bezieht sich auf ein Verhalten, das wir noch etwas interpretieren wollen: Jede Realisierung einer $\mathbf{Exp}(\lambda)$-verteilten Zufallsvariable X überschreitet, vom Nullpunkt aus betrachtet, ein festes Niveau s mit der Wahrscheinlichkeit $e^{-\lambda s}$. Wenn nun für eine konkrete Realisierung lediglich bekannt ist, dass sie mit Sicherheit ein Niveau t überschritten hat, dann ist nun von t als neuem Nullpunkt aus betrachtet, die Wahrscheinlichkeit, dass die betreffende Realisierung auch das um s Einheiten höher liegende Niveau $(t + s)$ überschritten hat, unverändert gleich $e^{-\lambda s}$. Nach dieser Sichtweise hat die Verteilung also gleichsam vergessen, dass der Nullpunkt, von dem aus Niveau-Überschreitungen gemessen werden, von 0 nach t verschoben wurde, was man durch die Metapher der Gedächtnislosigkeit ausdrückt. Die Lebensdauerverteilungen mancher technischer und biologischer Systeme erfüllen in guter Näherung über große Zeitabschnitte die Identität (4.31), sowie auch zahlreiche Wartezeitverteilungen. Da die Exponentialverteilung, wie wir nun sehen werden, als einzige stetige Verteilung mit der Eigenschaft (4.31) ausgestattet ist, liefert sie für die Analyse dieser Prozesse oft gute Verteilungsapproximationen. Genauer gilt:

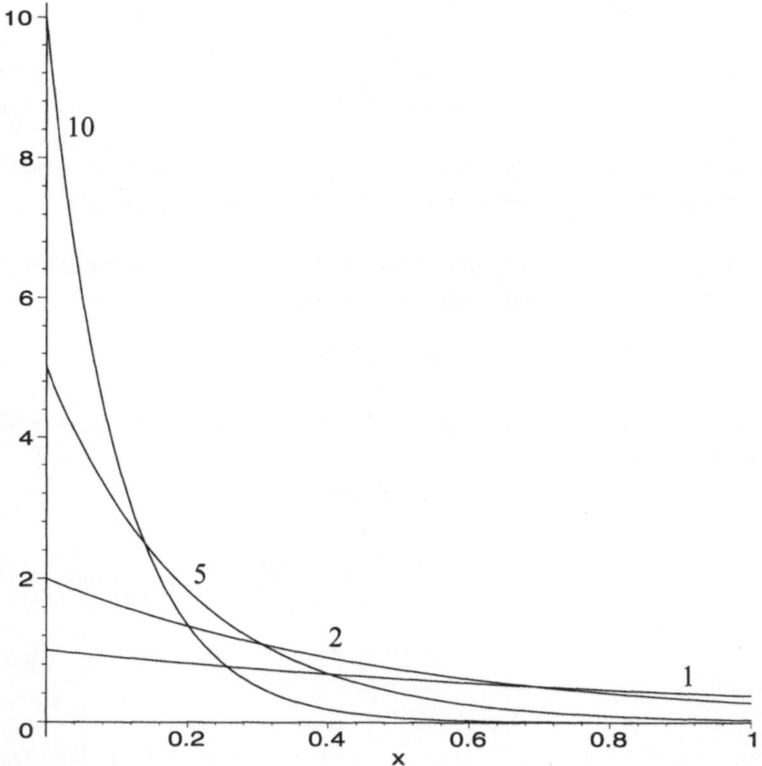

Abbildung 4.1: Dichten der Exponentialverteilung für $\lambda = 1, 2, 5, 10$.

Theorem 4.1.2 (Charakterisierung der Exponentialverteilung)
Sei X eine $\mathbb{R}_+^0$-wertige nichtdegenerierte Zufallsvariable. X ist $\mathbf{Exp}(\lambda)$-

verteilt für ein $\lambda > 0$ *genau dann, wenn*

$$P(X > t + s \mid X > t) = P(X > s), \qquad \forall s, t \geq 0. \qquad (4.32)$$

Beweis. Mit $S(x) := 1 - F(x)$ schreibt sich (4.32) sofort als

$$S(s + t) = S(s)S(t), \qquad \forall s, t \geq 0,$$

und damit ist für alle $k \in \mathbb{N}$ und alle $t \geq 0$

$$S(kt) = [S(t)]^k$$

nebst

$$S(k/m) = [S(1)]^{k/m}, \qquad \forall k \in \mathbb{N}, \forall m \in \mathbb{N}. \qquad (4.33)$$

Wäre $S(1) = 0$, dann ergäbe sich $X \equiv 0$ mit (4.33) und damit ein Widerspruch zur Nichtdegeneriertheit von X. Wäre $S(1) = 1$, dann müsste sogar $S(1) \equiv 1$ für alle $x \in \mathbb{R}$ sein. Diese Möglichkeit ist unverträglich mit der Tatsache, dass F Verteilungsfunktion ist. Also muss $S(1) \in (0, 1)$ bzw. $\lambda := -\ln S(1) \in (0, \infty)$ sein, und (4.33) impliziert

$$S(x) = \exp(-\lambda x), \qquad \forall x \in \mathbb{Q}. \qquad (4.34)$$

Man kann die Gültigkeit von (4.34) auf alle $x \in \mathbb{R}_+^0$ ausdehnen, wenn man bedenkt, dass die Menge $\mathbb{Q}$ der rationalen Zahlen in $\mathbb{R}$ dicht liegt, S monoton nichtwachsend auf $\mathbb{R}_+^0$ ist und also jedes $x \in \mathbb{R}_+^0$ beliebig genau approximiert werden kann, und zwar durch $(x_{un})_{n \in \mathbb{N}}$, $(x_{on})_{n \in \mathbb{N}}$ mit $x_{un}, x_{on} \in \mathbb{Q}$, $\forall n \in \mathbb{N}$, sowie $x_{un} \leq x \leq x_{on}$ und $x_{on} - x_{un} \xrightarrow{n \to \infty} 0$. Dann folgt $S(x_{un}) \leq S(x) \leq S(x_{on})$ und $S(x_{on}) - S(x_{un}) = \exp(-\lambda x_{on}) - \exp(-\lambda x_{un}) \xrightarrow{n \to \infty} 0$. $\blacksquare$

Ist X also eine $\mathbb{R}_+^0$-wertige Zufallsvariable mit endlichem Erwartungswert $\mu = \int_0^\infty [1 - P(X \leq x)]dx$, die (4.32) erfüllt, dann ist zwingend für alle $t \in \mathbb{R}_+^0$

$$\begin{aligned}
E(X \mid X > t) &:= \int_0^\infty [1 - P(X \leq x \mid X > t)]dt \\
&= \int_0^t P(X > x \mid X > t)dx + \int_t^\infty P(X > x \mid X > t)dx \\
&= \int_0^t 1 dx + \int_0^\infty P(X > s + t \mid X > t)ds \\
&= t + \mu.
\end{aligned}$$

Drückt X z.B. die Wartezeit aus, bis ein Ereignis eintritt, dann ist die mittlere zusätzliche Wartezeit, wenn man bereits t Zeiteinheiten erfolglos gewartet hat, nach wie vor μ, also die mittlere Wartezeit auf das Ereignis, bevor man zu warten begonnen hat.

Es folgen nun einige Anwendungsbeispiele der Exponentialverteilung.

Beispiel 4.3 Sie kaufen einen Satz von 12 Trinkgläsern. Schon bald danach bekommt erst eins, dann mit meist größer werdenden zeitlichen Abständen ein zweites, drittes und weitere einen Sprung oder zerbricht und muss ausrangiert werden. Aber das letzte verbleibende Glas ist oft lange Zeit in Gebrauch mit einer «Lebensdauer», welche die des unmittelbar vorher ausrangierten Glases erheblich übersteigt. Konkret fragen wir uns: Welche Verteilungen haben die Differenzen aufeinander folgender Ordnungsstatistiken $X_{(i)} - X_{(i-1)}$ von n unabhängigen, $\mathbf{Exp}(\lambda)$-verteilten Zufallsvariablen? Wie groß sind die Erwartungswerte $E(X_{(i)} - X_{(i-1)})$ und $E(X_{(n)} - X_{(n-1)})/EX_{(n)}$?

Wir ermitteln zunächst die Verteilung der ersten Ordnungsstatistik:

$$P(X_{(1)} \leq x) = 1 - P(X_1 > x \cap \cdots \cap X_n > x)$$
$$= 1 - \exp(-n\lambda x)$$

wegen Unabhängigkeit. Ein Vergleich mit (4.28) belegt, dass $X_{(1)}$ eine $\mathbf{Exp}(n\lambda)$-Verteilung besitzt. Die gemeinsame Dichte der Ordnungsstatistiken ist offensichtlich

$$f_{X_{(1)},\ldots,X_{(n)}}(x_1,\ldots,x_n) = \begin{cases} n!\lambda^n e^{-\lambda(x_1+\cdots+x_n)}, & \text{falls } x_1 \leq x_2 \leq \ldots \leq x_n \\ 0, & \text{sonst.} \end{cases}$$

Durch sukzessive Integration erhalten wir daraus

$$f_{X_{(1)},X_{(2)}}(x_1,x_2) = \begin{cases} n(n-1)\lambda^2 e^{-(n-2)\lambda x_2} e^{-\lambda(x_1+x_2)}, & \text{falls } x_1 \leq x_2 \\ 0, & \text{sonst} \end{cases}$$

und nach Transformation

$$f_{X_{(2)}-X_{(1)},X_{(1)}}(y,z) = n(n-1)\lambda^2 e^{-n\lambda z} e^{-(n-1)\lambda y} \cdot 1_{\mathbb{R}_+^0 \times \mathbb{R}_+^0}(z,y),$$

so dass

$$f_{X_{(2)}-X_{(1)}}(y) = (n-1)\lambda e^{-(n-1)\lambda y} \cdot 1_{\mathbb{R}_+^0}(y).$$

Also ist $X_{(2)} - X_{(1)}$ unabhängig von $X_{(1)}$ und $\mathbf{Exp}((n-1)\lambda)$-verteilt. Die Situation, die sich zur zufälligen Zeit $X_{(1)}$ im Hinblick auf den Ausfall des nächsten Glases ergibt, entspricht der Ausgangssituation, wenn n durch $(n-1)$ ersetzt wird. Iterativ fortschreitend gewinnt man

$$X_{(k)} - X_{(k-1)} \sim \mathbf{Exp}((n-k+1)\lambda), \qquad \forall k = 1,\ldots,n, \tag{4.35}$$

mit $X_{(0)} \equiv 0$. Nach Erwartungswertbildung folgt

$$E(X_{(k)} - X_{(k-1)}) = (n - k + 1)^{-1} \lambda^{-1}$$

$$\frac{E(X_{(n)} - X_{(n-1)})}{EX_{(n)}} = \left(\sum_{i=1}^{n} \frac{1}{i} \right)^{-1} = (\ln n)^{-1} + o(1).$$

Für $n = 12$ wird dies zu

$$\frac{E(X_{(12)} - X_{(11)})}{EX_{(12)}} = 0.32.$$

Beispiel 4.4 (Lawinen) Sei $(X_n)_{n \in \mathbb{N}}$ eine Folge von unabhängigen, **Exp**(λ_n) - verteilten Zufallsvariablen. Wir definieren

$$S_n = \sum_{i=1}^{n} X_i$$

für $n \in \mathbb{N}$ nebst $S_0 := 0$ und interpretieren S_n als den Zeitpunkt, zu dem das n-te Ereignis in einem Zufallsvorgang eintritt (z. B. die Registrierung des n-ten radioaktiven Teilchens durch einen Geiger-Zähler). Die mittels

$$N(t) = k \iff S_k \leq t < S_{k+1} \tag{4.36}$$

festgelegte Zufallsvariable $N(t)$ zählt die bis zur Zeit t eintretenden Ereignisse. Es handelt sich bei $(N(t))_{t \geq 0}$ um einen so genannten *Geburtsprozess*. Es gibt Geburtsprozesse, bei denen ein lawinenartiges Anwachsen der Zahl der Ereignisse möglich ist. Konkret interessieren wir uns für die Wahrscheinlichkeit von

$$\{N(t) = \infty \text{ für eine endliche Zeit } t\}.$$

Nach dem Kolmogorovschen Null-Eins-Gesetz kann diese nur entweder gleich 0 oder 1 sein. Zur Unterscheidung beider Fälle dient das Kriterium

$$P(N(t) = \infty \text{ für eine endliche Zeit } t) = \begin{cases} 1, & \text{falls } \sum_{n=1}^{\infty} \frac{1}{\lambda_n} < \infty \\[2ex] 0, & \text{falls } \sum_{n=1}^{\infty} \frac{1}{\lambda_n} = \infty. \end{cases} \tag{4.37}$$

Um dies zu prüfen, verwenden wir die Mengen-Identität

$$\{N(t) = \infty \text{ für eine endliche Zeit } t\} = \left\{ \sum_{n=1}^{\infty} X_n < \infty \right\}$$

und den Satz von der monotonen Konvergenz in der Form

$$E \left(\sum_{n=1}^{\infty} X_n \right) = \sum_{n=1}^{\infty} EX_n = \sum_{n=1}^{\infty} \frac{1}{\lambda_n}.$$

Im Fall $\sum_{n=1}^{\infty} 1/\lambda_n < \infty$ folgt daraus $P\left(\sum_{n=1}^{\infty} X_n < \infty\right) = 1$, denn andernfalls wäre $E\left(\sum_{n=1}^{\infty} X_n\right)$ nicht endlich. Damit ist der erste Teil von (4.37) bewiesen. Sei nun $\sum_{n=1}^{\infty} 1/\lambda_n = \infty$. Wir rechnen

$$E \exp\left(-\sum_{n=1}^{\infty} X_n\right) = \prod_{n=1}^{\infty} E \exp(-X_n) = \prod_{n=1}^{\infty} \int_0^{\infty} \lambda_n \exp[-(\lambda_n + 1)x]dx$$

$$= \prod_{n=1}^{\infty} \frac{\lambda_n}{\lambda_n + 1}. \tag{4.38}$$

Es ist $E \exp\left(-\sum_{n=1}^{\infty} X_n\right) = 0$ genau dann, wenn $-\ln E \exp\left(-\sum_{n=1}^{\infty} X_n\right) = \infty$ ist, was wegen (4.38) genau dann eintritt, wenn $\sum_{n=1}^{\infty} \ln(1+1/\lambda_n) = \infty$ gilt. Wir überzeugen uns, dass aus $\sum_{n=1}^{\infty} \ln(1+1/\lambda_n) < \infty$ sich $\sum_{n=1}^{\infty} 1/\lambda_n < \infty$ ergibt, etwa so: Zunächst impliziert $\sum_{n=1}^{\infty} \ln(1 + 1/\lambda_n) < \infty$, dass $\ln(1 + 1/\lambda_n) \overset{n\to\infty}{\longrightarrow} 0$ und somit, dass auch $1/\lambda_n \overset{n\to\infty}{\longrightarrow} 0$. Der Grenzwert

$$\lim_{x \downarrow 0} \frac{\ln(1 + x)}{x} = 1$$

erlaubt mit $x = 1/\lambda_n$ den Schluss, dass sich $\ln(1 + 1/\lambda_n)$ asymptotisch wie $1/\lambda_n$ verhält. Also haben wir bewiesen:

$$\sum_{n=1}^{\infty} \frac{1}{\lambda_n} = \infty \implies \sum_{n=1}^{\infty} \ln\left(1 + \frac{1}{\lambda_n}\right) = \infty \iff E \exp\left(-\sum_{n=1}^{\infty} X_n\right) = 0.$$

Schließlich folgt aus $E \exp\left(-\sum_{n=1}^{\infty} X_n\right) = 0$ wie gewünscht $P\left(\sum_{n=1}^{\infty} X_n < \infty\right) = 0$. Damit ist das Kriterium (4.37) bestätigt.

Wird ein Wartezeitprozess mit Hilfe einer Exponentialverteilung modelliert, so dass die Zeiten zwischen den Ereignissen jeweils $\mathbf{Exp}(\lambda)$-verteilt sind, so führt die Frage nach der Verteilung der Wartezeit bis das r-te Ereignis beobachtet wird auf die Familie von *Gamma-Verteilungen*. Eine Zufallsvariable X ist Gamma-verteilt mit Parametern $r \in \mathbb{N}$ und $\lambda > 0$, wir schreiben dies als $X \sim \mathbf{\Gamma}(\lambda, r)$, falls X die Dichte

$$f_{\lambda,r}(x) = \begin{cases} \frac{\lambda^r}{\Gamma(r)}\, x^{r-1}\, e^{-\lambda x}, & \text{falls } x \geq 0 \\ 0, & \text{falls } x < 0 \end{cases} \tag{4.39}$$

hat, siehe Abbildung 4.2. Aus (4.39) bestimmt man

$$EX = \frac{r}{\lambda}, \tag{4.40}$$

$$var\, X = \frac{r}{\lambda^2}. \tag{4.41}$$

Die Verteilungsfunktionen der Gamma-Verteilungen besitzen keine einfachen analytischen Darstellungen. Die Dichten haben diese Gestalt:

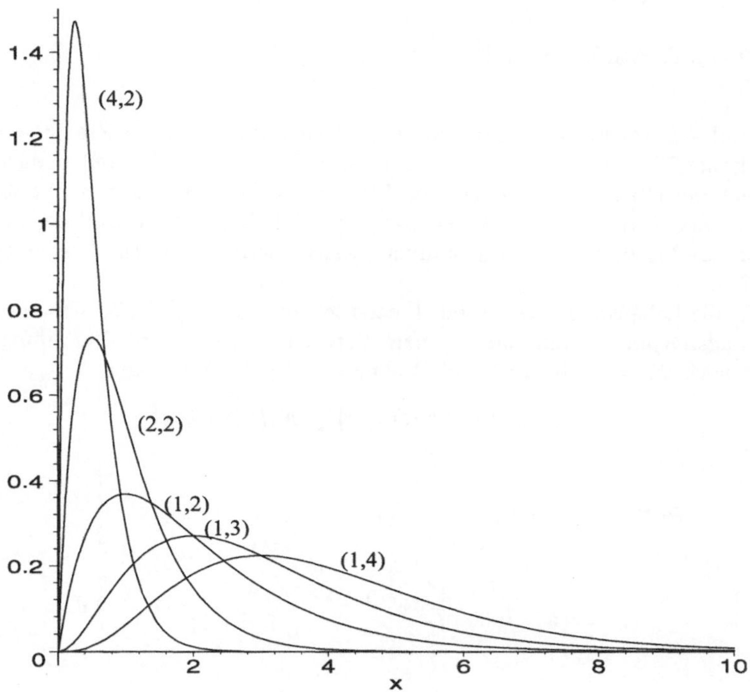

Abbildung 4.2: Dichten der $\Gamma(\lambda, r)$ -Verteilung für einige Paare (λ, r) .

Es folgt die präzise Formulierung des angesprochenen Zusammenhangs zwischen Exponential- und Gamma-Verteilung.

Satz 4.1.3 *Sind die Zufallsvariablen* X_i, $i = 1, \ldots, r$, *unabhängig und jeweils* $\mathbf{Exp}(\lambda)$ *-verteilt, so hat* $\sum_{i=1}^{r} X_i$ *eine* $\Gamma(\lambda, r)$ *-Verteilung.*

Beweis. Sei $g_{\lambda,r}(x)$ die Dichte von $\sum_{i=1}^{r} X_i$. Der Nachweis funktioniert mit Induktion. Für $r = 1$ ist die Aussage des Satzes richtig, denn $g_{\lambda,1}$ ist die Dichte der $\mathbf{Exp}(\lambda)$ -Verteilung. Wir nehmen an, dass die Aussage für ein beliebiges $r \in \mathbb{N}$ richtig sei. Die Dichte $g_{\lambda,r+1}$ erhält man mit (2.67) durch Konvolution:

$$g_{\lambda,r+1}(x) = \int_0^x g_{\lambda,r}(x - t) g_{\lambda,1}(t) dt.$$

Nach Induktionsannahme hat $g_{\lambda,r}$ die Form (4.39), und dann ist

$$g_{\lambda,r+1}(x) = \frac{\lambda^{r+1}}{\Gamma(r)} e^{-\lambda x} \int_0^x t^{r-1} dt = \frac{\lambda^{r+1}}{\Gamma(r+1)} x^r e^{-\lambda x},$$

was ebenfalls von der Bauart (4.39) ist.   ■

Beispiel 4.5 (Erneuerungen) In eine Alarmanlage wird zur Zeit $t = 0$ ein elektrisches Element eingebaut. Wenn es ausfällt, wird es unmittelbar durch ein Element desselben Typs ersetzt. Die Elemente dieses Typs haben unabhängig voneinander **Exp**(λ) -verteilte Lebensdauern. Sei $N(t)$ die Anzahl der Erneuerungen, die bis zur Zeit t vorgenommen werden müssen. Welche Verteilung hat $N(t)$?

Sei T_i die Lebensdauer des i -ten Elementes und $S_n = \sum_{i=1}^n T_i$ der n -te Erneuerungszeitpunkt, dann hat S_n nach Satz 4.1.3 eine $\mathbf{\Gamma}(\lambda, n)$ -Verteilung. Wir setzen noch $S_0 := 0$. Nun ist $\{N(t) \geq r\} = \{S_r \leq t\}$ und wegen

$$\{N(t) = r\} = \{N(t) \geq r\} \setminus \{N(t) \geq r+1\},$$

folgt

$$P(N(t) = r) = P(S_r \leq t) - P(S_{r+1} \leq t)$$

$$= \int_0^t \left(\frac{\lambda^r}{\Gamma(r)} x^{r-1} e^{-\lambda x} - \frac{\lambda^{r+1}}{\Gamma(r+1)} x^r e^{-\lambda x} \right) dx$$

$$= \int_0^t \frac{d}{dx} \left[e^{-\lambda x} \frac{\lambda^r x^r}{\Gamma(r+1)} \right] dx$$

$$= e^{-\lambda t} \frac{(\lambda t)^r}{r!}, \qquad \forall r \in \mathbb{N}_0. \qquad (4.42)$$

Wir werden diese diskrete Verteilung später als Poisson-Verteilung mit Parameter λt erkennen.

Zwar erlaubt die Wartezeit-Interpretation der Gamma-Verteilung sinnvollerweise nur die Werte $r \in \mathbb{N}$ für den zweiten Parameter, doch ist die Gamma-Funktion für alle $r > 0$ definiert und $f_{\lambda,r}$ in (4.39) auch in diesen Fällen eine Dichte. Wir lassen deshalb $r > 0$ und $\lambda > 0$ zu. Auch (4.40) und (4.41) bleiben gültig.

Um die charakteristische Funktion der Gamma-Verteilung zu ermitteln, berücksichtigen wir, dass aufgrund der Definition der Gamma-Funktion

$$\frac{\Gamma(s)}{\alpha^s} = \int_0^\infty x^{s-1} e^{-\alpha x} dx. \qquad (4.43)$$

Diese Identität gilt auch, wenn α als komplexe Zahl $\alpha = b + ic$ gewählt wird, sofern $b > 0$ ist. Die charakteristische Funktion einer $\Gamma(\lambda, r)$-verteilten Zufallsvariable ist dann

$$\Psi(t) = \int e^{itx} f_{\lambda,r}(x) dx$$

$$= \frac{\lambda^r}{\Gamma(r)} \int x^{r-1} e^{-(\lambda-it)x} dx$$

$$= \frac{\lambda^r}{\Gamma(r)} \frac{\Gamma(r)}{(\lambda - it)^r} = \frac{1}{(1 - it/\lambda)^r}. \tag{4.44}$$

Die Interpretation der Gamma-Verteilung als Wartezeit-Verteilung lässt die Abgeschlossenheit der Verteilungsfamilie unter Konvolution vermuten. Dies bestätigt

Satz 4.1.4 (Abgeschlossenheit der Gamma-Familie) *Es seien X und Y unabhängige, $\Gamma(\lambda, r_1)$- bzw. $\Gamma(\lambda, r_2)$-verteilte Zufallsvariablen mit den Parametern $r_1, r_2, \lambda > 0$. Dann ist die Summe $X + Y$ $\Gamma(\lambda, r_1 + r_2)$-verteilt.*

Beweis. Die Argumentation ist kurz und bündig. Die charakteristische Funktion der Summe errechnen wir wegen Unabhängigkeit und (4.44) gemäß

$$\Psi_{X+Y}(t) = E e^{itX} E e^{itY} = \frac{1}{(1 - it/\lambda)^{r_1+r_2}}.$$

Dies ist die charakteristische Funktion der $\Gamma(\lambda, r_1 + r_2)$-Verteilung. ∎

Die in Theorie und Praxis wichtigsten stetigen Verteilungen sind die Normalverteilungen. Ein Spezialfall ist die *Standard-Normalverteilung*. Standardnormalverteilt ist eine Zufallsvariable X, wenn sie die Dichte

$$\varphi(x) = \frac{1}{\sqrt{2\pi}} e^{-x^2/2}, \qquad \forall x \in \mathbb{R}, \tag{4.45}$$

besitzt. Dafür hat sich die Bezeichnung $X \sim \mathbf{N}(0,1)$ eingebürgert. Dass

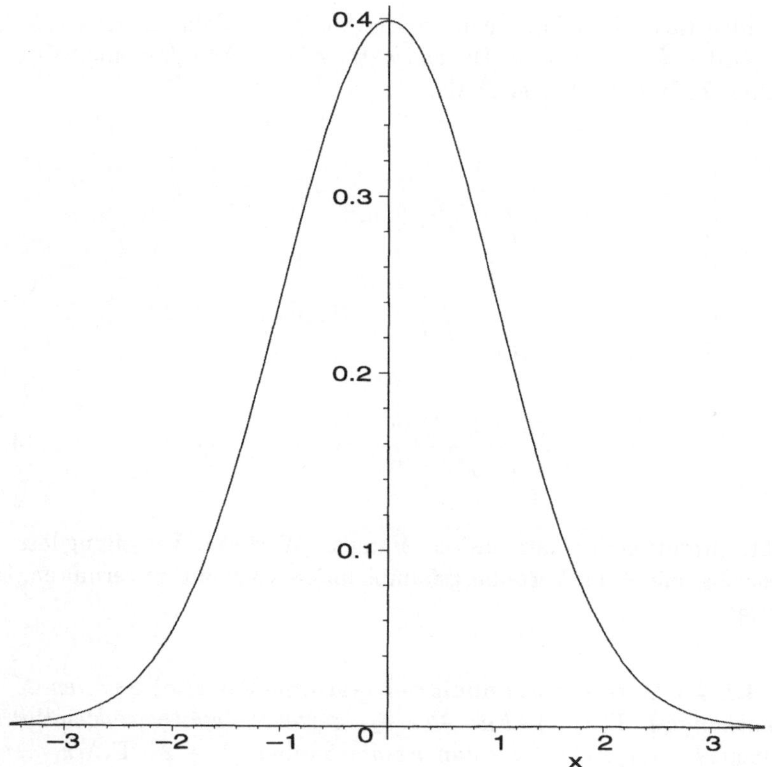

Abbildung 4.3: Dichte der Standard-Normalverteilung.

$\varphi(x)$ tatsächlich eine Dichte ist, entnimmt man der Rechnung

$$
\int_{\mathbb{R}} e^{-x^2/2}dx \int_{\mathbb{R}} e^{-y^2/2}dy \; = \int \int_{\mathbb{R}\times\mathbb{R}} e^{-(x^2+y^2)/2}dxdy
$$

$$
= \int_0^\infty \int_0^{2\pi} re^{-r^2/2}drd\theta
$$

$$
= 2\pi \int_{\mathbb{R}} re^{-r^2/2}dr = 2\pi\left[-e^{-r^2/2}\right]_0^\infty = 2\pi.
$$

$$(4.46)$$

Die momenterzeugende Funktion der Standard-Normalverteilung ist

$$
M_X(t) = Ee^{tX} = \frac{1}{\sqrt{2\pi}} \int_{\mathbb{R}} e^{tx}e^{-x^2/2}dx,
$$

und wegen $tx - x^2/2 = -(x-t)^2/2 + t^2/2$ wird dies zu

$$M_X(t) = e^{t^2/2} \frac{1}{\sqrt{2\pi}} \int_{\mathbb{R}} e^{-(x-t)^2/2} dx = e^{t^2/2} \frac{1}{\sqrt{2\pi}} \int_{\mathbb{R}} e^{-z^2/2} dz$$
$$= e^{t^2/2}, \qquad \forall t \in \mathbb{R}.$$

Die momenterzeugende Funktion läßt sich um 0 in eine Potenzreihe entwickeln. Das n-te Moment von X liest man dann als Faktor von $t^n/n!$ in dieser Entwicklung ab:

$$M_X(t) = \sum_{n=0}^{\infty} \frac{t^{2n}}{n!2^n} = \sum_{n=0}^{\infty} \frac{(2n)!}{n!} \frac{1}{2^n} \frac{t^{2n}}{(2n)!},$$

ergo

$$E(X^{2n}) = \frac{(2n)!}{n!2^n},$$
$$E(X^{2n+1}) = 0, \qquad \forall n \in \mathbb{N}. \tag{4.47}$$

Die charakteristische Funktion ist nach Beispiel 2.31 gegeben durch

$$\Psi_X(t) = e^{-t^2/2}, \qquad \forall t \in \mathbb{R}.$$

Die Verteilungsfunktion

$$\Phi(x) = \int_{-\infty}^{x} \varphi(t)dt$$

besitzt keine einfache explizite Darstellung. Elementare Approximationen basieren auf den durchaus scharfen Abschätzungen

$$\frac{1}{\sqrt{2\pi}} \left(\frac{1}{x} - \frac{1}{x^3} \right) \exp(-\frac{x^2}{2}) \leq \frac{1}{\sqrt{2\pi}} \int_{x}^{\infty} \exp(-\frac{z^2}{2}) dz \leq \frac{1}{\sqrt{2\pi}} \frac{1}{x} \exp(-\frac{x^2}{2}).$$
$$\tag{4.48}$$

Diese Ungleichungen erklären sich einerseits aus

$$\int_{x}^{\infty} \exp(-z^2/2)dz \overset{(z=x+y)}{\leq} \exp(-x^2/2) \int_{0}^{\infty} \exp(-yx)dx = \frac{1}{x} \exp(-x^2/2)$$

und andererseits aus

$$\int_{x}^{\infty} (1 - 3z^{-4}) \exp(-z^2/2)dz = \left(\frac{1}{x} - \frac{1}{x^3} \right) \exp(-x^2/2).$$

Tabelle 4.1 dokumentiert einige Funktionswerte der Verteilungsfunktion Φ. Eine ausführlichere Tabellierung findet sich in Anhang 9.1.

x	$\Phi(x)$	x	$\Phi(x)$
0.5	0.6915	3.0	0.9987
1.0	0.8413	3.5	0.99976737
1.5	0.9332	4.0	0.99996833
2.0	0.9773	4.5	0.99999660
2.5	0.9938	5.0	0.99999971

Tabelle 4.1: Funktionswerte der Standard-Normalverteilungsfunktion.

Die allgemeine Normalverteilung entsteht aus der Standard-Normalverteilung wie folgt: Ist $X \sim \mathbf{N}(0,1)$, dann definieren wir

$$Y := \mu + \sigma X$$

als normalverteilt mit den Parametern μ und σ^2 : $Y \sim \mathbf{N}(\mu, \sigma^2)$. Die Bedeutung der Parameter wird aus

$$EY = \mu \qquad \text{und} \qquad var\, Y = \sigma^2$$

erkennbar. Ferner sind momenterzeugende Funktion und charakteristische Funktion von Y gegeben durch

$$M_Y(t) = e^{\mu t + \sigma^2 t^2 / 2}$$
$$\Psi_Y(t) = e^{i\mu t - \sigma^2 t^2 / 2}.$$

Die mit dem Transformationssatz leicht zu ermittelnde Normalverteilungsdichte

$$\varphi_{\mu, \sigma^2}(x) = \frac{1}{\sqrt{2\pi\sigma^2}} \exp(-(x - \mu)^2 / 2\sigma^2), \qquad \forall x \in \mathbb{R},$$

ist symmetrisch (um μ), besitzt genau ein Maximum (an der Stelle μ) und hat Wendepunkte in $\mu \pm \sigma$. Mit der Überlegung

$$P(\mu - k\sigma \leq Y \leq \mu + k\sigma) = P(-k \leq \frac{Y - \mu}{\sigma} \leq k)$$
$$= \Phi(k) - \Phi(-k)$$
$$= 2\Phi(k) - 1$$

und Tabelle 4.1 ergibt sich sofort, dass eine Realisierung von Y mit Wahrscheinlichkeit

$$0.683 \text{ in } [\mu - \sigma, \mu + \sigma]$$
$$0.955 \text{ in } [\mu - 2\sigma, \mu + 2\sigma]$$
$$0.997 \text{ in } [\mu - 3\sigma, \mu + 3\sigma]$$

liegt, für alle μ und σ (siehe Abbildung 4.4).

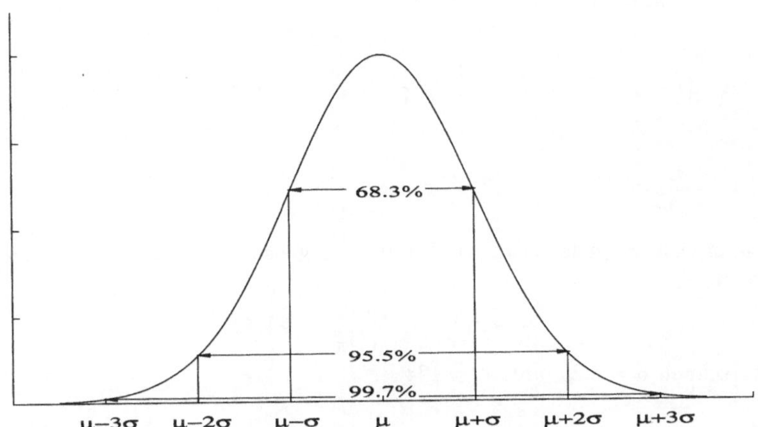

Abbildung 4.4: Dichte der $\mathbf{N}(\mu, \sigma^2)$-Verteilung.

Fast die gesamte Wahrscheinlichkeitsmasse der $\mathbf{N}(\mu, \sigma^2)$-Verteilung ist also innerhalb von 3 Standardabweichungen um den Mittelwert konzentriert. Die allgemeine Verteilungsfunktion wird mit $\Phi_{\mu,\sigma^2}(x)$ bezeichnet.

Beispiel 4.6 (Der höchste IQ der Welt) Wie hoch ist der höchste IQ der Welt? Konkret: Es seien $X_1, \ldots, X_n$ mit $n = 6 \cdot 10^9$ unabhängige, $\mathbf{N}(100, 15^2)$-verteilte Zufallsvariablen und $X := \max\{X_1, \ldots, X_n\}$. Ferner sei $X^{(\alpha)} := \#\{i : X_i > \alpha\}$ die Anzahl der Personen mit einem IQ größer als α. Wir ermitteln

(a) α so, dass $EX^{(\alpha)} = 1$.

(b) β so, dass $P(X \le \beta) = 0.01$.

(c) γ so, dass $P(X \le \gamma) = 0.99$.

(a) Setzen wir

$$I_i := \begin{cases} 1, & \text{falls } X_i > \alpha \\ 0, & \text{sonst,} \end{cases}$$

dann ist

$$EX^{(\alpha)} = E\left(\sum_{k=1}^{n} I_k\right) = \sum_{k=1}^{n} EI_k = \sum_{k=1}^{n} P(X_i > \alpha) = nP\left(\frac{X_i - 100}{15} > \frac{\alpha - 100}{15}\right)$$

$$= n[1 - \Phi(\delta)] = n\int_{\delta}^{\infty} \frac{1}{\sqrt{2\pi}} e^{-x^2/2} dx \qquad \text{mit } \delta = \frac{\alpha - 100}{15}$$

$$\approx \frac{n}{\delta\sqrt{2\pi}} e^{-\delta^2/2},$$

wenn man sich an (4.48) erinnert. Damit dies gleich 1 ist, muss δ so gewählt sein, dass

$$\frac{\delta^2}{2} + \ln\delta = \ln\frac{6 \cdot 10^9}{\sqrt{2\pi}} = 21.60.$$

Man errechnet $\delta = 6.29$ und $\alpha = 194$.

(b) Wir schreiben $\delta = \frac{\beta - 100}{15}$. Dann ist

$$0.01 = P(X \le \beta) = \Phi^n(\delta) = \left(1 - \int_{\delta}^{\infty} \frac{1}{\sqrt{2\pi}} e^{-x^2/2} dx\right)^n$$

$$\approx \left(1 - \frac{1}{\delta\sqrt{2\pi}} e^{-\delta^2/2}\right)^n$$

$$\approx \exp\left(-\frac{n}{\delta\sqrt{2\pi}} e^{-\delta^2/2}\right).$$

Als Folge davon haben wir

$$\delta e^{\delta^2/2} = \frac{n}{\sqrt{2\pi}(-\ln 0.01)} = 5.20 \cdot 10^8$$

oder $\frac{\delta^2}{2} + \ln\delta = 20.07$ mit der Lösung $\delta = 6.05$. Damit ist $\beta = 191$.

(c) Dieser Fall führt mit $\delta = \frac{\gamma - 100}{15}$ analog zu (b) auf die Gleichung

$$\frac{\delta^2}{2} + \ln\delta = \ln\left(\frac{n}{\sqrt{2\pi}(-\ln 0.99)}\right) = 26.20$$

mit der Lösung $\delta = 6.97$. Dann ist $\gamma = 205$.

Wir notieren einige weitere Eigenschaften normalverteilter Zufallsvariablen.

Theorem 4.1.5 *Es seien* $X, Y, X_1, \ldots, X_n$ *unabhängige, jeweils* $\mathbf{N}(\mu, \sigma^2)$ *- verteilte Zufallsvariablen und* a_k, b_k *reelle Konstanten.*

(a) Die Zufallsvariablen $X + Y$ und $X - Y$ sind unabhängig.

(b) Das Mittel $\overline{X} = \frac{1}{n} \sum_{k=1}^{n} X_k$ ist $\mathbf{N}(\mu, \sigma^2/n)$ -verteilt.

(c) Ist $\sum_{k=1}^{n} a_k b_k \operatorname{var} X_k = 0$, dann sind $V := \sum_{k=1}^{n} a_k X_k$ und $W :=$ $\sum_{k=1}^{n} b_k X_k$ unabhängige Zufallsvariablen.

Beweis. (a) Die gemeinsame Dichte von X und Y ist

$$f_{X,Y}(x,y) = \frac{1}{2\pi\sigma^2} \exp\left(-\frac{(x-\mu)^2 + (y-\mu)^2}{2\sigma^2}\right), \qquad \forall (x,y) \in \mathbb{R}^2.$$

Mit dem Transformationssatz 2.7.4 ergibt sich als gemeinsame Dichte von $V = X + Y$ und $W = X - Y$

$$f_{V,W}(v,w) = \frac{1}{\sqrt{4\pi\sigma^2}} \exp\left(-\frac{(v-2\mu)^2}{4\sigma^2}\right) \frac{1}{\sqrt{4\pi\sigma^2}} \exp\left(-\frac{w^2}{4\sigma^2}\right), \forall (v,w) \in \mathbb{R}^2.$$

Wegen der Produktform dieser Dichte sind V und W unabhängig, V ist $\mathbf{N}(2\mu, 2\sigma^2)$ -verteilt, und W ist $\mathbf{N}(0, 2\sigma^2)$ -verteilt.

(b) Die charakteristische Funktion $\Psi_{\overline{X}}(t)$ von $\overline{X}$ ist

$$\Psi_{\overline{X}}(t) = E \exp\left(it\frac{1}{n}\sum_{k=1}^{n} X_k\right) = \prod_{k=1}^{n} E e^{i(t/n)X_k} = \left[e^{i\mu(t/n) - \sigma^2(t^2/2n^2)}\right]^n$$

$$= e^{i\mu t - \sigma^2 t^2/2n}.$$

Dies ist die charakteristische Funktion der $\mathbf{N}(\mu, \frac{\sigma^2}{n})$ -Verteilung. Der Eindeutigkeitssatz 2.8.9 führt zur Behauptung.

(c) Mittels charakteristischer Funktionen überzeugt man sich, dass V und W normalverteilt sind mit Parametern $\mu \sum_{k=1}^{n} a_k$ und $\sigma^2 \sum_{k=1}^{n} a_k^2$ bzw. mit $\mu \sum_{k=1}^{n} b_k$ und $\sigma^2 \sum_{k=1}^{n} b_k^2$. Außerdem ist

$$Cov(V, W) = \sum_{i=1}^{n} \sum_{j=1}^{n} a_i b_j Cov(X_i, X_j) = \sum_{k=1}^{n} a_k b_k \operatorname{var} X_k = 0.$$

Nach Satz 2.7.10 folgt aus der Unkorreliertheit die Unabhängigkeit. ∎

Beispiel 4.7 (Messfehler) Eine unbekannte physikalische Größe μ wird n -mal gemessen. Der Messvorgang ist fehlerbehaftet, und die Messwerte können als Realisierungen von $\mathbf{N}(\mu, \sigma^2)$ -verteilten Zufallsvariablen X_i aufgefasst werden.

Die Standardabweichung σ ist ein Maß für die Genauigkeit des Messinstruments und betrage 1 Einheit. Als Schätzung für μ wird das Mittel $\overline{X}_n = \frac{1}{n}\sum_{i=1}^n X_i$ verwendet. In diesem Beispiel soll das Problem der Größe des Stichprobenumfangs berührt werden: Wie groß muss n sein, so dass mit einer Wahrscheinlichkeit von mindestens 0.95 die Schätzung $\overline{X}_n$ von μ um höchstens 0.5 Einheiten abweicht?

Wir müssen n als die kleinste ganze Zahl mit

$$P(|\overline{X}_n - \mu| \leq 0.5) \geq 0.95$$

bestimmen. Nach Theorem 4.1.5(b) ist $\overline{X}_n \sim \mathbf{N}(\mu, \frac{1}{n})$, so dass $Z := \sqrt{n}(\overline{X}_n - \mu)$ standard-normalverteilt ist. Die Tabelle in Anhang 9.1 liefert $P(|Z| \leq 1.96) = 0.95$. Also ist

$$0.95 = P(\sqrt{n}|\overline{X}_n - \mu| \leq 1.96) = P(|\overline{X}_n - \mu| \leq 1.96/\sqrt{n}).$$

Die Gleichung $0.5 = 1.96/\sqrt{n}$ wird von $n = 4 \cdot (1.96)^2 = 15.4$ gelöst. Damit müssen mindestens 16 Messungen durchgeführt werden, um mit der gewünschten Sicherheit die geforderte Genauigkeit zu erreichen.

Beispiel 4.8 (Begünstigen längere Spiele den besseren Spieler?) Die Spieler A und B tragen ein n-rundiges Spiel aus. In Runde k erzielt A die Punktzahl X_k , und B erzielt die Punktzahl Y_k . Es seien $X_1, X_2, \ldots$ und $Y_1, Y_2, \ldots$ allesamt unabhängige, jeweils identisch verteilte Zufallsvariablen mit Verteilungsfunktionen F_X bzw. F_Y . Mit

$$p_n := P\left(\sum_{k=1}^n X_k > \sum_{k=1}^n Y_k\right)$$

bezeichnen wir die Wahrscheinlichkeit, dass A ein n-rundiges Spiel für sich entscheidet. Ist $p_1 > \frac{1}{2}$, so liegt es nahe, A als den besseren Spieler anzusehen. Intuitiv geht man davon aus, dass dann auch $p_n > \frac{1}{2}$ für alle $n \in \mathbb{N}$, ja, dass p_n monoton wachsend in n ist. Sind etwa die X_i und die Y_i $\mathbf{N}(1,1)$- bzw. $\mathbf{N}(0,1)$-verteilt, so wird diese Intuition bestätigt, denn es ist

$$p_n := \Phi(\sqrt{n/2}) \overset{n \to \infty}{\longrightarrow} 1,$$

monoton wachsend in n . Speziell ergibt sich in diesem Fall

$$p_1 = 0.76, \qquad p_2 = 0.84, \qquad p_8 = 0.98, \qquad p_{32} = 0.99997.$$

Wir fragen uns nun, ob es Verteilungen der X_i und Y_i gibt, so dass zwar $p_1 > 1/2$ ist, aber p_n nicht monoton wächst. Die folgende einfache Überlegung besagt, dass dieser Fall tatsächlich auftritt: Für jedes $p_1 \in (0,1)$ und alle $n \in \mathbb{N}$ gilt nämlich

$$1 - (1 - p_1)^n \geq p_n \geq p_1^n, \tag{4.49}$$

und es existieren Verteilungen, mit denen diese Grenzen erreicht werden. Zur Bestätigung von (4.49) definieren wir $D_i := X_i - Y_i$. Dann ist auch $(D_n)_{n \in \mathbb{N}}$ eine Folge unabhängiger, identisch verteilter Zufallsvariablen, und wir haben

$$p_n = P\left(\sum_{k=1}^{n} D_k > 0\right) \geq P(D_k > 0, \forall k = 1, \ldots, n) = p_1^n.$$

Dies ist die untere Schranke in (4.49). Die obere Schranke in (4.49) ergibt sich durch Vertauschung der beiden Spieler, dann geht p_n in $1 - p_n$ über und p_1^n in $(1 - p_1)^n$.
Die Schranke p_1^n in (4.49) wird z.B. erreicht, wenn

$$X_k = \begin{cases} n + 1 & \text{mit Wahrscheinlichkeit } p_1 \\ 0 & \text{mit Wahrscheinlichkeit } 1 - p_1, \end{cases}$$

$$Y_k = n \qquad \text{mit Wahrscheinlichkeit } 1. \tag{4.50}$$

In diesem Fall gewinnt Spieler A ein n-rundiges Spiel genau dann, wenn er n-mal $(n + 1)$ Punkte erzielt. Mit $p_1 = 0.999$ und $n = 1000$ gewinnt A ein Spiel der Länge 1 mit Wahrscheinlichkeit 0.999 aber ein 1000-rundiges Spiel nur mit Wahrscheinlichkeit $0.999^{1000} = 0.37$. Bei einem mehr-rundigen Spiel mit X_k, Y_k wie in (4.50) mit großem p_1 vergrößert typischerweise Spieler A langsam aber beständig seinen Vorsprung gegenüber B, bis eine 0 auftritt, die den Sieg vergibt. Manche Spiele sind annähernd von diesem Typ, etwa Golf. Ein einziges missglücktes Loch kann den Sieg vergeben. Es gibt Spieler, denen dies mit geringer Wahrscheinlichkeit passiert. Sie dominieren oft kurze Turniere, versagen aber häufig bei längeren Turnieren (36 -Loch-Turniere im Vergleich zu 72 -Loch-Turnieren). Wer ist also der bessere Spieler? Diese Frage kann offenbar nur mit Bezug auf die Länge des Spiels beantwortet werden!

Beispiel 4.9 Mit einer Pistole wird zweimal auf eine Zielscheibe gefeuert, deren Mittelpunkt im Ursprung eines kartesischen Koordinatensystems liegt. Die Koordinaten der Auftreffpunkte (x_1, y_1) und (x_2, y_2) werden als Realisierungen von unabhängigen, $\mathbf{N}(0, 1)$-verteilten Zufallsvariablen X_1, X_2, Y_1, Y_2 modelliert. Sei Δ der Abstand zwischen den beiden Auftreffpunkten. Wir ermitteln die Verteilung von $\Delta^2 = (X_1 - X_2)^2 + (Y_1 - Y_2)^2$. Dazu bestimmen wir zunächst die Verteilung von $(X_1 - X_2)^2$. Nach dem Beweis von Theorem 4.1.5(a) ist $X_1 - X_2 \sim \mathbf{N}(0, 2)$ und deshalb gilt für $x \in \mathbb{R}_+^0$

$$P((X_1 - X_2)^2 \leq x) = P(-\sqrt{x/2} \leq (X_1 - X_2)/\sqrt{2} \leq \sqrt{x/2})$$

$$= \Phi(\sqrt{x/2}) - \Phi(-\sqrt{x/2})$$

$$= 2\Phi(\sqrt{x/2}) - 1.$$

Somit ist die Dichte f von $(X_1 - X_2)^2$ gegeben durch

$$f(x) = \frac{d}{dx}P((X_1 - X_2)^2 \leq x) = \frac{1}{2\sqrt{\pi}}x^{-1/2}e^{-x/4} \cdot 1_{[0,\infty)}(x).$$

Dies ist die Dichte einer $\Gamma(\frac{1}{4}, \frac{1}{2})$-Verteilung. Damit ist Δ^2 verteilt wie die Faltung zweier unabhängiger $\Gamma(\frac{1}{4}, \frac{1}{2})$-Verteilungen, d.h. $\Delta^2 \sim \Gamma(\frac{1}{4}, 1)$ nach Satz 4.1.4. Doch dies ist eine Exponentialverteilung mit Parameter $\frac{1}{4}$.

Jede (nichttriviale) Linearkombination von unabhängigen, normalverteilten Zufallsvariablen ist selbst auch wieder normalverteilt, d.h. für $\mathbf{N}(\mu_i, \sigma_i^2)$-verteilte, unabhängige X_i und reelle Konstanten a_i gilt

$$\sum_{i=1}^{n} a_i X_i \sim \mathbf{N}\left(\sum_{i=1}^{n} a_i \mu_i, \sum_{i=1}^{n} a_i^2 \sigma_i^2\right). \tag{4.51}$$

Damit ist die Familie der Normalverteilungen abgeschlossen unter Faltungsoperationen. Mit (4.51) als Grundlage können wir bestätigen, dass eine geeignet zentrierte und skalierte Faltung von unabhängigen, $\mathbf{N}(\mu, \sigma^2)$-verteilten Zufallsvariablen X_i dieselbe Verteilung besitzt wie jedes der X_i. Wir werden an späterer Stelle feststellen, dass unter den Verteilungen mit positiver endlicher Varianz diese Eigenschaft *allein* der Normalverteilung zukommt und sie dadurch charakterisiert. Doch (4.51) wirkt auch noch in eine andere Richtung: Man kann daraus schließen, dass eine geeignet zentrierte und skalierte Faltung von unabhängigen und sämtlich $\mathbf{N}(\mu, \sigma^2)$-verteilten Zufallsvariablen standard-normalverteilt ist. Überraschenderweise kommt diese Eigenschaft approximativ *allen* Verteilungen mit endlicher Varianz zu: Ist nämlich $(X_n)_{n\in\mathbb{N}}$ eine Folge unabhängiger, identisch verteilter Zufallsvariablen mit beliebiger Verteilung und $EX_i = \mu$ sowie $var\, X_i = \sigma^2 > 0$, dann ist

$$\frac{1}{\sqrt{n}}\sum_{i=1}^{n}\frac{(X_i - \mu)}{\sigma}$$

approximativ standard-normalverteilt. Während für $X_i \sim \mathbf{N}(\mu, \sigma^2)$ diese Aussage sogar exakt gilt, so ist die Approximations-Aussage der Inhalt des *zentralen Grenzwertsatzes*: in seinen verschiedenen Ausprägungen handelt es sich dabei um eines der wichtigsten asymptotischen Resultate der gesamten Stochastik. Wir diskutieren diesen wichtigen Satz und sein Umfeld in Abschnitt 6.2.

Der zentrale Grenzwertsatz macht die weite Verbreitung der Normalverteilung in den Anwendungen plausibel. Viele Zufallsvariablen der realen Welt sind bei genauerer Betrachtung additive Überlagerungen einer großen Zahl von zumindest annähernd unabhängigen und annähernd identisch verteilten Einzelbeiträgen: Aktienkurs-Änderungen zwischen zwei Zeitpunkten resultieren kumulativ aus einer meist großen Zahl von Einzel-Transaktionen, Wachstumsvorgänge ergeben sich aus der Superposition zahlreicher einzelner Wachstumsschübe, usw. In diesen Fällen lässt sich oft die Approximation der Verteilung der zusammengesetzten Größe durch eine geeignete Normalverteilung rechtfertigen.

Einige weitere in Theorie und Praxis auftretende Verteilungen ergeben sich als Transformation der Normalverteilung. Als Beispiel für viele erwähnen wir hier lediglich die Cauchy-Verteilung.

Satz 4.1.6 *Es seien X und Y unabhängige, standard-normalverteilte Zufallsvariablen. Dann hat die Zufallsvariable*

$$V = \frac{X}{Y}$$

eine Cauchy-Verteilung mit der Dichte

$$f_V(v) = \frac{1}{\pi} \cdot \frac{1}{1+v^2}, \qquad \forall v \in \mathbb{R}. \tag{4.52}$$

Beweis. Die gemeinsame Dichte von X und Y ist

$$f_{X,Y}(x,y) = \frac{1}{2\pi} e^{-(x^2+y^2)/2}, \qquad \forall x \in \mathbb{R},\ y \in \mathbb{R}.$$

Wir setzen $U = Y$ und bestimmen die gemeinsame Dichte von U und V. Dies bewältigen wir mit dem Transformationssatz. Die Auflösung von

$$u = y, \quad v = \frac{x}{y}$$

nach x und y ergibt

$$x = uv, \quad y = u.$$

Durch Ableiten kommt man zur Jacobi-Determinante J der Transformation:

$$J = det \left\| \begin{matrix} v & u \\ 1 & 0 \end{matrix} \right\|$$

mit $\mid J \mid = \mid u \mid$. Also ist die gemeinsame Dichte von U und V

$$f_{U,V}(u,v) = \frac{1}{2\pi} \mid u \mid e^{-(u^2 v^2 + u^2)/2}, \qquad \forall u \in \mathbb{R},\ v \in \mathbb{R}.$$

Zur Rand-Dichte von V gelangt man durch Integration bezüglich u.

$$f_V(v) = \frac{1}{2\pi} \int_{-\infty}^{+\infty} |u| \, e^{-(u^2v^2+u^2)/2} du = \frac{1}{\pi} \int_0^{\infty} u e^{-\frac{1}{2}(v^2+1)u^2} du.$$

Wegen $\int_0^{\infty} u e^{-au^2} du = \frac{1}{2a}$ ergibt sich daraus (4.52). ∎

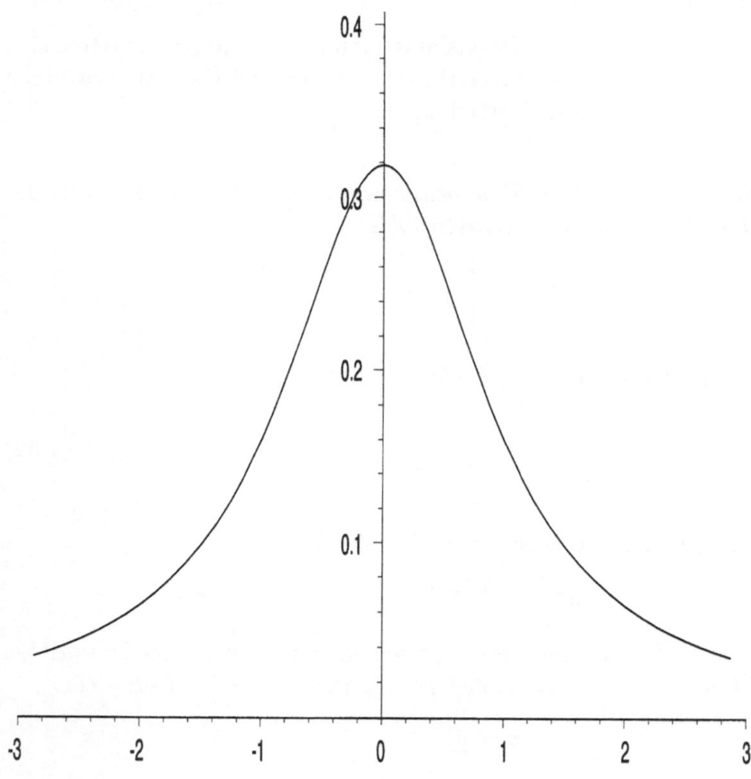

Abbildung 4.5: Dichte der Cauchy-Verteilung.

Erwartungswert und Varianz von Cauchy-verteilten Zufallsvariablen existieren nicht. Im Vergleich zur Standard-Normalverteilung hat die Cauchy-Verteilung mehr Wahrscheinlichkeitsmasse in den Rändern, da ihre Dichte langsamer abklingt. Eine wichtige Verteilungseigenschaft hatten wir in Beispiel 2.33 gefunden. Sind $X_1, \ldots, X_n$ unabhängig Cauchy-verteilt, dann ist $\overline{X} = \frac{1}{n}\sum_{k=1}^{n} X_k$ ebenfalls Cauchy-verteilt. Man vergleiche dies mit $\mathbf{N}(0,1)$-verteilten X_i, deren Mittel nach Theorem 4.1.5(b) $\mathbf{N}(0,\frac{1}{n})$-verteilt ist. Darauf beruht die Tatsache, dass bei normalverteilten Messfehlern eine wiederholte Durchführung der Messung und anschließende Mittelung der Messwerte zu einem Genauigkeitsgewinn führt. In Beispiel 4.7 hatten wir dies festgestellt. In einer Welt mit Cauchy-verteilten Messfehlern wäre wegen

$$\mathcal{L}(\overline{X}) = \mathcal{L}(X_i)$$

das Mittel von n Messungen nicht genauer als jede einzelne Messung.

4.2 Diskrete Verteilungen

In diesem Abschnitt sind jene Zufallsvariablen zentral, deren Wertebereich aus höchstens abzählbar vielen verschiedenen Ausfällen x_k besteht. Werden diese mit den Wahrscheinlichkeiten p_k angenommen, so ist die Verteilungsfunktion eine rechtsseitig stetige Treppenfunktion mit Sprüngen der Höhe p_k an den Stellen x_k.

Viele Zufallsprozesse bestehen aus Wiederholungen von identischen Einzelexperimenten. Werden diese unabhängig voneinander unter denselben Bedingungen durchgeführt und gibt es pro Einzelexperiment ein Ereignis (einen *Erfolg*), das jeweils mit derselben Wahrscheinlichkeit p eintritt, so hat die Gesamtzahl X der Erfolge in n unabhängigen Wiederholungen des Einzelexperiments (man spricht von n *Bernoulli-Versuchen* oder einem *Bernoulli-Prozess*) eine *Binomialverteilung* mit den Parametern n und p. Unsere Schreibweise dafür ist $X \sim \mathbf{B}(n,p)$. Falls $n = 1$ ist, nennt man diese auch *Bernoulli-Verteilung* $\mathbf{B}(p)$. Die Wahrscheinlichkeiten

$$P(X = k) = \binom{n}{k} p^k (1-p)^{n-k}, \qquad \text{für } k = 0,\ldots,n, \qquad (4.53)$$

verifiziert man mit der Überlegung, dass es insgesamt $\binom{n}{k}$ verschiedene Anordnungen von k Erfolgen und $(n-k)$ Misserfolgen gibt und jede Anordnung dieselbe Wahrscheinlichkeit $p^k(1-p)^{n-k}$ besitzt. Aus (4.53) erhält man dann

$$EX = \sum_{k=0}^{n} k P(X = k) = np \sum_{k=0}^{n-1} \frac{(n-1)!}{(n-k-1)!k!} p^k (1-p)^{n-k-1}$$

$$= np. \qquad (4.54)$$

Wegen

$$var\, X = E(X(X-1)) + EX - (EX)^2 \qquad (4.55)$$

und

$$E(X(X-1)) = \sum_{k=2}^{n} k(k-1)\frac{n!}{k!(n-k)!}p^k(1-p)^{n-k}$$

$$= n(n-1)p^2 \sum_{k=0}^{n-2} \binom{n-2}{k} p^k(1-p)^{n-k-2}$$

$$= n(n-1)p^2\,,$$

ist

$$var\, X = np(1-p)\,. \qquad (4.56)$$

Die Binomialverteilung tritt also als Verteilung der Zahl der Erfolge in einer Serie von Bernoulli-Versuchen auf. Kehrt man die Blickrichtung um und fragt stattdessen nach der Anzahl der durchzuführenden Versuche Y bis sich r Erfolge eingestellt haben, so hat die Zufallsvariable Y eine *negative Binomialverteilung* mit den Parametern p und r, symbolisch: $Y \sim \mathbf{NB}(r,p)$. Es ist

$$P(Y=k) = \binom{k-1}{r-1} p^r(1-p)^{k-r}, \qquad \text{für } k = r, r+1, \dots, \qquad (4.57)$$

da das Ereignis $\{Y = k\}$ genau $(r-1)$ Erfolge unter den ersten $(k-1)$ Versuchen erfordert, sowie noch einen weiteren Erfolg im k-ten Versuch. Der sich für $r = 1$ ergebende Spezialfall wird als *Geometrische Verteilung* bezeichnet: $\mathbf{NB}(1,p) =: \mathbf{Geo}(p)$. (Gelegentlich definiert man die Geometrische Verteilung als Verteilung der Zahl Y der Misserfolge – statt der Gesamtzahl der Versuche – bis zum ersten Erfolg. Dann ist

$$P(Y=k) = p(1-p)^k, \qquad \forall k \in \mathbb{N}_0.$$

Um beide Verteilungen voneinander zu unterscheiden, sprechen wir in diesem Fall von der Geometrischen Verteilung auf $\mathbb{N}_0$, $\mathbf{Geo}^*(p)$, und im Fall der $\mathbf{NB}(1,p)$-Verteilung von der Geometrischen Verteilung auf $\mathbb{N}$.)
Wir leiten die Momente der negativen Binomialverteilung aus ihrer wahrscheinlichkeitserzeugenden Funktion ab. Ist $X \sim \mathbf{NB}(r,p)$, dann rechnen

wir

$$G_X(t) = Et^X = \sum_{k=r}^{\infty} \binom{k-1}{r-1} t^k p^r (1-p)^{k-r}$$

$$= \sum_{k=0}^{\infty} \binom{k+r-1}{r-1} t^{k+r} p^r (1-p)^k$$

$$= (tp)^r \sum_{k=0}^{\infty} \binom{k+r-1}{k} [t(1-p)]^k$$

$$= \left(\frac{tp}{1 - t(1-p)} \right)^r,$$

da es sich bei der Summe um die auf ganz $\mathbb{R}$ existierende erzeugende Funktion der Anzahl von (k, r)-Kombinationen mit Wiederholung handelt, siehe Satz 3.3.3 und (3.6). Dann ist

$$EX = G'_X(1) = \tfrac{r}{p}, \tag{4.58}$$

$$var\, X = G''_X(1) + G'_X(1)[1 - G'_X(1)] = \tfrac{r(1-p)}{p^2}. \tag{4.59}$$

Oftmals treten bei physikalischen, technischen, biologischen und anderen Vorgängen punktuelle Ereignisse zwar zu zufälligen Zeitpunkten, aber doch mit konstanter mittlerer Rate und unabhängig voneinander auf. Beispiele hierfür sind der radioaktive Zerfall eines Ensembles von Atomen oder auch das Eintreffen von Kunden an einem Schalter. Um die Stochastik dieser Vorgänge zu verstehen, formalisieren wir zunächst die genannten Eigenschaften. Sei $N(s, t]$ die Zahl der beobachteten Ereignisse im Zeitintervall $(s, t]$ und W_t die Wartezeit vom Zeitpunkt t bis zum nächsten Ereignis. Wir nehmen die Gültigkeit der folgenden Voraussetzungen an:

A1: Stationarität

$$N(s, t] \stackrel{d}{=} N(0, t-s], \qquad \forall\, s < t \in \mathbb{R}_+^0.$$

Mit $\stackrel{d}{=}$ wird Verteilungsgleichheit ausgedrückt. Die Verteilung der Anzahl der in einem Zeitintervall beobachteten Ereignisse hängt also nur von der Länge des Zeitintervalls ab, nicht aber von seiner Lage auf der Zeitachse.

A2: Unabhängigkeit

$$N(s_1, t_1] \text{ und } N(s_2, t_2]$$

sind unabhängige Zufallsvariablen für alle $s_1 < t_1 \leq s_2 < t_2$. Die Anzahlen der Ereignisse in disjunkten Intervallen sind also unabhängig.

A3: Punktförmigkeit

$$P(0 < W_0 < \infty) = 1.$$

Die Wartezeit bis zum ersten Ereignis ist fast sicher positiv und endlich. Zwei Ereignisse treten also fast sicher nicht gleichzeitig auf.

Ein Zufallsprozess mit den Eigenschaften A1, A2 und A3 heißt *Poisson-Prozess*, die Verteilung von $N(0, t]$ heißt *Poisson-Verteilung* mit Parameter λt, dabei ist λ die mittlere Anzahl von Ereignissen pro Zeiteinheit. Die Wahrscheinlichkeiten $P(N(0, t] = k)$ lassen sich aus A1, A2, A3 ermitteln: Zunächst ist wegen der Stetigkeit von Wahrscheinlichkeitsmaßen, Satz 2.2.5,

$$\lim_{h \downarrow 0} P(W_0 > h) = P(W_0 > 0) = 1 \quad \text{mit A3.}$$

Somit existiert ein $\varepsilon_0 > 0$, so dass $P(W_0 > \varepsilon_0) > 0$ und

$$P(W_0 > k\varepsilon_0) = P(N(0, k\varepsilon_0] = 0)$$

$$= [P(N(0, \varepsilon_0] = 0)]^k \quad \text{mit A1, A2} \qquad (4.60)$$

$$> 0, \qquad \forall k \in \mathbb{N}.$$

Für $s, t \geq 0$ sind damit die folgenden bedingten Wahrscheinlichkeiten definiert:

$$P(W_0 > t + s) \,|\, W_0 > t) = P(N(0, t + s] = 0 \,|\, N(0, t] = 0)$$

$$= P(N(0, t + s] = 0)/P(N(0, t] = 0)$$

$$= P(N(t, t + s] = 0) \quad \text{mit A2}$$

$$= P(N(0, s] = 0) \quad \text{mit A1}$$

$$= P(W_0 > s). \qquad (4.61)$$

Nach Theorem 4.1.2 kommt unter den nichtdegenerierten Verteilungen auf $\mathbb{R}_+^0$ nur der Exponentialverteilung die Eigenschaft (4.61) zu. Damit besitzt W_0 eine Exponentialverteilung mit Parameter $\lambda = -\ln P(W_0 > 1)$, also

$$P(N(0, t] = 0) = \exp(-\lambda t). \qquad (4.62)$$

Wegen A1 und Satz 4.1.3 ist die Wartezeit $W_{0,n}$ bis zum Eintreten des n-ten Ereignisses dann $\Gamma(\lambda, n)$-verteilt. Demzufolge ist für $k \in \mathbb{N}$

$$
\begin{aligned}
P(N(0,t] = k) &= P(W_{0,k} \leq t \cap W_{0,k+1} > t) \\[2mm]
&= P(W_{0,k} \leq t) - P(W_{0,k+1} \leq t) \\[2mm]
&= \int_0^t \frac{\lambda^k x^{k-1}}{(k-1)!} \exp(-\lambda x)\, dx - \int_0^t \frac{\lambda^{k+1} x^k}{k!} \exp(-\lambda x)\, dx.
\end{aligned}
$$

Bei Berücksichtigung von (4.62) gelangt man zu

$$
P(N(0,t] = k) = \frac{(\lambda t)^k}{k!} e^{-\lambda t}, \qquad \forall k \in \mathbb{N}_0.
$$

Für $t = 1$ hat $N := N(0,1]$ eine Poisson-Verteilung mit Parameter λ, wir schreiben $N \sim \mathbf{P}(\lambda)$, und erhalten für die Momente leicht

$$
\begin{aligned}
EN &= \lambda, \\
var\, N &= \lambda.
\end{aligned}
$$

Bei einem durch A1, A2 und A3 charakterisierten Zufallsprozess treten also im Mittel $\lambda = -\ln P(W_0 > 1)$ Ereignisse pro Zeiteinheit auf, und die Zeiten zwischen aufeinander folgenden Ereignissen (die so genannten *Zwischenankunftszeiten*) sind $\mathbf{Exp}(\lambda)$-verteilt. Von jedem Zeitpunkt t_0 hat die Wartezeit, bis weitere n Ereignisse beobachtet werden, eine $\Gamma(\lambda, n)$-Verteilung, und die Zahl der in einem festen Zeitintervall der Länge t beobachteten Ereignisse besitzt eine $\mathbf{P}(\lambda t)$-Verteilung. Wird jedes Ereignis eines Poisson-Prozesses mit Parameter λ unabhängig von allen anderen Ereignissen mit Wahrscheinlichkeit p_i als Typ i-Ereignis klassifiziert, $i = 1, \ldots, k$, und bezeichnet $N_i(0,t] =: N_i(t)$ die Anzahl der im Zeitintervall $(0,t]$ eintretenden Ereignisse vom Typ i, dann sind die $N_i(0,t]$ unabhängige Zufallsvariablen mit

$$
N_i(0,t] \sim \mathbf{P}(\lambda t p_i). \tag{4.63}
$$

Für nur zwei Typen von Ereignissen bestätigt man diese Aussage so:

$$P(N_1(t) = n \cap N_2(t) = m)$$

$$= \sum_{k=0}^{\infty} P(N_1(t) = n \cap N_2(t) = m \mid N_1(t) + N_2(t) = k) P(N_1(t) + N_2(t) = k)$$

$$= P(N_1(t) = n \cap N_2(t) = m \mid N_1(t) + N_2(t) = n + m)$$
$$\cdot P(N_1(t) + N_2(t) = n + m)$$

$$= \binom{n+m}{n} p_1^n (1 - p_1)^m e^{-\lambda t} \frac{(\lambda t)^{n+m}}{(n+m)!}$$

$$= e^{-\lambda t p_1} \frac{(\lambda t p_1)^n}{n!} e^{-\lambda t p_2} \frac{(\lambda t p_2)^m}{m!}$$

$$= P(N_1(t) = n) P(N_2(t) = m).$$

Unabhängiges Sortieren der Punkte eines Poisson-Prozesses führt also zu unabhängigen Poisson-Prozessen. Ein Nebenprodukt der Definition des Poisson-Prozesses und der Herleitung seiner Verteilung ist schließlich noch die unmittelbar ersichtliche Abgeschlossenheit der Poisson-Familie:

Satz 4.2.1 *Sind X und Y unabhängige, Poisson-verteilte Zufallsvariablen mit Parametern λ und μ, dann ist $X + Y$ eine $\mathbf{P}(\lambda + \mu)$ -verteilte Zufallsvariable.*

Es bestehen enge Beziehungen zwischen der Poisson-Verteilung und der Binomialverteilung. Eine dieser Beziehungen kommt zum Ausdruck in

Satz 4.2.2 *Sind X und Y unabhängige, Poisson-verteilte Zufallsvariablen mit Parametern λ und μ, dann ist*

$$P(X = k \mid X + Y = n) = \binom{n}{k} p^k (1 - p)^{n-k}, \qquad \forall k = 0, \dots, n, \quad (4.64)$$

mit $p = \dfrac{\lambda}{\lambda + \mu}$.

Beweis. Die Aussage kann aus der Definition bedingter Wahrscheinlichkeiten abgeleitet werden:

$$P(X = k \mid X + Y = n) = \frac{P(X = k \cap Y = n - k)}{P(X + Y = n)}$$

$$= \binom{n}{k} \left(\frac{\lambda}{\lambda + \mu} \right)^k \left(\frac{\mu}{\lambda + \mu} \right)^{n-k},$$

Letzteres bei Verwendung von Satz 4.2.1. ∎

Geeignete Poisson-Verteilungen können auch dazu dienen, Binomialverteilungen zu approximieren. Der folgende Satz umfasst diese Aussage als Spezialfall.

Satz 4.2.3 *Seien* $X_1, \ldots, X_n$ *unabhängige, Bernoulli-verteilte Zufallsvariablen mit zugehörigen Parametern* $p_1, \ldots, p_n$, *seien* $Y_1, \ldots, Y_n$ *unabhängige,* $\mathbf{P}(p_n)$ *-verteilte Zufallsvariablen sowie* $B \in \mathcal{B}$ *eine beliebige Borel-Menge. Dann ist*

$$\left| P\left(\sum_{i=1}^{n} X_i \in B \right) - P(Y \in B) \right| \leq \sum_{i=1}^{n} p_i^2, \qquad \forall n \in \mathbb{N},$$

wobei $Y := \sum_{i=1}^{n} Y_i$ *eine Poisson-Verteilung mit Parameter* $\sum_{i=1}^{n} p_i$ *hat.*

Beweis. Die Argumentation ist aufschlussreich. Zum zentralen Werkzeug wird eine raffinierte Konstruktion, die sich auf die folgenden hilfsweise eingeführten Zufallsvariablen stützt:
Seien $U_i, i = 1, \ldots, n$, unabhängige, auf $(0,1)$ gleichverteilte Zufallsvariablen. Definiere damit

$$\tilde{X}_i = \begin{cases} 1, & \text{falls } U_i \geq 1 - p_i \\ 0, & \text{sonst} \end{cases}$$

sowie $\tilde{Y}_i = 0$, falls $U_i \leq e^{-p_i}$, und für $j \in \mathbb{N}$

$$\tilde{Y}_i = j, \qquad \text{falls } U_i \in \left(\sum_{k=0}^{j-1} \frac{p_i^k e^{-p_i}}{k!}, \sum_{k=0}^{j} \frac{p_i^k e^{-p_i}}{k!} \right].$$

Dann gilt Verteilungsgleichheit, die wir so ausdrücken:

$$\tilde{X}_i \overset{d}{=} X_i \sim \mathbf{B}(1, p_i),$$

$$\tilde{Y}_i \overset{d}{=} Y_i \sim \mathbf{P}(p_i),$$

und die $\tilde{X}_i$ sowie die $\tilde{Y}_i$ sind jeweils unabhängig. Mithin können wir zu diesen Zufallsvariablen übergehen:

$$\left| P\left(\sum_{i=1}^{n} X_i \in B \right) - P(Y \in B) \right| = \left| P\left(\sum_{i=1}^{n} \tilde{X}_i \in B \right) - P\left(\sum_{i=1}^{n} \tilde{Y}_i \in B \right) \right|$$

$$\leq \max\left\{ \left| P\left(\sum_{i=1}^{n} \tilde{X}_i \in B \right) - P\left(\sum_{i=1}^{n} \tilde{X}_i \in B \cap \sum_{i=1}^{n} \tilde{Y}_i \in B \right) \right|, \right.$$

$$\left. \left| P\left(\sum_{i=1}^{n} \tilde{Y}_i \in B \right) - P\left(\sum_{i=1}^{n} \tilde{Y}_i \in B \cap \sum_{i=1}^{n} \tilde{X}_i \in B \right) \right| \right\}$$

$$\leq \max\left\{ P\left(\sum_{i=1}^{n} \tilde{X}_i \in B \cap \sum_{i=1}^{n} \tilde{Y}_i \notin B \right), P\left(\sum_{i=1}^{n} \tilde{Y}_i \in B \cap \sum_{i=1}^{n} \tilde{X}_i \notin B \right) \right\}$$

$$\leq P\left(\sum_{i=1}^{n} \tilde{X}_i \neq \sum_{i=1}^{n} \tilde{Y}_i \right) \leq P\left(\bigcup_{i=1}^{n} \{ \tilde{X}_i \neq \tilde{Y}_i \} \right) \leq \sum_{i=1}^{n} P\left(\tilde{X}_i \neq \tilde{Y}_i \right)$$

$$\leq \sum_{i=1}^{n} p_i^2.$$

Die letzte Ungleichung leiten wir ab aus der Überlegung

$$P\left(\tilde{X}_i \neq \tilde{Y}_i \right)$$

$$= P\left(\tilde{X}_i = 1 \cap \tilde{Y}_i = 0 \right) + P\left(\tilde{X}_i = 1 \cap \tilde{Y}_i > 1 \right) + P\left(\tilde{X}_i = 0 \cap \tilde{Y}_i > 0 \right)$$

$$= P\left(1 - p_i \leq U_i \leq e^{-p_i} \right) + P\left(e^{-p_i} + p_i e^{-p_i} < U_i \leq 1 \right)$$

$$\leq p_i - p_i e^{-p_i} \leq p_i^2.$$

An dieser Stelle wird die Motivation für die Einführung der Zufallsvariablen $\tilde{X}_i$, $\tilde{Y}_i$ begreiflich. Erst durch die gemeinsame Abhängigkeit beider von U_i kann eine einfache Abschätzung für $P(\tilde{X}_i \neq \tilde{Y}_i)$ gegeben werden. ∎

Sind speziell die $p_i \equiv p$, dann hat $\sum_{i=1}^{n} X_i$ eine $\mathbf{B}(n,p)$-Verteilung, und Satz 4.2.3 erlaubt deren Approximation durch eine $\mathbf{P}(np)$-Verteilung. Wir formulieren diese wichtige Aussage als Theorem.

Theorem 4.2.4 (Poisson-Approximation der Binomialverteilung)
Es seien $X_1, \ldots, X_n$ unabhängige, $\mathbf{B}(p)$-verteilte Zufallsvariablen mit Parameter $p = p(n)$ so, dass $np(n) \overset{n \to \infty}{\longrightarrow} \lambda > 0$. Dann gilt

$$\sum_{k=0}^{\infty} \left| P\left(\sum_{i=1}^{n} X_i = k \right) - e^{-\lambda} \frac{\lambda^k}{k!} \right| \leq \frac{2\lambda^2}{n} + o(1) \overset{n \to \infty}{\longrightarrow} 0.$$

Beweis. Das Resultat erhält man aus Satz 4.2.3, wenn dort für $i = 1, \ldots, n$ jeweils $p_i = \frac{\lambda}{n} + o(n^{-1})$ gewählt wird und man dabei berücksichtigt, dass für alle $\mathbb{N}_0$-wertigen Zufallsvariablen X und Y

$$\sup_{B \in \mathcal{B}} |P(X \in B) - P(Y \in B)| = \frac{1}{2} \sum_{k=0}^{\infty} |P(X = k) - P(Y = k)|.$$

Von der Gültigkeit dieser letzten Identität kann man sich folgendermaßen überzeugen: Für alle $B \in \mathcal{B}$ ist

$$2 \cdot |P(X \in B) - P(Y \in B)|$$

$$= |P(X \in B) - P(Y \in B)| + |P(X \notin B) - P(Y \notin B)|$$

$$= |\sum_{k \in B} [P(X = k) - P(Y = k)]| + |\sum_{k \notin B} [P(X = k) - P(Y = k)]|$$

$$\leq \sum_{k \in B} |P(X = k) - P(Y = k)| + \sum_{k \notin B} |P(X = k) - P(Y = k)|$$

$$= \sum_{k=0}^{\infty} |P(X = k) - P(Y = k)|,$$

und Gleichheit wird erreicht für $B := \{k \in \mathbb{N}_0 : P(X = k) > P(Y = k)\}$.

■

Für beliebige p_i kann die Verteilung von $\sum_{i=1}^{n} X_i$ recht kompliziert sein. Die Möglichkeit der Approximation der Wahrscheinlichkeiten aller Ereignisse $\sum_{i=1}^{n} X_i \in B$ durch Poisson-Wahrscheinlichkeiten bleibt aber bestehen.

Wie zu Beginn dieses Abschnitts eingeführt, ist die Binomialverteilung per definitionem die Verteilung der Anzahl von Erfolgen in unabhängigen Bernoulli-Versuchen. Dieser der Verteilung zugrunde liegende probabilistische Vorgang kann einerseits modifiziert und andererseits verallgemeinert werden. Dies führt auf die Hypergeometrische Verteilung und die Multinomialverteilung. Beide ergeben sich bei bestimmten Auswahl-Prozessen und sind deshalb in der statistischen Stichprobentheorie von Bedeutung. Auch die Binomialverteilung kann im Rahmen der Stichprobentheorie interpretiert werden: Eine Grundgesamtheit bestehe aus N Objekten, und zwar seien dies m_1 Objekte vom Typ 1 und m_2 Objekte vom Typ 2. Wird eine zufällige Auswahl vom Umfang n sequentiell *mit* Zurücklegen vorgenommen, so ist die Anzahl $\tilde{X}$ der Typ 1-Objekte in der Stichprobe gerade $\mathbf{B}(n, \frac{m_1}{m_1+m_2})$-verteilt. Erfolgt die Auswahl sequentiell *ohne* Zurücklegen, so ergibt sich stattdessen die *Hypergeometrische Verteilung* $\mathbf{H}(N, m_1, n)$ für die analoge Zufallsvariable X. Die relevanten Wahrscheinlichkeiten sind

$$P(X = k) = \frac{\binom{m_1}{k}\binom{N-m_1}{n-k}}{\binom{N}{n}} \quad \text{für } \max\{0, n+m_1-N\} \leq k \leq \min\{m_1, n\},$$

$$(4.65)$$

wie sich sofort durch Rückgriff auf die Anzahl verschiedener Kombinationen ohne Wiederholung, Definition 3.3.1, bestätigen lässt. Die Menge der möglichen Werte für k ergibt sich aus der Überlegung, dass die Anzahl der Objekte vom Typ 1 bzw. vom Typ 2 in der Stichprobe nicht größer sein kann als die Anzahl der Objekte vom Typ 1 bzw. vom Typ 2 in der Grundgesamtheit.

Um die Momente hypergeometrisch verteilter Zufallsvariablen zu ermitteln, ist es günstig, Indikatorfunktionen

$$X_i = \begin{cases} 1, & \text{falls das } i\text{ -te Objekt vom Typ 1 ist} \\ 0, & \text{andernfalls} \end{cases}$$

einzuführen. Zunächst ist dann

$$P(X_1 = 1) = \frac{m_1}{N},$$

aber ebenso auch

$$\begin{aligned} P(X_2 = 1) &= P(X_1 = 1) \cdot P(X_2 = 1 \,|\, X_1 = 1) \\ &\quad + P(X_1 = 0) \cdot P(X_2 = 1 \,|\, X_1 = 0) \\ &= \frac{m_1}{N} \cdot \frac{m_1 - 1}{N-1} + \frac{N - m_1}{N} \cdot \frac{m_1}{N-1} \\ &= \frac{m_1}{N}, \end{aligned}$$

obwohl die Ziehungen *ohne* Zurücklegen vorgenommen werden. Mit Induktion bestätigt sich, dass sogar

$$P(X_i = 1) = \frac{m_1}{N}, \qquad \forall\, i = 1, \ldots, n.$$

Auf ähnliche Weise kann die gemeinsame Verteilung ermittelt werden,

$$P(X_i = 1 \cap X_j = 1) = \frac{m_1(m_1 - 1)}{N(N-1)}, \qquad \forall\, i \neq j,$$

so dass

$$EX_i = \frac{m_1}{N},$$

$$var\, X_i = \frac{m_1 m_2}{N^2},$$

$$Cov(X_i, X_j) = \frac{m_1(m_1 - 1)}{N(N - 1)} - \left(\frac{m_1}{N}\right)^2.$$

Wegen $X = \sum_{i=1}^{n} X_i$ ist dann

$$EX = n\frac{m_1}{N} \tag{4.66}$$

$$var\, X = n\frac{m_1 m_2}{N^2} + n(n - 1)\left[\frac{m_1(m_1 - 1)}{N(N - 1)} - \left(\frac{m_1}{N}\right)^2\right]. \tag{4.67}$$

Die entsprechenden Momente bei der Ziehung *mit* Zurücklegen sind

$$E\tilde{X} = n\,\frac{m_1}{N} \tag{4.68}$$

und

$$var\, \tilde{X} = n\,\frac{m_1}{N}\left(1 - \frac{m_1}{N}\right) = n\frac{m_1 m_2}{N^2}. \tag{4.69}$$

Ein Vergleich der Momente von $\tilde{X} \sim \mathbf{B}(n, \frac{m_1}{N})$ und $X \sim \mathbf{H}(N, m_1, n)$ für Parameterwerte aus dem sinnvollen Bereich $n, m_1, N - m_1 \in \mathbb{N}$, $n \leq N$, macht deutlich, dass zwar

$$EX = E\tilde{X}, \tag{4.70}$$

aber

$$var\, X < var\, \tilde{X}, \qquad \forall\, n \in \{2, \dots, N\}. \tag{4.71}$$

Nur für $n = 1$, wenn trivialerweise beide Stichproben-Verfahren identisch sind, besitzen X und $\tilde{X}$ dieselbe Varianz.

Eine Motivation für das Ziehen von Stichproben besteht darin, den unbekannten Anteil $p := \frac{m_1}{N}$ von Typ 1-Objekten in einer Grundgesamtheit zu schätzen. Als Schätzer von p kann

$$\hat{p}_1 := \frac{\tilde{X}}{n} \tag{4.72}$$

oder, bei Ziehung *ohne* Zurücklegen,

$$\hat{p}_2 := \frac{X}{n} \tag{4.73}$$

verwendet werden. Eine nahe liegende und richtige Folgerung aus (4.68) und (4.70) ist, dass beide Schätzer gleichermaßen die unbekannte Größe p im Mittel korrekt schätzen, also ohne systematischen Fehler: Es ist nähmlich

$$E\hat{p}_i = p, \qquad i = 1, 2.$$

Man spricht von *unverfälschten* Schätzern. Dagegen belegt (4.71) die Überlegenheit von $\hat{p}_2$ gegenüber $\hat{p}_1$, sofern mehr als eine Beobachtung vorliegt: Im quadratischen Mittel liegen die Schätzwerte von $\hat{p}_2$ näher bei p als die von $\hat{p}_1$. Das kann nicht überraschen: Wird die Stichprobe *ohne* Zurücklegen gezogen, liefert jede weitere Beobachtung nach der ersten ein wenig mehr Information über die unbekannte Größe p als beim Ziehen *mit* Zurücklegen. Immerhin ist jede weitere Beobachtung auch neu.

Beispiel 4.10 (Capture-Recapture) Das folgende Verfahren kann zur Schätzung der Größe einer Tierpopulation, etwa der Anzahl N der Fische in einem Teich, eingesetzt werden: Zunächst werden m_1 Fische gefangen, farblich markiert und anschließend wieder in den Teich entlassen. Nach einer Zeitspanne, die lang genug ist, um von der zufälligen Durchmischung aller Fische auszugehen, werden dann n Fische gefangen. Davon seien m farblich markiert. Ein plausibler Schätzer für N ist die natürliche Zahl $\hat{N}$, welche die Wahrscheinlichkeit maximiert, in einer Stichprobe vom Umfang n , gezogen ohne Zurücklegen aus einer Grundgesamtheit mit m_1 markierten und $(\hat{N} - m_1)$ nicht markierten Fischen, genau m markierte Fische zu bekommen. (Dies ist das Maximum-Likelihood-Prinzip, siehe Aufgabe 4.6) Die Anzahl X der markierten Fische in der Stichprobe folgt einer $\mathbf{H}(N, m_1, n)$ -Verteilung. Für $X_1 \sim \mathbf{H}(N+1, m_1, n)$ und $X_2 \sim \mathbf{H}(N, m_1, n)$ ist

$$P(X_1 = m) > P(X_2 = m) \tag{4.74}$$

genau dann, wenn (unter Beachtung der durch die Ungleichungen in (4.65) ausgedrückten Nebenbedingungen) $N < \frac{m_1 n}{m} - 1$ ist. Damit erhalten wir

$$\hat{N} = \left\lfloor \frac{m_1 n}{X} \right\rfloor$$

als den Schätzer von N , der, wie beschrieben, die Wahrscheinlichkeit für die tatsächlich beobachtete Zahl markierter Fische maximiert. Die Momente von $\hat{N}$ existieren nicht.

Wir haben bereits gesehen, dass die Binomialverteilung und die negative Binomialverteilung in einem gewissen Sinn miteinander korrespondieren:

Letztere kann als Verteilung der Wartezeit bis zu einer vorgebenen Anzahl von Erfolgen bei Bernoulli-Versuchen interpretiert werden. Für die Hypergeometrische Verteilung gibt es ein entsprechendes Pendant: Soll in einer Grundgesamtheit von N Objekten mit m_1 Objekten vom Typ 1 sequentielles Ziehen ohne Zurücklegen so lange wiederholt werden bis genau k Objekte vom Typ 1 gezogen sind, so hat die Anzahl X der hierfür benötigten Ziehungen eine *negative Hypergeometrische Verteilung* mit den Parametern N, m_1 und k. Als Bezeichnung wählen wir $X \sim \mathbf{NH}(N, m_1, k)$. Die zugehörigen Wahrscheinlichkeiten sind

$$
\begin{aligned}
P(X = n) &= \frac{\binom{m_1}{k-1}(m_1 - k + 1)\binom{N-m_1}{n-k}(N - n + 1)^{-1}}{\binom{N}{n-1}} \\[2ex]
&= \frac{\binom{-k}{n-k}\binom{k-m_1-1}{N-m_1-n+k}}{\binom{-m_1-1}{N-m_1}}, \qquad \forall\, n \in \{k, \ldots, k+N-m_1\}.
\end{aligned}
\tag{4.75}
$$

Die Momente von $X \sim \mathbf{NH}(N, m_1, k)$ ergeben sich als

$$
EX = \frac{(N + 1)k}{m_1 + 1},
\tag{4.76}
$$

$$
var\, X = \frac{k(N - m_1)(N + 1)(m_1 + 1 - k)}{(m_1 + 1)^2\,(m_1 + 2)}.
\tag{4.77}
$$

Beispiel 4.11 (Capture-Recapture, Fortsetzung von Beispiel 4.10) Die zweite Stichprobe wird nun anders erhoben. Sequentiell und ohne sie in den Teich zurückzugeben, werden so lange Fische gefangen, bis sich darunter erstmals k markierte Fische befinden. Der hierfür benötigte Stichprobenumfang X hat dann eine $\mathbf{NH}(N, m_1, k)$ -Verteilung. Wegen (4.76) ist

$$
N^* = \frac{X(m_1 + 1) - k}{k}
\tag{4.78}
$$

ein unverfälschter Schätzer für N mit der aus (4.77) leicht zu ermittelnden Varianz

$$
var\, N^* = \frac{(N - m_1)(N + 1)(m_1 + 1 - k)}{k(m_1 + 2)}.
\tag{4.79}
$$

Nun kommen wir zu der schon angesprochenen Verallgemeinerung. Gibt es in einer Folge von unabhängigen Zufallsexperimenten jeweils k mögliche Ausfälle, die in jedem Einzelexperiment mit den Wahrscheinlichkeiten $p_1,\ldots,p_k$ auftreten, so erhält man als Verallgemeinerung der Binomialverteilung die *Multinomialverteilung*. Bezeichnet N_i die Anzahl der Ausfälle vom Typ i in n Einzelexperimenten, dann ist die gemeinsame Verteilung der N_i gegeben durch

$$P(N_1 = n_1 \cap \cdots \cap N_k = n_k) = \binom{n}{n_1 n_2 \cdots n_k} p_1^{n_1} \cdot \ldots \cdot p_k^{n_k}, \ \text{falls} \ \sum_{i=1}^{k} n_i = n.$$

$$(4.80)$$

In (4.80) tritt der *Multinomialkoeffizient* auf:

$$\binom{n}{n_1 n_2 \cdots n_k} := \frac{n!}{n_1! \cdot \ldots \cdot n_k!}.$$

Man schreibt die gemeinsame Verteilung von $N_1,\ldots,N_k$ als $\mathbf{M}(n;p_1,\ldots,p_k)$. Die Momente der Verteilung ergeben sich am günstigsten aus der *multivariaten wahrscheinlichkeitserzeugenden Funktion*

$$G(x_1,\ldots,x_k) := E\left(\prod_{i=1}^{k} x_i^{N_i}\right) = \left(\sum_{i=1}^{k} p_i x_i\right)^n. \qquad (4.81)$$

Aus geeigneten partiellen Ableitungen sind ähnlich wie bei der univariaten wahrscheinlichkeitserzeugenden Funktion (Definition 2.8.1) sofort die Momente ablesbar:

$$EN_i = \frac{\partial G}{\partial x_i}(1,\ldots,1) = np_i, \qquad \forall\, i \in \{1,\ldots,k\}, \qquad (4.82)$$

$$var\, N_i = \frac{\partial^2 G}{\partial x_i^2}(1,\ldots,1) + \frac{\partial G}{\partial x_i}(1,\ldots,1)\left[1 - \frac{\partial G}{\partial x_i}(1,\ldots,1)\right]$$
$$= np_i(1-p_i), \qquad \forall\, i \in \{1,\ldots,k\}, \qquad (4.83)$$

$$Cov(N_i, N_j) = \frac{\partial^2 G}{\partial x_i \partial x_j}(1,\ldots,1) - \frac{\partial G}{\partial x_i}(1,\ldots,1)\frac{\partial G}{\partial x_j}(1,\ldots,1)$$
$$= -np_i p_j, \qquad \forall\, i \neq j \in \{1,\ldots,k\}. \qquad (4.84)$$

Bei den N_i handelt es sich also um k negativ korrelierte Zufallsvariablen mit demselben Erwartungswert und derselben Varianz wie eine $\mathbf{B}(n,p_i)$-Verteilung.
Die Multinomialverteilung tritt immer dann in Erscheinung, wenn bei einer

festen Zahl von unabhängigen und identischen Zufallsexperimenten die Anzahl der Ereignisse der verschiedenen Typen gezählt wird. Bei Zählung der verschiedenen Ereignistypen in einer *variablen* Zahl von Zufallsexperimenten trat in (4.63) die Poisson-Verteilung auf. Der folgende Satz, den man als Verallgemeinerung von 4.2.2 lesen kann, zeigt die Beziehung zwischen diesen beiden Zählweisen.

Satz 4.2.5 *Seien* $Y_1, \ldots, Y_k$ *unabhängige, Poisson-verteilte Zufallsvariablen mit den Parametern* $np_1, \ldots, np_k$ *und* $\sum_{i=1}^{k} p_i = 1$. *Die bedingte gemeinsame Verteilung von* $Y_1, \ldots, Y_k$ *gegeben* $\sum_{i=1}^{k} Y_i = n$ *ist die Multinomialverteilung* $\mathbf{M}(n; p_1, \ldots, p_k)$.

Beweis. Wir berechnen die bedingte Wahrscheinlichkeit

$$P(Y_1 = n_1 \cap \ldots \cap Y_k = n_k \mid \sum_{i=1}^{k} Y_i = n) = \frac{P(Y_1 = n_1 \cap \ldots \cap Y_k = n_k \cap \sum_{i=1}^{k} Y_i = n)}{P\left(\sum_{i=1}^{k} Y_i = n\right)}$$

$$= \frac{e^{-np_1} \frac{(np_1)^{n_1}}{n_1!} \cdot \ldots \cdot e^{-np_k} \frac{(np_k)^{n_k}}{n_k!}}{e^{-n} \frac{n^n}{n!}}$$

$$= \frac{n!}{n_1! \cdot \ldots \cdot n_k!} p_1^{n_1} \cdot \ldots \cdot p_k^{n_k}, \qquad \text{für } \sum_{i=1}^{k} n_i = n.$$

Dies stimmt mit (4.80) überein. ∎

Beispiel 4.12 (Capture-Recapture, Fortsetzung von Beispiel 4.10, 4.11)
Das in Beispiel 4.10 beschriebene zweistufige Capture-Recapture-Verfahren induziert eine Einteilung der N Fische in vier verschiedene Kategorien. Interpretiert man diese als die möglichen Ausfälle von N unabhängigen Zufallsexperimenten, dann sind die Anzahlen N_i in den vier Kategorien $\mathbf{M}(N; p_1, \ldots, p_4)$-verteilt. Die Parameter sind

$$p_1 = \frac{m_1 n}{N^2}, \tag{4.85}$$

$$p_2 = \frac{n(N - m_1)}{N^2}, \tag{4.86}$$

$$p_3 = \frac{m_1(N - n)}{N^2}, \tag{4.87}$$

$$p_4 = \frac{(N - n)(N - m_1)}{N^2}, \tag{4.88}$$

wenn N_1 und N_2 die Anzahlen markierter Fische bzw. unmarkierter Fische in der zweiten Stichprobe bezeichnen, N_3 bzw. N_4 die Zahl der zwar in der ersten, aber nicht in der zweiten bzw. der weder in der ersten noch in der zweiten

Stichprobe vertretenen Fische bezeichnen. Da wegen (4.82) $EN_i = Np_i$, für $i = 1, \ldots, 4$, sind bei bekanntem N die Quotienten N_i/N jeweils unverfälschte Schätzer für p_i. Formt man diese in Schätzer für N um, so führen sie allesamt auf

$$\tilde{N} = \frac{m_1 n}{N_1}. \tag{4.89}$$

Die Momente von $\tilde{N}$ existieren nicht.

Viele diskrete Verteilungen lassen sich alternativ durch Urnen-Modelle einführen. Ein Urnen-Modell besteht aus einer festen oder variablen Zahl von Urnen. Einige oder alle Urnen enthalten Kugeln, möglicherweise mit unterschiedlichen Farben. Die Kugeln werden nun zufällig gezogen, registriert, verändert, beiseite gelegt, allein oder zusammen mit anderen in dieselbe oder auch eine andere Urne zurückgegeben. Die Anzahlen der registrierten Kugeln verschiedenen Typs oder die Belegungseigenschaften des gesamten Urnen-Ensembles können dann verwendet werden, um die verschiedensten Verteilungen zu definieren.

Alle bislang untersuchten diskreten Verteilungen sind aus dieser Grundsituation ableitbar. Beispielsweise ergeben sich die Bose-Einstein-, Fermi-Dirac und Maxwell-Boltzmann-Verteilung (siehe Beispiel 3.6) als Gleichverteilungen über den jeweils möglichen Makrozuständen, wenn n Kugeln nacheinander in jeweils eine von m Urnen platziert werden, und zwar bei geeigneter Wahl von δ die $(r+1)$ -te Kugel in die j -te Urne mit der Wahrscheinlichkeit $(r_j + \delta)/(r + m\delta)$, $j = 1, \ldots, m$, wenn nach r Platzierungen die j -te Urne genau r_j Kugeln enthält. Die Bose-Einstein-Verteilung ergibt sich für $\delta = 1$, die Fermi-Dirac-Verteilung für $\delta = -1$ und im Grenzwert für $\delta \to \infty$ erhält man die Maxwell-Boltzmann-Verteilung. In den beiden letztgenannten Fällen ist dies offensichtlich. Für die Bose-Einstein-Verteilung bestätigt man die Aussage so: Im Urnen-Modell ist die Wahrscheinlichkeit eines jeden Makrozustandes $K = (k_1, \ldots, k_m)$ mit k_i Teilchen im i -ten Mikrozustand und $\sum_{i=1}^{m} k_i = n$ gegeben durch

$$P(K) = \frac{n!}{k_1! \cdot \ldots \cdot k_m!} \cdot \left(\frac{1}{m} \cdot \frac{2}{m+1} \cdot \ldots \cdot \frac{k_1}{m+k_1-1} \right)$$
$$\cdot \ldots \cdot \left(\frac{1}{m+k_1+\cdots+k_{m-1}} \cdot \frac{2}{m+k_1+\cdots+k_{m-1}+1} \cdot \ldots \cdot \frac{k_m}{m+n-1} \right)$$
$$= \binom{n+m-1}{n}^{-1},$$

wobei der Faktor $n!/k_1! \cdot \ldots \cdot k_m!$ auf die Ununterscheidbarkeit der Teilchen zurückgeht.

4.3 Aufgaben

4.1 **(Absolute Mehrheiten)** In einem fernen Land stellen sich 3 Parteien zur Wahl. Da Sie über keinerlei politische Informationen über das Land verfügen, betrachten Sie das Wahlergebnis als Realisierung einer über alle möglichen Wahlergebnisse gleichverteilten Zufallsvariable. Wie wahrscheinlich ist es unter dieser Annahme, dass eine der Parteien die absolute Mehrheit erreicht?

Hinweis: Bei 3 Parteien kann man jedes Wahlergebnis mit einem Punkt in einem gleichseitigen Dreieck der Höhe 1 identifizieren, siehe Abbildung 4.6: Dabei wird der prozentuale Anteil p_i der i-ten Partei als Punkt auf der

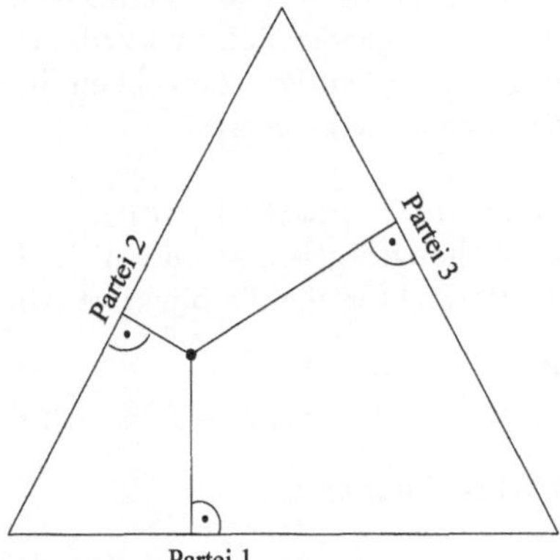

Abbildung 4.6: Darstellung des Wahlergebnisses in einem 3-Parteien-System.

Parallelen zur zugehörigen Dreiecksseite mit Abstand p_i dargestellt. Diese Parallelen gehen durch einen Punkt, denn für jeden Punkt eines gleichseitigen Dreiecks ist die Summe der Abstände von den drei Seiten gleich der Dreieckshöhe, also $p_1 + p_2 + p_3 = 1$. Welche Dreieckspunkte entsprechen einem Wahlergebnis ohne absolute Mehrheit?

4.2 Zeigen Sie, dass die Eigenschaft $E(X|X > t) = t + \mu$, $\forall t \in \mathbb{R}_+^0$, unter allen $\mathbb{R}_+^0$-wertigen Zufallsvariablen X mit endlichem Erwartungswert μ nur jenen mit der Verteilung $\mathbf{Exp}(\mu^{-1})$ zukommt.

4.3 (Fortsetzung von Beispiel 4.3)

    (a) Berechnen Sie den zur Zeit $\gamma X_{(n)}$ erwarteten Anteil $A(\gamma)$ der noch unversehrten Gläser, und untersuchen Sie die Eigenschaften der Funktion $A(\gamma), \gamma \in [0,1]$.

    (b) Für welchen Zeitpunkt ist die erwartete Anzahl der noch unversehrten Gläser gleich 1 ?

4.4 Zeigen Sie: Sind X und Y unabhängige, $\Gamma(\lambda, r_1)$ -bzw. $\Gamma(\lambda, r_2)$ -verteilte Zufallsvariablen mit $r_1, r_2, \lambda > 0$, dann hat $Z := X/(X+Y)$ die Dichte

$$f_Z(z) = \frac{\Gamma(r_1 + r_2)}{\Gamma(r_1)\Gamma(r_2)} z^{r_1-1}(1-z)^{r_2-1} \cdot 1_{[0,1]}(z).$$

Dies ist die Dichte der so genannten Beta-Verteilung mit den Parametern r_1 und r_2 .

4.5 (Zwei Lotto-Ereignisse)

    (a) Am 23. 1. 1988 wurden im Zahlenlotto *6 aus 49* die Gewinnzahlen $25, 26, 27, 30,\ \ 31, 32$ gezogen. Die Ziehung von zwei getrennten Dreierblocks aufeinander folgender Zahlen wurde in den Medien als bemerkenswertes Ereignis kommentiert. Berechnen Sie die Wahrscheinlichkeit eines derartigen Ziehungsergebnisses.

        Hinweis: Sei $\mathcal{X} := \{(x_1, \ldots, x_6) : 1 \le x_1 < \ldots < x_6 \le 49\}$ die Menge aller möglichen Ziehungsergebnisse und $\mathcal{Y} := \{(y_1, \ldots, y_6) : 1 \le y_1 \le \ldots \le y_6 \le 44\}$. Betrachten Sie die bijektive Abbildung

$$f: \quad \mathcal{X} \quad \longrightarrow \quad \mathcal{Y}$$
$$(x_1, \ldots, x_6) \quad \longmapsto \quad (x_1, x_2 - 1, x_3 - 2, x_4 - 3, x_5 - 4, x_6 - 5)$$

und deren Umkehrabbildung

$$f^{-1}(y_1, \ldots, y_6) = (y_1, y_2 + 1, y_3 + 2, y_4 + 3, y_5 + 4, y_6 + 5).$$

        Abschnitte aufeinander folgender Zahlen eines 6 Tupels in der Darstellung $x = (x_1, \ldots, x_6)$ werden zu Abschnitten gleicher Zahlen für $y = f(x)$, z.B. ist $f(25, 26, 27, 30, 31, 32) = (25, 25, 25, 27, 27, 27)$.

    (b) Am 21. 6. 1995 wurden in der 3016 -ten Ziehung die Zahlen $15, 25, 27, 30, 42, 48$ gezogen, genau dieselben wie bei der 1628 -ten Ausspielung am 20. 12. 1986. Damit wurde erstmalig in der 40-jährigen Geschichte des deutschen Zahlenlottos eine Gewinnreihenwiederholung beobachtet. Wie wahrscheinlich ist es, dass die erste Gewinnreihenwiederholung nach höchstens 3016 Ausspielungen auftritt?

4.6 (Das Maximum-Likelihood-Prinzip) Ein Medikament ist wirksam mit der unbekannten Wahrscheinlichkeit p . Um p zu schätzen, wird das Medikament N Patienten verabreicht. Bei n dieser Patienten ist es wirksam. Die Maximum-Likelihood-Schätzmethode bestimmt denjenigen Wert als

Schätzwert für den Parameter p, der dem erhaltenen Beobachtungsresultat die größte Wahrscheinlichkeit verleiht. Schätzen Sie p mit der Maximum-Likelihood-Methode.

4.7 Ein Kino-Besitzer erklärt, er werde der ersten Person in der Schlange vor seiner Kino-Kasse freien Einlass gewähren, die denselben Geburtstag hat wie irgendjemand aus der Gruppe derjenigen, die vor ihr bereits eine Karte gekauft haben. Ermitteln sie den günstigsten Platz in der Warteschlange unter der Annahme, dass die Geburtstage der Wartenden unabhängig voneinander und gleichverteilt sind.

4.8 Mit welcher Wahrscheinlichkeit besitzt eine Realisierung des Quotienten X/Y zweier unabhängiger, $U[0,1]$-verteilter Zufallsvariablen die Anfangsziffer 1? Mit welcher Wahrscheinlichkeit ist die Anfangsziffer eine 9? Man vergleiche diese Wahrscheinlichkeiten mit der Benfordschen Verteilung aus Beispiel 1.5 der Einleitung.

4.9 **(Das Geburtstagsproblem, Fortsetzung von Beispiel 1.2)**

(a) Bestätigen Sie die Rechnungen in Beispiel 1.2.

(b) **(Maximalitätseigenschaft der Gleichverteilung)** Angenommen, es gibt n mögliche Geburtstage, die mit den Wahrscheinlichkeiten $p_1,\dots,p_n$ auftreten. Wir sagen, das Ereignis $A_r(p_1,\dots,p_n)$ ist eingetreten, wenn bei r unabhängig aus der Verteilung $\mathbb{P} := (p_1,\dots,p_n)$ gezogenen Geburtstagen diese sämtlich verschieden sind. Beispiel 1.2 befasst sich mit der Wahrscheinlichkeit dieses Ereignisses für $n = 365$ und der Gleichverteilung $p_1 = \cdots = p_{365} = \frac{1}{365}$. Die Wahrscheinlichkeit von $A_r(p_1,\dots,p_n)$ wird durch die Gleichverteilung sogar maximiert. Es gilt nämlich für alle Verteilungen $\mathbb{P}$, dass

$$P(A_r(p_1,\dots,p_n)) \leq \frac{n!}{n^r(n-r)!},$$

mit Gleichheit allein für die Gleichverteilung $p_1 = \cdots = p_n = \frac{1}{n}$. Beweisen Sie dies.

Hinweis: Nehmen Sie die p_i als geordnet an. Überlegen Sie sich, dass

$$P(A_r(p_1,\dots,p_n)) = r! \sum_{1 \leq i_1 < \cdots < i_r \leq n} p_{i_1} \cdots p_{i_r} =: S_{r,n}(p_1,\dots,p_n),$$

und folgern Sie, dass $S_{r,n}(p_1,\dots,p_n)$ der Koeffizient von t^r im Produkt $(1+p_1 t)\cdots (1+p_n t)$ ist. Also:

$$S_{r,n}(p_1,\dots,p_n) = S_{r,n-2}(p_2,\dots,p_{n-1}) + (p_1 + p_n)S_{r-1,n-2}(p_2,\dots,p_{n-1})$$
$$+ p_1 p_n S_{r-2,n-2}(p_2,\dots,p_{n-1}).$$

Beschäftigen Sie sich nun mit der Differenz

$$S_{r,n}\left(\frac{p_1+p_n}{2},p_2,\dots,p_{n-1},\frac{p_1+p_n}{2}\right) - S_{r,n}(p_1,\dots,p_n).$$

4.10 Die Lebensdauer X einer Glühbirne kann als $\mathbf{Exp}(\lambda)$-verteilt angenommen
werden. Bei der Bestimmung der Lebensdauer soll jede angebrochene Stunde
ganz gezählt werden, also X nach oben ganzzahlig gerundet werden: $T :=
\lceil X \rceil$. Bestimmen Sie die Verteilung von T.

4.11 Die Zahl der Bücher, die während eines Jahres aus einer großen Bibliothek
verschwinden, kann als $\mathbf{P}(\lambda)$-verteilt angenommen werden. Bei der Jahres-
endrevision wird das Fehlen eines Buches mit Wahrscheinlichkeit p entdeckt
und in diesem Fall das Buch unmittelbar ersetzt. Bestimmen Sie die Verteilung der Anzahl fehlender Bücher nach der ersten Revision und zu Beginn
der zweiten Revision.

4.12 Es sei X eine Zufallsvariable mit $EX^2 < \infty$. Beweisen Sie die *Ungleichung
von Steiner*:

$$var\, X \le E(X - c)^2 - [E(X - c)]^2, \qquad \forall c \in \mathbb{R}.$$

4.13 Berechnen Sie für das Zahlenlotto *6 aus 49*

   (a) den Erwartungswert und die Varianz der Anzahl richtig getippter Zahlen.

   (b) den Erwartungswert und die Varianz der größten gezogenen Gewinnzahl.

4.14 (**Warteschlangen mit ungeduldigen Kunden**) Vor einem noch geschlossenen Schalter treffen nacheinander Kunden ein und bilden eine Warteschlange. Dabei schließt sich ein neu eintreffender Kunde abhängig von der aktuellen
Länge $k \in \mathbb{N}_0$ der Warteschlange nur mit Wahrscheinlichkeit p_k an diese an,
mit Wahrscheinlichkeit $1 - p_k$ verlässt er den Schalter unmittelbar wieder.

   (a) Wenn insgesamt n Personen eingetroffen sind, wie groß ist die Wahrscheinlichkeit $P_n(i)$, dass die Warteschlange eine Länge von genau i
   Personen hat. (Ein expliziter Ausdruck ist gesucht, er muss nicht unbe-
   dingt in geschlossener Form sein.)

   (b) Ermitteln Sie für den Fall $p_k = 1 - k/K, \forall k = 0, \ldots, K - 1$, und $p_k =
   0, \forall k \ge K$, mit $K \in \mathbb{N}$ eine explizite Formel für $P_n(i), i = 0, \ldots, n$.

Hinweis: Berechnen Sie $P_n(i)$ aus den $P_{n-1}(j)$ mit $j \le i$.

4.15 Unter der Einwirkung einer großen Spannung reißt ein Seil der Länge L
schließlich an der Stelle l. Dabei ist die Wahrscheinlichkeit, dass der Riss im
differenziellen Bereich $(l - dl, l + dl)$ liegt, für jedes $l \in (0, L)$ proportional
zum Quadrat des kürzesten Abstands zum Seilende und proportional zu dl.

   (a) Man ermittle die Verteilung der Länge des längeren Seilstücks.

   (b) Mit welcher Wahrscheinlichkeit ist das längere Seilstück mindestens
   doppelt so lang wie das kürzere?

4.16 **(Maxwell-Boltzmann-Geschwindigkeitsverteilung)** Nach der kinetischen Theorie idealer Gase sind die Komponenten des Geschwindigkeitsvektors $v = (v_1, v_2, v_3)^t$ eines einzelnen Gasmoleküls unabhängige, jeweils $N(0, k_B T/m)$ - verteilte Zufallsvariablen. Dabei bezeichnet k_B die Boltzmann-Konstante, T die absolute Temperatur und m die Molekülmasse.

   (a) Ermitteln Sie die Wahrscheinlichkeits-Dichte des Geschwindigkeitsbetrages $|v| := \sqrt{v_1^2 + v_2^2 + v_3^2}$. Die zugehörige Verteilung heißt *Maxwell-Boltzmann-Geschwindigkeitsverteilung*. An welcher Stelle ist die Dichte maximal?

   (b) Ermitteln Sie die Wahrscheinlichkeits-Dichte der *kinetischen Energie* $E = \frac{1}{2}m|v|^2$. Die zugehörige Verteilung heißt *Energieverteilung*. An welcher Stelle ist die Dichte maximal?

   (c) Gegeben sei nun ein ideales Gas bestehend aus n identischen Molekülen, $(v_{3k-2}, v_{3k-1}, v_{3k})$ sei die Geschwindigkeit des k-ten Moleküls, $k = 1, \ldots, n$. Die Gesamtenergie setzt sich allein aus den kinetischen Energien zusammen und beträgt $E = \sum_{k=1}^{3n} \frac{1}{2}mv_k^2$. Man sagt, das Gas sei im Gleichgewicht mit Gesamtenergie E, wenn die Geschwindigkeiten $(v_1, \ldots, v_{3n})$ gleichverteilt sind auf der Menge

   $$\{(v_1, \ldots, v_{3n}) : \sum_{k=1}^{3n} \frac{1}{2}mv_k^2 = E\}.$$

   Ermitteln Sie unter dieser Voraussetzung die Verteilungsfunktion der k-ten Komponente v_k des Geschwindigkeitsvektors $(v_1, \ldots, v_{3n})^t$.

   (d) Ermitteln Sie die Grenzverteilung der Verteilung in (c), wenn $n \to \infty$ und $E \to \infty$ so, dass die mittlere Energie E/n pro Gasmolekül gegen E_0 konvergiert.

4.17 **(Qualitätskontrolle)** Eine Ware wird in Kartons zu jeweils N Stücken ausgeliefert. Bei der Endkontrolle wird eine Stichprobe vom Umfang $n \leq N$ gezogen und der Karton angenommen und für den Versand freigegeben, falls die Zahl X der defekten Stücke höchstens c beträgt. Sei $p = M/N$ der Anteil defekter Stücke in einem Karton. Die Wahrscheinlichkeit $P_p(X \leq c) =: \kappa(p)$, dass dieser Karton freigegeben wird, heißt *Operations-Charakteristik*, c ist die so genannte *Annahmezahl*.

   (a) Bestimmen Sie die Operations-Charakteristik $\kappa(p) =: \kappa_{n,c}(p)$, wenn die Stichprobe vom Umfang n mit Zurücklegen gezogen wird.

   (b) Bestimmen Sie die Operations-Charakteristik $\kappa(p) =: \kappa_{n,c}^*(p)$, wenn die Stichprobe vom Umfang n ohne Zurücklegen gezogen wird.

   (c) Zeigen Sie, dass $\kappa_{n,c}(p)$ als Funktion von p streng monoton fallend ist.

   (d) Zeigen Sie, dass $\kappa_{n,c}^*(M/N)$ als Funktion von M monoton fallend ist.

(e) Die Annahmezahl sei $c = 0$. Beweisen Sie die Ungleichung

$$\kappa_{n,0}^{*}(p) \;<\; \kappa_{n,0}(p)\,, \qquad\qquad \forall p \in (0,1)\,,\ \forall n \in \{2,\ldots,N\}\,,$$

d.h. bei einem Stichprobenumfang größer als 1 ist in diesem Fall die Wahrscheinlichkeit für eine Annahme des Kartons, wenn die Stichprobe ohne Zurücklegen gezogen wird, stets kleiner, als wenn die Stichprobe mit Zurücklegen gezogen wird.

(f) **(Totalkontrolle bei Ablehnung)** Ein infolge des Ergebnisses der Stichprobe zurückgewiesener Karton werde vollständig kontrolliert, und alle defekten Waren werden durch intakte ersetzt. Sei p^{*} der Ausschussanteil nach Durchführung dieses Kontrollverfahrens, also

$$p^{*} = \begin{cases} p, & \text{falls } X \leq c \\ 0, & \text{falls } X > c. \end{cases}$$

Die Größe $E_{p}(p^{*})$ heißt *mittlerer Durchschlupf*. Für den Konsumenten ist der *Höchstwert des mittleren Durchschlupfes*

$$p_{\max}^{*} \;=\; \max_{0 \leq p \leq 1} E_{p}(p^{*})$$

von besonderer Bedeutung. Man berechne diesen für $c = 0$ und $\kappa(p) = \kappa_{n,c}(p)$.

4.18 Es seien X, Y, Z unabhängige Zufallsvariablen mit $\mathcal{L}(X) = \mathcal{L}(Y) = \mathbf{N}(0,1)$ und $P(Z = -1) = P(Z = +1) = \frac{1}{2}$. Ferner sei $V = ZX$ und $W = ZY$.

(a) Zeigen Sie: V und W sind abhängige, aber V^{2} und W^{2} sind unabhängige Zufallsvariablen.

(b) Gilt die Aussage in (a) für beliebige stetige Zufallsvariablen X und Y?

4.19 **(Zuverlässigkeitstheorie)** Die Zuverlässigkeitsfunktion $R(t)$ eines Systems ist die Wahrscheinlichkeit, dass das System zur Zeit t noch intakt ist. Ein System bestehe aus 5 unabhängigen Komponenten in folgender Anordnung:

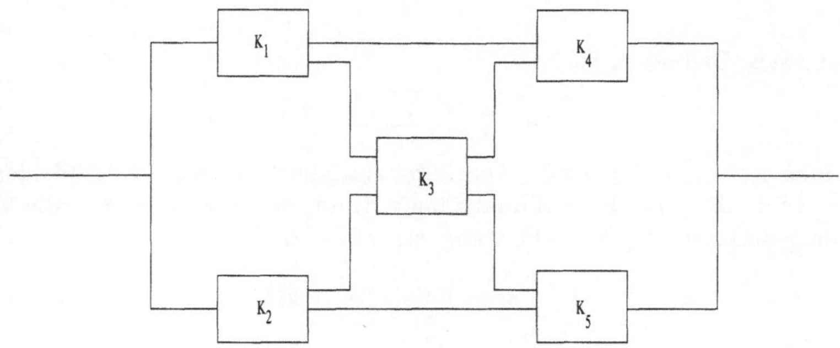

d.h. das System ist intakt, sofern jeweils mindestens die Komponenten K_1, K_4 oder K_2, K_5 oder K_1, K_3, K_4 oder K_1, K_3, K_5 oder K_2, K_3, K_5 oder K_2, K_3, K_4 intakt sind.

Ermitteln Sie die Zuverlässigkeitsfunktion des Systems, wenn jede Komponente dieselbe Zuverlässigkeitsfunktion hat.

Hinweis: Konditionieren Sie auf den Zustand von K_3.

4.20 **(Wartezeitenparadoxon)** Es seien $\tau_1 < \tau_2 < \cdots < \tau_k < \cdots$ die Ankunftszeiten von Bussen an einer Haltestelle. Die Zwischenankunftszeiten

$$Z_k = \tau_k - \tau_{k-1}, \qquad k \in \mathbb{N}, \text{ mit } \tau_0 := 0,$$

seien unabhängige, exponentialverteilte Zufallsvariablen mit Erwartungswert 1 Stunde. Herr K erreicht die Haltestelle zu einer festen Zeit t.

Zeigen Sie: Die mittlere Länge des Zeitintervalls zwischen dem letzten Bus, der vor Herrn Ks Ankunft eingetroffen ist, und dem nächsten eintreffenden Bus ist größer als 1 Stunde.

Hinweis: Die Zufallsvariablen $\tau_k = Z_k + \cdots + Z_1$ besitzen eine Gamma-Verteilung. Sei $N(t)$ die Anzahl der vor der Zeit t eintreffenden Busse, d.h. es ist

$$\tau_{N(t)} < t \leq \tau_{N(t)+1}.$$

Ferner sei $\alpha(t) = t - \tau_{N(t)}$ und $\beta(t) = \tau_{N(t)+1} - t$, so dass $\tau_{N(t)+1} - \tau_{N(t)} = \alpha(t) + \beta(t)$. Überzeugen Sie sich, dass $\beta(t)$ **Exp(1)**-verteilt ist, indem Sie $P(\beta(t) \geq x)$ durch Konditionierung auf $N(t) = n$ ermitteln.

4.21 Es sei $(X_n)_{n \in \mathbb{N}_0}$ eine Folge unabhängiger, identisch verteilter, nichtdegenerierter Zufallsvariablen und $\alpha \in (0, 1)$ eine reelle Zahl. Die Zufallsvariable

$$Y = \sum_{n=0}^{\infty} \alpha^n X_n$$

sei fast sicher endlich. Zeigen Sie, dass die Verteilungsfunktion von Y stetig ist.

Hinweis: Definieren Sie

$$Z := \sum_{n=1}^{\infty} \alpha^{n-1} X_n,$$

dann ist $Y = X_0 + \alpha Z$. Die Zufallsvariablen Y und Z sind identisch verteilt, X_0 und Z sind unabhängig. Unter der Annahme, dass die Verteilungsfunktion von Y nicht stetig ist, setzen Sie

$$p = \max_{y}\{P(Y = y)\}$$

und bezeichnen mit $y_1, \ldots, y_n$ die Stellen, für die $P(Y = y_i) = p$ ist. Führen Sie einen Widerspruch zur Voraussetzung herbei, dass X_0 nichtdegeneriert ist.

4.22 Wir betrachten die Körpergrößen in einer Vater-Sohn-Grundgesamtheit. Die Verteilung der Körpergröße der Väter in cm wird durch eine $\mathbf{N}(\mu, \sigma^2)$ - Verteilung mit $\mu = 176, \sigma^2 = 40$ modelliert. Ist die tatsächliche Körpergröße eines Vaters gleich ν, so wird die potentielle Körpergröße seiner ausgewachsenen Söhne durch eine $\mathbf{N}(\nu + \rho(\mu - \nu), \tau^2)$ -Verteilung mit $\rho = 0.5$, $\tau^2 = 30$ modelliert. Demnach ist zu erwarten, dass die Körpergröße eines Sohnes näher am Mittelwert μ der Vater-Generation liegt. Dieses Phänomen heißt *Regression zum Mittelwert*. Zeigen Sie, dass die Verteilung der Körpergröße der Sohn-Generation mit der Verteilung der Körpergröße der Vater-Generation übereinstimmt.

4.23 **(Antworten auf heikle Fragen)** Ein gravierendes Problem bei Umfragen und Erhebungen, die sich mit sensitiven Themen beschäftigen, sind die Verzerrungen aufgrund falscher Beantwortung oder Antwortverweigerung. Zur Ausschaltung dieser Verzerrungen wurde von Warner (1965) ein als *Randomized Response* bezeichnetes Stichprobenverfahren eingeführt. Um den Anteil p einer Population zu schätzen, der schon einmal unter Alkoholeinfluss Auto gefahren ist, kann man folgendermaßen vorgehen. Jeder aus der Population rein zufällig ausgewählten Person werden zwei Fragen zur Auswahl vorgelegt. Sie wird gebeten, mittels eines Zufallsmechanismus, etwa einer Münze oder eines Würfels, zu entscheiden, ob sie die erste Frage oder die zweite Frage wahrheitsgemäß beantworten wird. Der Fragesteller kann den Ausgang dieses Zufallsexperimentes nicht einsehen. Der Zufallsmechanismus führe mit bekannter Wahrscheinlichkeit α zur Beantwortung der ersten Frage und mit Wahrscheinlichkeit $1 - \alpha$ zur Beantwortung der zweiten Frage. Dabei ist

- Methode A (heikle Frage und ihre Negation)
  Frage 1: Ist es richtig, dass Sie schon mindestens einmal unter Alkoholeinfluss Auto gefahren sind?
  Frage 2: Ist es richtig, dass Sie noch nie unter Alkoholeinfluss Auto gefahren sind?

- Methode B (harmlose und heikle Frage)
  Frage 1: Werfen Sie eine Münze. Haben Sie «Kopf» geworfen?

Frage 2: Werfen Sie eine Münze. Sind Sie schon mindestens einmal unter Alkoholeinfluss Auto gefahren?

Da bei beiden Methoden außer der befragten Person niemandem bekannt ist, auf welche Frage sich die Antwort bezieht, kann man von einer wahrheitsgemäßen Beantwortung ausgehen.
Jeweils n Personen seien mit Methode A bzw. mit Methode B befragt worden, und sei X jeweils die Anzahl der mit «Ja» antwortenden Befragten.

(a) Zeigen Sie, dass unter der Methode A

$$\hat{p} = \frac{X/n - (1 - \alpha)}{2\alpha - 1}$$

ein unverfälschter Schätzer für p ist.

(b) Zeigen Sie, dass unter der Methode B

$$\hat{p} = \frac{X/n - \alpha\beta}{1 - \alpha}$$

mit $\beta := P(\text{die erste Frage wird mit «Ja» beantwortet})$ ein unverfälschter Schätzer für p ist.

Als Maß für die Genauigkeit der beiden Methoden werde die Varianz der Schätzer $\hat{p}$ verwendet.

(c) Ermitteln Sie die Varianz von $\hat{p}$ unter beiden Methoden.

(d) Um welchen Faktor ist Methode B genauer als Methode A, falls $\alpha = \frac{4}{10}$, $\beta = \frac{1}{2}$ und $p = \frac{6}{10}$ ist?

(e) Vergleichen Sie die Genauigkeit beider Methoden mit der Vorgehensweise, bei der n rein zufällig ausgewählten Personen die heikle Frage direkt vorgelegt wird und X Personen – hypothetisch – wahrheitsgemäß mit «Ja» antworten.

4.24 **(Optimaler Service im Tennis)** Ein Tennisspieler hat einen schnellen (s) und einen langsamen (l) Aufschlag. Mit der Wahrscheinlichkeit p_s bzw. p_l trifft der schnelle bzw. der langsame Service in das vorgesehene Feld. Die Wahrscheinlichkeit, dass der Spieler den Punkt gewinnt, sofern der Service im Feld war, beträgt q_s bzw. q_l. Es ist

$$p_s < p_l,$$
$$q_s > q_l.$$

Für jeden Punkt hat ein Spieler einen ersten und, wenn nötig, einen zweiten Aufschlag.
Zeigen Sie, dass der Spieler in beiden Fällen den schnellen Aufschlag spielen sollte, falls

$$\frac{p_s q_s}{p_l q_l} > 1$$

ist. Er sollte in beiden Fällen den langsamen Aufschlag spielen, falls

$$\frac{p_s q_s}{p_l q_l} < 1 + p_s - p_l$$

ist. Andernfalls sollte er zunächst den schnellen und dann den langsamen Aufschlag spielen.

4.25 Manche Wettkämpfe werden nach dem Format *4 von 7* ausgetragen: Der Spieler, der zuerst 4 Spiele gewinnt, ist Sieger.

(a) Wenn A jedes Spiel unabhängig mit Wahrscheinlichkeit p gewinnt, dann gewinnt A den Wettkampf mit der Wahrscheinlichkeit

$$p_A = p^4(1 + 4q + 10q^2 + 20q^3),$$

wobei $q = 1 - p$ ist. Zeigen Sie dies.

(b) Ermitteln Sie die mittlere Länge L eines Wettkampfes.

(c) Zeigen Sie, dass L für $p = \frac{1}{2}$ maximiert wird und monoton fallend gegen 4 konvergiert, falls p gegen 1 geht. Benutzen Sie diese Einsicht zur unverfälschten Schätzung von p, falls A und B insgesamt 25 Wettkämpfe nach diesem Format gespielt haben, und zwar mit folgendem Ergebnis:

		4	5	6	7
				Länge	
Sieger	A	4	3	3	8
	B	1	1	2	3

Es gab also z.B. 8 Wettkämpfe, bei denen A in 7 Spielen siegreich war.

4.26 **(Probabilistische Interpretation der Laplace-Transformation)** Die Laplace-Transformation einer Funktion f ist definiert als

$$\mathcal{L}_f(t) = \int_0^\infty e^{-tx} f(x)dx.$$

(a) Sei f eine Wahrscheinlichkeits-Dichte, X eine Zufallsvariable mit Dichte f und Y eine von X unabhängige, **Exp**(t)-verteilte Zufallsvariable. Beweisen Sie, dass

$$\mathcal{L}_f(t) = P(Y > X).$$

(b) Ist die Funktion

$$G(t) = \frac{t^3 + 8t^2 + 22t + 16}{4t^3 + 20t^2 + 32t + 16}$$

die Laplace-Transformation einer Wahrscheinlichkeits-Dichte?

4.27 (Stochastische Flächenbestimmung) Sei $A \in \mathcal{B}^2$ eine Borel-Menge in $\mathbb{R}^2$ mit unbekanntem Flächeninhalt $\lambda^2(A) < \infty$. Ferner sei

$$Z_d := \{(v + nd, w + md) : n, m \in \mathbb{Z}\}, \qquad d > 0,$$

ein zufälliges quadratisches Gitter, dessen Ursprung (v, w) gleichverteilt in $[0, d) \times [0, d)$ gewählt wird.

(a) Zeigen Sie, dass

$$E\left(\#(Z_d \cap A)\right) = \frac{\lambda^2(A)}{d^2}.$$

(b) Geben Sie ein auf dem Ergebnis in (a) beruhendes Verfahren an, um den Inhalt einer Fläche zu bestimmen.

Hinweis: Berücksichtigen Sie, dass der Punkt $(v + nd, w + md)$ gleichverteilt ist in $[nd, (n + 1)d) \times [md, (m + 1)d)$.

4.28 (Stochastische Geometrie) Eine Gerade G in $\mathbb{R}^2$ ist definiert durch

$$G = \{(x, y) : x \cos \varphi + y \sin \varphi = d\},$$

wobei $\varphi \in [0, \pi)$ die Orientierung und $\delta \in \mathbb{R}$ den (mit einem Vorzeichen versehenen) Abstand vom Ursprung bezeichnet. Wir wählen nun φ gleichverteilt aus $[0, \pi)$ und, davon unabhängig, δ gleichverteilt aus $[-1, +1]$. Auf diese Weise wird eine zufällige Gerade $G = G(\varphi, \delta)$ erzeugt.

(a) Sei K_r ein Kreis mit Radius r, der im Einheitskreis um den Ursprung enthalten ist. Mit welcher Wahrscheinlichleit schneidet die zufällige Gerade $G(\varphi, \delta)$ den Kreis K_r?

(b) Sei $S(\theta, l)$ eine im Einheitskreis um den Ursprung enthaltene Strecke mit Orientierung θ und Länge l. Zeigen Sie, dass unabhängig von θ und von der Lage der Strecke mit Wahrscheinlichkeit l/π die zufällige Gerade $G(\varphi, \delta)$ die Strecke $S(\theta, l)$ schneidet.

4.29 Zu einer Party sind 10 Ehepaare erschienen. Es werden rein zufällig Tanz-Paare gebildet, doch es stellt sich heraus, dass dabei ein Paar gebildet wurde, welches auch schon als solches gekommen war. Deshalb wird die Auslosung so lange wiederholt, bis dieser Fall nicht mehr eintritt.

(a) Bestimmen Sie die Verteilung der Anzahl der Auslosungen.

(b) Wie viele Auslosungen sind zu erwarten?

4.30 (Koalitionen) Eine Gruppe von k Spielern wettet auf eine Folge von $2n + 1$ Bernoulli-Versuchen mit Parameter $p = \frac{1}{2}$. Jeder Spieler setzt einen Euro ein, und Sieger ist, wer die meisten Ausfälle richtig vorhersagt. Bei Punktgleichheit wird die gesetzte Geldmenge unter den Gewinnern aufgeteilt. Spieler A und B bilden eine Koalition und verabreden, dass A zur Bestimmung seiner Vorhersage jeweils eine faire Münze wirft und B jeweils das Gegenteil von A vorhersagt. Im Falle eines Gewinns für A oder B wollen sich beide den Gewinn teilen.

(a) Zeigen Sie, dass der gemeinsame erwartete Gewinn G_k von A und B
unabhängig von n gegeben ist durch

$$G_k = \frac{2k}{k-1}\left(1 - \frac{1}{2^{k-1}}\right), \qquad \forall k \geq 3,\ \forall n \in \mathbb{N}_0.$$

(b) Zeigen Sie, dass $G_k > 2$ für alle $k \geq 3$ und die Bildung der Koalition
somit günstig ist.

4.31 (Probabilistischer Primzahltest) Seien $n \in \mathbb{N}$ und $a \in \{1,\ldots,n-1\}$
zwei natürliche Zahlen. Wir sagen a erfüllt die Bedingung B_n , falls gilt:

1. $a^{n-1} \neq 1 \mod n$

oder

2. $\exists i \in \mathbb{N}$ mit 2^i teilt $n-1$ und $ggT\left(a^{(n-1)/2^i} - 1, n\right) \in \{2,\ldots,n-1\}$.

Falls ein a die Bedingung B_n erfüllt, so ist n eine zusammengesetzte Zahl.
Denn einerseits gilt nach dem kleinen Fermatschen Satz für jede Primzahl n

$$a^{n-1} = 1 \mod n$$

und andererseits hat bei Gültigkeit von 2. die Zahl n einen nichttrivialen
Teiler. Rabin (1980) beweist: Ist $n > 4$ keine Primzahl, dann ist

$$\#\{a : a \text{ erfüllt } B_n\} \geq \frac{3(n-1)}{4}.$$

Darauf kann man einen probabilistischen Primzahltest aufbauen:

Lege $k \in \mathbb{N}$ beliebig fest. Wähle k Zahlen $a_1,\ldots,a_k$ jeweils rein zufällig
aus der Menge $\{1,\ldots,n-1\}$, unabhängig voneinander. Wenn keines der a_i
die Bedingung B_n erfüllt, erkläre n zur Primzahl. Wenn für mindestens ein
a_i die Bedingung B_n erfüllt ist, erkläre n zur zusammengesetzten Zahl.

(a) Wie groß ist die Wahrscheinlichkeit, dass eine zusammengesetzte Zahl
fälschlich zur Primzahl erklärt wird?

(b) Wie groß ist die Wahrscheinlichkeit, dass eine Primzahl fälschlich zur
zusammengesetzten Zahl erklärt wird?

4.32 Es seien X_{n_k}, $n \in \mathbb{N}$, $k \in \mathbb{Z}$, unabhängige, Poisson-verteilte Zufallsvariablen
mit Parameter $cn^{\alpha}/|k|^{1+\alpha}$, wobei $c \in \mathbb{R}$ und $\alpha \in (0,2)$ Konstanten sind.
Sei

$$Y_n = \frac{1}{n} \sum_{k=-n^2}^{n^2} kX_{n_k}.$$

Verifizieren Sie, dass für geeignetes c die Folge der charakteristischen Funk-
tionen von $(Y_n)_{n\in\mathbb{N}}$ gegen $e^{-|t|^{\alpha}}$ konvergiert. (Die zugehörige Verteilung
heißt *symmetrische stabile Verteilung mit Index* α . Für $\alpha = 1$ ergibt sich
die Cauchy-Verteilung.).

4.33 (a) Eine Münze ist nicht völlig symmetrisch. Vielmehr ist $P(Kopf) = \frac{1}{2} +$ Δ und $P(Zahl) = \frac{1}{2} - \Delta$ mit $|\Delta| < \frac{1}{2}$. Zeigen Sie, dass sich die Abweichung $|\Delta|$ von der Gleichverteilung auf $4|\Delta|^3$ reduzieren lässt, wenn ein Wurfergebnis durch dreimaliges Werfen der Münze zustande kommt und dieses als *Kopf* angegeben wird, wenn dabei einmal oder dreimal *Kopf* beobachtet wird.

    (b) Ein Würfel ist nicht völlig symmetrisch. Die Wahrscheinlichkeit für die Augenzahl k sei $\frac{1}{6} + \Delta_k$ mit $|\Delta_k| < \frac{1}{12}$ für alle k. Um welchen Faktor lässt sich die maximale Abweichung $\max\{|\Delta_1|, \ldots, |\Delta_k|\}$ von der Gleichverteilung mindestens reduzieren, wenn ein Wurfergebnis durch zweimaliges Werfen des Würfels zustande kommt und dieses als Ausfall $i \in \{1, \ldots, 6\}$ angegeben wird, wenn i zur Augensumme mod 6 kongruent ist.

4.34 **(Problem der vollständigen Serie)** Aus einer Population von n verschiedenen Objekten wird wiederholt mit Zurücklegen ein Objekt rein zufällig gezogen. Sei τ_n die Anzahl der Ziehungen, bis jedes Objekt mindestens einmal gezogen worden ist, und allgemeiner τ_j, $j = 1, \ldots, n$, die Anzahl der Ziehungen, bis erstmals j verschiedene Objekte gezogen worden sind.

    (a) Zeigen Sie, dass die Zufallsvariablen $\tau_1, \tau_2 - \tau_1, \ldots, \tau_n - \tau_{n-1}$ unabhängig und geometrisch auf $\mathbb{N}$ verteilt sind. Ermitteln Sie die Parameter der Verteilungen.

    (b) Bestätigen Sie, dass

$$P(\tau_n > m) \leq ne^{-m/n}.$$

4.35 **(William Lowell Putnam-Mathematikwettbewerb)** Eine faire Münze wird n-mal geworfen. Ermitteln Sie den Erwartungswert von $|K - Z|$, wobei K die Anzahl der *Kopf*-Würfe und Z die Anzahl der *Zahl*-Würfe bezeichnet.

4.36 Spieler A und B werfen n verfälschte Münzen, wobei die i-te Münze mit Wahrscheinlichkeit $p_i = \frac{1}{2} + \varepsilon_i$ mit $|\varepsilon_i| \leq \frac{1}{2}$ *Kopf* zeigt. Spieler A gewinnt, wenn die Anzahl der Münzen mit Ausfall *Kopf* entweder gleich n ist oder sich von n durch eine gerade Zahl unterscheidet. Andernfalls gewinnt B.

    (a) Ermitteln Sie die Wahrscheinlichkeit, dass A gewinnt.

    (b) Zeigen Sie, dass beide Spieler dieselben Siegchancen haben, sobald auch nur eine der n Münzen unverfälscht ist (mit $p_i = \frac{1}{2}$).

Hinweis: Führen Sie eine Induktion über der Anzahl der Münzen durch.

4.37 **(Morra)** Morra ist ein vor allem in Italien beliebtes Glücksspiel. Es gibt etliche Versionen. Beim *Zwei-Finger-Morra* heben die Spieler A und B gleichzeitig jeweils einen oder zwei Finger. Die Auszahlung entspricht der Summe der gezeigten Finger in Euro. Dabei zahlt A diesen Betrag an B, falls die Zahl der gezeigten Finger bei beiden Spielern gleich ist, ist sie verschieden, so zahlt B an A. Die Spieler treffen ihre Wahl unabhängig voneinander. Wir sagen, ein Spieler verfolgt die Strategie p, wenn er mit Wahrscheinlichkeit p einen Finger und mit Wahrscheinlichkeit $1 - p$ zwei Finger hebt.

(a) Ermitteln Sie den erwarteten Gewinn für Spieler A, falls dieser die Stra-
     tegie p_A verfolgt und Spieler B die Strategie p_B verfolgt.

(b) Ist das Spiel fair für die Strategien $p_A = \frac{1}{2} = p_B$ in dem Sinne, dass
     der erwartete Gewinn beider Spieler gleich 0 ist?

(c) Ermitteln Sie eine Strategie für A, die diesem unabhängig von der von
     B gewählten Strategie einen positiven erwarteten Gewinn garantiert.

4.38 **(Dorfmans Gruppen-Screening)** Im 2. Weltkrieg wurden die Rekruten
der US-Armee mit Hilfe von Blutuntersuchungen auf bestimmte Geschlechts-
krankheiten untersucht. Dorfman (1943) schlug vor, eine Blutprobe von jeweils m Rekruten zu vermischen und diese Mischung einem Bluttest zu
unterziehen. Ist das Ergebnis dieses Bluttests negativ, dann reicht ein Test
für m Personen; ist der Befund positiv, dann ist mindestens eine der m
Personen erkrankt und zusätzlich zur Gruppenuntersuchung müssen alle m
Personen der Gruppe noch einzeln untersucht werden. In diesem Fall werden
also $(m+1)$ Tests für m Personen benötigt. Die Rekruten seien unabhängig
voneinander mit Wahrscheinlichkeit p erkrankt.

(a) Zeigen Sie, dass für Gruppen der Größe m die erwartete Anzahl T_m
     von Tests pro Person gegeben ist durch

$$ET_m = 1 + \frac{1}{m} - (1 - p)^m.$$

(b) Bestätigen Sie, dass sich beim Gruppen-Screening mit optimaler Wahl
     der Gruppengröße gegenüber der traditionellen Methode der Einzelun-
     tersuchungen eine Ersparnis ergibt, wenn

$$p < 1 - \left(\frac{1}{3}\right)^{1/3} = 0.307.$$

(c) Begründen Sie die Näherungsformeln $m_{opt.} = p^{-1/2}$ und $ET_{m_{opt.}} =$
     $2p^{1/2}$ bei kleinem p, wobei $m_{opt.}$ die optimale Gruppengröße bezeich-
     net.

Anmerkung: Samuels (1978) zeigt, dass für $p < 1 - (1/3)^{1/3}$ entweder

$$m_{opt.} = \lfloor p^{-1/2} \rfloor + 1 \qquad \text{oder} \qquad m_{opt.} = \lfloor p^{-1/2} \rfloor + 2,$$

wobei $\lfloor x \rfloor$ den ganzzahligen Anteil von $x > 0$ bezeichnet.
Die folgende Tabelle dokumentiert die optimale Gruppengröße $m_{opt.}$ sowie
die erwartete prozentuale Ersparnis pro Person $E_{opt.} := (1 - ET_{m_{opt.}}) \times 100\%$
für ausgewählte Werte von p.

p	0.3	0.2	0.1	0.05	0.01	0.001	0.0005	0.0001
$m_{opt.}$	3	3	4	5	11	32	45	101
$E_{opt.}$	1	18	41	57	80	94	96	98

4.39 (Einfluss der Zählweise auf die Gewinnwahrscheinlichkeit) Die Zählweisen im Tennis und Tischtennis sind verschieden. Beim Tennis gewinnt der Spieler ein Spiel, welcher zuerst mindestens 4 Punkte erzielt und gleichzeitig mindestens 2 Punkte Vorsprung vor seinem Gegner hat. Der Spieler, welcher zuerst mindestens 6 Spiele gewinnt und gleichzeitig mindestens 2 Spiele Vorsprung vor seinem Gegner hat, gewinnt einen Satz.

Beim Tischtennis gewinnt der Spieler einen Satz, welcher zuerst mindestens 21 Punkte erzielt und gleichzeitig mindestens 2 Punkte Vorsprung vor seinem Gegner hat.

Bei jedem Ballwechsel sei unabhängig von allen anderen Ballwechseln p die Wahrscheinlichkeit, dass Spieler A den Punkt gewinnt und $q = 1 - p$ die Wahrscheinlichkeit, dass Spieler B den Punkt gewinnt.

(a) Zeigen Sie, dass beim Tennis Spieler A einen Satz gewinnt mit Wahrscheinlichkeit

$$P_T = p_A^6 \left(1 + 6q_A + 21q_A^2 + 56q_A^3 + 126q_A^4\right) + \frac{252 p_A^7 q_A^5}{1 - 2p_A q_A},$$

wobei $q_A = 1 - p_A$ und

$$p_A = p^4 \left(1 + 4q + 10q^2\right) + 20p^5 q^3 \frac{1}{1 - 2pq}$$

die Wahrscheinlichkeit angibt, dass A ein Spiel gewinnt.

Hinweis: Die Wahrscheinlichkeiten für einen $(n+2):n$ Spiel-Sieg von A ist für alle $n \geq 3$ gegeben durch

$$P((n+2):n) = p^2 P(n:n) = p^2 P(3:3) \cdot (2pq)^{n-3} = \binom{6}{3} p^5 q^3 (2pq)^{n-3}.$$

(b) Zeigen Sie, dass beim Tischtennis Spieler A einen Satz gewinnt mit Wahrscheinlichkeit

$$P_{TT} = \sum_{n=0}^{19} \binom{20 + n}{n} p^{21} q^n + \binom{40}{20} p^{22} q^{20} \cdot \frac{1}{1 - 2pq}.$$

(c) Überprüfen Sie einige Werte in der folgenden Tabelle.

p	0.30	0.35	0.40	0.45	0.46	0.47	0.48	0.49	0.50
P_T	0.0002	0.003	0.03	0.18	0.23	0.29	0.36	0.43	0.50
P_{TT}	0.0030	0.022	0.09	0.25	0.29	0.35	0.40	0.45	0.50

(d) Welche Zählweise ist besser geeignet, um stärkere von schwächeren Spielern zu unterscheiden?

4.40 (Zuverlässigkeitstheorie) Ein technisches System habe die Lebensdauerverteilung F mit Dichte $F' = f$ und die Zuverlässigkeitsfunktion $R(t) = 1 - F(t)$. Die mittlere Lebensdauer beträgt

$$L = \int_0^\infty \tau f(\tau) d\tau.$$

(a) Für physikalisch realisierbare Systeme ist $tR(t) \overset{t \to \infty}{\longrightarrow} 0$. Stellen Sie für diese Systeme einen Zusammenhang zwischen mittlerer Lebensdauer und Zuverlässigkeitsfunktion her.

(b) Gegeben sei ein technisches System, dass aus n unabhängigen Komponenten besteht, von denen mindestens k Komponenten intakt sein müssen, um Funktionsfähigkeit zu garantieren. Die Lebensdauer jeder Komponente sei **Exp**(λ) -verteilt. Zeigen Sie, dass die mittlere Lebensdauer $L(k, n)$ des Systems gegeben ist durch

$$L(k, n) = \frac{1}{\lambda} \sum_{j=k}^{n} \frac{1}{j}.$$

Hinweis: Stellen Sie eine Beziehung zwischen $L(k - 1, n)$ und $L(k, n)$ unter Verwendung des Ergebnisses in (a) her.

4.41 Die Zahl X der Eier, die ein Vogel legt, sei eine **P**(λ) -verteilte Zufallsvariable. Mit Wahrscheinlichkeit $p \in (0, 1)$ schlüpfe aus einem Ei ein Vogel. Die Entwicklung der einzelnen Eier sei unabhängig voneinander.

(a) Welche Verteilung besitzt die Anzahl Y der ausgeschlüpften Vögel?

(b) Bestimmen Sie Erwartungswert und Varianz von X und Y.

(c) Was lässt sich bei Kenntnis der Zahl geschlüpfter Vögel über die Verteilung der Zahl der Eier sagen?

4.42 Eine Marktanalyse für eine Tageszeitung ergibt, dass die tägliche Nachfrage als normalverteilte Zufallsvariable mit Parametern $\mu = 1$ Million und $\sigma = 200\,000$ betrachtet werden kann. Pro verkaufter Zeitung entsteht ein Gewinn von 10 Cents, pro nicht verkaufter Zeitung ein Verlust von 50 Cents. Welche Auflage der Tageszeitung maximiert den Erwartungswert des Nettogewinns?

4.43 *Liouville-Zahlen* sind irrationale Zahlen x mit präzisen rationalen Approximationen. Damit ist gemeint: Für jedes $n \in \mathbb{N}$ gibt es natürliche Zahlen r und $s > 1$ mit

$$0 < \left| x - \frac{r}{s} \right| < \frac{1}{s^n}.$$

Nach Mahler (1953) ist die Kreiszahl π keine Liouville-Zahl: für alle natürlichen Zahlen r und $s > 1$ ist nämlich die Ungleichung

$$\left| \pi - \frac{r}{s} \right| > \frac{1}{s^{42}}$$

erfüllt. Folgern Sie hieraus, dass sich die Ziffern in der Dezimaldarstellung von π nicht exakt so verhalten als seien sie unabhängig voneinander aus der Menge $\{0, \ldots, 9\}$ rein zufällig ausgewählt worden.

Hinweis: Betrachten Sie die n-te Nachkomma-Stelle von π. Überlegen Sie, dass unter den folgenden $41n$ Nachkomma-Stellen nicht alle 10^{41n} möglichen Ziffernkombinationen auftreten, speziell können diese Ziffern nicht alle gleich 0 sein.

4.44 Eine Menge von Objekten wird in disjunkte Teilmengen der Mächtigkeit N zerlegt. Die Anzahl X_i der fehlerhaften Objekte in der i-ten Teilmenge ist $\mathbf{B}(N, p)$-verteilt. Eine Stichprobe der Größe n wird ohne Zurücklegen aus einer rein zufällig ausgewählten Teilmenge gezogen. Beweisen Sie die folgenden Aussagen: Ist $X_j = x_j$ in dieser Teilmenge, dann hat die Anzahl Y_j der defekten Objekte in der Stichprobe eine $\mathbf{H}(N, x_j, n)$-Verteilung. Die Gesamtzahl defekter Objekte in k nach diesem Verfahren erhobenen Stichproben ist $\mathbf{B}(nk, p)$-verteilt. Mit $X_j \sim \mathbf{B}(N, p)$ ist die Verteilung $\mathbf{H}(N, X_j, n)$ eine Binomialverteilung mit den Parametern n und p.

4.45 (**Ein Verpackungsproblem**) Gegenstände mit variablem Gewicht sollen in Kartons verpackt werden. Die Gewichte $X_1, X_2, \ldots$ der Gegenstände $G_1, G_2, \ldots$ seien unabhängig und jeweils $\mathbf{U}[0, 1]$-verteilt. Jeder Karton kann Gegenstände mit einem Gesamtgewicht bis zu einer Gewichtseinheit aufnehmen. Zunächst werden Gegenstände $G_1, G_2, \ldots$ so lange in den ersten Karton eingepackt, bis mit der Hinzunahme eines weiteren Gegenstandes das Füllgewicht größer als 1 würde. Dieser Gegenstand wird dann in Karton 2 platziert und anschließend dieser Karton so lange aufgefüllt, bis aus Gewichtsgründen erstmals ein Gegenstand in Karton 3 gegeben werden muss, usw. Sei N_i die Anzahl der Gegenstände im i-ten Karton und $N := \sum_{i=1}^{n} N_i$ die Anzahl der in n Kartons verpackten Gegenstände.

(a) Ermitteln Sie EN_1.

(b) Ermitteln Sie eine obere Schranke für EN.

Hinweis: Überzeugen Sie sich, dass $EN_i \leq EN_1$ für alle $i \in \mathbb{N}$.

(c) Ermitteln Sie eine untere Schranke für EN.

Hinweis: Ein möglicher Ansatz besteht in der Untersuchung dieser Verpackungsstrategie: Falls ein Gegenstand zu schwer ist, um noch in einen bereits begonnenen Karton gegeben zu werden, wird er nicht nur in den nächsten Karton gepackt, sondern dieser wird auch sogleich verschlossen, so dass mit dem nächsten Gegenstand wiederum ein neuer Karton begonnen werden muss.

(d) Sei M_n die Anzahl der für n Gegenstände benötigten Kartons und R_n das Füllgewicht in Karton M_n, nachdem der n-te Gegenstand eingepackt worden ist. Bestimmen Sie ER_n. Zeigen Sie, dass die mittlere Anzahl EM_n der für n Gegenstände benötigten Kartons gegeben ist durch

$$EM_n = \begin{cases} 1, & \text{falls } n = 1 \\ \frac{2}{3}n + \frac{1}{6}, & \text{falls } n \geq 2. \end{cases}$$

4.46 Es seien X_1 und X_2 unabhängige Zufallsvariablen mit $P(X_i = j) = p_{ij}$ für $i = 1, 2$ und $j \in \{1, \ldots, 6\} =: J$.
Zeigen Sie:

(a) Falls $(p_{1j})_{j \in J}$ und $(p_{2j})_{j \in J}$ Gleichverteilungen auf J sind, dann ist

$$(X_1 + X_2) \mod 6$$

gleichverteilt auf $\{0, \ldots, 5\}$.

(b) Falls $(p_{1j})_{j \in J}$ die Gleichverteilung und $(p_{2j})_{j \in J}$ eine beliebige Verteilung auf J ist, dann ist

$$(X_1 + X_2) \mod 6$$

gleichverteilt auf $\{0, \ldots, 5\}$.
Beim Werfen eines fairen Würfels und eines Würfels beliebiger Verteilung verhält sich die Summe der Augenzahlen modulo 6 also wie der faire Würfel.

(c) Das Ergebnis von (b) gilt entsprechend auch für mehr als zwei Verteilungen auf J, sofern mindestens eine die Gleichverteilung ist. Beweisen Sie dies.

4.47 (**Probabilistisches Runden**) Die Lebensdauer X einer Glühbirne ist $\mathbf{Exp}(\lambda)$ - verteilt.

(a) Statt der tatsächlichen Lebensdauer kann nur der gerundete Wert

$$Y := \begin{cases} \lfloor X \rfloor + 1, & \text{falls es ein } a \in \mathbb{N}_0 \text{ gibt mit } X \in [a + \frac{1}{2}, a + 1) \\ \lfloor X \rfloor, & \text{falls es ein } a \in \mathbb{N}_0 \text{ gibt mit } X \in [a, a + \frac{1}{2}) \end{cases}$$

ermittelt werden. Bestimmen Sie die Verteilung, den Erwartungswert und die Varianz von $X - Y$.

(b) Statt der tatsächlichen Lebensdauer steht nur der probabilistisch gerundete Wert

$$Y^* := \begin{cases} \lfloor X \rfloor + 1 & \text{mit Wahrscheinlichkeit } X - \lfloor X \rfloor \\ \lfloor X \rfloor & \text{mit Wahrscheinlichkeit } 1 - (X - \lfloor X \rfloor) \end{cases}$$

zur Verfügung. Bestimmen Sie die Verteilung, den Erwartungswert und die Varianz von $X - Y^*$.

5 | Konvergenz

5 Konvergenz

In der Stochastik sind zahlreiche Konvergenzbegriffe gebräuchlich. Sie formalisieren auf verschiedenartige Weise die intuitive Vorstellung, dass eine Folge von Zufallsvariablen sich einer Zufallsvariable annähert. Die unterschiedlichen Konzepte von Konvergenz werden dabei durch das Zusammenspiel von Messraum, W-Maß und Abbildungsrelation ermöglicht. Dadurch können Zufallsvariablen aus verschiedenen Perspektiven betrachtet werden: Einerseits handelt es sich bei ihnen ja um spezielle Abbildungen, mithin kann ein stochastischer Konvergenzmodus in Anlehnung an den Begriff der punktweisen Konvergenz von Funktionenfolgen eingeführt werden. Über das W-Maß P sind Zufallsvariablen aber auch Verteilungsfunktionen zugeordnet, und Zufallsvariablen besitzen Erwartungswerte, Momente und andere Kennzahlen. Auch an diese Eigenschaften kann man Vorstellungen von Konvergenz knüpfen.

Wir studieren in diesem Kapitel eine Reihe verschiedener Konvergenzbegriffe für sich und im Vergleich mit anderen. Durchgehend bezeichnet $(\Omega, \mathcal{A}, P)$ den in allen Fällen zugrunde liegenden W-Raum, und $X, X_1, X_2, \ldots$ sind, sofern nichts anderes verlautet, Zufallsvariablen auf $(\Omega, \mathcal{A}, P)$.

5.1 Konvergenz P-f.s.

Dieser Konvergenzbegriff wurzelt in der Tatsache, dass es sich bei Zufallsvariablen um spezielle Abbildungen handelt.

Definition 5.1.1 (Konvergenz P-f.s.) *Eine Folge $(X_n)_{n\in\mathbb{N}}$ von Zufallsvariablen auf einem W-Raum $(\Omega, \mathcal{A}, P)$ konvergiert gegen eine Zufallsvariable X P-fast sicher, wenn eine P-Nullmenge $\mathcal{N}$ existiert, so dass*

$$X_n(\omega) \overset{n\to\infty}{\longrightarrow} X(\omega), \qquad \forall \omega \in \mathcal{N}^c.$$

(Bezeichnungsweise: $X_n \longrightarrow X$ P-f.s.)

Der Begriff der P-fast sicheren Konvergenz entspricht dem Begriff der punktweisen Konvergenz für Funktionenfolgen, ist aber schwächer als dieser, da im stochastischen Fall die Existenz punktweiser Grenzwerte lediglich für *fast alle* Elemente von Ω verlangt wird. Somit ist die Grenzzufallsvariable X selbst auch nicht eindeutig bestimmt, sondern lediglich bis auf eine Nullmenge.

Beispiel 5.1 Sei $\Omega = [0,1]$, $\mathcal{A} = \mathcal{B}(\Omega)$, $P = \lambda$ (das Lebesgue-Maß) und $X_n(\omega) = \omega^n$. Die Folge der Zufallsvariablen $(X_n)_{n \in \mathbb{N}}$ konvergiert P-f.s. sowohl gegen $X \equiv 0$, da $\lambda(\{1\}) = 0$, als auch z.B. gegen

$$X^*(\omega) = \begin{cases} 0, & \text{falls } \omega \text{ irrational} \\ 1, & \text{falls } \omega \text{ rational,} \end{cases}$$

da die Menge der rationalen Zahlen ebenfalls vom Lebesgue-Maß Null ist.

Für die Überprüfung fast sicherer Konvergenz steht ein einfaches Kriterium zur Verfügung.

Satz 5.1.2 (Kriterium für fast sichere Konvergenz) *Eine Folge von Zufallsvariablen* $(X_n)_{n \in \mathbb{N}}$ *konvergiert* P*-fast sicher gegen eine Zufallsvariable* X *genau dann, wenn*

$$P\Big(\bigcup_{m=n}^{\infty} \{|X_m - X| \geq \varepsilon\} \Big) \xrightarrow{n \to \infty} 0, \qquad \forall \varepsilon > 0. \tag{5.1}$$

Beweis. Es sei

$$A_{n,\varepsilon} = \{|X_n - X| \geq \varepsilon\}, \qquad n \in \mathbb{N}, \varepsilon > 0,$$

und A die Teilmenge von Ω, auf der $(X_n)_{n \in \mathbb{N}}$ nicht punktweise gegen X konvergiert.

$$A = \bigcup_{\varepsilon > 0} \limsup_{n \to \infty} A_{n,\varepsilon}$$

und

$$X_n \to X \ P\text{-f.s.} \quad \Leftrightarrow \quad P(A) = 0 \quad \Leftrightarrow \quad P\Big(\limsup_{n \to \infty} A_{n,\varepsilon} \Big) = 0, \qquad \forall \varepsilon > 0.$$

Anschließend argumentieren wir mit

$$\bigcup_{m=n}^{\infty} A_{m,\varepsilon} \downarrow \bigcap_{n=1}^{\infty} \bigcup_{m=n}^{\infty} A_{m,\varepsilon} = \limsup_{n \to \infty} A_{n,\varepsilon}$$

sowie mit der Stetigkeit von Wahrscheinlichkeitsmaßen und erhalten

$$P\left(\limsup_{n\to\infty} A_{n,\varepsilon}\right) = \lim_{n\to\infty} P\left(\bigcup_{m=n}^{\infty} A_{m,\varepsilon}\right) = \lim_{n\to\infty} P\left(\bigcup_{m=n}^{\infty} \{|X_m - X| \geq \varepsilon\}\right).$$

∎

Bei Anwendung der Bonferroni-Ungleichung (2.7) wird ersichtlich, dass

$$\sum_{n=1}^{\infty} P(|X_n - X| \geq \varepsilon) < \infty, \qquad \forall \varepsilon > 0, \tag{5.2}$$

für (5.1) und damit für P-f.s. Konvergenz von $(X_n)_{n\in\mathbb{N}}$ hinreichend ist. Mit einigen instruktiven Beispielen wollen wir im Weiteren zeigen, wie man fast sichere Konvergenzaussagen gewinnen kann.

Beispiel 5.2 Sei $(X_n)_{n\in\mathbb{N}}$ eine Folge von Zufallsvariablen mit

$$P\left(X_n = -\frac{1}{n}\right) = \frac{1}{2} = P\left(X_n = +\frac{1}{n}\right).$$

Dann ist fast sicher $|X_m| < |X_n|$ für alle $n < m$ und somit

$$\{|X_m| \geq \varepsilon\} \subseteq \{|X_n| \geq \varepsilon\}.$$

Infolgedessen gilt für alle $n > \frac{1}{\varepsilon}$

$$P\left(\bigcup_{m=n}^{\infty} \{|X_m| \geq \varepsilon\}\right) = P(|X_n| \geq \varepsilon) \leq P\left(|X_n| > \frac{1}{n}\right) = 0,$$

und wir haben mit Satz 5.1.2 bewiesen, dass $X_n \longrightarrow 0$ P-f.s.

Beispiel 5.3 Sei $(Y_n)_{n\in\mathbb{N}}$ eine Folge von unabhängigen, identisch verteilten Zufallsvariablen mit endlichem Erwartungswert, und sei $X_n = \frac{1}{n}Y_n$ für alle $n \in \mathbb{N}$. Mit (5.2) zeigen wir, dass

$$X_n \longrightarrow 0 \quad \text{f.s.},$$

und (5.2) ist erfüllt wegen

$$\sum_{n=1}^{\infty} P(|X_n| \geq \varepsilon) = \sum_{n=1}^{\infty} P(|Y_1| \geq n\varepsilon) \leq \frac{1}{\varepsilon} E|Y_1| < \infty,$$

da für jede Zufallsvariable Y die Abschätzung $\sum_{n=1}^{\infty} P(|Y| \geq n) \leq E|Y|$ besteht.

Das folgende Beispiel ist weniger elementar. Es illustriert zudem eine Technik – die *Teilfolgenmethode* – , für die sich noch weitere Anlässe ergeben.

Beispiel 5.4 (Fortsetzung von Beispiel 2.20(b)) Es seien $(X_n)_{n\in\mathbb{N}}$ unabhängige, jeweils **Exp**(1)-verteilte Zufallsvariablen und $X_{(n)} = \max\{X_1, \ldots, X_n\}$. Dann gilt

$$\frac{X_{(n)}}{\ln n} \longrightarrow 1 \quad \text{f.s.}$$

Der Beweis kommt zustande durch Überprüfung von

$$\text{(a)} \quad P\left(\liminf_{n\to\infty} \frac{X_{(n)}}{\ln n} \geq 1\right) = 1.$$

$$\text{(b)} \quad P\left(\limsup_{n\to\infty} \frac{X_{(n)}}{\ln n} \leq 1\right) = 1.$$

Es ist

$$P(X_{(n)} \leq (1-\varepsilon)\ln n) = \prod_{i=1}^{n} P(X_i \leq \ln n^{1-\varepsilon})$$

$$= \left(1 - \frac{n^\varepsilon}{n}\right)^n \leq \exp(-n^\varepsilon).$$

Damit ist $P(X_{(n)} \leq (1-\varepsilon)\ln n)$ für $\varepsilon > 0$ summierbar, und dem Borel-Cantelli-Lemma, Satz 2.2.7(a), entnehmen wir $P(X_{(n)} \leq (1-\varepsilon)\ln n$ u.o.$) = 0$, also

$$P\left(\liminf_{n\to\infty} \frac{X_{(n)}}{\ln n} > 1 - \varepsilon\right) = 1, \qquad \forall \varepsilon > 0.$$

Das ist äquivalent mit obigem (a).

Ebenso ist für eine Konstante $c > 1$ und alle hinreichend großen n

$$P(X_{(n)} \geq (1+\varepsilon)\ln n) = 1 - \left(1 - \frac{1}{n^{1+\varepsilon}}\right)^n \leq cn^{-\varepsilon},$$

denn $n^\varepsilon\left[1 - \left(1 - 1/n^{1+\varepsilon}\right)^n\right] \xrightarrow{n\to\infty} 1$. Die Folge $(n^{-\varepsilon})_{n\in\mathbb{N}}$ ist nicht summierbar für $\varepsilon \in (0,1]$, und der von uns benötigte Teil (a) des Satzes 2.2.7 verweigert einen entscheidenden Dienst. Wir gehen deshalb zur Teilfolge $(X_{(2^n)})_{n\in\mathbb{N}}$ über, denn für diese können wir

$$\sum_{n=1}^{\infty} P(X_{(2^n)} \geq (1+\varepsilon)\ln 2^n) \leq c\sum_{n=1}^{\infty} 2^{-n\varepsilon} < \infty$$

erreichen und somit

$$P(X_{(2^n)} \geq (1+\varepsilon)\ln 2^n \quad \text{u.o.}) = 0,$$

d.h.

$$P\left(\limsup_{n\to\infty} \frac{X_{(2^n)}}{\ln 2^n} \leq 1\right) = 1. \tag{5.3}$$

Abschließend müssen wir noch feststellen, wie sich die $X_{(k)}$ für Indizes k zwischen aufeinander folgenden Zweierpotenzen verhalten. Für $k \in \mathbb{N}$ sei n_k so bestimmt, dass $2^{n_k-1} \leq k < 2^{n_k}$. Monotonie gestattet die Abschätzung

$$\frac{X_{(k)}}{\ln k} \leq \frac{X_{(2^{n_k})}}{n_k \ln 2} \cdot \frac{n_k \ln 2}{(n_k - 1)\ln 2}.$$

Daraus erhalten wir schon (b), denn

$$\limsup_{k\to\infty} \frac{X_{(k)}}{\ln k} \leq \limsup_{k\to\infty} \frac{X_{(2^{n_k})}}{n_k \ln 2} \leq 1 \quad \text{f.s.}$$

wegen (5.3) und $\frac{n_k}{n_k-1} \xrightarrow{k\to\infty} 1$.

5.2   Konvergenz nach Wahrscheinlichkeit

Definition 5.2.1 (Konvergenz nach Wahrscheinlichkeit) *Eine Folge von Zufallsvariablen* $(X_n)_{n\in\mathbb{N}}$ *auf einem W-Raum* $(\Omega, \mathcal{A}, P)$ *konvergiert nach Wahrscheinlichkeit gegen eine Zufallsvariable* X *, wenn*

$$P(|X_n - X| \geq \varepsilon) \xrightarrow{n\to\infty} 0, \qquad \forall \varepsilon > 0.$$

(Bezeichnungsweise: $X_n \xrightarrow{p} X$ *)*

Für Untersuchungen auf Konvergenz nach Wahrscheinlichkeit sind Abschätzungen der Überschreitungswahrscheinlichkeiten $P(|X| \geq \varepsilon)$ von Bedeutung. Für Zufallsvariablen X mit existierendem r-ten absoluten Moment verschaffen wir uns diese durch eine elementare Überlegung: Ist $r \geq 0$ und $\varepsilon > 0$, so gilt

$$E|X|^r \geq \int\limits_{\{|X|\geq\varepsilon\}} |X|^r dP \geq \varepsilon^r P(|X| \geq \varepsilon)$$

und demzufolge

$$P(|X| \geq \varepsilon) \leq \frac{E|X|^r}{\varepsilon^r}. \tag{5.4}$$

Dies ist die *Markov-Ungleichung*. Für $r = 2$ tritt als Spezialfall die so genannte *Tschebyscheff-Ungleichung* auf, die wir in der folgenden Form vermerken:

$$P(|X - EX| \geq \varepsilon) \leq \frac{\operatorname{var} X}{\varepsilon^2}. \tag{5.5}$$

Die Tschebyscheff-Ungleichung erlaubt es, bei quadratisch integrierbaren
Zufallsvariablen mit Hilfe des Streuungsmaßes Varianz die Konzentration
der Wahrscheinlichkeitsmasse um den Erwartungswert abzuschätzen. Die
Abschätzung kann allerdings recht grob sein, wie die folgende Tabelle verdeutlicht.

		Tschebyscheff- Schranke	exakte Wahrscheinlichkeit
	$k = 1$	1.000	0.317
	$k = 2$	0.250	0.046
$X \sim \mathbf{N}(0,1)$	$k = 3$	0.111	0.003
	$k = 4$	0.063	0.000
	$k = 1$	1.000	0.135
	$k = 2$	0.250	0.050
$X \sim \mathbf{Exp}(1)$	$k = 3$	0.111	0.018
	$k = 4$	0.063	0.007
	$k = 1$	1.000	0.289
	$k = 2$	0.250	0.070
$X \sim \mathbf{B}(8,\frac{1}{2})$	$k = 3$	0.111	0.000
	$k = 4$	0.063	0.000

Tabelle 5.1: Genauigkeit der Tschebyscheff-Ungleichung für $\epsilon = k\sqrt{var\,X}$.

Die folgenden Beispiele sind charakteristisch für einfache Untersuchungen
auf Konvergenz nach Wahrscheinlichkeit.

Beispiel 5.5 Es sei $(X_n)_{n \in \mathbb{N}}$ eine Folge unabhängiger, identisch verteilter Zufallsvariablen mit

$$P(X_n = +1) = \frac{1}{2} = P(X_n = -1).$$

Mit Tschebyscheffs Ungleichung und Satz 2.7.7(d) folgert man

$$P\left(\left|\frac{1}{n}\sum_{k=1}^{n}X_k\right| \geq \varepsilon\right) \leq \frac{1}{\varepsilon^2}E\left(\frac{1}{n}\sum_{k=1}^{n}X_k\right)^2 = \frac{1}{n\varepsilon^2} \xrightarrow{n\to\infty} 0.$$

Das bedeutet

$$\frac{1}{n}\sum_{k=1}^{n}X_k \xrightarrow{p} 0.$$

Beispiel 5.6 Es sei $(Y_n)_{n\in\mathbb{N}}$ eine Folge unabhängiger Zufallsvariablen, jeweils $U[0,\theta]$ -verteilt, $\theta > 0$. Sei

$$X_n = \max\{Y_1,\ldots,Y_n\}.$$

Die Folge $(X_n)_{n\in\mathbb{N}}$ konvergiert gegen θ nach Wahrscheinlichkeit, denn für $0 < \varepsilon \leq \theta$ zeigt eine einfache Rechnung

$$P(|X_n - \theta| \geq \varepsilon) = P(\max\{Y_1,\ldots,Y_n\} \leq \theta - \varepsilon) = \prod_{k=1}^{n} P(Y_i \leq \theta - \varepsilon)$$

$$= [P(Y_1 \leq \theta - \varepsilon)]^n = \left(\frac{\theta - \varepsilon}{\theta}\right)^n \xrightarrow{n\to\infty} 0.$$

Beispiel 5.7 Es sei $(X_n)_{n\in\mathbb{N}}$ eine Folge unabhängiger Zufallsvariablen mit $P(X_n = 0) = 1 - \frac{1}{n}$ und $P(X_n = n) = \frac{1}{n}$. Dann konvergiert die Folge wegen

$$P(X_n \geq \varepsilon) \leq P(X_n = n) = \frac{1}{n} \xrightarrow{n\to\infty} 0, \qquad \forall \varepsilon > 0,$$

nach Wahrscheinlichkeit gegen 0. Fast sichere Konvergenz findet aber nicht statt, denn für alle $n > \varepsilon$ gilt

$$P\left(\bigcap_{m=n}^{\infty} \{|X_m| < \varepsilon\}\right) = \lim_{N\to\infty} P\left(\bigcap_{m=n}^{N} \{X_m = 0\}\right) = \lim_{N\to\infty} \prod_{m=n}^{N} \frac{m-1}{m} = 0.$$

Also ist sogar für alle $n \in \mathbb{N}$

$$P\left(\bigcup_{m=n}^{\infty} \{|X_m| \geq \varepsilon\}\right) = 1,$$

und das Konvergenz-Kriterium von Satz 5.1.2 ist nicht erfüllt.

Im direkten Vergleich ist Konvergenz nach Wahrscheinlichkeit gegenüber fast sicherer Konvergenz der schwächere Konvergenzmodus. Eben dies sagt uns

Satz 5.2.2 *Konvergenz P -f.s. impliziert Konvergenz nach Wahrschein-lichkeit:*

$$X_n \longrightarrow X \ P\text{-f.s.} \quad \Longrightarrow \quad X_n \xrightarrow{p} X.$$

Beweis. Für alle $n \in \mathbb{N}$ besteht die Inklusion

$$\{|X_n - X| \geq \varepsilon\} \subseteq \bigcup_{m=n}^{\infty} \{|X_m - X| \geq \varepsilon\}. \tag{5.6}$$

Nach Satz 5.1.2 ist die fast sichere Konvergenz von $(X_n)_{n\in\mathbb{N}}$ gegen X äquivalent mit

$$P\left(\bigcup_{m=n}^{\infty}\{|X_m - X| \geq \varepsilon\}\right) \overset{n\to\infty}{\longrightarrow} 0.$$

Mit (5.6) folgt daraus $P(|X_n - X| \geq \varepsilon) \overset{n\to\infty}{\longrightarrow} 0$. $\blacksquare$

Beispiel 5.7 dient als Beleg, dass die Umkehrung von Satz 5.2.2 nicht allgemein gültig ist. Neben dieser Grundüberlegung lässt dagegen (5.2) erkennen, dass aus der Konvergenz nach Wahrscheinlichkeit immerhin dann die fast sichere Konvergenz folgt, wenn die Konvergenzgeschwindigkeit hinreichend schnell ist. Auch sind die beiden Begriffe für spezielle W-Räume äquivalent, etwa, wenn es sich bei Ω um die Vereinigung einer abzählbaren Zahl disjunkter Atome handelt (siehe Aufgabe 5.1), oder wenn zusätzliche Bedingungen an die Folge der Zufallsvariablen gestellt werden, beispielsweise Monotonie (siehe Aufgabe 5.2). Ganz allgemein lässt sich aus den nach Wahrscheinlichkeit konvergenten Folgen aber immer eine Teilfolge extrahieren, die auch fast sicher konvergiert (siehe Aufgabe 5.3).

Zum Abschluss dieses Abschnitts führen wir noch die nützlichen stochastischen Ordnungsbeziehungen $\mathcal{O}_p(\cdot)$, $o_p(\cdot)$ und $\sim_p$ ein.

Definition 5.2.3 *Eine Folge von Zufallsvariablen* $(X_n)_{n\in\mathbb{N}}$ *mit zugehöriger Folge von Verteilungsfunktionen* $(F_n)_{n\in\mathbb{N}}$ *heißt beschränkt in Wahrscheinlichkeit, wenn für alle* $\varepsilon > 0$ *ein* c_ε *und ein* n_ε *existiert, so dass*

$$F_n(c_\varepsilon) - F_n(-c_\varepsilon) > 1 - \varepsilon, \qquad \forall\, n > n_\varepsilon.$$

(Bezeichnungsweise: $X_n = \mathcal{O}_p(1)$ *)*

Allgemeiner bedeutet für zwei Folgen von Zufallsvariablen $(X_n)_{n\in\mathbb{N}}$ und $(Y_n)_{n\in\mathbb{N}}$ die Bezeichnung

$$X_n = \mathcal{O}_p(Y_n), \quad \text{dass} \quad X_n/Y_n = \mathcal{O}_p(1).$$
$$X_n = o_p(Y_n), \quad \text{dass} \quad X_n/Y_n \overset{p}{\longrightarrow} 0.$$
$$X_n \sim_p Y_n, \qquad \text{dass} \quad X_n/Y_n \overset{p}{\longrightarrow} 1.$$

5.3 Konvergenz nach Verteilung

Ein nochmals schwächerer Konvergenzmodus ist der der Konvergenz nach Verteilung einer Folge von Zufallsvariablen. Er kann über die punktweise Konvergenz der zugehörigen Verteilungsfunktionen eingeführt werden. Dabei ist es nicht erforderlich, dass alle Zufallsvariablen auf demselben W-Raum definiert sind.

Definition 5.3.1 (Konvergenz nach Verteilung) *Eine Folge von Zufallsvariablen* $(X_n)_{n\in\mathbb{N}}$ *konvergiert nach Verteilung gegen eine Zufallsvariable* X *, wenn die Folge der zugehörigen Verteilungsfunktionen* $(F_n)_{n\in\mathbb{N}}$ *gegen die Verteilungsfunktion* F *von* X *konvergiert, und zwar punktweise für alle Stetigkeitspunkte von* F *.*
(Bezeichnungsweise: $X_n \xrightarrow{d} X$ *)*

Definition 5.3.1 fordert die Frage heraus, warum die punktweise Konvergenz der F_n lediglich für alle Stetigkeitsstellen von F verlangt wird. Exemplarisch sei etwa X eine Zufallsvariable mit Verteilungsfunktion F, und für $n \in \mathbb{N}$ sei

$$X_n = X + \frac{1}{n}.$$

Dann wissen wir über die Verteilungsfunktion F_n von X_n, dass

$$F_n(x) = P(X_n \leq x) = P\left(X \leq x - \frac{1}{n}\right) = F\left(x - \frac{1}{n}\right).$$

Hat F nun in x^* eine Unstetigkeitsstelle, dann ist

$$\lim_{n\to\infty} F_n(x^*) = \lim_{n\to\infty} F\left(x^* - \frac{1}{n}\right) < F(x^*),$$

und F_n konvergiert in x^* nicht punktweise gegen $F(x^*)$. Damit dieser und andere durchaus intuitive Fälle von Konvergenz von der Definition erfasst werden, wird die Forderung der punktweisen Konvergenz der F_n allein für die Stetigkeitspunkte von F erhoben.
Das folgende Beispiel eignet sich vorzüglich, um eine weitere Besonderheit der Unstetigkeitsstellen zu beleuchten.

Beispiel 5.8 Es seien $(Y_n)_{n\in\mathbb{N}}$ unabhängige, jeweils $\mathbf{U}[0,1]$-verteilte Zufallsvariablen und
$$X_n = \min\{Y_1, \ldots, Y_n\}, \qquad \forall n \in \mathbb{N}.$$

Für $x \in [0,1]$ bestimmen wir

$$F_n(x) := P(X_n \leq x) = 1 - P(\min\{Y_1, \dots, Y_n\} > x) = 1 - P(Y_i > x, \, \forall i = 1, \dots, n)$$
$$= 1 - (1-x)^n.$$

Also ist

$$F_n(x) = \begin{cases} 0, & \text{falls } x < 0 \\ 1 - (1-x)^n, & \text{falls } 0 \leq x \leq 1 \\ 1, & \text{falls } x > 1, \end{cases}$$

und Grenzwertbildung liefert

$$F_n(x) \xrightarrow{n \to \infty} F^*(x) := \begin{cases} 0, & \text{falls } x \leq 0 \\ 1, & \text{falls } x > 0. \end{cases}$$

Offensichtlich ist F^* nicht rechtsseitig stetig und somit keine Verteilungsfunktion. Doch handelt es sich bei der durch

$$F(x) := \begin{cases} 0, & \text{falls } x < 0 \\ 1, & \text{falls } x \geq 0 \end{cases}$$

gegebenen Modifikation von F^* an deren Unstetigkeitsstelle 0 um eine Verteilungsfunktion. Die zugehörige Verteilung ist die Dirac-Verteilung im Punkt 0. Die Folge $(F_n)_{n \in \mathbb{N}}$ konvergiert punktweise gegen F für alle Stetigkeitspunkte von F. Damit konvergiert $(X_n)_{n \in \mathbb{N}}$ nach Verteilung gegen 0.

Beispiel 5.9 (Fortsetzung von Beispiel 5.8) Sei $(Y_n)_{n \in \mathbb{N}}$ wie in Beispiel 5.8. Statt $(X_n)_{n \in \mathbb{N}}$ untersuchen wir die Folge der

$$Z_n = c_n \cdot \min\{Y_1, \dots, Y_n\}$$

und wollen nun c_n so wählen, dass sich Verteilungskonvergenz gegen eine nicht-degenerierte Zufallsvariable einstellt. Die Verteilungsfunktion G_n von Z_n für $c_n = n$ ist gegeben durch

$$G_n(x) = \begin{cases} 0, & \text{falls } x < 0 \\ 1 - \left(1 - \frac{x}{n}\right)^n, & \text{falls } 0 \leq x \leq n \\ 1, & \text{falls } x > n, \end{cases}$$

und für diese Wahl der c_n gilt offensichtlich $G_n(x) \xrightarrow{n \to \infty} (1 - e^{-x}) \cdot 1_{\mathbb{R}_+^0}(x)$ für alle $x \in \mathbb{R}$. Also konvergiert $(Z_n)_{n \in \mathbb{N}}$ mit $c_n = n$ nach Verteilung gegen eine **Exp**(1)-verteilte Zufallsvariable.

Die Konvergenz nach Verteilung lässt sich in einer nützlichen Weise charakterisieren, für die wir noch Verwendung finden werden.

Satz 5.3.2 *(Charakterisierung der Verteilungskonvergenz) In der Situation von Definition 5.3.1 sind die folgenden Aussagen äquivalent.*

(a) $X_n \xrightarrow{d} X$

(b) Für jedes $f \in \mathcal{C}$ der Menge aller stetigen und beschränkten Funktionen gilt $Ef(X_n) \longrightarrow Ef(X)$ für $n \to \infty$.

Beweis. (a) $\Rightarrow$ (b): Wir schreiben $b = sup_{x \in \mathbb{R}}|f(x)| < \infty$. Zu $\epsilon > 0$ sei dann $\delta > 0$ so gewählt, dass δ und $-\delta$ Stetigkeitsstellen von F sind und dass $P(|X| > \delta) < \frac{\epsilon}{b}$. Dies ist möglich, da F aus Monotoniegründen nur abzählbar viele Unstetigkeitsstellen hat und $\lim_{x \to \infty} P(|X| > x) = 0$. Für jedes Paar $\epsilon, \delta > 0$ kann f durch eine Treppenfunktion

$$g(x) = \sum_{i=1}^{k} a_i 1_{(x_{i-1}, x_i]}(x), \quad a_i \in \mathbb{R}, \quad -\delta = x_0 < ... < x_k = \delta$$

so approximiert werden, dass die x_i allesamt Stetigkeitsstellen von F sind und $sup_{x \in [-\delta, \delta]}|f(x) - g(x)| < \epsilon$ ist. Ist n hinreichend groß, so gilt $P(|X_n| > \delta) < \frac{2\epsilon}{b}$ und dann

$$\begin{aligned}
\left|Ef(X_n) - Ef(X)\right| \leq &\left|E(f(X_n)1_{\{|X_n| \leq \delta\}}) - E(f(X)1_{\{|X| \leq \delta\}})\right| \\
&+ E(\left|f(X_n)\right|1_{\{|X_n| > \delta\}}) + E(\left|f(X)\right|1_{\{|X| > \delta\}})
\end{aligned}$$

$$\leq \left|E(f(X_n)1_{\{|X_n| \leq \delta\}}) - E(f(X)1_{\{|X| \leq \delta\}})\right| + 3\epsilon$$

$$\begin{aligned}
\leq &\left|E(f(X_n)1_{\{|X_n| \leq \delta\}}) - Eg(X_n)\right| \\
&+ \left|E(f(X)|1_{\{|X| \leq \delta\}}) - Eg(X)\right| \\
&+ \left|Eg(X_n) - Eg(X)\right| + 3\epsilon
\end{aligned}$$

$$\leq \left|Eg(X_n) - Eg(X)\right| + 5\epsilon.$$

Außerdem gilt nach Konstruktion von g :

$$Eg(X_n) = \sum_{i=1}^{k} a_i(F_n(x_i) - F_n(x_{i-1})) \to \sum_{i=1}^{k} a_i(F(x_i) - F(x_{i-1})) = Eg(X).$$

Beides zusammengenommen liefert: $\left|Ef(X_n) - Ef(X)\right| \leq 6\epsilon$ für n hinreichend groß und daraus folgt die Gültigkeit von (b).

(b) $\Rightarrow$ (a) Sei s eine Stetigkeitsstelle von F . Zu $\delta > 0$ definiere man in $\mathcal{C}$ die Funktion

$$f(x) := \begin{cases} 1 \\ 1 - \frac{x-s}{\delta} \\ 0 \end{cases} \quad \text{für } x \begin{cases} \leq s \\ \in (s, s+\delta) \\ \geq s+\delta \end{cases}$$

Dann gelten die Ungleichungen $1_{(-\infty,s]}(x) \leq f(x) \leq 1_{(-\infty,s+\delta]}(x)$, $\forall x \in \mathbb{R}$, und für $Y = X_n$ und $Y = X$ deshalb $1_{(-\infty,s]}(Y) \leq f(Y) \leq 1_{(-\infty,s+\delta]}(Y)$ bzw. nach Bildung von Erwartungswert und Limes superior:

$$\limsup_{n\to\infty} F_n(s) \leq \limsup_{n\to\infty} Ef(X_n) = Ef(X) \leq F(s+\delta)$$

Wird nun noch $\lim_{\delta\to 0}$ auf beiden Seiten angewendet, so ist wegen der Rechtsstetigkeit von F bei s

$$\lim_{\delta\to 0} F(s+\delta) = F(s).$$

Wählt man statt $f(x)$ die Funktion

$$\tilde{f}(x) := \begin{cases} 1 \\ \frac{s-x}{\delta} \\ 0 \end{cases} \quad \text{für } x \begin{cases} \leq s-\delta \\ \in (s-\delta, s) \\ \geq s \end{cases}$$

so bekommt man analog zunächst $\liminf_{n\to\infty} F_n(s) \geq F(s-\delta)$. Weil s als Stetigkeitsstelle gewählt war, ist abermals

$$\lim_{\delta\to 0} F(s-\delta) = F(s),$$

also insgesamt

$$\limsup_{n\to\infty} F_n(s) \leq F(s) \leq \liminf_{n\to\infty} F_n(s)$$

und damit $\lim_{n\to\infty} F_n(s) = F(s)$ für alle Stetigkeitspunkte. ∎

Wir fügen noch eine Bemerkung hinzu: Der zweite Teil des obigen Beweises zeigt, dass die Gültigkeit von $Ef(X_n) \to Ef(X)$ nicht notwendig für die Menge aller Funktionen in C gefordert werden muss. Es reicht dies für die kleinere Klasse AC der stetigen und asymptotisch konstanten Funktionen zu fordern:

$$AC := \{f : \mathbb{R} \to \mathbb{R} : f \text{ ist stetig und } \lim_{x\to-\infty} f(x) \in \mathbb{R}, \lim_{x\to+\infty} f(x) \in \mathbb{R}\}$$

Also ist die Verteilungskonvergenz auch äquivalent mit der Aussage:

$$Ef(X_n) \to Ef(X), \quad \forall f \in AC.$$

Konvergenz nach Verteilung ist ein schwächerer Konvergenzbegriff als Konvergenz nach Wahrscheinlichkeit.

Satz 5.3.3 *Konvergenz nach Wahrscheinlichkeit impliziert Konvergenz nach Verteilung:*

$$X_n \xrightarrow{p} X \Rightarrow X_n \xrightarrow{d} X.$$

Beweis. Der Beweisgang beginnt mit der Wahl dreier reeller Zahlen $x' < x < x''$. Es gilt

$$\{X \leq x'\} = \{X \leq x' \cap X_n \leq x\} \cup \{X \leq x' \cap X_n > x\}$$
$$\subseteq \{X_n \leq x\} \cup \{X \leq x' \cap X_n > x\},$$

und damit ist

$$F(x') \leq F_n(x) + P(|X_n - X| \geq x - x'),$$

wobei F und F_n die Verteilungsfunktionen von X und X_n bezeichnen. Aus $X_n \xrightarrow{p} X$ folgt sofort

$$F(x') \leq \liminf_{n \to \infty} F_n(x).$$

Ebenso ist

$$\{X_n \leq x\} = \{X \leq x'' \cap X_n \leq x\} \cup \{X > x'' \cap X_n \leq x\}$$
$$\subseteq \{X \leq x''\} \cup \{X > x'' \cap X_n \leq x\},$$

d.h.

$$F_n(x) \leq F(x'') + P(|X_n - X| \geq x'' - x)$$

und somit

$$\limsup_{n \to \infty} F_n(x) \leq F(x'').$$

Insgesamt erhalten wir die Ungleichungskette

$$F(x') \leq \liminf_{n \to \infty} F_n(x) \leq \limsup_{n \to \infty} F_n(x) \leq F(x'').$$

Ist x eine Stetigkeitsstelle von F, dann folgt für $x' \uparrow x$ und $x'' \downarrow x$ zunächst $F(x') \longrightarrow F(x)$ sowie $F(x'') \longrightarrow F(x)$ und daraus erzwungenermaßen

$$\lim_{n \to \infty} F_n(x) = F(x).$$

∎

Die Umkehrung von Satz 5.3.3 ist im Allgemeinen nicht richtig, wie schon das folgende Beispiel belegt.

Beispiel 5.10 Sei X eine $\mathbf{B}\left(\frac{1}{2}\right)$ -verteilte Zufallsvariable und $X_n = 1 - X$, für alle $n \in \mathbb{N}$. Dann besitzen X und X_n dieselbe Verteilung, also gilt

$$X_n \xrightarrow{d} X.$$

Andererseits kann X_n aber nicht nach Wahrscheinlichkeit gegen X konvergieren, denn es besteht die Beziehung $|X_n - X| = 1$, für alle $n \in \mathbb{N}$.

Die Umkehrung von Satz 5.3.3 ist aber z.B. immer dann zutreffend, wenn alle beteiligten Zufallsvariablen auf demselben W-Raum definiert sind und die Grenzzufallsvariable X fast sicher konstant ist, siehe Aufgabe 5.4.

5.4   Konvergenz im r -ten Mittel

In diesem Abschnitt führen wir zunächst die Räume

$$\mathcal{L}^r(\Omega, \mathcal{A}, P) := \{ X \; : \; X \text{ ist Zufallsvariable auf } (\Omega, \mathcal{A}, P) \text{ mit } E|X|^r < \infty \}$$

ein, also die Menge aller r -fach P -integrierbaren Zufallsvariablen auf $(\Omega, \mathcal{A})$. Dafür schreiben wir oft abkürzend einfach $\mathcal{L}^r$. Einige elementare Eigenschaften dieser Räume lassen sich mit einfachen Hilfsmitteln herleiten. Ersetzt man in der Hölderschen Ungleichung (2.36)

$$E|XY| \leq [E|X|^p]^{\frac{1}{p}} [E|Y|^q]^{\frac{1}{q}}, \qquad \frac{1}{p} + \frac{1}{q} = 1, \tag{5.7}$$

X durch $|X|^r$, dann wird daraus mit $Y \equiv 1, p = \frac{s}{r}$ und $q = \frac{s}{s-r}$ die Abschätzung $E|X|^r \leq [E|X|^s]^{\frac{r}{s}}$, aus der die Inklusion

$$\mathcal{L}^s \subseteq \mathcal{L}^r, \qquad \forall 1 \leq r < s < \infty,$$

folgt. Mit der Cauchy-Schwarz-Ungleichung (2.38) erhalten wir außerdem:

$$X, Y \in \mathcal{L}^2 \; \Rightarrow \; XY \in \mathcal{L}^1.$$

Die Minkowski-Ungleichung (2.39) erlaubt es uns schließlich, $\mathcal{L}^r$ als linearen Raum zu denken, denn für Konstanten $a, b \in \mathbb{R}$ begründet sie die Implikation

$$X, Y \in \mathcal{L}^r \; \Rightarrow \; aX + bY \in \mathcal{L}^r.$$

Wir definieren nun auf diesen Räumen einen Konvergenzbegriff, der in der Theorie der Integrale bzw. der Erwartungswerte wurzelt.

Definition 5.4.1 (Konvergenz im r-ten Mittel) *Eine Folge von Zufallsvariablen $(X_n)_{n\in\mathbb{N}}$ aus $\mathcal{L}^r(\Omega,\mathcal{A},P)$ konvergiert im r-ten Mittel gegen eine Zufallsvariable $X \in \mathcal{L}^r(\Omega,\mathcal{A},P)$, falls*

$$E|X_n - X|^r \longrightarrow 0.$$

(Bezeichnungsweise: $X_n \xrightarrow{\mathcal{L}^r} X$)

Bei $r = 1$ spricht man von Konvergenz im Mittel, bei $r = 2$ von Konvergenz im quadratischen Mittel. Für festes ω kann $X_n(\omega) - X(\omega)$ als Fehler interpretiert werden, der bei der Approximation von $X(\omega)$ durch $X_n(\omega)$ auftritt, $|X_n(\omega) - X(\omega)|^r$ ist die r-te Potenz des absoluten punktweisen Approximationsfehlers. Bilden wir das mit P gewichtete Mittel dieser Werte über ganz Ω, ergibt sich $E|X_n - X|^r$, und die Konvergenz dieser Erwartungswerte gegen Null besagt, dass X durch Folgeglieder X_n in diesem globalen Sinn beliebig gut approximiert werden kann.

Beispiel 5.11 Sei $(X_n)_{n\in\mathbb{N}}$ eine Folge von Zufallsvariablen mit

$$P\left(X_n = n^{1/r^2}\right) = \frac{1}{n} = 1 - P(X_n = 0).$$

Dann ist $E|X_n|^r = n^{(1-r)/r} \xrightarrow{n\to\infty} 0$ für alle $r > 1$ und deshalb $X_n \xrightarrow{\mathcal{L}^r} 0$.

Beispiel 5.12 Sei $(X_n)_{n\in\mathbb{N}}$ eine Folge von Zufallsvariablen mit

$$P(X_n = n^\alpha) = \frac{1}{n} = 1 - P(X_n = 0).$$

Dann ist $E|X|^r = n^{\alpha r - 1}$ und $(X_n)_{n\in\mathbb{N}}$ konvergiert im r-ten Mittel, falls $\alpha < \frac{1}{r}$ ist. Andererseits, da für $\varepsilon \in (0,1)$ und $\alpha > 0$

$$P(|X_n| > \varepsilon) = P(X_n = n^\alpha) = \frac{1}{n} \xrightarrow{n\to\infty} 0,$$

konvergiert $(X_n)_{n\in\mathbb{N}}$ für alle $\alpha \in \mathbb{R}$ nach Wahrscheinlichkeit gegen 0.

Wie fügt sich der neue Begriff in das Spektrum der bisherigen Konvergenzbegriffe ein? Eine erste Antwort ist:

Für alle $r \geq 1$ ist Konvergenz im r-ten Mittel eine stärkere Eigenschaft als Konvergenz nach Wahrscheinlichkeit:

Satz 5.4.2 $X_n \xrightarrow{\mathcal{L}^r} X$ für $r \geq 1$ $\implies$ $X_n \xrightarrow{p} X$.

Beweis. Den Nachweis bewältigen wir leicht mit der Markov-Ungleichung (5.4), denn

$$P(|X_n - X| \geq \varepsilon) \leq \frac{1}{\varepsilon^r} E|X_n - X|^r,$$

und daraus folgt die Aussage unmittelbar. ∎

In voller Allgemeinheit gilt die Umkehrung dieses Satzes nicht, wie Beispiel 5.12 für $\alpha \geq \frac{1}{r}$ bestätigt. Die Gültigkeit der Umkehrung kann indes unter zusätzlichen Bedingungen an die Folge der X_n erreicht werden. Hinreichend hierfür ist die gleichmäßige Beschränktheit der X_n durch eine $\mathcal{L}^r$ - Zufallsvariable Y, siehe Aufgabe 5.5. Ist die Konvergenz im r-ten Mittel ausreichend schnell, kann man sogar auf fast sichere Konvergenz schließen, siehe Aufgabe 5.6. Im Allgemeinen folgt aber aus der $\mathcal{L}^r$ -Konvergenz nicht die fast sichere Konvergenz. Die Umkehrung gilt allerdings ebenso wenig. Wir geben zwei Beispiele aus vielen:

Beispiel 5.13 Mit diesem Beispiel bestätigen wir, dass

$$X_n \xrightarrow{\mathcal{L}^r} 0, \ \forall r \geq 1 \ \nRightarrow \ X_n \to 0 \quad P\text{-f.s.}$$

Sei $(X_n)_{n\in\mathbb{N}}$ eine unabhängige Folge $\mathbf{B}(\frac{1}{n})$ -verteilter Zufallsvariablen. Offensichtlich ist

$$E|X_n|^r = P(X_n = 1) = \frac{1}{n} \xrightarrow{n\to\infty} 0.$$

Andererseits folgt mit dem Borel-Cantelli-Lemma

$$P\left(\limsup_{n\to\infty}\{X_n = 1\}\right) = P\left(\limsup_{n\to\infty} X_n = 1\right) = 1$$

und

$$P\left(\limsup_{n\to\infty}\{X_n = 0\}\right) = P\left(\liminf_{n\to\infty} X_n = 0\right) = 1,$$

d.h. $(X_n)_{n\in\mathbb{N}}$ konvergiert nicht P-f.s.

Beispiel 5.14 Mit diesem Beispiel bestätigen wir, dass

$$X_n \longrightarrow 0 \quad P\text{-f.s.} \ \nRightarrow \ X_n \xrightarrow{\mathcal{L}^r} 0, \ r > 0.$$

Auf dem W-Raum $([0,1], \mathcal{B}([0,1]), P)$ mit $P = \lambda$ seien die Zufallsvariablen

$$X_n(\omega) = e^n \cdot 1_{[0,\frac{1}{n}]}(\omega)$$

definiert. Für alle $\omega \in \Omega \setminus \{0\}$ haben wir $X_n(\omega) \xrightarrow{n\to\infty} 0$. Andererseits gilt $E|X_n|^r = e^{nr}\lambda\left([0,\frac{1}{n}]\right) = n^{-1}e^{nr} \longrightarrow \infty$.

Die Begriffsbildungen der Konvergenz einer Folge $(X_n)_{n\in\mathbb{N}}$ gegen X im Mittel, nach Wahrscheinlichkeit und fast sicher erfassen auf verschiedene Weise die Vorstellung , dass $X(\omega)$ als Funktion von ω durch $X_n(\omega)$ für größer werdende n zunehmend genau approximiert werden kann. Dann kann auch die Verteilungsfunktion von X durch die Verteilungsfunktion von X_n approximiert werden. Und in der Tat folgt, wie gesehen, die Konvergenz nach Verteilung aus jedem anderen hier untersuchten Konvergenzmodus.

Es kann noch bemerkt werden, dass die Umkehrung der Schlussrichtung in keinem Fall gilt, denn Konvergenz nach Verteilung ist eine Eigenschaft, die direkt an die Verteilungsfunktionen anknüpft, und sie sagt damit noch nichts über die Beziehung von $X_n(\omega)$ und $X(\omega)$ aus, weder lokal noch global. Zwei Zufallsvariablen können durchaus dieselbe Verteilungsfunktion haben und doch als Funktionen, selbst wenn sie auf demselben W-Raum definiert sind, sehr verschieden sein.

5.5   Aufgaben

5.1 Es sei $(\Omega, \mathcal{A}, P)$ ein W-Raum. Ein Ereignis $A \in \mathcal{A}$ mit $P(A) > 0$ heißt *Atom*, falls für $B \in \mathcal{A}$ mit $B \subseteq A$ entweder $P(B) = 0$ oder $P(B) = P(A)$ gilt. Sei Ω eine abzählbare Vereinigung disjunkter Atome und $(X_n)_{n\in\mathbb{N}}$ eine Folge von Zufallsvariablen auf Ω .

Zeigen Sie: $(X_n)_{n\in\mathbb{N}}$ konvergiert nach Wahrscheinlichkeit $\Rightarrow$ $(X_n)_{n\in\mathbb{N}}$ konvergiert P-f.s.

5.2 Sei $(X_n)_{n\in\mathbb{N}}$ eine Folge von Zufallsvariablen mit

$$X_1 > X_2 > \cdots > 0 \qquad P\text{-f.s.}$$

Zeigen Sie: $X_n \xrightarrow{p} 0 \Rightarrow X_n \longrightarrow 0 \quad P$-f.s.

5.3 Es sei $(X_n)_{n\in\mathbb{N}}$ eine Folge von Zufallsvariablen, die nach Wahrscheinlichkeit gegen eine Zufallsvariable X konvergiert.

Zeigen Sie: Es existiert eine Teilfolge $(X_{n_k})_{k\in\mathbb{N}}$, die fast sicher gegen X konvergiert.

5.4 Es sei $(X_n)_{n\in\mathbb{N}}$ eine Folge von Zufallsvariablen, die alle auf demselben W-Raum definiert sind. Konvergiert $(X_n)_{n\in\mathbb{N}}$ nach Verteilung gegen X und ist X fast sicher konstant, dann konvergiert $(X_n)_{n\in\mathbb{N}}$ auch nach Wahrscheinlichkeit gegen X . Beweisen Sie diesen Satz.

5.5 Beweisen Sie die folgende Aussage: Ist $(X_n)_{n\in\mathbb{N}}$ eine Folge von Zufallsvariablen mit $P(|X_n| \leq Y) = 1$ für eine $\mathcal{L}^r$-Zufallsvariable Y und alle $n \in \mathbb{N}$, dann folgt aus $X_n \xrightarrow{p} X$ die Konvergenz im r-ten Mittel $X_n \xrightarrow{\mathcal{L}^r} X$.

5.6 Sei $(X_n)_{n\in\mathbb{N}}$ eine Folge von Zufallsvariablen mit $\sum_{n=1}^{\infty} E|X_n - X|^r < \infty$. Zeigen Sie, dass $(X_n)_{n\in\mathbb{N}}$ gegen X fast sicher konvergiert.

5.7 Es sei $(X_n)_{n\in\mathbb{N}}$ eine Folge identisch verteilter, unabhängiger, quadratisch integrierbarer Zufallsvariablen auf demselben W-Raum. Zeigen Sie, dass

$$nP(|X_1| \geq \varepsilon\sqrt{n}) \stackrel{n\to\infty}{\longrightarrow} 0, \qquad \forall \varepsilon > 0.$$

Konvergiert $n^{-1/2} \max\{|X_1|, \ldots, |X_n|\}$ für $n \to \infty$?

5.8 Die auf einem gemeinsamen W-Raum definierten Zufallsvariablen der Folge $(X_n)_{n\in\mathbb{N}}$ seien unabhängig mit $X_k \sim \mathbf{B}(\frac{1}{k}), k \in \mathbb{N}$. Untersuchen Sie für $n \to \infty$

$$\frac{1}{\ln n} \sum_{k=1}^{n} X_k$$

auf Konvergenz.

5.9 Für zwei auf einem gemeinsamen W-Raum Ω definierte Zufallsvariablen X und Y sei

$$d(X,Y) := E\left(\frac{|X-Y|}{1+|X-Y|}\right).$$

(a) Zeigen Sie, dass d eine Pseudo-Metrik auf der Menge aller Zufallsvariablen auf Ω ist.

(b) Sei $(X_n)_{n\in\mathbb{N}}$ eine Folge von Zufallsvariablen auf einem gemeinsamen W-Raum. Zeigen Sie:

$$X_n \stackrel{p}{\longrightarrow} X \iff d(X_n, X) \stackrel{n\to\infty}{\longrightarrow} 0.$$

(c) Kann auch die fast sichere Konvergenz durch eine Pseudo-Metrik beschrieben werden?

5.10 Es sei $(X_n)_{n\in\mathbb{N}}$ eine Folge unabhängiger Zufallsvariablen auf einem W-Raum $(\Omega, \mathcal{A}, P)$. Zeigen Sie:

$$\sum_{k=1}^{\infty} X_k^2 < \infty \text{ P-f.s.} \iff \sum_{k=1}^{\infty} E\left(\frac{X_k^2}{1+X_k^2}\right) < \infty.$$

5.11 (**Lévy-Abstand**) Für zwei Verteilungsfunktionen F und G sei

$$d_L(F,G) := \inf\{\varepsilon > 0 : F(x-\varepsilon) - \varepsilon \leq G(x) \leq F(x+\varepsilon) + \varepsilon, \forall x \in \mathbb{R}\}$$

der *Lévy-Abstand*.

(a) Zeigen Sie, dass d_L eine Metrik auf der Menge der Verteilungsfunktionen definiert.

(b) Sei $(X_n)_{n\in\mathbb{N}}$ eine Folge von Zufallsvariablen mit zugehöriger Folge von Verteilungsfunktionen $(F_n)_{n\in\mathbb{N}}$, und sei X eine Zufallsvariable mit Verteilungsfunktion F. Zeigen Sie:

$$X_n \xrightarrow{\;d\;} X \iff d_L(F_n, F) \xrightarrow{n\to\infty} 0.$$

5.12 Es sei $(X_n)_{n\in\mathbb{N}}$ eine Folge von Zufallsvariablen mit $X_n \xrightarrow{\;p\;} X$ für $n \to \infty$. Dann gibt es entweder eine Konstante c mit $P(X = c) = 1$ oder X und X_n sind abhängige Zufallsvariablen für alle außer endlich vielen Werten von n. Beweisen Sie dies.

5.13 Es sei $(X_n)_{n\in\mathbb{N}}$ eine Folge unabhängiger, $\mathbf{N}(0,1)$-verteilter Zufallsvariablen. Wir definieren für $n \in \mathbb{N}$

$$V_n := \sum_{k=1}^{n} \frac{X_{2k-1}}{X_{2k}} \qquad \text{und} \qquad W_n := \sum_{k=1}^{n} X_k^2.$$

Welche Grenzverteilung hat der Quotient V_n/W_n für $n \to \infty$?

5.14 Angenommen, $(X_n)_{n\in\mathbb{N}}$ ist eine Folge von Zufallsvariablen, jeweils mit Werten in $[0,1]$, und X ist eine Indikatorfunktion mit

$$P(X = 1) = p = 1 - P(X = 0).$$

Zeigen Sie:

(a) Falls $E(X_n X) \longrightarrow p$ für $n \to \infty$, dann $X_n \xrightarrow{\;\mathcal{L}^2\;} X$.

(b) Falls $P(X_n \leq x) \longrightarrow 1 - p$ für $n \to \infty$, $\forall x \in (0,1)$, dann $X_n \xrightarrow{\;d\;} X$.

(c) Falls $EX_n \longrightarrow p$ und $EX_n^2 \longrightarrow p$ für $n \to \infty$, dann $X_n \xrightarrow{\;p\;} X$.

5.15 Es sei $(X_n)_{n\in\mathbb{N}}$ eine Folge unabhängiger und identisch verteilter Zufallsvariablen mit

$$P(X_n = 1) = \frac{1}{2} = P(X_n = 0).$$

Sei

$$Y_n = \sum_{i=1}^{n} \frac{X_i}{2^i}.$$

Konvergiert $(Y_n)_{n\in\mathbb{N}}$

(a) fast sicher?

(b) nach Wahrscheinlichkeit?

(c) im r-ten Mittel?

(d) nach Verteilung?

5.16 (Der größte Binomialkoeffizient) Unter den Binomialkoeffizienten

$$\binom{2n}{k}, \qquad k = 0, \ldots, 2n,$$

ist $\binom{2n}{n}$ der größte. Er tritt in zahlreichen Formeln auf sowie auch in der Definition der Catalanschen Zahlen. Geben Sie einen probabilistischen Beweis der Abschätzung

$$\binom{2n}{n} \geq \frac{2^{2n}}{4\lceil \sqrt{n}\,\rceil}, \qquad \forall n \in \mathbb{N}.$$

Hinweis: Es seien $(X_n)_{n \in \mathbb{N}}$ unabhängige, jeweils $\mathbf{B}(\frac{1}{2})$-verteilte Zufallsvariablen und $S_{2n} = X_1 + \ldots + X_{2n}$. Verwenden Sie die Tschebyscheff-Ungleichung in der Form

$$P(|S_{2n} - n| < \sqrt{n}) \geq \frac{1}{2}.$$

5.17 Es sei X eine Zufallsvariable mit Erwartungswert μ und Varianz σ^2.

    a) Beweisen Sie, dass

$$P(X - \mu \geq \epsilon) \leq \frac{\sigma^2}{\sigma^2 + \epsilon^2}, \qquad \forall \epsilon > 0.$$

    (Dies ist die *Cantelli-Ungleichung*.)

    b) Bestätigen Sie, dass die Cantelli-Ungleichung scharf ist.

    Hinweis: Definieren Sie eine Zufallsvariable X, die nur 2 Werte annehmen kann.

    c) Zeigen Sie, dass

$$P(|X - \mu| \geq \epsilon) \leq \frac{2\sigma^2}{\sigma^2 + \epsilon^2}.$$

    Wann ist diese Ungleichung schärfer als die Tschebyscheff-Ungleichung?

5.18 (Die probabilistische Methode, Fortsetzung von Aufgabe 2.35) Es sei X eine Zufallsvariable mit Erwartungswert 0 und $E \exp(t|X|) < \infty$ für ein $t > 0$. Die Chernoff-Schranke (2.80) besagt, dass

$$P(|X| \geq \lambda) \leq \inf_{t \geq 0} e^{-t\lambda} E \exp(t|X|), \qquad \forall \lambda \geq 0, \tag{5.8}$$

und die Markov-Ungleichung (5.4) liefert die Abschätzung

$$P(|X| \geq \lambda) \leq \lambda^{-k} E|X|^k, \qquad \forall k \geq 0 \text{ und } \forall \lambda \geq 0. \tag{5.9}$$

Zeigen Sie mit Hilfe der probabilistischen Methode, dass es (abgesehen von trivialen Fällen) für jedes λ ein k gibt, so dass die Ungleichung (5.9) schärfer ist als (5.8).

Hinweis: Nehmen Sie eine Taylor-Entwicklung von $E \exp(t|X|)$ vor.

5.19 **(Klassische Belegungsprobleme)** Jede von n Kugeln wird unabhängig von allen anderen Kugeln rein zufällig in einen von m Behältern gegeben. Zeigen Sie:

(a) Die Wahrscheinlichkeit $p_0(n,m)$, dass kein Behälter leer bleibt, ist

$$\sum_{j=0}^{m}(-1)^j \binom{m}{j}\left(1-\frac{j}{m}\right)^n .$$

(b) Die Wahrscheinlichkeit $p_k(n,m)$, dass genau k Behälter leer bleiben, ist

$$\binom{m}{k}\left(1-\frac{k}{m}\right)^n p_0(n,m-k).$$

(c) Sei $N(n,m)$ die Anzahl der leeren Behälter. Ermitteln Sie die Grenzverteilung von $N(n,m)$, falls $n,m \to \infty$ so, dass $m\exp(-n/m) \longrightarrow \lambda \in (0,\infty)$.

Hinweis: Berücksichtigen Sie die Abschätzung $1-x \le \exp(-x)$, $\forall x \in (0,1)$, um zu zeigen, dass

$$\binom{m}{k}\left[1-\frac{k}{m}\right]^n \longrightarrow \frac{\lambda^k}{k!}.$$

(d) Angenommen, es werden so lange unabhängig und rein zufällig Kugeln auf Behälter verteilt, bis genau k Behälter belegt sind. Sei N_k die Anzahl der benötigten Kugeln. Beweisen Sie, dass für $k = m$

$$\frac{1}{m}(N_m - m\ln m) \xrightarrow{\;d\;} N,$$

wobei N die Verteilungsfunktion $P(N \le x) = e^{-e^{-x}}$, $\forall x \in \mathbb{R}$, hat. Die Grenzverteilung heißt *Extremwertverteilung*.

Hinweis: Benutzen Sie das Resultat in (c) mit $n = m\ln m + mx$.

(e) Die Zufallsvariable $N_k - k$ konvergiert nach Verteilung, falls $k^2/m \to \lambda$. Bestimmen Sie die Grenzverteilung.

Hinweis: Stellen Sie $N_k - k$ als Summe von $k-1$ unabhängigen Zufallsvariablen dar.

5.20 Ein Teilchen bewegt sich auf $\mathbb{Z}$, indem es ausgehend vom Ursprung zur Zeit 0 in jeder Zeiteinheit mit gleicher Wahrscheinlichkeit einen Sprung der Länge 1 nach links oder rechts ausführt. Sei $T_k(m)$ der Zeitpunkt des k-ten Besuches von $m \in \mathbb{Z}$.

(a) Zeigen Sie, dass $T_k(0)/k^2$ für $k \to \infty$ nach Verteilung konvergiert. Ermitteln Sie die Grenzverteilung.

(b) Zeigen Sie, dass

$$P(T_1(m) = 2n - m) = \frac{m}{2n - m}\binom{2n - m}{n}2^{m-2n}, \ \forall n = m, m+1, \ldots.$$

(c) Zeigen Sie, dass für alle $t > 0$

$$\lim_{m \to \infty} P\left(\frac{T_1(m)}{m^2} \le t\right) = 1 - \sqrt{\frac{2}{\pi}}\int_0^{t^{-1/2}} e^{-x^2/2}dx.$$

(Dies ist die *stabile Verteilung* mit *Index* $1/2$. Sie besitzt die Dichte

$$f(x) = \frac{1}{\sqrt{2\pi x^3}}e^{-\frac{1}{2x}}\cdot 1_{\mathbb{R}_+}(x).)$$

5.21 Angenommen, es ist $P(X = k) = p(1-p)^{k-1}$ für alle $k \in \mathbb{N}$ und einen Parameter $p \in [0,1]$.

(a) Bestimmen Sie die bedingte Verteilung von X gegeben $\{X \le n\}$.

(b) Zeigen Sie, dass die bedingte Verteilung in (a) für $p \downarrow 0$ konvergiert, und geben Sie die Grenzverteilung an.

5.22 Es sei $(X_n)_{n \in \mathbb{N}}$ eine Folge nichtnegativer Zufallsvariablen mit

$$X_n \longrightarrow X \qquad \text{f.s.}$$

und

$$EX_n \longrightarrow EX,$$

wobei $EX < \infty$ ist. Zeigen Sie, dass dann auch

$$X_n \xrightarrow{\mathcal{L}^1} X.$$

5.23 **(William Lowell Putnam-Mathematikwettbewerb)** Sei p_n die Wahrscheinlichkeit, dass $c + d$ eine Quadratzahl ist, wenn die Zahlen c und d unabhängig nach der Gleichverteilung aus $\{1, \ldots, n\}$ gewählt werden. Zeigen Sie, dass $\sqrt{n}p_n$ konvergiert, und drücken Sie diesen Grenzwert in der Form $r(\sqrt{s} - t)$ aus, wobei s, t natürliche Zahlen und r eine rationale Zahl ist.

5.24 Für $n \in \mathbb{N}$ seien $X_1, \ldots, X_n$ unabhängige, **Exp**(1)-verteilte Zufallsvariablen. Zeigen Sie, dass für $n \to \infty$

$$P(\max\{X_1, \ldots, X_n\} - \ln n \le x) \longrightarrow e^{-e^{-x}}, \qquad \forall x \in \mathbb{R}.$$

5.25 Eine Zahl ω wird gemäß der Gleichverteilung aus dem Intervall $[0,1]$ gezogen. Die Zufallsvariablen X_n, $n \in \mathbb{N}_0$, seien durch

$$X_n(\omega) := \sum_{i=0}^{n}(-1)^i \frac{\omega^{2i}}{(2i)!}$$

definiert.

(a) Zeigen Sie, dass die Folge $(X_n)_{n \in \mathbb{N}_0}$ fast sicher konvergiert, und ermitteln Sie die Grenzverteilung.

(b) Für $n \in \mathbb{N}_0$ sei

$$Z_n(\omega) := \sum_{i=n+1}^{\infty}(-1)^i \frac{\omega^{2i}}{(2i)!}.$$

Zeigen Sie, dass $Z_n \xrightarrow{\mathcal{L}^2} 0$.

5.26 Es sei $(X_n)_{n \in \mathbb{N}}$ eine Folge unabhängiger und identisch verteilter Zufallsvariablen mit der Dichte

$$f(x) = \begin{cases} |x|^{-3}, & \text{falls } |x| \geq 1 \\ 0, & \text{sonst.} \end{cases}$$

Sei $S_n = X_1 + \cdots + X_n$.

(a) Überzeugen Sie sich, dass $\operatorname{var} S_n = \infty$.

(b) Zeigen Sie, dass

$$\frac{S_n}{n \ln n}$$

nach Verteilung konvergiert, und ermitteln Sie die Grenzverteilung.

5.27 Sukzessive werden Realisierungen unabhängiger, $\mathbf{U}[0,1]$-verteilter Zufallsvariablen beobachtet. Wenn $2n - 1$ Realisierungen vorliegen, wird mit $X_{[n]}$ deren Median bezeichnet.
Zeigen Sie, dass die Folge der Mediane $(X_{[n]})_{n \in \mathbb{N}}$ nach Verteilung, nach Wahrscheinlichkeit sowie in $\mathcal{L}^2$ konvergiert, und ermitteln Sie die Grenzverteilung. Was ergibt sich als Grenzverteilung, wenn die Realisierungen aus der $\mathbf{Exp}(\lambda)$-Verteilung kommen?

5.28 Es sei $(X_n)_{n \in \mathbb{N}}$ eine Folge unabhängiger und identisch verteilter Zufallsvariablen mit

$$P(X_n = -1) = P(X_n = +1) = \frac{1}{2}, \qquad \forall n \in \mathbb{N}.$$

Ferner seien $S_0 := 0$ und $S_n := X_1 + \cdots + X_n$.
Beweisen Sie:

(a) $P(\limsup_{n\to\infty} S_n = \infty) = 1 = P(\liminf_{n\to\infty} S_n = -\infty)$.

Hinweis: Definieren Sie

$$\alpha_j = P(\sup\{S_0, S_1, \ldots\} \geq j),$$

und prüfen Sie, dass $\alpha_j - \alpha_{j-1} = \alpha_{j+1} - \alpha_j = c = const.$, $\forall j \in \mathbb{N}$.
Schließen Sie daraus, dass $\alpha_j = \alpha_0 = 1$.

(b) $P(S_0, S_1, \ldots$ nimmt jeden Wert $k \in \mathbb{N}$ unendlich oft an$) = 1$.

5.29 Die Zufallsvariablen X, $Z_1, \ldots, Z_n$ seien unabhängig für alle $n \in \mathbb{N}$. Dabei habe X die Dichte $f(x) = 1$ auf $[0,1]$, und es sei

$$P(Z_n = 1) = 1 - P(Z_n = 0) = \frac{1}{n}.$$

Wir definieren

$$Y_n := X + nZ_n, \qquad \forall n \in \mathbb{N}.$$

Zeigen Sie:

(a) $Y_n \xrightarrow{p} X$.

(b) $(Y_n)_{n\in\mathbb{N}}$ konvergiert nicht fast sicher.

(c) Sei $n_k = 2^k$. Dann gilt für $k \to \infty$

$$Y_{n_k} \longrightarrow X \quad \text{f.s.}$$

(d) $Y_n \xrightarrow{\mathcal{L}^p} X$ für $p < 1$, aber nicht für $p \geq 1$.

(e) Aus (a) können wir folgern, dass $Y_n \xrightarrow{d} X$. Sei nun aber $(X_n)_{n\in\mathbb{N}}$ eine Folge unabhängiger Zufallsvariablen, jeweils mit derselben Verteilung wie X, aber unabhängig von X und so, dass auch die X_n von den Z_n unabhängig sind. Wir setzen

$$W_n := X_n + nZ_n.$$

Konvergiert $(W_n)_{n\in\mathbb{N}}$ nach Verteilung gegen X? Konvergiert $(W_n)_{n\in\mathbb{N}}$ nach Wahrscheinlichkeit gegen X?

5.30 (Ein Null-Eins-Gesetz) Es sei $(X_n)_{n\in\mathbb{N}}$ eine Folge unabhängiger Zufallsvariablen und $(c_n)_{n\in\mathbb{N}}$ eine Folge reeller Konstanten dergestalt, dass $c_n X_n(\omega) \xrightarrow{n\to\infty} 0$, punktweise für alle ω aus einer Menge mit positiver Wahrscheinlichkeit. Beweisen Sie:

(a) $c_n X_n \xrightarrow{n\to\infty} 0 \qquad$ f.s.

(b) Für jede Konstante $\alpha > 0$ ist $\sum_{n=1}^{\infty} P\left(|X_n| \geq \frac{\alpha}{c_n}\right) < \infty$.

5.31 (Konvergenzradius und Konvergenzmenge) Wir betrachten eine Potenzreihe $\sum_{k=0}^{\infty} a_k x^k$ reeller Zahlen mit Konvergenzradius R und eine Zufallsvariable X auf einem W-Raum $(\Omega, \mathcal{A}, P)$ mit stetiger Verteilungsfunktion F. Des Weiteren seien die Zufallsvariablen X_n definiert durch

$$X_n := \sum_{k=0}^{n} a_k X^k,$$

und

$$\mathcal{C} := \{\omega \in \Omega : X_n(\omega) \text{ konvergiert}\}$$

sei die *Konvergenzmenge* der Folge $(X_n)_{n \in \mathbb{N}_0}$.

(a) In welcher Beziehung stehen die Konvergenzmenge $\mathcal{C}$ und das Ereignis $\{|X| \leq R\}$?

(b) Bestimmen Sie $P(\mathcal{C})$.

5.32 (Theorem von Kolmogorov und Khinchin) Es sei $(X_n)_{n \in \mathbb{N}}$ eine Folge von Zufallsvariablen mit $EX_n = 0$, $\forall n \in \mathbb{N}$. Unter der Voraussetzung

$$\sum_{n=1}^{\infty} EX_n^2 < \infty$$

konvergiert $\sum_{n=1}^{\infty} X_n$ fast sicher. Beweisen Sie diese Aussage.

Hinweis: Zeigen Sie zunächst, dass unter den getroffenen Voraussetzungen *Kolmogorovs Ungleichung* gilt, d.h. für alle $\varepsilon > 0$ ist

$$P\left(\max_{1 \leq k \leq n} \left|\sum_{i=1}^{k} X_i\right| \geq \varepsilon\right) \leq \frac{1}{\varepsilon^2} E\left(\sum_{i=1}^{n} X_i^2\right).$$

5.33 Sei N eine geometrisch auf $\mathbb{N}_0$ verteilte Zufallsvariable mit Parameter p:

$$P(N = k) = p(1 - p)^k, \qquad \forall k \in \mathbb{N}_0.$$

Ferner sei $(X_n)_{n \in \mathbb{N}}$ eine Folge unabhängiger und identisch verteilter Zufallsvariablen mit Erwartungswert $\mu > 0$.

(a) Zeigen Sie, dass

$$\lim_{p \to 0} P(pN \leq x) = 1 - e^{-x}, \qquad \forall x \geq 0.$$

(b) Zeigen Sie: Ist N unabhängig von den X_n, dann gilt mit $S_0 := 0$ und $S_n := X_1 + \cdots + X_n$,

$$\lim_{p \to 0} P\left(\frac{S_N}{ES_N} \leq x\right) = 1 - e^{-x}, \qquad \forall x \geq 0.$$

5.34 (Konvergenzsatz für erzeugende Funktionen) Es sei

$$G(s) = \sum_{n=0}^{\infty} \alpha_n s^n, \qquad \forall s \in (0,1),$$

die erzeugende Funktion der Zahlenfolge $(\alpha_n)_{n \in \mathbb{N}}$. Ist $\alpha_n \geq 0$ für alle $n \in \mathbb{N}$ und $\alpha_n \to \alpha$ für $n \to \infty$, dann folgt aus einem bekannten Resultat über Potenzreihen, dass

$$\lim_{s \uparrow 1} (1-s)G(s) = \alpha.$$

Geben Sie einen probabilistischen Beweis dieser Aussage.

Hinweis: Führen Sie die $\mathbb{N}_0$-wertige Zufallsvariable $N(p)$ mit Verteilung

$$P(N(p) = n) = (1-p)p^n, \qquad \forall n \in \mathbb{N}_0,$$

ein. Konvergiert $N(p)$ nach Wahrscheinlichkeit für $p \to 1$? Berechnen Sie $EN(p)$.

5.35 Es sei $(X_n)_{n \in \mathbb{N}}$ eine Folge von unabhängigen und identisch verteilten Zufallsvariablen. Für $\alpha \in (0,1)$ definieren wir

$$Z_n := \sum_{k=1}^{n} \alpha^k X_k, \qquad n \in \mathbb{N}.$$

Uns interessiert die Konvergenz von $(Z_n)_{n \in \mathbb{N}}$ nach Verteilung.

(a) Genau dann ist Z eine Grenzzufallsvariable von $(Z_n)_{n \in \mathbb{N}}$, wenn die zugehörige charakteristische Funktion Ψ_Z die Beziehung

$$\Psi_Z(t) = \Psi_Z(\alpha t)\Psi_\alpha(t), \qquad \forall t \in \mathbb{R},$$

erfüllt, wobei Ψ_α die charakteristische Funktion einer Zufallsvariable ist.
Beweisen Sie diese Aussage.

(b) Angenommen, es ist $\alpha = \frac{1}{2}$ und

$$P(X_n = -1) = \frac{1}{2} = P(X_n = +1), \qquad \forall n \in \mathbb{N}.$$

Zeigen Sie, dass $(Z_n)_{n \in \mathbb{N}}$ nach Verteilung konvergiert, und bestimmen Sie die Grenzverteilung.

5.36 Angenommen, X_n sei $\mathbf{B}(n,p)$-verteilt mit $p \in (0,1)$.

(a) Bestimmen Sie

$$\lim_{n \to \infty} P(X_n \leq k-1 \,|\, X_n \leq k)$$

für festes k.

(b) Die Verteilung von Y_n sei die bedingte Verteilung von X_n gegeben das Ereignis $\{X_n \leq k\}$. Konvergiert $(Y_n)_{n\in\mathbb{N}}$ im Mittel?

5.37 Sei $(\Omega, \mathcal{A}, P)$ der W-Raum bestehend aus

$$\Omega = [0,1],$$
$$\mathcal{A} = \mathcal{B}([0,1]),$$
$$P = \lambda.$$

Ferner sei

$$A_n := [2^{-m}k, 2^{-m}(k+1)], \qquad \forall n \in \mathbb{N},$$

wobei $2^m + k = n$ die eindeutige Zerlegung von $n \in \mathbb{N}$ ist mit $m \in \mathbb{N}_0$ und $k \in \{0, \ldots, 2^m - 1\}$.
Zeigen Sie:

(a) $1_{A_n} \xrightarrow{p} 0, \quad n \to \infty$.

(b) $\displaystyle \limsup_{n\to\infty} 1_{A_n} = 1$.

(c) $\displaystyle \liminf_{n\to\infty} 1_{A_n} = 0$.

5.38 Auf dem Kreisumfang des Einheitskreises werden jeweils gemäß der Gleichverteilung und unabhängig voneinander n Punkte platziert. Sei X_n die Bogenlänge des längsten Bogens, der keine Punkte enthält. Konvergiert $(X_n)_{n\in\mathbb{N}}$ für $n \to \infty$

(a) nach Verteilung?

(b) im r-ten Mittel?

(c) nach Wahrscheinlichkeit?

(d) fast sicher?

5.39 Es seien $(X_n)_{n\in\mathbb{N}}$ unabhängige Zufallsvariablen und $S_n := X_1 + \cdots + X_n$. Beweisen Sie: Falls $S_n \xrightarrow{p} S$, dann $S_n \longrightarrow S$ f.s.

Hinweis: Offenbar ist

$$P\left(\sup_{m\geq n}|S_m - S| > \varepsilon\right) \leq P\left(\sup_{m\geq n}|S_m - S_n| > \frac{\varepsilon}{2}\right) + P\left(|S_n - S| > \frac{\varepsilon}{2}\right).$$

Um zu zeigen, dass

$$\lim_{n\to\infty} P\left(\sup_{m\geq n}|S_m - S_n| > \frac{\varepsilon}{2}\right) = 0,$$

ist die Einführung der disjunkten Mengen

$$D_k := \left\{ \max_{1\leq j < k}|S_{j+n} - S_n| \leq \varepsilon \cap |S_{k+n} - S_n| > \varepsilon \right\}$$

nützlich. Mit dieser Festlegung haben wir

$$\bigcup_{k=1}^{\infty} D_k = \left\{ \sup_{m \geq n} |S_m - S_n| > \varepsilon \right\}$$

und für $i \geq k$

$$D_k \cap \left\{ |S_{i+n} - S_{k+n}| \leq \frac{\varepsilon}{2} \right\} \subseteq \left\{ |S_{i+n} - S_n| > \frac{\varepsilon}{2} \right\}.$$

5.40 (Zufällige Vorzeichen) Es sei $(X_n)_{n \in \mathbb{N}}$ eine Folge unabhängiger Zufallsvariablen mit

$$P(X_n = -1) = P(X_n = +1) = \frac{1}{2}.$$

Untersuchen Sie

$$\sum_{n=1}^{\infty} \frac{X_n}{n}$$

auf Konvergenz. Vergleichen Sie das Ergebnis mit $\sum_{n=1}^{\infty} \frac{1}{n}$ und $\sum_{n=1}^{\infty} \frac{(-1)^n}{n}$.

5.41 Es sei $(X_n)_{n \in \mathbb{N}}$ eine Folge unabhängiger Zufallsvariablen, jeweils mit einer $\mathbf{B}(p)$ -Verteilung, und für $\alpha \in [0,1]$ sei $S_{n,\alpha} = \sum_{k=1}^{n} X_k / k^{\alpha}$. Für welche p und α konvergiert die Folge $(S_{n,\alpha})_{n \in \mathbb{N}}$ fast sicher?

6 | Grenzwertsätze

6 Grenzwertsätze

In den Fragestellungen früherer Kapitel, etwa zum Konvergenzverhalten einer Folge von Zufallsvariablen, waren die Verteilungen der beteiligten Zufallsvariablen jeweils exakt gegeben. Bei realistischer Modellierung in praktischen Anwendungen ist dies häufig nicht der Fall, meist ist dann nur wenig über die Eigenschaften der auftretenden Zufallsvariablen bekannt, etwa über ihre Erwartungswerte und weitere Momente. Unter diesen Rahmenbedingungen sind Informationen über das Verhalten des Mittels, der Summe oder der Extrema einer großen Zahl dieser Zufallsvariablen sehr nützlich. Während wir in früheren Kapiteln exakte Verteilungsaussagen zum Beispiel über die Summe von Zufallsvariablen X_i aus der exakten Kenntnis der Verteilungen der X_i ableiten konnten, müssen wir uns in diesem Kapitel, in dem wir lediglich partielle Informationen über die X_i besitzen, mit approximativen Verteilungs- und Wahrscheinlichkeitsaussagen begnügen. Dennoch können diese verblüffend detailliert sein.

6.1 Gesetze der großen Zahlen

In diesem Abschnitt werden wir zunächst versuchen, den Zusammenhang zwischen Wahrscheinlichkeiten und relativen Häufigkeiten genauer zu verstehen, und zwar im Zuge einer kurzen Nachzeichnung der historischen Entwicklungsschritte.

Zu diesem Zweck betrachten wir zunächst drei Folgen von jeweils 1000 unter identischen Bedingungen durchgeführten Münzwürfen: $x_{i1}, \ldots, x_{i1000}$ für $i = 1, 2, 3$. Diese modellieren wir als Ausfälle unabhängiger und $\mathbf{B}(\frac{1}{2})$-verteilter Zufallsvariablen X_{ij}. Die Partialfolgen $(\overline{X}_{in})_{n \in \mathbb{N}}$ der zugehörigen relativen Häufigkeiten des Ausfalls 1 (*Kopf*),

$$\overline{X}_{in} := \frac{X_{i1} + \cdots + X_{in}}{n}, \qquad i = 1, 2, 3,$$

sind für $n = 1, \ldots, 1000$ in Abbildung 6.1 graphisch dargestellt.

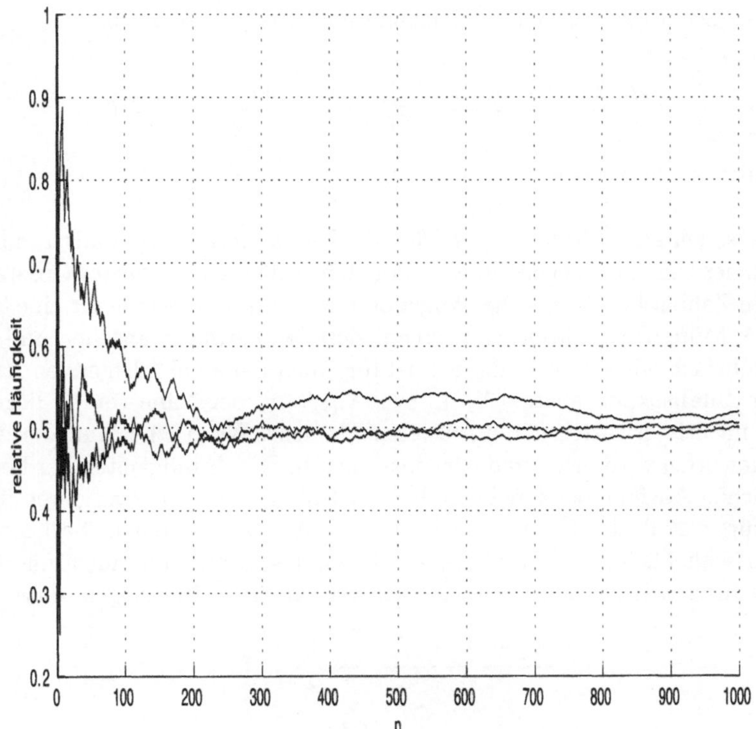

Abbildung 6.1: Partialfolgen der relativen Häufigkeiten des Ausfalls *Kopf* für drei Folgen von Münzwürfen mit jeweils 1000 Würfen.

Nach anfänglich schwankungsreichem Verlauf stabilisieren sich die relativen Häufigkeiten für größer werdende n bei $\frac{1}{2}$. Allgemeiner können wir sogar die folgende Konvergenzaussage für Bernoulli-Zufallsvariablen treffen, die bereits Jakob Bernoulli (1654-1705) bekannt war und 1713 postum in seiner *Ars Conjectandi* publiziert wurde:

Satz 6.1.1 (Bernoullis Gesetz der großen Zahlen) *Seien* $X_1, \ldots, X_n$ *unabhängige,* $\mathbf{B}(p)$ *-verteilte Zufallsvariablen. Dann gilt für* $n \to \infty$

$$\frac{X_1 + \cdots + X_n}{n} \xrightarrow{p} p. \tag{6.1}$$

Beweis. Wir können uns kurz fassen: Die Summe $X_1 + \cdots + X_n$ ist $\mathbf{B}(n,p)$-verteilt. Für $X := \frac{1}{n}(X_1 + \cdots + X_n)$ ist dann $EX = p$ und $\operatorname{var} X = \frac{p(1-p)}{n}$. Die Tschebyscheff-Ungleichung hat also hier die Form

$$P\left(\left|\frac{X_1 + \cdots + X_n}{n} - p\right| \geq \epsilon\right) \leq \frac{p(1-p)}{n\epsilon^2} \xrightarrow{n\to\infty} 0,$$

und dies ist die Bedeutung von (6.1). ∎

Dieses so genannte *Gesetz der großen Zahlen* für Bernoulli-Zufallsvariablen, wegen des zugrunde liegenden Konvergenzbegriffes als *schwaches* Gesetz der großen Zahlen bezeichnet, hat folgende Interpretation: Wenn wir eine Serie von n Münzwürfen insgesamt als ein Zufallsexperiment ansehen und dieses mehrfach wiederholen, dann wird für einen nahe bei 1 liegenden Anteil dieser Zufallsexperimente $(X_1 + \cdots + X_n)/n$ in der Nähe von $\frac{1}{2}$ liegen. Doch intuitiv erwarten wir eigentlich noch mehr: Wenn *eine* Münze wiederholt geworfen wird, erwarten wir, dass die relativen Häufigkeiten der beiden möglichen Ausfälle bei zunehmender Wurfzahl gegen $\frac{1}{2}$ konvergieren. Dass also für $\epsilon > 0$ der Quotient $(X_1 + \cdots + X_n)/n$ von einem bestimmten n_0 an schließlich im Intervall $[\frac{1}{2} - \epsilon, \frac{1}{2} + \epsilon]$ liegt und dann auch innerhalb dieses Intervalls verbleibt. Tatsächlich werden wir später zeigen, dass

$$\frac{X_1 + \cdots + X_n}{n} \longrightarrow \frac{1}{2} \qquad \text{f.s.}$$

Dies ist das *starke* Gesetz der großen Zahlen.

In Satz 6.1.1 klingt bereits das zentrale Leitmotiv der Gesetze der großen Zahlen als Spezialfall an: die asymptotische Stabilisierung von skalierten Partialsummenfolgen. In Verallgemeinerung von Bernoullis Gesetz wollen wir nun jede Aussage vom Typ

$$b_n^{-1}S_n - a_n \xrightarrow{p} 0 \qquad\qquad (6.2)$$

als schwaches Gesetz der großen Zahlen bezeichnen, wobei $(a_n)_{n\in\mathbb{N}}$ und $(b_n)_{n\in\mathbb{N}}$ mit $b_n \xrightarrow{n\to\infty} \infty$ Folgen von Konstanten sind und $(S_n)_{n\in\mathbb{N}}$ die Partialsummenfolge einer Folge $(X_n)_{n\in\mathbb{N}}$ von Zufallsvariablen bezeichnet. Von Interesse ist eine weit gehende Abschwächung der Voraussetzungen an die Zufallsvariablen X_n , so dass für geeignete Folgen $(a_n)_{n\in\mathbb{N}}$, $(b_n)_{n\in\mathbb{N}}$ Aussagen vom Typ (6.2) gemacht werden können. Meist ist dabei $b_n = cn$ zu wählen, doch auch andere Funktionen von n treten auf, siehe Beispiel 6.2.

Prüft man den Gedankengang des Beweises von Satz 6.1.1, so wird deutlich, dass die dortige Beweisidee direkt ausgedehnt werden kann auch auf Partialsummen beliebig verteilter Zufallsvariablen mit endlicher Varianz. Die entsprechende Aussage geht auf Tschebyscheff zurück und stammt aus dem Jahr 1866.

Theorem 6.1.2 (Tschebyscheffs schwaches Gesetz der großen Zahlen) *Es seien* $X_1, \ldots, X_n$ *unabhängige und identisch verteilte Zufallsvariablen mit* $EX_i = \mu$ *und* $\operatorname{var} X_i < \infty$. *Dann gilt*

$$\frac{X_1 + \cdots + X_n}{n} \xrightarrow{p} \mu.$$

Beweis. Siehe Beweis von Satz 6.1.1. ∎

Das vorstehende Theorem ist nur unter der Voraussetzung endlicher Varianz anwendbar. An dieser Stelle setzt die Kritik an. Eine an das zweite Moment geknüpfte Voraussetzung scheint für eine Aussage, die sich auf das erste Moment bezieht, noch stärker als nötig zu sein. Und der nächste, historisch wichtige Entwicklungsschritt bestand denn auch in der Beseitigung dieser Voraussetzung. Er wurde 1929 von Khinchin vorgenommen. Er fordert lediglich $EX_i = \mu < \infty$. Aber auch die Voraussetzung eines endlichen Erwartungswertes erweist sich für die Gültigkeit des schwachen Gesetzes der großen Zahlen noch stärker als erforderlich. Die notwendige Mindestanforderung und somit die abschließende Klärung des Problemkreises für Konvergenz nach Wahrscheinlichkeit ist durch das folgende Theorem von Feller gegeben.

Theorem 6.1.3 *Es seien* $X_1, \ldots, X_n$ *unabhängige und identisch verteilte Zufallsvariablen. Unter der Bedingung* $xP(|X_1| > x) \longrightarrow 0$ *für* $x \to \infty$ *existiert eine Folge* $(a_n)_{n \in \mathbb{N}}$ *von Konstanten mit der Eigenschaft*

$$\frac{X_1 + \cdots + X_n}{n} - a_n \xrightarrow{p} 0. \tag{6.3}$$

Beweis. Der Beweis ist so angelegt, dass auch die Gestalt der Folge $(a_n)_{n \in \mathbb{N}}$ im Verlauf deutlich wird. Seine Leitidee ist eine geschickte Stutzungsstrategie. Wir bilden die in der Höhe b gestutzten Zufallsvariablen $X_i^* = X_i \cdot 1_{\{|X_i| \leq b\}}$ und setzen $e_n = \sum_{i=1}^{n} EX_i^*$. Offenkundig gilt

$$\{|X_1 + \ldots + X_n - e_n| > x\}$$
$$\subseteq \{|X_1^* + \ldots + X_n^* - e_n| > x\} \cup \{X_1 + \ldots + X_n \neq X_1^* + \ldots + X_n^*\}$$

und damit bei Verwendung der Tschebyscheff-Ungleichung

$$P(|X_1 + \ldots + X_n - e_n| > x) \quad \leq P(|X_1^* + \ldots + X_n^* - e_n| > x)$$

$$+P(X_1 + \ldots + X_n \neq X_1^* + \ldots + X_n^*)$$

$$\leq \frac{1}{x^2} \text{var}(X_1^* + \ldots + X_n^*) + P(X_1 + \ldots + X_n \neq X_1^* + \ldots + X_n^*)$$

$$\leq \frac{1}{x^2} \sum_{i=1}^{n} \text{var} X_i^* + \sum_{i=1}^{n} P(X_i \neq X_i^*)$$

$$\leq \frac{n}{x^2} E|X_1^*|^2 + nP(|X_1| > b). \tag{6.4}$$

In dieser Abschätzung ist

$$E|X_1^*|^2 = E[X_1^2 \cdot 1_{\{|X_1| \leq b\}}] \leq 2 \int_0^b x P(|X_1| > x) dx, \tag{6.5}$$

da generell für alle fast sicher nichtnegativen Zufallsvariablen X und alle $k \in \mathbb{N}$ die analog zur entsprechenden Formel für den Erwartungswert (k=1) leicht nachzuprüfende Gleichung

$$EX^k = \int_0^\infty x^k dF_X(x) = k \int_0^\infty x^{k-1} P(X > x) dx$$

besteht. Spezialisiert man auf $x = n\varepsilon$ und $b = n$, erhält man aus (6.4)

$$P\left(\left|\frac{X_1 + \ldots + X_n}{n} - E[X_1 \cdot 1_{\{|X_1| \leq n\}}]\right| > \varepsilon\right) \leq \frac{2}{\varepsilon^2 n} \int_0^n x P(|X_1| > x) dx$$

$$+ nP(|X_1| > n). \tag{6.6}$$

Da $xP(|X_1| > x) \overset{x \to \infty}{\longrightarrow} 0$, schließen wir, dass

$$\frac{1}{n} \int_0^n x P(|X_1| > x) dx \overset{n \to \infty}{\longrightarrow} 0.$$

Damit konvergieren beide Summanden der rechten Seite von (6.6) gegen 0, und die Aussage (6.3) ist bewiesen. ∎

Die Umkehrung von Theorem 6.1.3 ist übrigens auch richtig, wird aber von uns hier nicht bewiesen. Die Bedingung $\lim_{x \to \infty} xP(|X_1| > x) = 0$ ist also sogar notwendig und hinreichend für die Gültigkeit des schwachen Gesetzes. Die Implikationen des schwachen Gesetzes der großen Zahlen sind weit reichend, sowohl in theoretischer als auch in praktischer Hinsicht. Zieht man etwa eine Stichprobe vom Umfang n aus einer Grundgesamtheit mit endlichem Erwartungswert, aber ansonsten beliebigen Verteilungseigenschaften, so wird für größer werdende n mit einer Wahrscheinlichkeit, die gegen 1 konvergiert, das Stichprobenmittel in der Nähe des Verteilungsmittels liegen. Eine noch weiter reichende Aussage enthält

Beispiel 6.1 (Empirische Verteilungsfunktion) Die *empirische Verteilungsfunktion* $\hat{F}_n$ einer Stichprobe $X_1, \ldots, X_n$ aus einer Grundgesamtheit ist definiert als

$$\hat{F}_n(x) = \frac{1}{n} \sum_{i=1}^{n} 1_{(-\infty, x]}(X_i).$$

Die empirische Verteilungsfunktion konvergiert punktweise gegen die Verteilungsfunktion F der Grundgesamtheit, d.h.

$$\hat{F}_n(x) \xrightarrow{p} F(x), \qquad \forall x \in \mathbb{R}.$$

Wir überzeugen uns davon, indem wir x fest aber beliebig wählen und Y_i als Indikatorfunktion des Ereignisses $\{X_i \leq x\}$ definieren. Dann sind die Y_i unabhängige, $\mathbf{B}(p)$-verteilte Zufallsvariablen mit $p = P(Y_i = 1) = P(X_i \leq x) = F(x)$. Also ist mit Bernoullis Gesetz der großen Zahlen, wie behauptet,

$$\hat{F}_n(x) = \frac{Y_1 + \cdots + Y_n}{n} \xrightarrow{p} F(x).$$

(Wir werden an späterer Stelle in Gestalt des Glivenko-Cantelli-Theorems 6.1.6 eine erhebliche Verschärfung dieses Resultates vornehmen.)

Ein Weiteres verdient, hervorgehoben zu werden: Handelt es sich bei den Zufallsvariablen $(X_n)_{n\in\mathbb{N}}$ um Auszahlungen bei einer Serie von Glücksspielen, dann beträgt der Gewinn eines Spielers nach n Spielen insgesamt $S_n = X_1 + \cdots + X_n$. Muss für jedes Spiel ein Einsatz geleistet werden, z.B. d_i für das i-te Spiel, dann ist $b_n := d_1 + \cdots + d_n$ der für n Spiele insgesamt getätigte Einsatz. Eine mögliche Definition eines *fairen Spiels* beruht auf der Forderung $b_n^{-1} S_n - 1 \xrightarrow{p} 0$. Khintchins schwaches Gesetz der großen Zahlen impliziert dann, dass für $EX_i = \mu < \infty$ immer Spieleinsätze gefunden werden können, die das Glücksspiel fair gestalten, z.B. $b_n = n\mu$. Was lässt sich aber hinsichtlich der Möglichkeit fairer Spieleinsätze sagen, wenn Erwartungswerte nicht existieren? Das Auszahlungsprofil beim St. Petersburger Spiel ist von diesem Typ, siehe Aufgabe 2.12. Auch hier lassen sich kumulierte Einsätze b_n angeben, die das Spiel fair machen:

Beispiel 6.2 (St. Petersburger Spiel, Fortsetzung von Aufgabe 2.12) Das St. Petersburger Spiel ist fair für die kumulierten Einsätze $b_n = n \log_2 n$, d.h. für alle $\epsilon > 0$ gilt

$$P\left(\left| \frac{S_n}{n \log_2 n} - 1 \right| > \epsilon \right) \xrightarrow{n \to \infty} 0.$$

Im St. Petersburger Spiel besitzen die $(X_n)_{n \in \mathbb{N}}$ die Verteilung $P(X_n = 2^k) = 2^{-k}$ für alle $k \in \mathbb{N}$. Wir benutzen (6.4) im Beweis von Theorem 6.1.3 mit $b = b_n = n \log_2 n$ und $X_i^* = X_i \cdot 1_{\{|X_i| \le b_n\}}$. Sei m die größte ganze Zahl mit $2^m \le n \log_2 n$. Dann ist

$$EX_i^* = \sum_{k=1}^{m} 2^k \cdot 2^{-k} = m.$$

Weiter ist

$$\log_2 n \le EX_i^* \le \log_2 n + \log_2 \log_2 n,$$

so dass $EX_i^* \sim \log_2 n$ und $e_n := \sum_{i=1}^{n} EX_i^* \sim b_n$. Infolgedessen haben wir für hinreichend große n

$$P\left(\left|\frac{X_1 + \ldots + X_n}{b_n} - 1\right| > \varepsilon\right) = P(|X_1 + \ldots + X_n - b_n| > b_n \varepsilon)$$

$$\le P(|X_1 + \ldots + X_n - e_n|) > \frac{1}{2} b_n \varepsilon)$$

$$\le \frac{4}{b_n^2 \varepsilon^2} \sum_{i=1}^{n} E|X_i^*|^2 + nP(X_1 > b_n). \qquad (6.7)$$

Der zweite Summand der rechten Seite von (6.7) ist $nP(X_1 > n \log_2 n) \le 2/\log_2 n \xrightarrow{n \to \infty} 0$. Um den ersten Summanden abzuschätzen, berechnen wir

$$E|X_i^*|^2 = \sum_{k=1}^{m} 2^k < 2^{m+1} \le 2n \log_2 n,$$

und somit ist

$$\frac{4}{b_n^2 \varepsilon^2} \sum_{i=1}^{n} E|X_i^*|^2 \le \frac{8}{\varepsilon^2 \log_2 n} \xrightarrow{n \to \infty} 0.$$

Das St. Petersburger Spiel kann also auf faire Weise gespielt werden.

Als Nächstes werden wir den Konvergenzmodus verschärfen und zu fast sicherer Konvergenz übergehen. In Analogie heißt jede Aussage vom Typ

$$b_n^{-1} S_n - a_n \longrightarrow 0 \qquad \text{f.s.}$$

starkes Gesetz der großen Zahlen. Mit dem ersten Resultat dieser Art, einer direkten Übertragung von Bernoullis schwachem Gesetz, wartete 1909 Borel auf. Eine Möglichkeit, es zu beweisen, besteht in der Anwendung des Borel-Cantelli-Lemmas.

Theorem 6.1.4 (Borels starkes Gesetz der großen Zahlen) *Es seien $X_1, \ldots, X_n$ unabhängige, $\mathbf{B}(p)$ -verteilte Zufallsvariablen. Dann gilt für $n \to \infty$*

$$\frac{X_1 + \cdots + X_n}{n} \longrightarrow p \qquad \text{f.s.}$$

Beweis. Offenbar ist $S_n \sim \mathbf{B}(n, p)$. Damit wissen wir, dass

$$E\left(\frac{S_n}{n} - p\right) = 0, \qquad E\left(\left[\frac{S_n}{n} - p\right]^2\right) = \frac{p(1-p)}{n}$$

und wegen der Tschebyscheff-Ungleichung

$$P\left(\left|\frac{S_n}{n} - p\right| \geq \epsilon\right) \leq \frac{p(1-p)}{n\epsilon^2}.$$

Die Anwendung des Borel-Cantelli-Lemmas, Satz 2.2.7(a), auf

$$A_i := \left\{|S_{i^2}/i^2 - p| \geq \epsilon\right\}, \qquad i \in \mathbb{N},$$

mit summierbaren Wahrscheinlichkeiten

$$\sum_{i=1}^{\infty} P(A_i) \leq \sum_{i=1}^{\infty} \frac{p(1-p)}{i^2 \epsilon^2} < \infty$$

liefert $P(A_i \ \ u.o.) = 0$. Also konvergiert für $n \to \infty$

$$\frac{S_{n^2}}{n^2} \longrightarrow p \qquad \text{f.s.}$$

Damit haben wir die Aussage des Theorems bereits für die auf den Quadratzahlen basierende Teilfolge verifiziert. Wir müssen nun noch feststellen, wie sich $\frac{S_i}{i} - p$ zwischen aufeinander folgenden Indizes der Teilfolge verhält. Für $i \in \mathbb{N}$ sei $n \in \mathbb{N}$ so gewählt, dass i in der Menge $\{n^2, n^2 + 1, \ldots, (n+1)^2\}$ liegt, dann ist

$$\left| \frac{S_i}{i} - p \right| = \left| \frac{S_{n^2} - n^2 p}{i} + \frac{S_i - S_{n^2}}{i} - \frac{(i - n^2)p}{i} \right|$$

$$\leq \left| \frac{S_{n^2} - n^2 p}{n^2} \right| + \left| \frac{S_{(n+1)^2} - S_{n^2}}{n^2} \right| + \left(\frac{(n+1)^2 - n^2}{n^2} \right) p \qquad (6.8)$$

$$\leq \left| \frac{S_{n^2}}{n^2} - p \right| + \frac{2n+1}{n^2}(1+p).$$

Wenn $i \to \infty$, dann auch $n \to \infty$, und die rechte Seite von (6.8) konvergiert fast sicher gegen 0. ∎

Natürlich gab es im Anschluss an Borels Leistung zahlreiche Anstrengungen, starke Gesetze der großen Zahlen auch für allgemeine Klassen von Zufallsvariablen und unter möglichst schwachen Voraussetzungen zu beweisen. Für unabhängige und identisch verteilte Zufallsvariablen stammt die bestmögliche Aussage von Kolmogorov und wurde 1930 veröffentlicht.

Theorem 6.1.5 (Kolmogorovs starkes Gesetz der großen Zahlen)
Es seien $X_1, \ldots, X_n$ unabhängige und identisch verteilte Zufallsvariablen mit $E|X_i| < \infty$. Dann gilt für $n \to \infty$

$$\frac{X_1 + \cdots + X_n}{n} \longrightarrow EX_i \qquad \text{f.s.} \qquad (6.9)$$

Ist dagegen $E|X_i| = \infty$, dann gilt

$$\limsup_{n \to \infty} \frac{|X_1 + \cdots + X_n|}{n} = \infty \qquad \text{f.s.}$$

Beweis. Der Beweisverlauf des ersten Teiles basiert auf einer Idee von Etemadi (1983). Es reicht aus, die Aussage für nichtnegative Zufallsvariablen zu beweisen. Denn $X_i^+ = \max(X_i, 0)$ und $X_i^- = -\min(X_i, 0)$ sind nichtnegativ, und mit $X_i = X_i^+ - X_i^-$ ist

$$\frac{S_n}{n} = \frac{1}{n} \sum_{i=1}^n X_i^+ - \frac{1}{n} \sum_{i=1}^n X_i^- \longrightarrow EX_1^+ - EX_1^- = EX_1 \qquad \text{f.s.}$$

Als Nächstes wird mit der schon früher eingesetzten Strategie die f.s. Konvergenz für eine Teilfolge gestutzter Zufallsvariablen bewiesen. Zu diesem Zweck sei $X_i' = X_i \cdot 1_{\{X_i \leq i\}}$, $S_n' = X_1' + \cdots + X_n'$ und $k_n = \lfloor \theta^n \rfloor, \theta > 1$. Die Tschebyscheff-Ungleichung liefert

$$\sum_{n=1}^{\infty} P\left(\left|\frac{S'_{k_n} - ES'_{k_n}}{k_n}\right| > \epsilon\right) \le \sum_{n=1}^{\infty} \frac{var S'_{k_n}}{\epsilon^2 k_n^2} = \frac{1}{\epsilon^2}\sum_{n=1}^{\infty}\frac{1}{k_n^2}\sum_{i=1}^{k_n} var X'_i$$

$$\le \frac{1}{\epsilon^2}\sum_{n=1}^{\infty}\frac{1}{k_n^2}\sum_{i=1}^{k_n} E(X_i^2 \cdot 1_{\{X_i \le i\}})$$

$$\le \frac{1}{\epsilon^2}\sum_{n=1}^{\infty}\frac{1}{k_n^2}\sum_{i=1}^{k_n} E(X_1^2 \cdot 1_{\{X_1 \le k_n\}})$$

$$= \frac{1}{\epsilon^2}\sum_{n=1}^{\infty}\frac{1}{k_n} E(X_1^2 \cdot 1_{\{X_1 \le k_n\}}).$$

Sei nun $x > 0$ und $n_0 = \min\{n \ge 1 : k_n \ge x\}$. Dann ist $\theta^{n_0} \ge x$, und wegen $\lfloor y \rfloor \ge \frac{y}{2}$ für $y \ge 1$ folgt

$$\sum_{n=1}^{\infty}\frac{1}{k_n}1_{\{x \le k_n\}} = \sum_{k_n \ge x}\frac{1}{k_n} \le 2\sum_{n=n_0}^{\infty}\theta^{-n} = \frac{2\theta}{\theta-1}\theta^{-n_0} \le \frac{2\theta}{(\theta-1)x}.$$

Also ist mit $c = 2\theta/(\theta-1)$ zwingend

$$\sum_{n=1}^{\infty}\frac{1}{k_n}1_{\{X_1 \le k_n\}} \le \frac{c}{X_1}$$

und deshalb

$$\sum_{n=1}^{\infty} P\left(\left|\frac{S'_{k_n} - ES'_{k_n}}{k_n}\right| > \epsilon\right) \le c\frac{EX_1}{\epsilon^2} < \infty.$$

Nach dem Borel-Cantelli-Lemma, Satz 2.2.7(a), konvergiert damit die Folge $(S'_{k_n}/k_n)_{n \in \mathbb{N}}$ f.s. für $n \to \infty$. Ihren Grenzwert berechnen wir so:

$$\lim_{n \to \infty}\frac{ES'_{k_n}}{k_n} = \lim_{n \to \infty}\sum_{i=1}^{k_n}\frac{1}{k_n}\int_0^i x\,dF(x) = \lim_{n \to \infty}\int_0^{k_n} x\,dF(x) = EX_1,$$

wobei F die Verteilungsfunktion der X_i bezeichnet und die folgende Tatsache verwendet wurde: Ist die reelle Zahlenfolge $(a_n)_{n \in \mathbb{N}}$ konvergent, so auch $\left(n^{-1}\sum_{i=1}^{n} a_i\right)_{n \in \mathbb{N}}$, und die Grenzwerte stimmen überein.
Außerdem unterscheiden sich die gestutzten von den ungestutzten Zufalls-

variablen nur unwesentlich:

$$\sum_{n=1}^{\infty} P(X_n \neq X_n') = \sum_{n=1}^{\infty} P(X_n > n) = \sum_{n=1}^{\infty} P(X_1 > n)$$

$$\leq \int_0^{\infty} P(X_1 > x)dx = EX_1 < \infty,$$

so dass wiederum nach dem Borel-Cantelli-Lemma $X_n \neq X_n'$ f.s. nur endlich oft in n sein kann. Daraus schließen wir

$$\frac{S_{k_n} - S_{k_n}'}{k_n} \longrightarrow 0 \qquad \text{f.s.}$$

und also

$$\frac{S_{k_n}}{k_n} \longrightarrow EX_1 \qquad \text{f.s.}$$

Für $k_n \leq i \leq k_{n+1}$ ist wegen der Nichtnegativität der X_i und der resultierenden Monotonie von S_i

$$\frac{k_n}{k_{n+1}} \frac{S_{k_n}}{k_n} \leq \frac{S_i}{i} \leq \frac{k_{n+1}}{k_n} \frac{S_{k_{n+1}}}{k_{n+1}}.$$

Da $k_{n+1}/k_n \overset{n \to \infty}{\longrightarrow} \theta$, ergibt sich

$$\frac{1}{\theta} EX_1 \leq \liminf_{k \to \infty} \frac{S_k}{k} \leq \limsup_{k \to \infty} \frac{S_k}{k} \leq \theta EX_1 \qquad \text{f.s.}$$

Diese Ungleichungskette ist für alle $\theta > 1$ gültig, so dass

$$\frac{S_k}{k} \longrightarrow EX_1 \qquad \text{f.s.}$$

Der erste Teil des Theorems ist damit bewiesen.
Sei nun $E|X_i| = \infty$. Dann ist $\sum_{i=1}^{\infty} P(|X_i| > ci) = \infty$ für alle c. Da die $(X_n)_{n \in \mathbb{N}}$ außerdem unabhängig sind, erklärt das Borel-Cantelli-Lemma, Satz 2.2.7(b), dass $P(|X_i| > ci \quad u.o.) = 1$, also

$$P\left(\limsup_{n \to \infty} \frac{|X_n|}{n} > c\right) = 1, \qquad \forall c > 0.$$

Damit schließen wir auf

$$P\left(\limsup_{n \to \infty} \frac{|X_n|}{n} = \infty\right) = \lim_{c \to \infty} P\left(\limsup_{n \to \infty} \frac{|X_n|}{n} > c\right) = 1.$$

Wegen

$$\left|\frac{X_n}{n}\right| = \left|\frac{S_n}{n} - \frac{n-1}{n} \frac{S_{n-1}}{n-1}\right| \leq \left|\frac{S_n}{n}\right| + \left|\frac{S_{n-1}}{n-1}\right|$$

sind wir fertig, denn es folgt

$$\frac{1}{2} \limsup_{n \to \infty} \left| \frac{X_n}{n} \right| \le \limsup_{n \to \infty} \left| \frac{S_n}{n} \right|,$$

und der zweite Teil des Theorems ist bewiesen. ∎

Für eine erste Anwendung des starken Gesetzes der großen Zahlen greifen wir ein früheres Beispiel erneut auf.

Beispiel 6.3 (Begünstigen längere Spiele den besseren Spieler, Fortsetzung von Beispiel 4.8) Auch andere Überraschungen können auftreten. So ist es durchaus möglich, dass p_n oszilliert, sogar in extremer Weise: Es existieren nämlich Verteilungsfunktionen F_X, F_Y und eine Teilfolge $(n_k)_{k \in \mathbb{N}}$ dergestalt, dass

$$p_{n_{2k-1}} \longrightarrow 1 \qquad \text{für } k \to \infty$$

und

$$p_{n_{2k}} \longrightarrow 0 \qquad \text{für } k \to \infty.$$

Wir konstruieren dafür ein Beispiel, indem wir eine geeignete diskrete Verteilung für $D_k = X_k - Y_k$ bestimmen. Sei $0 < d_1 < d_2 < \dots$ und

$$P(D_k = (-1)^{j+1} d_j) = \delta_j, \qquad \forall k \in \mathbb{N}, \forall j \in \mathbb{N},$$

für noch zu bestimmende d_j, δ_j sowie

$$N_n(j) := \#\{k \le n : D_k = (-1)^{j+1} d_j\}.$$

Dann ist

$$\sum_{k=1}^{n} D_k = \sum_{j=1}^{\infty} N_n(j) d_j (-1)^{j+1}$$

und nach dem starken Gesetz der großen Zahlen

$$\frac{1}{n} N_n(j) \longrightarrow \delta_j \qquad \text{f.s.}$$

Wir wählen nun d_j, δ_j und n_j so, dass

$$n_j \delta_j \longrightarrow \infty, \qquad \text{für } j \to \infty, \tag{6.10}$$

$$n_j \sum_{i=j+1}^{\infty} \delta_i \longrightarrow 0, \qquad \text{für } j \to \infty, \tag{6.11}$$

$$d_j > n_j d_{j-1}, \qquad \forall j = 2, 3, \dots. \tag{6.12}$$

Mit diesen Festlegungen haben die D_k die gewünschten Eigenschaften. Wegen (6.10) ist $N_{n_j}(j) > 1$ mit Wahrscheinlichkeit nahe bei 1. Wegen (6.11) sind in

$\sum_{k=1}^{n_j} D_k$ mit Wahrscheinlichkeit nahe bei 1 keine Summanden vom Betrag d_{j+1} oder größer vertreten. Wegen (6.12) werden in $\sum_{k=1}^{n_j} D_k$ die Summanden vom Betrag kleiner oder gleich d_{j-1} dominiert von einem Summanden vom Betrag d_j. Damit dominieren mit Wahrscheinlichkeit nahe bei 1 die Summanden vom Betrag d_j mit Vorzeichen $(-1)^{j+1}$ die Summe $\sum_{k=1}^{n_j} D_k$. Eine mögliche Wahl der Konstanten, die den Anforderungen (6.10) - (6.12) genügt, ist

$$\delta_j = 2^{-j^2} \Big/ \sum_{i=1}^{\infty} 2^{-i^2},$$

$$n_j = 2^{j^2+j},$$

$$d_j = 2^{j^3+j^2}.$$

Auch dieses Beispiel unterstreicht unsere frühere Einsicht, dass die Frage nach dem besseren Spieler nur mit Bezug zur Länge des Spiels beantwortet werden kann.

Theorem 6.1.5 identifiziert die Integrierbarkeit der Zufallsvariablen als notwendige und hinreichende Bedingung für die Gültigkeit des starken Gesetzes der großen Zahlen. Ein Vergleich mit Theorem 6.1.3 legt nahe, dass offenbar Situationen möglich sind, in denen zwar das schwache Gesetz gilt, nicht aber das starke Gesetz der großen Zahlen. Dieser Fall tritt immer dann ein, wenn einerseits $E|X_i| = \infty$ ist, aber andererseits dennoch $x\,P(|X_i| > x) \xrightarrow{x \to \infty} 0$. Dass dies tatsächlich vorkommt, sieht man an der Zufallsvariable X_i mit

$$P(X_i = k) = 2\ln 2 \left(\frac{1}{k \ln k} - \frac{1}{(k+1)\ln(k+1)} \right), \qquad \forall k = 2, 3, \ldots.$$

Für unabhängige und identisch verteilte X_i mit dieser Verteilung gilt also

$$\frac{X_1 + \cdots + X_n}{n} - E[X_1 \cdot 1_{\{|X_1| \le n\}}] \xrightarrow{p} 0, \ \limsup_{n \to \infty} \frac{X_1 + \cdots + X_n}{n} = \infty \quad \text{f.s.}$$

Als Anwendung des starken Gesetzes der großen Zahlen nehmen wir nun in Gestalt eines Theorems die schon angekündigte Erweiterung der Aussage von Beispiel 6.1 vor.

Theorem 6.1.6 (Glivenko-Cantelli-Theorem) *Es seien* $X_1, \ldots, X_n$ *unabhängige, identisch verteilte Zufallsvariablen mit Verteilungsfunktion* F. *Ferner sei*

$$\hat{F}_n(x) = \frac{1}{n} \sum_{k=1}^{n} 1_{(-\infty, x]}(X_k) \tag{6.13}$$

die empirische Verteilungsfunktion von $X_1, \ldots, X_n$ an der Stelle x. Dann gilt

$$\sup_{x \in \mathbb{R}} \{|\hat{F}_n(x) - F(x)|\} \overset{n \to \infty}{\longrightarrow} 0 \qquad \text{f.s.}$$

Beweis. Die Summanden $1_{(-\infty, x]}(X_k), k = 1, \ldots, n$, in (6.13) erfüllen für jedes x die Voraussetzungen des starken Gesetzes der großen Zahlen, Theorem 6.1.5, mit $E1_{(-\infty, x]}(X_k) = P(X_k \le x) = F(x)$. Für alle $x \in \mathbb{R}$ gibt es demnach eine Nullmenge $\mathcal{N}_x$, so dass außerhalb von $\mathcal{N}_x$

$$\hat{F}_n(x) \overset{n \to \infty}{\longrightarrow} F(x). \tag{6.14}$$

Die Aussage des zu beweisenden Theorems geht aber darüber hinaus: (6.14) gilt außerhalb einer Nullmenge, die *nicht* von x abhängt. Da das Supremum über überabzählbar viele x gebildet wird, ist zunächst nicht klar, dass die Vereinigung der $\mathcal{N}_x$ ebenfalls eine Nullmenge ist.

In einem ersten Anlauf beweisen wir die Aussage des Theorems zunächst für stetige Funktionen F. Sei $\nu \ge 2$ eine natürliche Zahl und $i = 1, \ldots, \nu - 1$. Wir definieren $x_{i,\nu} := \inf\{x : F(x) \ge i/\nu\}$ nebst $x_{0,\nu} := -\infty$ und $x_{\nu,\nu} := \infty$. Borels starkes Gesetz der großen Zahlen garantiert, dass

$$\hat{F}_n(x_{i,\nu}) \overset{n \to \infty}{\longrightarrow} F(x_{i,\nu})$$

außerhalb einer Nullmenge $\mathcal{N}_{x_{i,\nu}}$, d.h., wenn für $\omega \in \mathcal{N}^c_{x_{i,\nu}}$ die natürliche Zahl $n_\nu(\omega)$ hinreichend groß ist, dann haben wir

$$|\hat{F}_n(x_{i,\nu}) - F(x_{i,\nu})| < \frac{1}{\nu}$$

für alle $n \ge n_\nu(\omega)$. Falls nun $x \in (x_{i-1,\nu}, x_{i,\nu})$ ist mit $1 \le i \le \nu$, dann folgern wir für alle $n \ge n_\nu(\omega)$, dass

$$\hat{F}_n(x) \le \hat{F}_n(x_{i,\nu}) \le F(x_{i,\nu}) + \nu^{-1} = F(x_{i-1,\nu}) + 2\nu^{-1} \le F(x) + 2\nu^{-1}$$

und

$$\hat{F}_n(x) \ge \hat{F}_n(x_{i-1,\nu}) \ge F(x_{i-1,\nu}) - \nu^{-1} = F(x_{i,\nu}) - 2\nu^{-1} \ge F(x) - 2\nu^{-1}.$$

Daraus ergibt sich, dass für n hinreichend groß

$$\sup_{x \in \mathbb{R}} |\hat{F}_n(x) - F(x)| \le 2\nu^{-1}$$

außerhalb der Nullmenge $\mathcal{N} = \bigcup_{i,\nu} \mathcal{N}_{x_{i,\nu}}$ und für beliebiges $\nu \in \mathbb{N}$. Damit ist das Theorem für stetige F bewiesen. Wenn F Sprungstellen hat, betrachten wir

$$\hat{F}_n(x_{i,\nu}-) = \lim_{x \uparrow x_{i,\nu}} \hat{F}_n(x) = \frac{1}{n} \sum_{k=1}^{n} 1_{(-\infty, x_{i,\nu})}(X_k),$$

und eine Anwendung des starken Gesetzes der großen Zahlen auf die Zufallsvariablen $1_{(-\infty,x_{i,\nu})}(X_k)$, $k = 1,\ldots,n$, liefert für alle $\nu = 2,3,\ldots$ und $i = 1,\ldots,\nu$, dass

$$\hat{F}_n(x_{i,\nu}-) \xrightarrow{n\to\infty} F(x_{i,\nu}-)$$

außerhalb einer von $x_{i,\nu}$ abhängenden Nullmenge. Ist also $n_\nu(\omega)$ hinreichend groß, dann können wir für alle $n \geq n_\nu(\omega)$ und alle $i = 1,\ldots,\nu$

$$|\hat{F}_n(x_{i,\nu}-) - F(x_{i,\nu}-)| < \frac{1}{\nu}$$

erreichen. Folgt man dem Argument des stetigen Falles mit der Modifikation, dass für $x \in (x_{i-1,\nu}, x_{i,\nu})$

$$\hat{F}_n(x) \leq \hat{F}_n(x_{i,\nu}-) \leq F(x_{i,\nu}-) + \nu^{-1} \leq F(x_{i-1,\nu}) + 2\nu^{-1} \leq F(x) + 2\nu^{-1},$$

$$\hat{F}_n(x) \geq \hat{F}_n(x_{i-1,\nu}) \geq F(x_{i-1,\nu}) - \nu^{-1} \geq F(x_{i,\nu}-) - 2\nu^{-1} \geq F(x) - 2\nu^{-1},$$

dann haben wir abermals für hinreichend große n, dass

$$\sup_{x\in\mathbb{R}}|\hat{F}_n(x) - F(x)| \leq 2\nu^{-1} \quad \text{f.s.}$$

für beliebiges $\nu \in \mathbb{N}$. ∎

Das vorstehende Theorem ist ein wichtiges Bindeglied zwischen Wahrscheinlichkeitstheorie und Statistik. Während in der Wahrscheinlichkeitstheorie die Eigenschaften von Zufallsvariablen studiert werden, beschäftigt sich die Statistik damit, aus Daten Informationen über Grundgesamtheiten zu gewinnen. Interpretiert man die Daten als Realisierungen von Zufallsvariablen, so besteht das Grundproblem der Statistik darin, aus der Beobachtung von Realisierungen etwas über die Verteilungseigenschaften von Zufallsvariablen in Erfahrung zu bringen. Das Theorem von Glivenko und Cantelli besagt, dass aus einer hinreichend großen Zahl von unabhängigen Realisierungen von Zufallsvariablen mit derselben Verteilung die gesamte Verteilungsfunktion beliebig genau approximiert werden kann. Deshalb können Resultate der Wahrscheinlichkeitstheorie zur Beantwortung statistischer Fragestellungen herangezogen werden. Das Glivenko-Cantelli-Theorem wird auch als *Hauptsatz der Mathematischen Statistik* bezeichnet.

6.2 Zentraler Grenzwertsatz

In diesem Abschnitt wird ein Perspektivenwechsel vorgenommen. Wir hoffen, Skalierungen und Zentrierungen von Partialsummenfolgen $(S_n)_{n\in\mathbb{N}}$ zu finden, so dass diese gegen nichtdegenerierte Zufallsvariablen konvergieren, speziell gegen normalverteilte. Dies ist ein Kontrast zu den Gesetzen der großen Zahlen, deren Grenzwerte jeweils degenerierte Zufallsvariablen sind. Als *zentraler Grenzwertsatz* wird eine Aussage bezeichnet, welche die asymptotische Normalität einer Folge von Zufallsvariablen konstatiert. Dabei sagen wir, dass eine Folge $(X_n)_{n\in\mathbb{N}}$ von Zufallsvariablen *asymptotisch normalverteilt* ist, sofern Zahlenfolgen $(a_n)_{n\in\mathbb{N}}$ und $(b_n)_{n\in\mathbb{N}}$ existieren, so dass für alle $c_1 < c_2 \in \mathbb{R}$

$$P(c_1 < b_n^{-1} S_n - a_n < c_2) \xrightarrow{n\to\infty} \frac{1}{\sqrt{2\pi}} \int_{c_1}^{c_2} e^{-x^2/2} dx.$$

Anders ausgedrückt ist die Folge $(X_n)_{n\in\mathbb{N}}$ dann asymptotisch normalverteilt, wenn eine Skalierung und Zentrierung ihrer Partialsummenfolge nach Verteilung gegen eine Standard-Normalverteilung konvergiert. Der wichtigste Fall, mit dem wir uns hier ausschließlich befassen, ergibt sich für $b_n = cn^{1/2}$. Damit kann die in Beispiel 1.3 angesprochene Normalverteilungs-Approximation als zentraler Grenzwertsatz für eine Folge Bernoulli-verteilter Zufallsvariablen interpretiert werden. Es ist historisch das erste Resultat dieser Art und wird als zentraler Grenzwertsatz von de Moivre und Laplace bezeichnet. Er besagt also, dass mit $c = [p(1-p)]^{-\frac{1}{2}}$ für $n \to \infty$

$$cn^{\frac{1}{2}} \left(\frac{S_n}{n} - p \right) \xrightarrow{d} \mathbf{N}(0,1),$$

während Bernoullis schwaches Gesetz der großen Zahlen in Verbindung mit Satz 5.3.3 lediglich mitteilt, dass

$$\left(\frac{S_n}{n} - p \right) \xrightarrow{d} 0. \tag{6.15}$$

Wird nun die linke Seite von (6.15) durch Multiplikation mit dem Faktor n^α vergrößert, kann man intuitiv erwarten, dass die Verteilungskonvergenz gegen 0 dann zerstört wird, wenn α hinreichend groß ist. Der zentrale Grenzwertsatz vermerkt, dass dies spätestens für $\alpha = \frac{1}{2}$ der Fall ist und dass dann immerhin noch Konvergenz gegen eine nichtdegenerierte Verteilung stattfindet, die Standard-Normalverteilung. Die mit der Tschebyscheff-Ungleichung vorgenommene Abschätzung

$$P \left(n^{\frac{1}{2}-\delta} \left| \frac{S_n}{n} - p \right| \geq \epsilon \right) \leq \frac{p(1-p)}{\epsilon^2 n^{2\delta}} \xrightarrow{n\to\infty} 0, \qquad \forall \delta > 0,$$

zeigt ferner, dass $\alpha = \frac{1}{2}$ auch der kleinste Exponent ist, für den Konvergenz gegen eine nichtdegenerierte Zufallsvariable eintritt. Andererseits ist für alle

$M > 0$

$$P\left(cn^{\frac{1}{2}+\delta}\left|\frac{S_n}{n}-p\right| \geq M\right) = P\left(cn^{\frac{1}{2}}\left|\frac{S_n}{n}-p\right| > Mn^{-\delta}\right)$$
$$= 2 - 2\Phi(Mn^{-\delta}) + o(1),$$

wobei Φ die Verteilungsfunktion der Standard-Normalverteilung bezeichnet. Die rechte Seite geht gegen 1 für alle $\delta > 0$. Damit gibt der zentrale Grenzwertsatz mit $\alpha = \frac{1}{2}$ den einzig möglichen Wert für α an, so dass $n^{\alpha}(\frac{S_n}{n} - p)$ nach Verteilung gegen eine nichtdegenerierte Verteilung konvergiert.

Vor dem Hintergrund dieser Überlegungen kann der zentrale Grenzwertsatz nicht zuletzt auch als Verfeinerung der Tschebyscheff-Ungleichung gedeutet werden. Für Partialsummen Bernoulli-verteilter Zufallsvariablen erhält man mit der Tschebyscheff-Ungleichung die Abschätzung

$$P\left(\left|\frac{S_n}{n}-p\right| \geq \epsilon\right) \leq \frac{p(1-p)}{n\epsilon^2},$$

bzw. mit $\epsilon = k[p(1-p)/n]^{1/2}$

$$P\left(-k\left[\frac{p(1-p)}{n}\right]^{\frac{1}{2}} < \frac{S_n}{n}-p < k\left[\frac{p(1-p)}{n}\right]^{\frac{1}{2}}\right) \geq 1 - \frac{1}{k^2},$$

während der zentrale Grenzwertsatz die Approximation

$$P\left(-k\left[\frac{p(1-p)}{n}\right]^{\frac{1}{2}} < \frac{S_n}{n}-p < k\left[\frac{p(1-p)}{n}\right]^{\frac{1}{2}}\right)$$
$$\approx 1 - 2\int_k^{\infty} \frac{1}{\sqrt{2\pi}} e^{-x^2/2} dx$$

liefert.

Es ist nun äußerst überraschend, dass sich die Konvergenz geeignet zentrierter und skalierter Partialsummenfolgen gegen die Normalverteilung nicht nur für Bernoulli-Zufallsvariablen ereignet, sondern *für alle quadratisch integrierbaren Zufallsvariablen*. Dieser wichtige Sachverhalt ist der Inhalt von

Theorem 6.2.1 (Zentraler Grenzwertsatz) *Seien* $X_1,\ldots,X_n$ *unabhängige und identisch verteilte Zufallsvariablen mit* $EX_i = \mu$ *und* $0 < varX_i = \sigma^2 < \infty$. *Für alle* $x \in \mathbb{R}$ *gilt*

$$P\left(n^{-1/2}\sum_{i=1}^{n}\frac{X_i - \mu}{\sigma} \leq x\right) \xrightarrow{n\to\infty} \Phi(x),$$

wobei $\Phi(x)$ *die Verteilungsfunktion der Standard-Normalverteilung ist.*

Beweis. Wir arbeiten mit der Steinschen Methode. Dafür verwenden wir die Charakterisierung der Verteilungskonvergenz über die Menge AC der asymptotisch konstanten und stetigen Funktionen, siehe die Bemerkung nach Satz 5.3.2. So ergibt sich ein fulminant kurzer und eleganter Beweis, den wir in vier leicht vorzunehmenden Schritten darstellen. Vorab wählen wir eine feste, aber beliebige Funktion $f \in AC$ und schreiben $\nu := Ef(Z)$, wobei Z eine standard-normalverteilte Zufallsvariable bezeichnet. Wir müssen dann zeigen, dass für $S_n = \frac{1}{\sqrt{n}} \sum_{i=1}^{n} \frac{X_i - \mu}{\sigma}$

$$\lim_{n \to \infty} E(f(S_n) - \nu) = 0. \tag{6.16}$$

1. Schritt (Hilfskonstruktion). Mit der Dichtefunktion φ der Standard-Normalverteilung setzen wir

$$g(x) := \frac{1}{\varphi(x)} \int_{-\infty}^{x} (f(z) - \nu)\varphi(z)dz.$$

Diese Funktion hat wegen $\varphi'(x) = -x\varphi(x)$ die Ableitung

$$\begin{aligned} g'(x) &= \frac{-\varphi'(x)}{(\varphi(x))^2} \int_{-\infty}^{x} (f(z) - \nu)\varphi(z)dz + \frac{1}{\varphi(x)}(f(x) - \nu)\varphi(x) \\ &= xg(x) + f(x) - \nu. \end{aligned}$$

Verwendet man dies in (6.16), so müssen wir statt dieser Gleichung nunmehr zeigen, dass

$$\lim_{n \to \infty} E[g'(S_n) - S_n g(S_n)] = 0. \tag{6.17}$$

2. Schritt (Taylor-Approximation). Setzen wir $Z_n := \frac{1}{\sqrt{n}} \sum_{i=2}^{n} \frac{X_i - \mu}{\sigma}$ und $X := \frac{X_1 - \mu}{\sigma}$, so wird $S_n = Z_n + \frac{X}{\sqrt{n}}$ und der letzte Summand konvergiert fast sicher punktweise gegen 0. Wir nehmen deshalb eine Taylor-Entwicklung von g um $Z_n(\omega)$ vor. Zunächst ist

$$g(z + y) = g(z) + yg'(z + \theta y)$$

mit $\theta = \theta(z, y) \in [0, 1]$. Schreibt man den Restterm als

$$R_n = g'(Z_n + \theta_n \frac{X}{\sqrt{n}}) - g'(Z_n)$$

so ist

$$g(S_n) = g(Z_n) + \frac{X}{\sqrt{n}}g'(Z_n + \theta_n \frac{X}{\sqrt{n}}) = g(Z_n) + \frac{X}{\sqrt{n}}g'(Z_n) + \frac{X}{\sqrt{n}}R_n,$$

wobei θ_n für alle n stets zwischen 0 und 1 liegt.

3. Schritt (Vereinfachung). Aufgrund der Verteilungsgleichheit der Zufallsvariablen $X_i g(S_n)$, $i = 1, ..., n$, ist

$$E\big[S_n g(S_n)\big] \;=\; \frac{1}{\sqrt{n}} \sum_{i=1}^{n} E\Big[\frac{X_i - \mu}{\sigma} g(S_n)\Big] = \sqrt{n} E\big[X g(S_n)\big]$$

$$= \; \sqrt{n} E\big[X g(Z_n)\big] + E\big[X^2 g'(Z_n)\big] + E\big[X^2 R_n\big]$$

$$= \; E\big[g'(Z_n)\big] + E\big[X^2 R_n\big]$$

bei Verwendung der Unabhängigkeit von X und Z_n nebst $E(X) = 0$ und $E(X^2) = 1$. Statt (6.17) ist nur noch zu zeigen:

$$\lim_{n \to \infty} E[g'(S_n) - g'(Z_n) - X^2 R_n] = 0 \tag{6.18}$$

4. Schritt (AC-Zugehörigkeit). Wir zeigen die Zugehörigkeit von g' zu AC. Dann ist g' zwingend beschränkt und der Satz von der majorisierten Konvergenz erlaubt es uns in (6.18) den Limes unter den Erwartungswert zu ziehen. Das ist insofern nützlich als

$$S_n - Z_n = \frac{X}{\sqrt{n}} \xrightarrow{n \to \infty} 0 \text{ und } Z_n + \frac{\theta_n X}{\sqrt{n}} - Z_n \xrightarrow{n \to \infty} 0, \tag{6.19}$$

wobei die Konvergenz punktweise für fast alle Punkte gibt. Da Funktionen in AC sogar gleichmäßig stetig sind, konvergieren nicht nur die Argumente sondern damit auch die Funktionswerte gegeneinander und (6.18) ist bewiesen.

Um uns von der Mitgliedschaft von g' in AC zu überzeugen, müssen wir nach dem 1. Schritt nur prüfen, dass $xg(x) \in AC$ ist, wobei die Stetigkeit von $xg(x)$ trivial ist.

Ferner ist nach der Regel von de l'Hospital

$$\lim_{x \to \pm \infty} xg(x) \;=\; \lim_{x \to \pm \infty} \frac{\int_{-\infty}^{x} (f(z) - \nu)\varphi(z) dz}{\varphi(x)/x}$$

$$= \; \lim_{x \to \pm \infty} \frac{(f(x) - \nu)\varphi(x)}{-\varphi(x)/x^2 - \varphi(x)}$$

$$= \; \lim_{x \to \pm \infty} (\nu - f(x))$$

und diese beiden Grenzwerte sind in $\mathbb{R}$ wegen $f \in AC$. $\blacksquare$

Als Illustration dieser außerordentlich wichtigen und weit reichenden Aussage untersuchen wir die Normalverteilungs-Approximation für unabhängige, $U[0,1]$-verteilte Zufallsvariablen X_i. Es ist $EX_1 = \frac{1}{2}$ und $var X_1 = \frac{1}{12}$.

Die standardisierte Summe

$$S_n^* := \frac{\sum\limits_{i=1}^{n} X_i - \frac{n}{2}}{\sqrt{\frac{n}{12}}}$$

konvergiert für $n \to \infty$ nach Verteilung gegen eine $N(0,1)$-verteilte Zufallsvariable. Doch schon für $n = 3$ ist die Approximation gut. Wir berechnen die Dichtefunktion von S_3^*. Es ist

$$f_1(x) = \sqrt{\frac{1}{12}}\,1_{[-\sqrt{3},\sqrt{3}]}(x)$$

und mit (2.67)

$$f_2(x) = \frac{1}{6}(\sqrt{6} + x)1_{[-\sqrt{6},0)}(x) + \frac{1}{6}(\sqrt{6} - x)1_{[0,\sqrt{6}]}(x)$$

sowie

$$f_3(x) = \frac{1}{16}(x+3)^2 1_{[-3,-1)}(x) + \frac{1}{8}(3 - x^2)1_{[-1,1)}(x) + \frac{1}{16}(x-3)^2 1_{[1,3]}(x).$$

Abbildung 6.2 veranschaulicht die zunehmende Qualität der f_i als Approximation der Standard-Normalverteilungsdichte.

Der zentrale Grenzwertsatz ist von großer Bedeutung und besitzt zahlreiche wichtige Anwendungen. Immer dann, wenn aus sachlogischen Überlegungen für eine Folge von Zufallsvariablen die Voraussetzungen der Unabhängigkeit und der Verteilungsgleichheit in etwa gewährleistet sind, kann erwartet werden, dass eine standardisierte Summe mit zahlreichen Summanden annähernd normalverteilt ist. Wir diskutieren einige interessante Veranschaulichungen in den folgenden Beispielen.

Beispiel 6.4 (Kontrolliertes Überbuchen) Es ist ein Erfahrungswert, dass etwa 4% der Inhaber von Flugtickets nicht zum Abflug ihrer Maschine erscheinen. Für einen Flug mit 264 Sitzen verkauft eine Fluggesellschaft deshalb 270 Tickets. Mit welcher Wahrscheinlichkeit erscheinen mehr als 264 Ticketinhaber zum Abflug?
Wir definieren

$$X_i = \begin{cases} 1, & \text{falls der Inhaber des } i\text{-ten Tickets zum Abflug erscheint} \\ 0, & \text{sonst.} \end{cases}$$

Dann ist $S_{270} := \sum_{i=1}^{270} X_i$ eine $B(270, 0.96)$-verteilte Zufallsvariable mit Erwartungswert $270 \cdot 0.96 = 259.2$ und Varianz $270 \cdot 0.96 \cdot 0.04 = 10.37$. Gesucht

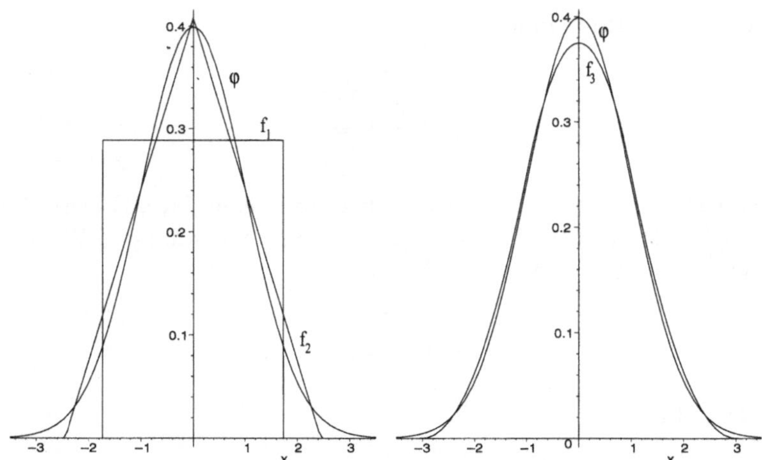

Abbildung 6.2: Dichten f_i von S_i^* für $i = 1, 2, 3$ und die Dichte φ der Standard-Normalverteilung.

ist

$$P(S_{270} > 264) = P\left(\frac{S_{270} - 259.2}{\sqrt{10.37}} > 1.49\right)$$
$$\approx P(Z > 1.49) = 0.068.$$

Dabei ist Z eine standard-normalverteilte Zufallsvariable.

Beispiel 6.5 Ein Meinungsforschungsinstitut möchte den unbekannten Anteil p der Anhänger einer Partei unter den Wahlberechtigten ermitteln. Da es praktisch unmöglich ist, alle Wahlberechtigten zu befragen und p auf diese Weise exakt zu bestimmen, wird eine Stichprobe gezogen. Dann kann p immerhin geschätzt werden, etwa durch den Anteil $\hat{p}$ der Partei-Anhänger in einer Stichprobe $X_1, \ldots, X_n$. Sind die X_i so codiert, dass

$$X_i = \begin{cases} 1, & \text{falls Person } i \text{ Anhänger der Partei ist} \\ 0, & \text{falls Person } i \text{ kein Anhänger der Partei ist,} \end{cases}$$

dann haben wir $\hat{p} = \frac{X_1 + \cdots + X_n}{n} =: \frac{S_n}{n}$. Der Schätzfehler $|\hat{p} - p|$ soll mit einer Wahrscheinlichkeit von mindestens 0.95 nicht größer als 0.02 sein. Wie groß muss der Stichprobenumfang n mindestens gewählt werden?

Wir modellieren die X_i als unabhängige und jeweils $\mathbf{B}(p)$-verteilte Zufallsvariablen. Es muss n als die kleinste natürliche Zahl bestimmt werden, welche die

Ungleichung

$$P\left(\left|\frac{S_n}{n} - p\right| \leq 0.02\right) \geq 0.95$$

erfüllt. Wegen $p(1-p) = \frac{1}{4} - (p-\frac{1}{2})^2 \leq \frac{1}{4}$ für alle $p \in [0,1]$ erhalten wir daraus

$$P\left(\left|\frac{S_n - np}{\sqrt{np(1-p)}}\right| \leq \frac{0.02n}{\sqrt{np(1-p)}}\right) \geq P\left(\left|\frac{S_n - np}{\sqrt{np(1-p)}}\right| \leq 0.04\sqrt{n}\right). \quad (6.20)$$

Für größer werdende n wird auch hier der zentrale Grenzwertsatz wirksam und es gilt

$$\frac{S_n - np}{\sqrt{np(1-p)}} \xrightarrow{d} Z \sim \mathbf{N}(0,1).$$

Also wird die rechte Seite von (6.20) für große n durch

$$\Phi(0.04\sqrt{n}) - \Phi(-0.04\sqrt{n}) = 2\Phi(0.04\sqrt{n}) - 1$$

approximiert. Die Gleichung $2\Phi(0.04\sqrt{n}) - 1 = 0.95$ führt mit der Tabelle in Anhang 9.1 auf $n = [25\Phi^{-1}(0.975)]^2 = 25^2 \cdot 1.96^2 = 2401$. Damit müssen mindestens 2401 Wahlberechtigte befragt werden, um die angestrebte Genauigkeit zu erreichen.

Ein Punkt, der ins Auge springt: Die erzielte Genauigkeit hängt nur vom Umfang der Stichprobe und nicht von der Größe der Grundgesamtheit der Wahlberechtigten ab. Mit einer Stichprobe von wenigen Tausend Personen können also Parameter einer Bevölkerung von vielen Millionen recht genau ermittelt werden.

Ist andererseits die Befragung bereits durchgeführt – mit einem Ergebnis von S_n Anhängern der Partei unter n befragten Wahlberechtigten –, dann kann mit dem zentralen Grenzwertsatz z.B. ein 95%-iges *Vertrauensintervall* für p ermittelt werden. Dabei handelt es sich um ein zufälliges Intervall $[p_1, p_2]$, das mit Wahrscheinlichkeit 0.95 das unbekannte p überdeckt: $p_1 < p < p_2$.

Mit einer Wahrscheinlichkeit, die für $n \to \infty$ gegen $2\Phi(t) - 1$ strebt, ist

$$|S_n - np| \leq t\sqrt{np(1-p)}$$

oder

$$(S_n - np)^2 \leq t^2 np(1-p).$$

Nach Umformung wird daraus

$$(n^2 + nt^2)p^2 - (t^2 n + 2nS_n)p + S_n^2 \leq 0. \qquad (6.21)$$

Die Randpunkte des 95% -igen Vertrauensintervalls ergeben sich, wenn man (6.21) für $t = 1.96$ mit dem Gleichheitszeichen löst, p_1 und p_2 sind die Nullstellen einer Parabel:

$$p_1 = \frac{1}{n + t^2}\left(n\hat{p} + \frac{t^2}{2} - t\sqrt{n\hat{p}(1 - \hat{p}) + \frac{t^2}{4}}\right)$$

$$p_2 = \frac{1}{n + t^2}\left(n\hat{p} + \frac{t^2}{2} + t\sqrt{n\hat{p}(1 - \hat{p}) + \frac{t^2}{4}}\right).$$

Zum Beispiel ist für $\hat{p} = 0.4$ aus einer Stichprobe vom Umfang $n = 1500$ das Intervall $[0.375, 0.424]$ ein 95% -iges Vertrauensintervall für p. Diese Größenordnung haben in der Regel die von Meinungsforschungsinstituten bei ihren Befragungen erhobenen Stichproben.

Beispiel 6.6 (Die Normalverteilung als Messfehler-Verteilung) Die Länge eines Stabes wird durch Messung bestimmt. Messungen sind fehlerbehaftet, nicht nur wegen der endlichen Genauigkeit von Messinstrumenten. Wir fassen die Messfehler als Zufallsvariablen auf. Die Messung der Stablänge L liefert dann eine Realisierung der Zufallsvariable

$$X = L + Z.$$

Der Messfehler ist $Z = X - L$. Nun wird der Stab in zwei Stücke zerlegt mit den Längen L_1 und L_2, wobei $L = L_1 + L_2$ ist. Die Teilstücke werden getrennt gemessen,

$$X_1 = L_1 + Z_1,$$
$$X_2 = L_2 + Z_2,$$

und die Realisierung von $X_1 + X_2$ ist eine weitere Schätzung für L. Jetzt beträgt der Messfehler $Z_1 + Z_2 = X_1 - L_1 + X_2 - L_2$.

Die folgenden Annahmen scheinen realistisch:

(a) Z, Z_1 und Z_2 haben dieselbe Verteilung.

(b) Z_1 und Z_2 sind unabhängig.

(c) Die Verteilung von $Z_1 + Z_2$ ist von demselben Typ wie die Verteilung von Z. (Wir sagen: Die Verteilungen der Zufallsvariablen V und W sind vom selben Typ, wenn es Konstanten a und b gibt, so dass $\mathcal{L}(a + bV) = \mathcal{L}(W)$.)

(d) Erwartungswert μ und Varianz σ^2 von Z sind endlich, mit $\sigma^2 > 0$.

Aus diesen Voraussetzungen ermitteln wir die Messfehler-Verteilung. Ohne Einschränkung der Allgemeinheit können wir $\mu = 0$ setzen. Wegen (c) und (a), (b) ist $a = 0$ und $b^2 \sigma^2 = var(a + bZ) = var(Z_1 + Z_2) = 2\sigma^2$, also $b = \sqrt{2}$.

Sei $\Psi(t)$ die charakteristische Funktion von Z, Z_1 und Z_2. Dann ist wegen der gerade gezeigten Verteilungsgleichheit von $\sqrt{2}Z$ und $Z_1 + Z_2$

$$\Psi^2(t) = \Psi(\sqrt{2}t).$$

Somit ist auch $\Psi^4(t) = \Psi^2(\sqrt{2}t) = \Psi(2t)$. Allgemeiner: Ist $\Psi^K(t) = \Psi(\alpha t)$, dann $\Psi^{2K}(t) = \Psi^2(\alpha t) = \Psi(\sqrt{2}\alpha t)$. Mit vollständiger Induktion folgt daraus für alle $K = 2^k, k \in \mathbb{N}$:

$$\Psi^K(t) = \Psi(2^{k/2}t) = \Psi(\sqrt{K}t)$$

oder

$$\Psi(t) = \Psi^K(t/\sqrt{K}). \tag{6.22}$$

Hier angekommen argumentieren wir wie folgt: Auf der rechten Seite von (6.22) steht die charakteristische Funktion der Zufallsvariablen

$$\frac{1}{\sqrt{K}}(Z_1 + \ldots + Z_K) =: Z_K^*,$$

wobei die Z_i unabhängig sind mit $\mathcal{L}(Z_i) = \mathcal{L}(Z)$. Als Folge des zentralen Grenzwertsatzes konvergiert die Folge der Z_K^* für $K \to \infty$ nach Verteilung gegen eine $\mathbf{N}(0, \sigma^2)$-verteilte Zufallsvariable. Dann konvergiert die charakteristische Funktion wegen Satz 2.8.9 und Beispiel 2.31 gegen die charakteristische Funktion der $\mathbf{N}(0, \sigma^2)$-Verteilung. Damit muss wegen Satz 5.3.2 mit $f(x) = \exp(itx)$

$$\Psi(t) = \exp(-\sigma^2 t^2/2)$$

sein, und $\mathbf{N}(0, \sigma^2)$ ist die Messfehler-Verteilung.

Beispiel 6.7 Der zentrale Grenzwertsatz kann bisweilen zum Beweis nichtstochastischer Aussagen herangezogen werden, deren Behandlung mit Mitteln der Analysis oft weitaus größere Mühe bereitet. Als Illustration überzeugen wir uns, dass

$$\lim_{n \to \infty} \frac{1}{(n-1)!} \int_0^n x^{n-1} e^{-x} dx = \frac{1}{2}. \tag{6.23}$$

Dazu sei $(X_n)_{n \in \mathbb{N}}$ eine Folge unabhängiger, $\mathbf{Exp}(1)$-verteilter Zufallsvariablen mit $EX_n = 1 = var X_n$. Nach dem zentralen Grenzwertsatz konvergiert

$$Z_n := \frac{\sum_{i=1}^n X_i - n}{\sqrt{n}}$$

nach Verteilung gegen eine $\mathbf{N}(0, 1)$-verteilte Zufallsvariable. Ferner ist nach Satz 4.1.3 die Summe $\sum_{i=1}^n X_i$ eine $\Gamma(1, n)$-verteilte Zufallsvariable, besitzt also die Dichte

$$f(x) = \frac{1}{\Gamma(n)} x^{n-1} e^{-x} \cdot 1_{[0,\infty)}(x).$$

Beides zusammen führt zu

$$P\left(\sum_{i=1}^{n} X_i \le \sqrt{n}z + n\right) = P(Z_n \le z) \overset{n\to\infty}{\longrightarrow} \Phi(z), \qquad \forall z \in \mathbb{R},$$

was dasselbe ist wie

$$\frac{1}{(n-1)!} \int_0^{\sqrt{n}z+n} x^{n-1} e^{-x} dx \longrightarrow \Phi(z), \qquad \forall z \in \mathbb{R}.$$

Mit der speziellen Wahl $z = 0$ gewinnen wir die Konvergenzaussage (6.23).

Die Gesetze der großen Zahlen wie auch der zentrale Grenzwertsatz können interpretiert werden als Aussagen über das Fluktuationsverhalten von normierten Partialsummenfolgen unabhängiger und identisch verteilter Zufallsvariablen. Diese Interpretation könnte nun den Anlass bilden, über die Möglichkeit einer genaueren Quantifizierung dieses Fluktuationsverhaltens nachzudenken. Und in der Tat ist es möglich, die bisher getroffenen Aussagen durch die Angabe exakter Schranken für die Fluktuationen dieser Partialsummenfolgen zu ergänzen. Dies leistet das Gesetz vom iterierten Logarithmus. Es führt aber über den Rahmen dieser Einführung hinaus. Wir beenden die Diskussion von Grenzwertsätzen in diesem Kapitel, indem wir für Partialsummen unabhängiger, $\mathbf{B}(p)$-verteilter Zufallsvariablen einige der aus den hier gewonnenen Resultaten ableitbare Aussagen zusammentragen. Dabei ist $(c_n)_{n\in\mathbb{N}}$ eine beliebige Folge reeller Zahlen mit $c_n \uparrow \infty$.

(a) $\frac{S_n}{n} - \frac{1}{2} \overset{p}{\longrightarrow} 0$ und $\frac{S_n}{n} - \frac{1}{2} \longrightarrow 0$ f.s.

(b) $n^{1/2}\left(\frac{S_n}{n} - \frac{1}{2}\right) \overset{d}{\longrightarrow} \mathbf{N}(0, \frac{1}{4})$.

(c) $\frac{n^{1/2}}{(\ln\ln n)^{1/2}}\left(\frac{S_n}{n} - \frac{1}{2}\right) \overset{p}{\longrightarrow} 0$,   aber $\frac{n^{1/2}}{(\ln\ln n)^{1/2}}\left(\frac{S_n}{n} - \frac{1}{2}\right) \not\longrightarrow 0$ f.s.

(d) $\frac{1}{c_n} \frac{n^{1/2}}{(\ln\ln n)^{1/2}}\left(\frac{S_n}{n} - \frac{1}{2}\right) \longrightarrow 0$ f.s.

(e) $\frac{n^{1/2}}{(\ln\ln n)^{1/2}}\left(\frac{S_n}{n} - \frac{1}{2}\right) \overset{\mathcal{L}^2}{\longrightarrow} 0$.

6.3   Aufgaben

6.1 Sei $(X_n)_{n\ge 2}$ eine Folge unabhängiger Zufallsvariablen auf einem W-Raum $(\Omega, \mathcal{A}, P)$ mit

$$P(X_n = -n) = P(X_n = +n) = \frac{1}{2n\ln n}, \qquad P(X_n = 0) = 1 - \frac{1}{n\ln n}.$$

(a) Genügt die Folge $(X_n)_{n\geq 2}$ dem schwachen Gesetz der großen Zahlen?

(b) Genügt die Folge $(X_n)_{n\geq 2}$ dem starken Gesetz der großen Zahlen?

6.2 (Kurioser Spielverlauf) Mit einem Startkapital von 1 Euro spielen Sie das folgende Glücksspiel: Wenn vor der n-ten Runde Ihr Kapital K_{n-1} beträgt, dann erhalten Sie in der n-ten Runde nach dem Wurf einer fairen Münze den Geldbetrag $\frac{2}{3}K_{n-1}$, sofern *Zahl* erscheint, andernfalls verlieren Sie den Betrag $\frac{1}{2}K_{n-1}$.

(a) Berechnen Sie EK_n, und überzeugen Sie sich, dass $EK_n \xrightarrow{n\to\infty} \infty$.

(b) Zeigen Sie, dass $K_n \xrightarrow{p} 0$.

Hinweis: Für $n \in \mathbb{N}$ ist $K_n = Y_1 \cdot \ldots \cdot Y_n$ mit

$$Y_i = \begin{cases} \frac{5}{3}, & \text{falls in der } i\text{-ten Runde } \textit{Zahl} \text{ erscheint} \\ \frac{1}{2}, & \text{falls in der } i\text{-ten Runde } \textit{Kopf} \text{ erscheint.} \end{cases}$$

Wenden Sie nun das Gesetz der großen Zahlen auf $Z_i = \ln Y_i$ an.

6.3 (Prämienbestimmung) Es sei R_k die von einer Versicherung zu begleichende Schadenshöhe ihres k-ten Kunden für ein gegebenes Jahr. Die $R_k, k = 1, \ldots, K = 1000$, für die insgesamt K Kunden können als unabhängige, identisch verteilte, nichtnegative Zufallsvariablen mit Erwartungswert μ und Varianz $\sigma^2 > 0$ aufgefasst werden. Die Konstanten μ und σ^2 sind der Versicherung aus Erfahrungen früherer Jahre bekannt. Die Versicherung bemisst die jährliche Prämie W der Kunden nach Standardabweichungen von der erwarteten Schadenshöhe, d.h. $W = \mu + \alpha\sigma$, wobei $\alpha > 0$ ein Risikofaktor ist. Ermitteln Sie nun α approximativ so, dass einerseits höchstens mit 1%-iger Wahrscheinlichkeit die Summe der Ausgaben aufgrund von Schäden größer ist als die Summe der Einnahmen durch Prämien und andererseits aus Gründen der Wettbewerbsfähigkeit α kleinstmöglich ist. Hängt das Ergebnis von μ und σ^2 ab?

6.4 Es sei $(X_n)_{n\in\mathbb{N}}$ eine Folge unabhängiger Zufallsvariablen mit $P(X_n = -2^n) = P(X_n = +2^n) = \frac{1}{2}$. Zeigen Sie, dass $(X_n)_{n\in\mathbb{N}}$ nicht asymptotisch normalverteilt ist und somit den zentralen Grenzwertsatz nicht erfüllt.
Anleitung: Schätzen Sie $\sum_{k=1}^{n} X_k / \left[\text{var}\left(\sum_{k=1}^{n} X_k\right)\right]^{\frac{1}{2}}$ ab.

6.5 (Probabilistische Integralberechnung) Es sei $f : [0,1] \to [0,1]$ eine stetige Funktion, deren Integral

$$I = \int_0^1 f(x)dx$$

bestimmt werden soll. Es seien $X_1, Y_1, X_2, Y_2, \ldots$ unabhängige, jeweils $\mathbf{U}[0,1]$-verteilte Zufallsvariablen. Wir definieren

$$Z_n := \begin{cases} 1, & \text{falls } Y_n < f(X_n) \\ 0, & \text{falls } Y_n \geq f(X_n). \end{cases}$$

(a) Man zeige, dass $\frac{1}{n} \sum_{k=1}^{n} Z_k \to \int_0^1 f(x)dx$ f.s.

(b) Wie groß muss n mindestens sein, um das Integral I mit Wahrscheinlichkeit 0.95 auf mindestens 0.01 genau zu bestimmen?

6.6 (Grundproblem der Statistik) Eine Population von N Objekten (z.B. Waren, Aktien, Teilchen, ...) kann als Stichprobenraum betrachtet werden. Zusammen mit der Menge aller Teilmengen von Objekten als σ -Algebra und dem Wahrscheinlichkeitsmaß P , welches jedem Objekt das Maß N^{-1} zuordnet, ergibt sich ein W-Raum. Sei X eine Zufallsvariable auf diesem W-Raum (z.B. eine quantitative Eigenschaft der Objekte wie Gewicht, Wert, Größe, ...). Das Grundproblem der Statistik besteht darin, aufgrund einer Stichprobe von n Objekten und deren Eigenschaften auf die Verteilung von X zu schließen. Wird die Stichprobe mit Zurücklegen gezogen, ergeben sich unabhängige Zufallsvariablen $X_1,\ldots,X_n$ mit derselben Verteilung wie X . Sei

$$\overline{X}_n = \frac{1}{n}\sum_{k=1}^{n} X_k$$

das *Stichprobenmittel* und

$$s_n^2 = \frac{1}{n-1}\sum_{k=1}^{n} \left(X_k - \overline{X}_n\right)^2$$

die *Stichprobenvarianz*. Angenommen, es ist $EX = \mu$ und $var\,X = \sigma^2 < \infty$.

(a) Zeigen Sie, dass $E\overline{X}_n = \mu$ und $Es_n^2 = \sigma^2$ ist.

(b) Zeigen Sie, dass $\overline{X}_n \longrightarrow \mu$ und $s_n^2 \longrightarrow \sigma^2$ P -f.s.

6.7 Es sei $(X_n)_{n\in\mathbb{N}}$ eine Folge unabhängiger Zufallsvariablen, jeweils mit einer Gleichverteilung auf den Punkten $(+1,0),(-1,0),(0,+1)$ und $(0,-1)$. Sei

$$T_n = \left\|\sum_{i=1}^{n} X_i\right\|,$$

wobei $\|.\|$ den euklidischen Abstand bezeichnet und die Addition komponentenweise zu verstehen ist. Zeigen Sie, dass T_n^2/n nach Verteilung konvergiert. Ermitteln Sie die Dichte der Grenzverteilung.

6.8 (Empirische Verteilung) Es seien $X_1,\ldots,X_k$ unabhängige, identisch verteilte Zufallsvariablen mit Werten in $\{1,\ldots,m\}$, jeweils mit der Verteilung $P(X_1 = i) = p_i$, $i = 1,\ldots,m$. $P^{(1)}$ bezeichne die *empirische Verteilung* von $X_1,\ldots,X_k$, d.h. es ist

$$P^{(1)}(i) = \frac{1}{k}\#\{X_j = i : j = 1,\ldots,k\}.$$

Nachdem $P^{(1)}$ bekannt ist, seien $Y_1, \ldots, Y_k$ unabhängige, identisch verteilte Zufallsvariablen mit Verteilung $P^{(1)}$ und empirischer Verteilung $P^{(2)}$. Dieser Vorgang sukzessiver Einführung von Maßen wird wiederholt, bis die empirische Verteilung $P^{(n)}$ vorliegt.

(a) Ermitteln Sie $EP^{(n)}(i)$ für alle $n \in \mathbb{N}$ und für alle $i \in \{1, \ldots, m\}$.

(b) Untersuchen Sie das asymptotische Verhalten von $P^{(n)}$ für $n \to \infty$.

6.9 Es seien $X_1, \ldots, X_n$ unabhängige, jeweils $\mathbf{U}[0, \theta]$-verteilte Zufallsvariablen und $M_n = \max\{X_1, \ldots, X_n\}$.

(a) Ermitteln Sie das asymptotische Verhalten von

$$Z_n := n(\theta - M_n)/\theta \quad \text{für } n \to \infty.$$

(b) Der Parameter θ und damit die Verteilungsfunktion der X_n sei unbekannt. Wir approximieren diese durch die empirische Verteilungsfunktion $\hat{F}_n$, d.h. durch

$$\hat{F}_n(x) = \frac{1}{n} \sum_{k=1}^{n} 1_{(-\infty, x]}(X_k).$$

Seien $Y_1, \ldots, Y_n$ unabhängige, identisch verteilte Zufallsvariablen mit Verteilungsfunktion $\hat{F}_n$ und sei $M_n^* = \max\{Y_1, \ldots, Y_n\}$ sowie

$$Z_n^* := n(M_n - M_n^*)/M_n$$

eine Approximation von Z_n. Untersuchen Sie das asymptotische Verhalten von Z_n^* für $n \to \infty$.

6.10 Es sei $(X_n)_{n \in \mathbb{N}}$ eine Folge unabhängiger, $\mathbf{P}(\lambda)$-verteilter Zufallsvariablen. Der Parameter λ sei unbekannt, und die Wahrscheinlichkeit $P(X_i = 0) = e^{-\lambda}$ soll mittels $X_1, \ldots, X_n$ geschätzt werden. Die beiden Schätzer

$$\hat{T}_1 = \exp\left(-\frac{1}{n} \sum_{i=1}^{n} X_i\right),$$

$$\hat{T}_2 = \frac{1}{n} \sum_{i=1}^{n} 1_{\{X_i = 0\}}$$

werden dafür ins Auge gefasst. Bestimmen Sie die Grenzverteilungen von

$$\sqrt{n}(\hat{T}_j - e^{-\lambda}), \qquad j = 1, 2,$$

für $n \to \infty$.

6.11 **(Problem der vollständigen Serie: Fortsetzung von Aufgabe 4.34)**
Aus einer n-elementigen Menge werden jeweils mit Zurücklegen und rein zufällig so lange Elemente gezogen, bis mit der Ziehung τ_n erstmals jedes

Element mindestens einmal gezogen worden ist.
Zeigen Sie, dass

$$\frac{\tau_n}{n \ln n} \xrightarrow{\ p\ } 1.$$

6.12 Es sei $(X_n)_{n \in \mathbb{N}}$ eine Folge unabhängiger, jeweils Cauchy-verteilter Zufallsvariablen mit der Dichte

$$f(x) = \frac{1}{\pi} \frac{1}{1 + x^2}, \qquad x \in \mathbb{R}.$$

(a) Für welche α konvergiert

$$\frac{X_1 + \cdots + X_n}{n^\alpha}$$

nach Verteilung?

(b) Bestimmen Sie im Fall der Konvergenz jeweils die Grenzverteilung.

6.13 **(Stutzung)** Sei $(X_n)_{n \in \mathbb{N}}$ eine Folge unabhängiger Zufallsvariablen und $c_1 < c_2 < \ldots$ seien Konstanten mit $c_n \to \infty$. Durch Stutzung von X_k in der Höhe c_n definieren wir $Y_{k,n} = X_k 1_{\{|X_k| \le c_n\}}$ nebst

$$S_n = \sum_{k=1}^{n} X_k,$$

$$S_n^* = \sum_{k=1}^{n} Y_{k,n}.$$

(a) Unter der Voraussetzung $\lim\limits_{n \to \infty} \sum\limits_{k=1}^{n} P(|X_k| > c_n) = 0$ gilt

$$\frac{S_n}{c_n} - \frac{S_n^*}{c_n} \xrightarrow{\ p\ } 0.$$

Beweisen Sie diese Aussage.

(b) Angenommen, die X_n sind darüber hinaus identisch verteilt mit $E|X_n| < \infty$. Sei $Y_k = X_k 1_{\{|X_k| \le k\}}$ sowie $S_n^* = \sum_{k=1}^{n} Y_k$. Zeigen Sie, dass in diesem Fall sogar

$$\frac{S_n}{n} - \frac{S_n^*}{n} \longrightarrow 0 \quad \text{f.s.}$$

6.14 **(Erneuerungen, Fortsetzung von Beispiel 4.5)** In eine Alarmanlage ist ein elektronisches Bauelement integriert. Sobald es nicht mehr funktionsfähig ist, wird es unmittelbar durch ein gleichartiges Bauelement ersetzt. Die Lebensdauern der einzelnen Bauelemente dieses Typs seien unabhängig und jeweils **Exp**(λ) -verteilt.

Sei X_n die Lebensdauer des n-ten Bauelements, $S_0 := 0$ und $S_n := X_1 + \cdots + X_n$. Dann ist S_n der Zeitpunkt der n-ten Erneuerung und

$$N(t) := \max\{n \in \mathbb{N}_0 : S_n \leq t\}$$

die Anzahl der Erneuerungen im Intervall $[0, t]$.
Zeigen Sie, dass

$$\frac{N(t) - \lambda t}{\sqrt{\lambda t}}$$

nach Verteilung konvergiert, und bestimmen Sie die Grenzverteilung.

6.15 **(Muster)** Es sei $(X_n)_{n \in \mathbb{N}}$ eine Folge unabhängiger, $\mathbf{B}(\frac{1}{2})$-verteilter Zufallsvariablen. Ein *Muster* ist ein endlicher Abschnitt $x = (x_0, \ldots, x_{k-1})$ mit $x_i \in \{0, 1\}$ für $i = 0, \ldots, k-1$ und $k \in \mathbb{N}$. Wir schreiben

$$Y_n = \left\{ \begin{array}{ll} 1, & \text{falls } X_n = x_0, \ldots, X_{n+k-1} = x_{k-1} \\ 0, & \text{sonst} \end{array} \right.$$

für die Indikatorfunktion des Musters x beginnend mit X_n. Zeigen Sie, dass

$$\frac{Y_1 + \ldots + Y_n}{n} \longrightarrow 2^{-k} \quad \text{f.s.}$$

6.16 Für zwei Folgen $(X_n)_{n \in \mathbb{N}}$ und $(Y_n)_{n \in \mathbb{N}}$ integrierbarer Zufallsvariablen mit $EX_n = EY_n, \forall n \in \mathbb{N}$, zeige man: Genügt $(X_n)_{n \in \mathbb{N}}$ dem starken Gesetz der großen Zahlen und gilt

$$\sum_{n=1}^{\infty} P(X_n \neq Y_n) < \infty,$$

so genügt auch $(Y_n)_{n \in \mathbb{N}}$ dem starken Gesetz der großen Zahlen.

6.17 **(H. Walks Beweis des starken Gesetzes der großen Zahlen)** Beweisen Sie das starke Gesetz der großen Zahlen (6.9) für unabhängige, integrierbare Zufallsvariablen X_i, indem Sie die folgenden Schritte durchlaufen:

(a) Für jede Folge $(a_n)_{n \in \mathbb{N}}$ von gleichmäßig nach unten beschränkten reellen Zahlen mit $\sum_{n=1}^{\infty} (a_1 + \cdots + a_n)^2 / n^3 < \infty$ ist stets

$$\lim_{n \to \infty} \frac{1}{n} \sum_{i=1}^{n} a_i = 0.$$

Hinweis: Zeigen Sie durch Widerspruch, dass

$$\limsup_{n \to \infty} \frac{1}{n} \sum_{i=1}^{n} a_i \leq 0 \qquad \text{und} \qquad \liminf_{n \to \infty} \frac{1}{n} \sum_{i=1}^{n} a_i \geq 0,$$

etwa, indem Sie im ersten Fall annehmen, es gebe eine positive Konstante d und unendlich viele Indizes n mit $\sum_{i=1}^{n} a_i \geq dn$ und sich dann vergewissern, dass für alle $k \in \{n, \ldots, \lfloor n\gamma \rfloor\}$ mit geeignetem $\gamma > 1$ jeweils

$$\left(\sum_{i=1}^{k} a_i \right)^2 \geq \text{const.} \, d^2 n^2$$

sein muss.

(b) Stützen Sie sich auf das deterministische Resultat in (a) um nachzuweisen, dass für nichtnegative unabhängige Zufallsvariablen Y_i mit $EY_i \leq c < \infty, \forall i$, die Voraussetzung

$$\sum_{n=1}^{\infty} \frac{var(Y_1 + \cdots + Y_n)}{n^3} < \infty$$

hinreichend für das starke Gesetz der großen Zahlen ist.

Hinweis: Betrachten Sie

$$E \sum_{n=1}^{\infty} \frac{1}{n^3} \left[\sum_{i=1}^{n} (Y_i - EY_i) \right]^2 .$$

(c) Überprüfen Sie, dass die in der Höhe i gestutzten und als nichtnegativ angenommenen X_i , also $X_i' := X_i \cdot 1_{\{X_i \leq i\}}$, die Voraussetzungen in (b) erfüllen.

(d) Überzeugen Sie sich, dass aus (b) und (c) die Gültigkeit des starken Gesetzes der großen Zahlen für beliebige unabhängige, integrierbare Zufallsvariablen folgt.

6.18 Es seien $(X_n)_{n \in \mathbb{N}}$ unabhängige und identisch verteilte Zufallsvariablen mit

$$P(X_n > x) = \frac{e}{x \ln x} \cdot 1_{[e, \infty)}(x).$$

a) Zeigen Sie, dass $E|X_n| = \infty$.

b) Zeigen Sie, dass es eine Zahlenfolge $(\mu_n)_{n \in \mathbb{N}}$ gibt mit

$$\frac{X_1 + \ldots + X_n}{n} - \mu_n \xrightarrow{p} 0.$$

6.19 **(Rekorde, Fortsetzung von Beispiel 2.19)** Es seien $X_1, \ldots, X_n$ unabhängige, identisch verteilte, stetige Zufallsvariablen. Wir sagen, X_j ist ein Rekord, falls $X_j = \max\{X_1, \ldots, X_j\}$. Sei R_n die Gesamtzahl der Rekorde in $X_1, \ldots, X_n$. Zeigen Sie, dass

$$\frac{R_n - \ln n}{\sqrt{\ln n}}$$

gegen eine $N(0,1)$ -verteilte Zufallsvariable konvergiert.

Hinweis: Definieren Sie

$$I_j := \begin{cases} 1, & \text{falls } X_j \text{ ein Rekord ist} \\ 0, & \text{sonst.} \end{cases}$$

Dann ist $R_n = 1 + I_2 + \cdots + I_n$ und die wahrscheinlichkeitserzeugende Funktion $G_n(t)$ von R_n ergibt sich als das Produkt

$$G_n(t) = \prod_{j=1}^{n} \frac{t+j-1}{j} =: \frac{<t>_n}{n!}.$$

Die Koeffizienten $\begin{bmatrix} n \\ k \end{bmatrix}$ der t^k in $t(t+1) \cdot \ldots \cdot (t+n-1)$ heißen (vorzeichenlose) Stirlingsche Zahlen 1. Art, es ist also

$$<t>_n =: \sum_{k=1}^{n} \begin{bmatrix} n \\ k \end{bmatrix} t^k.$$

Leiten Sie daraus die Verteilung von R_n ab.

6.20 Es sei $(X_n)_{n \in \mathbb{N}}$ eine Folge unabhängiger Zufallsvariablen mit $P(X_n = -n^\alpha) = \frac{1}{2} = P(X_n = +n^\alpha)$. Zeigen Sie, dass $(X_n)_{n \in \mathbb{N}}$ das schwache Gesetz der großen Zahlen genau dann erfüllt, wenn $\alpha < 1/2$ ist. Was lässt sich hinsichtlich des starken Gesetzes der großen Zahlen und des zentralen Grenzwertsatzes sagen?

6.21 (**Ähnliche Folgen von Zufallsvariablen mit verschiedenem Verhalten**) Es seien $(X_n)_{n \geq 2}$ und $(Y_n)_{n \geq 2}$ zwei Folgen von unabhängigen Zufallsvariablen mit

$$P(X_n = -n/\ln n) = P(X_n = +n/\ln n) = \frac{1}{2n} \ln n, \ P(X_n = 0) = 1 - \frac{1}{n} \ln n$$

$$P(Y_n = -\alpha n) = P(Y_n = +\alpha n) = (2\alpha^2 n \ln n)^{-1}, \ P(Y_n = 0) = 1 - (\alpha^2 n \ln n)^{-1}$$

und $0 < \alpha < 1$.
Zeigen Sie:

(a) $(X_n)_{n \geq 2}$ erfüllt das starke Gesetz der großen Zahlen.

(b) $(Y_n)_{n \geq 2}$ erfüllt das starke Gesetz der großen Zahlen nicht.

6.22 Sei $(X_n)_{n \in \mathbb{N}}$ eine Folge unabhängiger Zufallsvariablen mit

$$P(X_n = -n^{3/2}) = P(X_n = +n^{3/2}) = \frac{1}{2n},$$

$$P(X_n = 0) = 1 - \frac{1}{n}.$$

Zeigen Sie, dass es für $S_n := \sum_{k=1}^{n} X_k$ ein nicht standard-normalverteiltes S gibt mit

$$\frac{S_n}{\sqrt{var\,S_n}} \xrightarrow{d} S,$$

wenn $n \to \infty$.

6.23 Sei $(X_n)_{n \in \mathbb{N}}$ eine Folge unabhängiger, identisch verteilter Zufallsvariablen mit Dichte

$$f(x) = \begin{cases} 0, & \text{falls } |x| < 2 \\ \alpha(x^2 \ln|x|)^{-1}, & \text{falls } |x| \geq 2, \end{cases}$$

wobei die Konstante α durch

$$\frac{1}{2\alpha} = \int_2^\infty \frac{dx}{x^2 \ln x}$$

festgelegt ist.

(a) Zeigen Sie, dass für $S_n := \sum_{k=1}^{n} X_k$ ein S existiert mit

$$\frac{\ln n}{n} S_n \xrightarrow{d} S$$

für $n \to \infty$, und bestimmen Sie die Verteilung von S.

(b) Ermitteln Sie für den Fall, dass statt f die Funktion

$$g(x) = \beta(1 + x^2)^{-k}, \qquad \forall x \in \mathbb{R}, k \geq 2,$$

als Dichte der X_n fungiert, eine Folge von Konstanten $(c_n)_{n \in \mathbb{N}}$ und eine nichtdegenerierte Zufallsvariable S^* mit

$$\frac{S_n}{c_n} \xrightarrow{d} S^*$$

für $n \to \infty$. Welche Verteilung hat S^*? Was lässt sich für $k = 1$ sagen?

6.24 Bevor die Normalverteilung aufgrund des zentralen Grenzwertsatzes für die Modellierung von Messfehlern populär wurde (siehe Beispiel 6.6), gab es eine Reihe verschiedener Hypothesen über deren Verteilungsdichte f:

- Simpson (1757): $f(x) = (\alpha - \alpha^2 |x|) \cdot 1_{[-1/\alpha, +1/\alpha]}(x)$, $\alpha \in \mathbb{R}_+$.

- Laplace (1774): $f(x) = \frac{1}{2\alpha} \exp(-\frac{|x|}{\alpha}) \cdot 1_{\mathbb{R}}(x)$, $\alpha \in \mathbb{R}_+$.

- Lagrange (1775): $f(x) = \alpha \cos(2\alpha x) \cdot 1_{[-\pi/4\alpha, +\pi/4\alpha]}(x)$, $\alpha \in \mathbb{R}_+$.

Ermitteln Sie die Konstanten α jeweils so, dass die Verteilungen Varianz 1 haben. Mit dieser Wahl von α: Vergleichen Sie in jedem der drei Fälle die Wahrscheinlichkeit, dass ein Messfehler nicht größer als eine Standardabweichung ist, mit der entsprechenden Wahrscheinlichkeit für die Standard-Normalverteilung.

6.25 (Weierstrassscher Approximationssatz) Es sei $f : [0,1] \to \mathbb{R}$ eine stetige Funktion. Dann existiert eine Folge $(B_n)_{n \in \mathbb{N}}$ von Polynomen mit

$$\lim_{n \to \infty} \sup_{0 \le x \le 1} |f(x) - B_n(x)| = 0.$$

Beweisen Sie diese deterministische Aussage probabilistisch mit Hilfe des schwachen Gesetzes der großen Zahlen.

Hinweis: Es seien $(X_n)_{n \in \mathbb{N}}$ unabhängige, $\mathbf{B}(x)$-verteilte Zufallsvariablen mit $x \in [0,1]$. Sei $\overline{X}_n = \frac{1}{n} \sum_{i=1}^{n} X_i$ und

$$B_n(x) := E[f(\overline{X}_n)] = \sum_{k=0}^{n} f\left(\frac{k}{n}\right) \binom{n}{k} x^k (1-x)^{n-k}$$

das so genannte *Bernstein-Polynom* von f vom Grad n. Bedenken Sie, dass f beschränkt und sogar gleichmäßig stetig auf $[0,1]$ ist.

6.26 Es sei $(X_n)_{n \in \mathbb{N}}$ eine Folge von unabhängigen Zufallsvariablen jeweils mit der Verteilung

$$P(X_n = (-1)^k k) = \frac{c}{k^2 \ln k}$$

für alle natürlichen Zahlen $k \ge 2$ und geeignetes c.

(a) Zeigen Sie, dass $E|X_n| = \infty$.

(b) Existiert eine Konstante μ mit $\frac{1}{n} \sum_{i=1}^{n} X_i \xrightarrow{p} \mu$?

6.27 (Maximumsuche) Es seien $X_1, \ldots X_n$ unabhängige und identisch verteilte, stetige Zufallsvariablen. Das größte Element unter den Realisierungen $x_1, \ldots, x_n$ von $X_1, \ldots, X_n$ soll mit linearer Maximumsuche bestimmt werden. Dazu wird zunächst x_1 als Referenzelement behandelt und nacheinander mit $x_2, x_3, \ldots$ verglichen, bis erstmals ein größeres Element $x_k > x_1$ auftritt. Anschließend wird x_k als Referenzelement abgespeichert und mit $x_{k+1}, x_{k+2}, \ldots$ verglichen. Ist die ganze Liste durchlaufen, so ist das aktuelle Referenzelement das gesuchte Maximum. Für Effizienzbeurteilungen ist z.B. die Anzahl Z_n der verschiedenen Referenzelemente von Interesse, die bis zur Bestimmung des Maximums auftreten.

(a) Ermitteln Sie die Verteilung von Z_n sowie den Erwartungswert.

(b) Approximieren Sie die Verteilung von Z_n durch eine Poisson-Verteilung.

(c) Ermitteln sie die Grenzverteilung von

$$\frac{Z_n - \ln n}{\sqrt{\ln n}}$$

für $n \to \infty$.

6.28 **(Sortieren)** Der Algorithmus *Bubble Sort* wird zum Sortieren von Zahlen-
arrays verwendet. Er basiert auf dem Prinzip des fortgesetzten Vergleichens
und gelegentlichen Austauschens von aufeinander folgenden Elementen. Gegeben sei ein Datenarray $(a[1], \ldots a[n])$. Nur wenn die Belegung der i-ten
Array-Position $a[i]$ größer ist als das Element in der $(i+1)$-ten Position $a[i+1]$, erfolgt ein Austausch der beiden Elemente. Anschließend wird
dann das aktuelle Element in $a[i+1]$ (also das vormalige Element aus $a[i]$,
sofern ein Austausch durchgeführt wurde), mit der Belegung von $a[i+2]$
verglichen, usw. Das Verfahren erfordert im Allgemeinen mehrere Durchläufe. Jeder Durchlauf beginnt mit dem Vergleich von $a[1]$ und $a[2]$. So geht
der Array $(4, 3, 5, 1, 2)$ nach einem Durchlauf über in $(3, 4, 1, 2, 5)$. Dieser
endet mit der Überführung des größten Elements an das Ende des Arrays.
Der zweite Durchlauf liefert $(3, 1, 2, 4, 5)$. Der Algorithmus endet mit einem
Durchlauf, bei dem keine Austauschoperationen mehr vorgenommen werden
müssen. Für Effizienzbetrachtungen ist die Gesamtzahl D_n der Durchläufe
von Interesse.

(a) Ermitteln Sie die Verteilung von D_n für ein Array bestehend aus den
Realisierungen $x_1, \ldots, x_n$ von n unabhängigen und identisch verteilten stetigen Zufallsvariablen.

Hinweis: Im zu ordnenden Array sei N_i die Anzahl der Elemente in
den Array-Positionen $a[1], \ldots, a[i-1]$, die größer sind als das Element
in $a[i]$. Überlegen Sie, dass $D_n = \max\{N_2, \ldots, N_n\} + 1$. Welche Verteilungen besitzen die N_i? Sind die N_i unabhängig?

(b) Zeigen Sie, dass

$$\frac{D_n - n}{\sqrt{n}} \xrightarrow{d} -R,$$

wobei R eine Zufallsvariable mit Dichte $xe^{-x^2/2} \cdot 1_{[0,\infty)}(x)$ ist. (Dies
ist die Dichte der so genannten *Raleigh-Verteilung*.)

6.29 **(Stirlingsche Approximation für $n!$)** Es sei $(X_n)_{n \in \mathbb{N}}$ eine Folge unabhängiger, $\mathbf{P}(1)$-verteilter Zufallsvariablen und $S_n := X_1 + \ldots + X_n$. Ferner
sei X eine $\mathbf{N}(0, 1)$-verteilte Zufallsvariable. Bestätigen Sie die Approximation für $n!$ aus Beispiel 2.34, indem Sie schrittweise zeigen:

(a) $E\left[\left(\frac{S_n - n}{\sqrt{n}}\right)^-\right] = e^{-n} \sum_{k=0}^{n} \left(\frac{n-k}{\sqrt{n}}\right) \frac{n^k}{k!} = \frac{1}{n!}\left(\frac{n}{e}\right)^n \sqrt{n}.$

(b) $\frac{S_n - n}{\sqrt{n}} \xrightarrow{d} X.$

(c) $E\left[\left(\frac{S_n - n}{\sqrt{n}}\right)^-\right] \xrightarrow{n \to \infty} E(X^-) = \frac{1}{\sqrt{2\pi}}.$

(d) $n! \sim \left(\frac{n}{e}\right)^n \sqrt{2\pi n} \qquad\qquad$ für $n \to \infty.$

6.30 Bei einer telefonischen Umfrage sollen mindestens 200 Personen befragt werden. Die von einem Call-Center durchgeführten Befragungen können zeitlich annähernd als Poisson-Prozess mit Parameter $\lambda = 100$ Personen/Stunde modelliert werden. Ein Zeitintervall welcher Länge muss man einplanen, um 90% sicher zu sein, dass mehr als 200 Umfragen durchgeführt werden.

6.31 Nach Tabelle 2.1 gab es von 1970 bis 1999 in der Bundesrepublik insgesamt 25 171 123 registrierte Lebendgeburten, davon waren 12 241 392 Mädchen.

    (a) Berechnen Sie ein 95% -iges Vertrauensintervall für die Wahrscheinlichkeit p einer Mädchengeburt.

    (b) Wenn p tatsächlich $\frac{1}{2}$ wäre, mit welcher Wahrscheinlichkeit würden dann unter 25 171 123 Geburten höchstens 12 241 392 Mädchengeburten auftreten?

6.32 Beim Roulette sind je 18 Zahlen rot bzw. schwarz markiert und eine Zahl (0) ist grün. Setzt ein Spieler auf *Rot* oder *Schwarz*, so bekommt er bei Gewinn den doppelten Einsatz ausbezahlt, beim Setzen auf eine Zahl bei Gewinn den 36 -fachen Einsatz. Erscheint 0, so verlieren allen Einsätze. Spieler A setzt stets auf *Rot*, Spieler B stets auf eine Zahl. Bestimmen Sie für beide Spieler approximativ die Wahrscheinlichkeit, in 100 Spielen mit einem Einsatz von je 10 Euro mindestens 40 Euro zu gewinnen.

6.33 Es sei $(X_n)_{n \in \mathbb{N}}$ eine Folge unabhängiger, $\mathbf{P}(\lambda)$ -verteilter Zufallsvariablen.

    (a) Zeigen Sie, dass

$$\frac{\lambda^n}{n!} e^{-\lambda} \leq P(X_1 \geq n) \leq \frac{\lambda^n}{n!}.$$

    (b) Folgern Sie aus (a), dass unabhängig von λ

$$P\left(\limsup_{n \to \infty} \frac{X_n}{\ln n / \ln \ln n} = 1\right) = 1.$$

6.34 Es sei $(X_n)_{n \in \mathbb{N}}$ eine Folge von unabhängigen und identisch verteilten Zufallsvariablen mit Erwartungswert 0 und Varianz 1. Dann gilt für $S_n := \sum_{i=1}^n X_i$

$$P\left(\liminf_{n \to \infty} \frac{|S_n|}{\sqrt{n}} = 0\right) = 1.$$

Hinweis: Betrachten Sie $S_{n_{k+1}} - S_{n_k}$ mit $n_k \sim \lfloor k^k \rfloor$.

7 | Modelle

7 Modelle

Die Stochastik stellt mit ihren Begriffsbildungen und Modellen eine mächtige Sprache zur Analyse zufallsbehafteter Vorgänge bereit. Modelle in unserem Sinn sind dabei Übersetzungen von Teilaspekten der Wirklichkeit in einen mathematischen Formalismus. Durch gedankliche mathematische Durchdringung des Modells soll Wirklichkeit analysiert, verstehbar und beschreibbar gemacht werden. Grundidee bei der Konzeption eines Modells ist die Reduktion von Komplexität.
Instrumente des stochastischen Modellierens sind typischerweise Zufallsvariablen mit Beziehungen zwischen diesen − etwa Gleichungen, Ungleichungen, Abhängigkeiten − und Methoden wie Differenzieren, Erwartungswertbildung, Optimierung. Mit Hilfe dieser Instrumente und Methoden werden aus praktischen Fragestellungen mathematische Probleme, für die grundsätzlich alle mathematischen Werkzeuge zur Verfügung stehen. Mit ihnen werden die mathematischen Probleme bearbeitet und die herausanalysierten Eigenschaften anschließend auf die Realität angewendet.
Wir demonstrieren dies an ausgewählten Fallstudien.

7.1 Codierung

Dieser Abschnitt behandelt die Modellierung von informationsübertragenden Systemen. Ein einfaches System hat diese Gestalt:

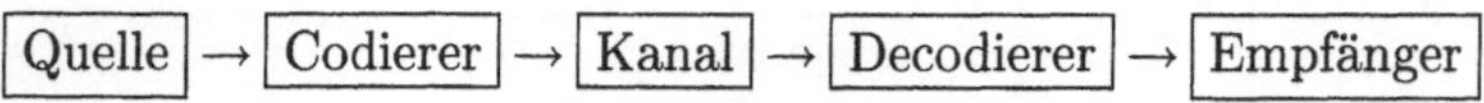

Eine Quelle sendet zu diskreten Zeitpunkten voneinander unabhängige Signale aus. Diese werden durch einen Codierer so aufbereitet (codiert), dass sie von einem Kanal übertragen werden können. Nach Übertragung wird die codierte Nachricht am Ziel in eine vom Empfänger lesbare Form gebracht (decodiert). Der Kanal kann fehlerhaft oder fehlerfrei übertragen. Wir beschäftigen uns hier ausschließlich mit fehlerfrei übertragenden Kanälen.

Die Quelle gebe Symbole des *Quellalphabets* $\mathbb{W} = \{w_1, \ldots, w_m\}$ gemäß der Verteilung $\mathbb{P} = (p_1, \ldots, p_m)$ aus, und zwar den *Quellbuchstaben* w_i mit Wahrscheinlichkeit p_i. Der Kanal kann Symbole des *Codealphabets* $\mathbb{A} = \{0, \ldots, d-1\}$ übertragen. Typischerweise ist $m > d$. Wie können die Quellbuchstaben w_i mittels der Elemente von $\mathbb{A}$ – der *Codebuchstaben* – so codiert werden, dass die Codierung möglichst effizient ist in dem Sinne, dass im Mittel eine möglichst geringe Anzahl von Symbolen aus $\mathbb{A}$ benötigt wird. Dies ist eine der zentralen Fragestellungen der Codierungstheorie.

Formal ausgedrückt ist ein *Code* c eine injektive Abbildung von $\mathbb{W}$ in die Menge $\mathbb{A}^*$ der endlichen Zeichenketten, die aus Codebuchstaben bestehen. Ist etwa $\mathbb{W} = \{1, 2, 3, 4, 5\}$ und $\mathbb{A} = \{0, 1\}$, dann ist die Abbildung

$$
\begin{aligned}
1 &\mapsto c(1) = 1 \\
2 &\mapsto c(2) = 01 \\
3 &\mapsto c(3) = 001 \\
4 &\mapsto c(4) = 0000 \\
5 &\mapsto c(5) = 0001
\end{aligned}
\tag{7.1}
$$

ein Code. Ein *Quellwort* der Länge k ist eine beliebige Zeichenkette von k Quellbuchstaben, z.B. $w_{i_1} \ldots w_{i_k}$. Sie kann codiert werden, indem man die einzelnen Codewörter aneinanderfügt: $c(w_{i_1}) \ldots c(w_{i_k})$. Ein Code heißt *eindeutig decodierbar*, wenn sich jeder Zeichenkette in $\mathbb{A}^*$ höchstens ein Quellwort als Urbild zuordnen lässt. Die Längen der Codewörter $c(w_i)$ bezeichnen wir mit l_i und mit

$$
El_c := \sum_{i=1}^{m} p_i l_i
$$

die mittlere Länge eines Codes c. Ein eindeutig decodierbarer Code heißt *optimal* für eine Quelle bestehend aus Quellalphabet $\mathbb{W}$ und Verteilung $\mathbb{P}$, wenn es keinen eindeutig decodierbaren Code mit geringerer mittlerer Länge gibt. In (7.1) ist keines der Codewörter Anfangsstück (Präfix) eines anderen Codewortes. Codes mit dieser Eigenschaft heißen *präfixfrei*. Jeder präfixfreie Code ist eindeutig decodierbar. Denn in einer codierten Nachricht $\alpha_1 \ldots \alpha_n$ mit $\alpha_j \in \mathbb{A}$ ist dann genau eines der Anfangsstücke $\alpha_1 \ldots \alpha_k$ ein Codewort $c(w_i)$. Des Weiteren entspricht auch in der verkürzten Folge $\alpha_{k+1} \ldots \alpha_n$ genau ein Anfangsstück einem Codewort. Diese Überlegung kann fortgesetzt werden, bis alle Symbole abgearbeitet sind.

Wir werden sehen, dass wir uns bei der Suche nach optimalen, eindeutig decodierbaren Codes auf präfixfreie Codes beschränken können.

Das folgende Theorem macht zunächst eine Aussage darüber, wann ein präfixfreier Code existiert.

Theorem 7.1.1 (Kraft) *Für ein Quellalphabet mit m Symbolen und ein Codealphabet mit d Symbolen gibt es einen präfixfreien Code mit gegebenen Wortlängen $l_1, \ldots l_m$, wenn die Kraftsche Bedingung*

$$\sum_{i=1}^{m} d^{-l_i} \leq 1 \tag{7.2}$$

erfüllt ist.

Beweis. Nötigenfalls nach Umbenennung der w_i können wir die Wortlängen als aufsteigend geordnet voraussetzen: $l_1 \leq \ldots \leq l_m$. Wir konstruieren einen präfixfreien Code durch Induktion:

(a) Wähle für $c(w_1)$ eine beliebige Zeichenkette der Länge l_1 mit Symbolen aus $\mathbb{A}$.

(b) Angenommen, $c(w_1), \ldots, c(w_{k-1})$ für $k \leq m$ sind festgelegt. Wähle für $c(w_k)$ eine beliebige Zeichenkette der Länge l_k mit Symbolen aus $\mathbb{A}$ so, dass keines seiner Anfangsstücke $c(w_1), \ldots, c(w_{k-1})$ ist.

Wir überzeugen uns, dass die Forderung in (b) erfüllbar ist. Die Anzahl der Codewörter der Länge l_k mit Präfix $c(w_i)$ ist $d^{l_k - l_i}$ für $i < k$, also haben wir

$$d^{l_k} - \sum_{i=1}^{k-1} d^{l_k - l_i}$$

Möglichkeiten, $c(w_k)$ zu wählen. Nach (7.2) besteht die Ungleichung

$$1 - \sum_{i=1}^{k-1} d^{-l_i} \geq d^{-l_k},$$

was nach Multiplikation mit d^{l_k} äquivalent ist mit

$$d^{l_k} - \sum_{i=1}^{k-1} d^{l_k - l_i} \geq 1.$$

$\blacksquare$

Wir erwähnen noch, dass ein Code eindeutig decodierbar sein kann, ohne präfixfrei zu sein. Für $\mathbb{W} = \{1,2,3,4,5\}$ und $\mathbb{A} = \{0,1\}$ liefert der Code

$$
\begin{aligned}
1 &\mapsto c(1) = 1 \\
2 &\mapsto c(2) = 10 \\
3 &\mapsto c(3) = 100 \\
4 &\mapsto c(4) = 1000 \\
5 &\mapsto c(5) = 10000
\end{aligned}
$$

ein Beispiel. Der Codebuchstabe 1 fungiert dabei als Trennungszeichen.

Ein eindeutig decodierbarer Code kann nicht sehr viele kurze Codewörter besitzen. Ist z.B. 10000 ein Codewort, dann können nicht sowohl 10 als auch 000 ebenfalls Codewörter sein. Das folgende Theorem macht eine präzise Aussage über das Verhalten der Codewortlängen bei eindeutig decodierbaren Codes.

Theorem 7.1.2 (McMillan) *Das Quellalphabet bestehe aus* m *Buchstaben und das Codealphabet aus* d *Buchstaben. Ist* c *ein eindeutig decodierbarer Code mit Codewortlängen* $l_1, \ldots, l_m$, *dann gilt*

$$\sum_{i=1}^{m} d^{-l_i} \leq 1.$$

Beweis. Sei $s = \max\{l_1, \ldots l_m\}$ und $\beta_j = \#\{1 \leq k \leq m : l_k = j\}$ die Anzahl der Codewörter mit Länge j. Für alle $n \in \mathbb{N}$ gilt

$$\left(\sum_{i=1}^{m} d^{-l_i} \right)^n = \left(\sum_{r=1}^{s} \beta_r d^{-r} \right)^n = \sum_{\substack{1 \leq i_j \leq s \\ i_1, \ldots, i_n}} \frac{\beta_{i_1} \cdot \ldots \cdot \beta_{i_n}}{d^{i_1 + \ldots + i_n}}$$

$$= \sum_{k=n}^{sn} \left(\sum_{i_1 + \ldots + i_n = k} \beta_{i_1} \cdot \ldots \cdot \beta_{i_n} \right) \frac{1}{d^k} = \sum_{k=n}^{sn} \frac{N_k}{d^k},$$

wobei

$$N_k := \sum_{i_1 + \ldots + i_n = k} \beta_{i_1} \cdot \ldots \cdot \beta_{i_n}$$

die Anzahl der Möglichkeiten angibt, durch Verknüpfung von n Codewörtern eine Zeichenkette der Länge k zu bilden. Dies ist die Anzahl der Quellwörter der Länge n, die unter c Codewortlänge k haben. Die Anzahl aller Zeichenketten der Länge k mit Symbolen aus $\mathbb{A}$ ist d^k. Da c eindeutig decodierbar ist, entspricht eine beliebige aus Codebuchstaben gebildete Zeichenkette der Länge k höchstens einem Quellwort. Also dürfen wir $N_k \leq d^k$ annehmen, und wir machen Gebrauch davon:

$$\left(\sum_{i=1}^{m} d^{-l_i} \right)^n = \sum_{k=n}^{sn} \frac{N_k}{d^k} \leq sn, \qquad \forall n \in \mathbb{N}.$$

Falls $x > 1$ gilt, so auch $x^n > sn$, wenn n groß genug gewählt wird. Dies erzwingt

$$\sum_{i=1}^{m} d^{-l_i} \leq 1.$$

■

Die beiden letzten Theoreme zusammengenommen kann man so lesen: Ein eindeutig decodierbarer Code mit vorgegebenen Codewortlängen existiert nur dann, wenn ein präfixfreier Code mit denselben Wortlängen existiert. Damit kann man sich bei der Suche nach optimalen Codes auf präfixfreie Codes beschränken.

Aus Effizienzgründen bevorzugt man natürlich kurze Codewörter. Doch kurze Wörter lassen die Summe in (7.2) schneller anwachsen. Die Kraftsche Bedingung (7.2) erklärt, wie kurze und lange Worte balanciert sein müssen, um eindeutige Decodierbarkeit bzw. Präfixfreiheit zu ermöglichen. Die Bedingung eignet sich auch, um eine untere Schranke für die mittlere Codewortlänge aller eindeutig decodierbaren Codes zu bestimmen. Dabei spielt die Entropie $H(\mathbb{P})$ der Verteilung $\mathbb{P}$ eine wesentliche Rolle. Für $\mathbb{P} = (p_1, \ldots, p_m)$ ist diese als

$$H(\mathbb{P}) = - \sum_{i=1}^{m} p_i \log_2 p_i$$

definiert, siehe Aufgabe 2.38, 2.39. Hierbei wird $0 \cdot \log_2 0$ als 0 interpretiert. Das folgende Theorem bringt die Entropie in Zusammenhang mit einer unteren Schranke für die mittlere Codewortlänge aller eindeutig decodierbaren Codes und behauptet darüber hinaus, dass diese Schranke für mindestens einen präfixfreien Code (fast) erreicht wird. Konkret gilt:

Theorem 7.1.3 (Shannons Satz von der rauschfreien Codierung)
Sei $\mathbb{W} = \{w_1, \ldots, w_m\}$ *ein Quellalphabet mit Verteilung* $\mathbb{P} = \{p_1, \ldots, p_m\}$, *deren Entropie* $H(\mathbb{P}) > 0$ *ist, und sei* $\mathbb{A} = \{0, \ldots, d-1\}, d \geq 2$, *ein Codealphabet.*

(a) Für alle eindeutig decodierbaren Codes c *gilt* $El_c \geq \frac{H(\mathbb{P})}{\log_2 d}$.

(b) Es gibt einen präfixfreien Code c *mit* $El_c < \frac{H(\mathbb{P})}{\log_2 d} + 1$.

Beweis. Der Nachweis basiert auf den beiden vorausgehenden Theoremen.

(a) Sei c ein eindeutig decodierbarer Code mit Wortlängen $l_1, \ldots, l_m$. Es ist

$$
\begin{aligned}
H(\mathbb{P}) - (El_c)\log_2 d &= -\sum_{i=1}^{m} p_i \log_2 p_i - \sum_{i=1}^{m} p_i l_i \log_2 d \\
&= \sum_{i=1}^{m} p_i \log_2\left(\frac{d^{-l_i}}{p_i}\right) \\
&\leq (\log_2 e) \sum_{i:p_i>0} p_i \left(\frac{d^{-l_i}}{p_i} - 1\right) \qquad (7.3) \\
&\leq (\log_2 e)\left(-1 + \sum_{i=1}^{m} d^{-l_i}\right) \\
&\leq 0
\end{aligned}
$$

wegen $\ln x \leq x - 1, \forall x > 0$, und Theorem 7.1.2. Die Ungleichung in (a) erhält man nun durch Auflösen.

(b) Ohne Beschränkung der Allgemeinheit kann angenommen werden, dass $p_i > 0$ ist für alle $i = 1, \ldots, m$. Es gibt natürliche Zahlen l_i mit $d^{-l_i} \leq p_i < d^{-l_i+1}$ für $i = 1, \ldots, m$. Für diese haben wir

$$
\sum_{i=1}^{m} d^{-l_i} \leq \sum_{i=1}^{m} p_i = 1.
$$

Nach Theorem 7.1.1 existiert ein präfixfreier Code mit Wortlängen $l_1, \ldots, l_m$. Ferner ist $\log_2 p_i < (-l_i + 1) \log_2 d$ und somit

$$-\sum_{i=1}^{m} p_i \log_2 p_i > (\log_2 d) \sum_{i=1}^{m} p_i (l_i - 1),$$

d.h. es gilt

$$H(\mathbb{P}) > (\log_2 d)(El_c - 1),$$

woraus sich durch Auflösen nach El_c die Aussage ergibt. ∎

Eine genauere Untersuchung der Herleitung in (7.3) zeigt, dass im Fall

$$\frac{d^{-l_i}}{p_i} = 1, \qquad \forall i = 1, \ldots, m,$$

die Ungleichungen sämtlich zu Gleichungen werden. Also wird die untere Schranke in Theorem 7.1.3(a) erreicht, falls die $-\log_d p_i$ allesamt natürliche Zahlen sind. Wir setzen dann

$$l_i = -\log_d p_i$$

und wissen, dass es einen präfixfreien Code c mit diesen Codewortlängen l_i gibt, dessen mittlere Codewortlänge die untere Schranke erreicht, so dass c optimal ist. Falls $-\log_d p_i$ keine natürliche Zahl ist, könnte man vermuten, dass die Wahl der nächstgrößeren natürlichen Zahl $l_i = \lceil -\log_d p_i \rceil$ zu einem optimalen Code führt. Diese Vermutung erweist sich als falsch, wie wir sehen werden. Immerhin gibt es aber zu diesen Wortlängen einen präfixfreien Code, denn wegen

$$l_i \geq -\log_d p_i \iff p_i \geq d^{-l_i}$$

erhält man durch Summation

$$1 = \sum_{i=1}^{m} p_i \geq \sum_{i=1}^{m} d^{-l_i}.$$

Außerdem wird aus $l_i < 1 - \log_d p_i$ nach Multiplikation mit p_i und Summation über i die Abschätzung

$$El_c < H(\mathbb{P}) + 1.$$

Damit ist der zugehörige Code höchstens um 1 (Bit) schlechter als ein optimaler Code. Ein Code, dessen Wortlängen die Bedingung $-\log_d p_i \le l_i < 1 - \log_d p_i, \forall i$, erfüllen, heißt *Shannon-Fano-Code*.

Als Nächstes zeigen wir, wie man einen Shannon-Fano-Code konstruieren kann, bzw. allgemeiner, wie man unter der Kraftschen Bedingung (7.2) einen präfixfreien Code mit vorgegebenen Codewortlängen für eine Quelle mit Quellalphabet $\mathbb{W} = (w_1, \ldots, w_m)$ bei einem Codealphabet $\mathbb{A} = \{0, \ldots, d-1\}$ bestimmt. Ohne Beschränkung der Allgemeinheit sei $l_1 \le l_2 \le \ldots \le l_m$. Ferner sei $\mathbb{A}^l$ die Menge aller Zeichenketten der Länge l mit Symbolen aus $\mathbb{A}$ und

$$\mathcal{E}(x) = \{y \in \mathbb{A}^{l_m} : x \text{ ist Präfix der Zeichenkette } y\}$$

die Menge aller Erweiterungen von x zu einer Zeichenkette der Länge l_m. Wir wählen c_1 beliebig aus $\mathbb{A}^{l_1}$ und setzen $c(w_1) = c_1$. Es ist $\#\mathcal{E}(c_1) = d^{l_m - l_1}$ sowie $\#\mathbb{A}^{l_m} = d^{l_m}$ und somit für $m \ge 2$ $\mathbb{A}^{l_m} \backslash \mathcal{E}(c_1) \ne \emptyset$. Wir wählen eines der Elemente aus $\mathbb{A}^{l_m} \backslash \mathcal{E}(c_1)$ beliebig aus und bezeichnen mit $c_2 \in \mathbb{A}^{l_2}$ das Anfangsstück der Länge l_2. Nach Konstruktion ist c_1 kein Präfix von c_2. Wir setzen $c(w_2) = c_2$. Nun ist $\#\mathcal{E}(c_2) = d^{l_m - l_2}$ und demnach für $m \ge 3$

$$d^{l_m - l_1} + d^{l_m - l_2} < \sum_{i=1}^{m} d^{l_m - l_i} = d^{l_m} \sum_{i=1}^{m} d^{-l_i} \le d^{l_m}.$$

Daraus folgt $\mathbb{A}^{l_m} \backslash (\mathcal{E}(c_1) \cup \mathcal{E}(c_2)) \ne \emptyset$. Wir wählen ein Element aus dieser Menge beliebig aus, definieren $c_3 \in \mathbb{A}^{l_3}$ als dessen Anfangsstück der Länge l_3 und setzen $c(w_3) = c_3$. Das Verfahren wird fortgesetzt, bis $c(w_1), \ldots, c(w_m)$ festgelegt sind. Der entstehende Code c ist präfixfrei und hat die vorgegebenen Codewortlängen.

Beispiel 7.1 (Konstruktion eines Shannon-Fano-Codes) Es seien $\mathbb{W} = \{1, \ldots, 9\}$, $\mathbb{A} = \{0, 1\}$ und $\mathbb{P}$ die Benfordsche Verteilung auf den Anfangsziffern, siehe (1.10) und Abbildung 1.4. Die Codewortlängen $l_i = \lceil -\log_2 p_i \rceil$ sind in diesem Fall $l_1 = 2, l_2 = l_3 = 3, l_4 = l_5 = l_6 = 4$ und $l_7 = l_8 = l_9 = 5$. Die selbsterklärende Abbildung 7.1 zeigt, wie ein Shannon-Fano-Code mit diesen Wortlängen konstruiert werden kann.

Aus der Abbildung 7.1 liest man ohne Schwierigkeiten die Codierungstabelle ab:

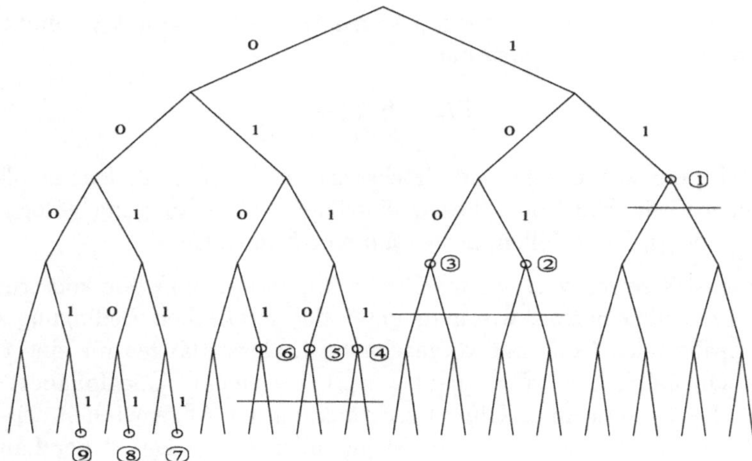

Abbildung 7.1: Konstruktion eines Shannon-Fano-Codes.

1	2	3	4	5	6	7	8	9
11	101	100	0111	0110	0101	00111	00101	00011

Die Entropie der Benfordschen Verteilung beträgt $H(\mathbb{P}) = 2.88$, und die mittlere
Länge des Shannon-Fano-Codes ist $El_c = 3.25$.

Alternativ betrachten wir noch den folgenden Code c^* :

1	2	3	4	5	6	7	8	9
11	00	100	010	1010	0111	0110	10111	10110

Auch dieser Code ist präfixfrei und hat eine mittlere Codewortlänge von $El_{c^*} =$
2.92. Er ist damit dem Shannon-Fano-Code überlegen. Das Beispiel zeigt, dass
Shannon-Fano-Codes im Allgemeinen nicht optimal sind.

Der Code c^* in Beispiel 7.1 wurde nach einem von Huffman (1952) eingeführten Verfahren konstruiert. Er heißt *Huffman-Code*. Wir stellen das
Verfahren für den Fall des Codealphabets $\mathbb{A} = \{0, 1\}$ dar.

Sei $Q = Q_0$ eine Quelle mit Quellalphabet $\mathbb{W} = \mathbb{W}_0 = \{w_1, \ldots, w_m\}$ und
Wahrscheinlichkeiten $p_1 \geq p_2 \geq \ldots \geq p_m > 0$. Indem man die Symbole
w_{m-1} und w_m mit den kleinsten Wahrscheinlichkeiten durch das Symbol
w ersetzt und ihre Wahrscheinlichkeiten addiert, erhält man eine verkürzte Quelle Q_1 mit Alphabet $\mathbb{W}_1 = \{w_1, \ldots, w_{m-2}, w\}$ und zugehörigen

Wahrscheinlichkeiten $p_1, \ldots, p_{m-2}, p_{m-1} + p_m$. Sukzessive können auf diese Weise verkürzte Quellen $Q_2, \ldots, Q_{m-1}$ gebildet werden, wobei Q_{m-1} nurmehr 2 Symbole enthält.

Es sei ein optimaler präfixfreier Code c für die Quelle Q_j gegeben. Aufbauend auf c definieren wir einen Code c' für die Quelle Q_{j-1} wie folgt: Seien w_{α_0} und w_{α_1} die beiden Symbole von Q_{j-1}, die durch w ersetzt wurden, um Q_j zu bilden. Der Code c' ordnet nun jedem Symbol von Q_{j-1} außer w_{α_0} und w_{α_1} dasselbe Codewort zu, das auch c für dieses Symbol verwendet. Die Codewörter von w_{α_0} und w_{α_1} unter c' werden durch Anhängen einer 0 bzw. einer 1 an $c(w)$ gebildet.

Wir behaupten, dass c' für die Quelle Q_{j-1} optimal ist. Wir begründen dies im Fall $j = 1$. Für andere j folgt man derselben Argumentation. Seien $l_1, \ldots, l_{m-2}, l_{m-1}$ die Codewortlängen von $c(w_1), \ldots, c(w_{m-2}), c(w)$ und $l'_1, \ldots, l'_m$ die Codewortlängen von $c'(w_1), \ldots, c'(w_m)$. Die mittleren Codewortlängen stehen in dem Zusammenhang

$$El_{c'} = \sum_{i=1}^{m-2} p_i l_i + (p_{m-1} + p_m)(l_{m-1} + 1) = El_c + p_{m-1} + p_m. \qquad (7.4)$$

Auch c' ist präfixfrei. Wir nehmen an, c' sei nicht optimal für Q_0. Dann existiert ein optimaler präfixfreier Code c^* für Q_0 mit $El_{c^*} < El_{c'}$. Sei für diesen

$$c^*(w_i) = \alpha_{i_1} \ldots \alpha_{i_{l_i^*}}, \qquad \forall i = 1, \ldots, m.$$

Für c^* gilt:

(a) $l_1^* \leq \ldots \leq l_m^*$.

(b) $l_{m-1}^* = l_m^*$.

(c) $c^*(w_{m-1})$ und $c^*(w_m)$ unterscheiden sich nur in der letzten Stelle.

Es muss (a) erfüllt sein, denn andernfalls kann man durch Austausch zweier Codewörter einen Code mit kleinerer mittlerer Länge erzeugen. Es muss (b) erfüllt sein, denn wäre $l_{m-1}^* < l_m^*$, dann könnte durch Streichen der letzten Stelle von $c^*(w_m)$ ein Codewort erzeugt werden, das wegen der Präfixfreiheit von c^* noch nicht verwendet wird und auch zu lang ist, um Anfangsstück eines anderen Codewortes von c^* zu sein. Auf diese Weise erhielte man also wieder einen Code mit kürzerer mittlerer Codewortlänge als c^*. Schließlich muss (c) erfüllt sein, denn würden sich $c^*(w_{m-1})$ und $c^*(w_m)$ bereits in den ersten $l_m^* - 1$ Stellen unterscheiden, könnte wegen der Präfixfreiheit durch Streichen der letzten Stelle bei $c^*(w_{m-1})$ und bei $c^*(w_m)$ wiederum ein effizienterer Code konstruiert werden.

Unter Berücksichtigung von (a), (b), und (c) verwenden wir nun c^*, um einen präfixfreien Code c'' für Q_1 mit $\mathbb{W}_1 = \{w_1, \ldots, w_{m-2}, w\}$ zu konstruieren: Definiere $c''(w_i) = c^*(w_i)$ für alle $i = 1, \ldots, m-2$ und ferner

$$c''(w) = \alpha_{m_1} \ldots \alpha_{m_{l^*_m - 1}}$$

durch Streichen der letzten Stelle bei $c^*(w_m)$. Dann ist c'' ein präfixfreier Code für Q_1 und – ähnlich wie in (7.4) – mit

$$El_{c''} + p_{m-1} + p_m = El_{c^*} < El_{c'} = El_c + p_{m-1} + p_m.$$

Daraus entnimmt man $El_{c''} < El_c$ und registriert einen Widerspruch zur Optimalität von Code c.

Das Huffman-Verfahren wendet diese Überlegung rekursiv an. Dabei wird die Quelle $Q = Q_0$ zu Q_1 verkürzt, diese zu Q_2 verkürzt, usw., bis Q_{m-1} schließlich nur noch aus zwei Symbolen besteht. Diese werden in beliebiger Weise mit 0 bzw. mit 1 codiert. Das ist ein optimaler Code für Q_{m-1}. Anschließend wird mit der beschriebenen Vorgehensweise ein optimaler Code für Q_{m-2} erzeugt, usw., bis sich nach $m-2$ Schritten schließlich ein optimaler Code für Q_0 ergibt. Wir illustrieren das Huffman-Verfahren in den Beispielen 7.2 und 7.3.

Beispiel 7.2 (Fortsetzung von Beispiel 7.1, Konstruktion eines Huffman-Codes) Es seien $\mathbb{W} = \{1, \ldots, 9\}, \mathbb{A} = \{0, 1\}$ und $\mathbb{P}$ die Benford-Verteilung auf $\mathbb{W}$. Tabelle 7.1 hält die Schrittfolge des Huffman-Verfahrens fest. Der Huffman-Code kann aus den ersten beiden Zeilen von Tabelle 7.1 abgelesen werden: Es handelt sich um den Code c^* aus Beispiel 7.1.

0.301	0.176	0.125	0.097	0.079	0.067	0.058	0.051	0.046
11	00	100	010	1010	0111	0110	10111	10110
0.301	0.176	0.125	0.097	0.097	0.079	0.067	0.058	
11	00	100	010	1011	1010	0111	0110	
0.301	0.176	0.125	0.125	0.097	0.097	0.079		
11	00	100	011	010	1011	1010		
0.301	0.176	0.176	0.125	0.125	0.097			
11	00	101	100	011	010			
0.301	0.222	0.176	0.176	0.125				
11	01	00	101	100				
0.301	0.301	0.222	0.176					
11	10	01	00					
0.398	0.301	0.301						
0	11	10						
0.602	0.398							
1	0							

Tabelle 7.1: Konstruktion eines Huffman-Codes für die Benford-Verteilung.

Beispiel 7.3 (Codierung des Alphabets) Nach statistischen Erhebungen, die in Pratt (1939) zusammengefasst sind, treten im Deutschen die Buchstaben mit den in Tabelle 7.2 dokumentierten Häufigkeiten auf.

E	0.1669	U	0.0370	W	0.0140
N	0.0991	G	0.0365	V	0.0107
I	0.0781	M	0.0301	Z	0.0100
S	0.0677	C	0.0284	P	0.0094
T	0.0674	L	0.0283	J	0.0019
R	0.0654	B	0.0257	Q	0.0006
A	0.0651	O	0.0229	Y	0.0003
D	0.0541	F	0.0204	X	0.0002
H	0.0406	K	0.0188		

Tabelle 7.2: Nach Pratt (1939): Buchstabenhäufigkeiten im Deutschen. Die Umlaute ä, ö, ü wurden wie a, o, u behandelt.

Wir ermitteln den Huffman-Code und stellen diesem einen einfachen Binärzahl-Code gegenüber.

Buchstabe	HC	BC	Buchstabe	HC	BC
E	111	00000	L	01100	01101
N	001	00001	B	01000	01110
I	1101	00010	O	00011	01111
S	1011	00011	F	110011	10000
T	1010	00100	K	110010	10001
R	1000	00101	W	010011	10010
A	0111	00110	V	000101	10011
D	0101	00111	Z	000100	10100
H	0000	01000	P	0100101	10101
U	11000	01001	J	01001001	10110
G	10011	01010	Q	010010001	10111
M	10010	01011	Y	0100100001	11000
C	01101	01100	X	0100100000	11001

Tabelle 7.3: Huffman-Code (HC) und Binärzahl-Code (BC) für das Alphabet mit den im Deutschen auftretenden Buchstabenhäufigkeiten.

Die gegebene Wahrscheinlichkeitsverteilung der Buchstaben hat eine Entropie von $H(\mathbb{P}) = 4.10$. Diese wird vom Huffman-Code mit einer mittleren Wortlänge von 4.13 fast erreicht.

7.2 Spielsysteme

Jemand wettet auf eine Folge von Bernoulli-Versuchen. Setzt er d Geldeinheiten ein, dann gewinnt er mit Wahrscheinlichkeit p weitere d Geldeinheiten hinzu, mit Wahrscheinlichkeit $q = 1 - p$ verliert er seinen Einsatz. Das Anfangskapital des Spielers beträgt $k \in \mathbb{N}$, sein Ziel ist es, mindestens das Kapital $K \in \mathbb{N}$ zu erreichen. Sei

$$V(k) = P(\text{mit dem Anfangskapital } k \text{ mindestens } K \text{ zu erreichen})$$

die *Gewinnfunktion*. Sie gibt die Erfolgswahrscheinlichkeit an. Diese hängt von dem gewählten Spielsystem ab, wobei wir uns auf endliche Strategien beschränken. Speziell interessieren wir uns für optimale Strategien. Eine Strategie mit Gewinnfunktion V ist optimal, wenn für jede andere Strategie mit Gewinnfunktion U die Ungleichung

$$U(k) \leq V(k), \qquad \forall k = 1, \dots, K - 1,$$

gilt. Zwei mögliche Strategien sind die Folgenden: Die *vorsichtige Strategie* besteht darin, jeweils den minimalen Einsatz, das sei eine Geldeinheit, zu setzen. Die *kühne Strategie* besteht darin, bei einem aktuellen Kapitalstand i das gesamte Kapital einzusetzen, falls $i \leq K/2$ ist, und $K - i$ Geldeinheiten zu setzen, falls $i \geq K/2$ ist. Wir werden sehen, dass für $p \leq \frac{1}{2}$ die kühne Strategie optimal ist. Für $p \geq \frac{1}{2}$ ist die vorsichtige Strategie optimal (siehe Aufgabe 7.39).

Sei $A = \{1, \ldots, K - 1\}, B_k = \{1, \ldots, \min\{k, K - k\}\}$. Wir überlegen zunächst, dass eine Strategie S mit Gewinnfunktion V optimal ist, sofern

$$pV(i + j) + qV(i - j) \leq V(i), \qquad \forall i \in A, \forall j \in B_i. \qquad (7.5)$$

Offensichtlich reicht es dazu aus, sich bei einem Kapitalstand i auf Strategien mit Einsätzen aus B_i zu beschränken. Um die Optimalität einer Strategie S, für welche (7.5) gilt, zu beweisen, betrachten wir die folgende modifizierte Strategie: Bei einem Anfangskapital $i \in A$ setze $j \in B_i$ im ersten Spiel. Anschließend verfolge die Strategie S. Die Gewinnfunktion U dieser *gemischten Strategie* ist gegeben durch

$$U(i) = pV(i + j) + qV(i - j).$$

Die zu beweisende Aussage lautet also: Wenn S optimal ist in der Klasse aller gemischten Strategien, dann ist S optimal in der Klasse aller Strategien. Zu diesem Zweck wählen wir nun eine beliebige Strategie T mit Gewinnfunktion W, X_n sei der Kapitalstand nach dem n-ten Spiel, wenn diese Strategie verfolgt wird. Die Zufallsvariable $V(X_n)$ ist die Erfolgswahrscheinlichkeit, falls man nach dem n-ten Spiel zur Strategie S übergeht. Wir haben

$$E[V(X_n) \mid X_0 = k] = E[pV(X_{n-1} + j_n) + qV(X_{n-1} - j_n) \mid X_0 = k],$$

wobei j_n der Einsatz im n-ten Spiel unter der Strategie T ist. Aus (7.5) und mit Iteration ergibt sich

$$E[V(X_n) \mid X_0 = k] \leq E[V(X_{n-1}) \mid X_0 = k] \leq \ldots \leq V(k), \qquad \forall n = 1, 2, \ldots$$

Sei $N := \min\{n : X_n = K \text{ oder } X_n = 0 \text{ bei Verfolgung von Strategie } T\}$. Dann folgt für $X_N := X_0 + \sum_{n=1}^{\infty} 1_{[n,\infty)}(N)[X_n - X_{n-1}]$ unter Benutzung obiger Ungleichungskette, dass

$$E[V(X_N) \mid X_0 = k] = W(k) \leq V(k),$$

da X_N entweder gleich K ist (mit Wahrscheinlichkeit $W(k)$) oder gleich 0 ist. Damit haben wir gezeigt, dass Strategie S optimal ist. Von dieser Grundlage können wir die zentrale Aussage in Angriff annehmen:

Theorem 7.2.1 *Im Fall $p \leq \frac{1}{2}$ ist die kühne Strategie optimal.*

Beweis. Zur Vereinfachung der Schreibweise nehmen wir K als gerade natürliche Zahl an. Sei $V_n(k)$ die Wahrscheinlichkeit, mit dem Anfangskapital k unter Verfolgung der kühnen Strategie das Kapital K in höchstens n Spielen zu erreichen. Gilt

$$pV_n(i+j) + qV_n(i-j) \leq V_{n+1}(i), \qquad \forall i \in A, \forall j \in B_i, \forall n \in \mathbb{N},$$

so ist das Theorem bewiesen. Denn wegen $V(i) = \lim_{n \to \infty} V_n(i)$ erfüllt die Gewinnfunktion der kühnen Strategie in diesem Fall die Optimalitätsbedingung (7.5). Dies werden wir belegen. Zunächst ist

$$V_{n+1}(i) = \begin{cases} pV_n(2i), & \text{falls} \quad i \leq K/2 \\ p + qV_n(2i - K), & \text{falls} \quad i \geq K/2 \end{cases} \tag{7.6}$$

mit den Randbedingungen $V_n(0) = 0, V_n(K) = 1, \forall n \in \mathbb{N}_0$, und $V_0(k) = 0, \forall k < K$. Wir zeigen durch Induktion über n, dass

$$V_{n+1}(i) - pV_n(i+j) - qV_n(i-j) \geq 0, \qquad \forall i \in A, \forall j \in B_i, \forall n \in \mathbb{N}. \tag{7.7}$$

Für $n = 0$ sind diese Ungleichungen erfüllt. Im Induktionsschritt nehmen wir nun an:

$$V_n(s) - pV_{n-1}(s+r) - qV_{n-1}(s-r) \geq 0, \qquad \forall s \in A, \forall r \in B_s. \tag{7.8}$$

Es ist günstig, vier Fälle zu unterscheiden, die alle relevanten Möglichkeiten abdecken.

1. **Fall:** $i - j \geq K/2$ (also $i, i+j > \frac{K}{2}$); man bedenke, dass $i+j \leq K$.

   Aus (7.6) folgt

$$\begin{aligned} V_{n+1}(i) &- pV_n(i+j) - qV_n(i-j) \\ &= p + qV_n(2i - K) - p^2 - pqV_{n-1}(2i + 2j - K) - pq \\ &\quad -q^2 V_{n-1}(2i - 2j - K) \\ &= q[V_n(2i - K) - pV_{n-1}(2i - K + 2j) - qV_{n-1}(2i - K - 2j)] \geq 0 \end{aligned}$$

   bei Verwendung von (7.8) mit $s = 2i - K \in A$ und $r = 2j \in B_s$.

2. **Fall:** $i + j \leq \frac{K}{2}$ (also $i, i-j < \frac{K}{2}$); man bedenke, dass $j \leq i$.

Aus (7.6) folgt

$$V_{n+1}(i) - pV_n(i+j) - qV_n(i-j)$$
$$= p[V_n(2i) - pV_{n-1}(2i+2j) - qV_{n-1}(2i-2j)] \geq 0$$

bei Verwendung von (7.8) mit $s = 2i \in A$ und $r = 2j \in B_s$.

3. Fall: $i \leq \frac{K}{2} < i+j$ (also $2i \geq i+j > \frac{K}{2}$); man bedenke $j \leq i$.

Aus (7.6) erhalten wir

$$V_{n+1}(i) - pV_n(i+j) - qV_n(i-j)$$
$$= p[V_n(2i) - p - qV_{n-1}(2i+2j-K) - qV_{n-1}(2i-2j)]$$
$$= p[qV_{n-1}(4i-K) - qV_{n-1}(2i+2j-K) - qV_{n-1}(2i-2j)]$$
$$= q[V_n(2i-K/2) - pV_{n-1}(2i+2j-K) - pV_{n-1}(2i-2j)],$$

da $2i \geq K/2$ und $0 \leq 2i - K/2 \leq K/2$.

Sei $j < K/4$. Wegen $p \leq \frac{1}{2} \leq q$ ist obiger Ausdruck größer oder gleich

$$q[V_n(2i-K/2) - qV_{n-1}(2i+2j-K) - pV_{n-1}(2i-2j)] \geq 0,$$

wobei die Abschätzung aus (7.8) hier mit $s = 2i - K/2 \in A$ und $r = K/2 - 2j \in B_s$ eingesetzt wurde.

Sei $j \geq K/4$. Wegen $p \leq \frac{1}{2} \leq q$ ist obiger Ausdruck größer oder gleich

$$q[V_n(2i-K/2) - pV_{n-1}(2i+2j-K) - qV_{n-1}(2i-2j)] \geq 0,$$

wegen (7.8) mit $s = 2i - K/2 \in A$ und $r = 2j - K/2 \in B_s$.

4. Fall: $i - j < \frac{K}{2} \leq i$ (also $j \leq K/2$ und $i+j \geq K/2$).
Die Argumentation verläuft analog zum 3. Fall.

Damit ist der Induktionsschritt vollzogen. ∎

Man kann noch dies bemerken: Die kühne Strategie ist nicht die einzige optimale Strategie. Es bereitet keine Schwierigkeiten, eine weitere Strategie mit derselben Gewinnfunktion zu konstruieren. Dabei wird bei einem Kapitalstand $k \leq K/4$ der Einsatz k vorgenommen, und für $\frac{K}{4} \leq k \leq \frac{K}{2}$ wird $\frac{K}{2} - k$ eingesetzt, wobei wir K als durch 4 teilbar annehmen. Dies ist die kühne Strategie mit Ziel $K/2$. Die Wahrscheinlichkeit, mit einem Anfangskapital k das Ziel $K/2$ zu erreichen, ist $V(2k)$, wobei V die Gewinnfunktion der kühnen Strategie mit Ziel K ist. Denn die Erfolgswahrscheinlichkeit der kühnen Strategie mit Anfangskapital k und Ziel $\frac{K}{2}$ entspricht der Erfolgswahrscheinlichkeit der kühnen Strategie mit Anfangskapital $2k$

und Ziel K. Wird der Kapitalstand $\frac{K}{2}$ erreicht, dann kommt anschließend die kühne Strategie mit Ziel K zum Einsatz. Diese Strategie hat dieselbe Gewinnfunktion wie die kühne Strategie mit Anfangskapital k und Ziel K. Für $k \geq K/2$ ist dies klar. Für $k \leq K/2$ ist die Gewinnfunktion U dieser Strategie gegeben durch $U(k) = V(2k) \cdot V(\frac{K}{2}) = pV(2k) = V(k)$.

7.3   Konkurrierende Risiken

In einer Population gibt es k Todesursachen $U_1, \ldots, U_k$. Der Anteil α_i der Neugeborenen stirbt bis zum m-ten Lebensjahr an der Ursache $U_i, i = 1, \ldots, k$, und lediglich der Anteil $1 - \sum_{i=1}^{k} \alpha_i$ wird älter als m Jahre. Wenn durch medizinischen Fortschritt eine der Todesursachen beseitigt werden kann, welcher Anteil der Neugeborenen erreicht dann das m-te Lebensjahr? Welcher Anteil stirbt nunmehr an Ursache U_i?

In manchen Situationen kann es nötig sein, die Wirkung von Todesursachen durch Rechnung auszuschließen: Als Maß zur Beurteilung von Behandlungserfolgen bei Krebs wird in der Epidemiologie häufig der Anteil der Krebs-Patienten zugrunde gelegt, die nach der Behandlung ein 5-Jahres-Intervall überleben. Doch die Patienten sind nicht allein einem möglichen Krebstod als Risiko ausgesetzt, auch wegen anderer Ursachen können sie sterben. Die Wirkung dieser Ursachen sollte rechnerisch eliminiert werden. Ein Maß für die Wirksamkeit der Behandlung ist dann der Anteil der das 5-Jahres-Intervall überlebenden Patienten, wenn alle Todesursachen außer Krebs ausgeschaltet sind.

Diese und verwandte Aufgabenstellungen wollen wir in diesem Abschnitt mit dem Modell *konkurrierender Risiken* behandeln. Danach ist jedes Individuum gleichzeitig k Risiken ausgesetzt, die gewissermaßen um sein Leben konkurrieren.

Bevor wir das Modell darstellen und im Hinblick auf die erwähnten Anwendungen untersuchen, beschäftigen wir uns zunächst mit Lebensdauer-Modellen. Sei T die Lebensdauer einer Einheit (eines technischen Systems, eines Individuums, etc.). Die Funktion

$$R(t) := P(T > t) \tag{7.9}$$

heißt *Überlebenswahrscheinlichkeit*, *Überlebensfunktion* oder – speziell bei technischen Systemen – auch *Zuverlässigkeit*. Die Funktion

$$\lambda(t) := \lim_{h \downarrow 0} \frac{1}{h} P(t < T \leq t + h \mid T > t)$$

heißt *Ausfallrate*. Für eine Einheit mit Ausfallrate $\lambda(t)$ entspricht $h\lambda(t)$ bis auf einen Fehler der Ordnung $\mathcal{O}(h^2)$ der Wahrscheinlichkeit, dass die Einheit nach Erreichen des Lebensalters t innerhalb der nächsten h Zeiteinheiten ausfällt. Mittels der Verteilungungsfunktion F und der Dichte f von T kann man die Ausfallrate darstellen als

$$\lambda(t) = \lim_{h\downarrow 0} \frac{1}{h} \frac{P(t < T \le t+h)}{P(T > t)} = \lim_{h\downarrow 0} \left[\frac{1}{R(t)} \frac{F(t+h) - F(t)}{h} \right]$$

$$= \frac{f(t)}{R(t)}.$$

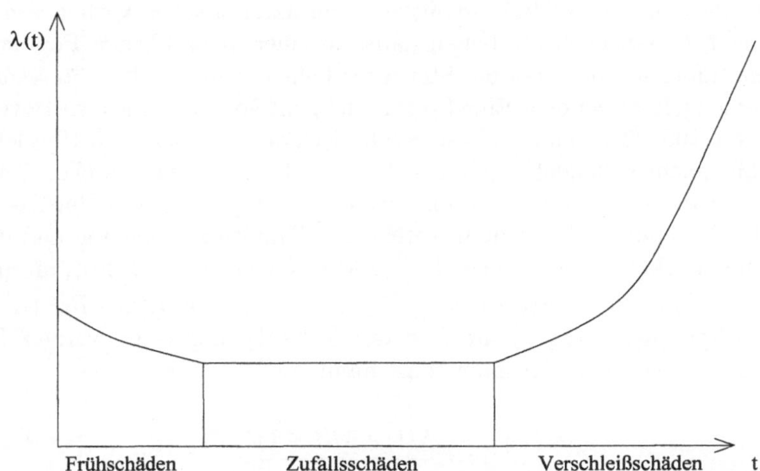

Abbildung 7.2: Typischer Verlauf der Ausfallrate $\lambda(t)$ vieler biologischer und technischer Systeme.

Durch die Ausfallrate ist die Lebensdauerverteilung eindeutig bestimmt, denn offenkundig besteht der Zusammenhang

$$\lambda(t) = -\frac{d}{dt} \ln R(t) \tag{7.10}$$

oder

$$-\int_0^t \lambda(\tau)d\tau = \ln R(t)$$

und

$$F(t) = 1 - \exp\left(-\int_0^t \lambda(\tau)d\tau\right).$$

Für viele technische und biologische Systeme hat die Ausfallrate eine ähnliche Verlaufsform. Eine typische Ausprägung ist in Abbildung 7.2 dargestellt.

Die erhöhte initiale Ausfallrate ist auf Produktionsfehler oder ernste Kinderkrankheiten zurückzuführen. Die stark ansteigende Ausfallrate im fortgesetzteren Lebensalter ist eine Folge von zunehmender Abnutzung und Altersschwäche. In einem mittleren Bereich kann die Ausfallrate oft in guter Näherung als konstant angesehen werden.

Als Beispiel für eine Ausfallrate mit dem charakteristischen Verlauf von Abbildung 7.2 kann auch die Lebensdauer in einer menschlichen Population dienen. Informationen über das Sterbegeschehen können z.B. in *Sterbetafeln* zusammengefasst werden. Eine Sterbetafel geht von einer fiktiven Bevölkerung von 100000 aus und erfasst tabellarisch die Zahl der noch Überlebenden mit einem vollendeten Alter t für $t = 1, 2, \ldots$. Die Tabellen 7.4-7.7 enthalten diese und weitere Informationen, bezogen auf die Bevölkerung der Bundesrepublik. Fasst man Anteile als Wahrscheinlichkeiten auf, dann hält eine Sterbetafel also Werte der Funktion $R(t)$ aus (7.9) fest, für ganzzahliges t. Da $R(t) - R(t+1) = \int_t^{t+1} f(\tau)d\tau$ ist, kann $R(t) - R(t+1)$ als Durchschnitt der Dichte f im Intervall $[t, t+1]$ angesehen werden. Eine Approximation für die Ausfallrate ist dann

$$\overline{\lambda}(t) := \frac{R(t) - R(t+1)}{R(t)}.$$

Die Werte dieser Funktion sind in der mit *Sterbewahrscheinlichkeit* überschriebenen Spalte der Sterbetafel angegeben. Wenn wir $\overline{\lambda}(t)$ in einem Abbildung darstellen, ergibt sich annähernd eine Kurve mit dem Verlauf wie in Abbildung 7.2.

Mit Sterbetafeln kann man auch rechnen:

Beispiel 7.4 Eine 60-jährige Frau und ein 65-jähriger Mann sind verheiratet. Mit welcher Wahrscheinlichkeit wird die Frau schließlich Witwe sein? Falls sie Witwe wird, wie groß ist die Wahrscheinlichkeit, dass die Witwenschaft mindestens 15 Jahre dauert?

Seien P_w und P_m die Verteilungen der verbleibenden Lebensdauer für 60-jährige Frauen und 65-jährige Männer sowie p_w, p_m die zugehörigen Dichten. Um die gestellten Fragen zu beantworten, muss die Funktion

Weiblich

Voll-endetes Alter	Sterbewahrscheinlichkeit vom Alter x bis $x+1$	Überlebenswahrscheinlichkeit vom Alter x bis $x+1$	Überlebende im Alter x	Durchschnittliche Lebenserwartung im Alter x in Jahren
x	q_x	p_x	l_x	e_x
0	0.00413827	0.99586173	100000	80.57
1	0.00039731	0.99960269	99586	79.91
2	0.00024240	0.99975760	99547	78.94
3	0.00017009	0.99982991	99522	77.96
4	0.00015011	0.99984989	99506	76.97
5	0.00010145	0.99989855	99491	75.98
6	0.00011223	0.99988777	99481	74.99
7	0.00011634	0.99988366	99469	74.00
8	0.00009149	0.99990851	99458	73.01
9	0.00009931	0.99990069	99449	72.01
10	0.00009171	0.99990829	99439	71.02
11	0.00009595	0.99990405	99430	70.03
12	0.00011518	0.99988482	99420	69.03
13	0.00012211	0.99987789	99409	68.04
14	0.00014107	0.99985893	99397	67.05
15	0.00019950	0.99980050	99383	66.06
16	0.00024372	0.99975628	99363	65.07
17	0.00028252	0.99971748	99338	64.09
18	0.00037480	0.99962520	99310	63.11
19	0.00035881	0.99964119	99273	62.13
20	0.00033480	0.99966520	99238	61.15
21	0.00031722	0.99968278	99204	60.17
22	0.00029517	0.99970483	99173	59.19
23	0.00027011	0.99972989	99144	58.21
24	0.00030636	0.99969364	99117	57.22
25	0.00031934	0.99968066	99086	56.24
26	0.00031010	0.99968990	99055	55.26
27	0.00033772	0.99966228	99024	54.28
28	0.00036296	0.99963704	98991	53.29
29	0.00036066	0.99963934	98955	52.31
30	0.00038121	0.99961879	98919	51.33
31	0.00040983	0.99959017	98881	50.35
32	0.00045543	0.99954457	98841	49.37
33	0.00050253	0.99949747	98796	48.39
34	0.00055901	0.99944099	98746	47.42
35	0.00063005	0.99936995	98691	46.44
36	0.00070331	0.99929669	98629	45.47
37	0.00079585	0.99920415	98559	44.51
38	0.00086401	0.99913599	98481	43.54
39	0.00096102	0.99903898	98396	42.58
40	0.00106855	0.99893145	98301	41.62
41	0.00121645	0.99878355	98196	40.66
42	0.00131007	0.99868993	98077	39.71
43	0.00153206	0.99846794	97948	38.76
44	0.00160564	0.99839436	97798	37.82

Tabelle 7.4: Sterbetafel 1997/99 für Gesamtdeutschland (weibliche Bevölkerung, Alter: 0-44). Quelle: Statistisches Bundesamt.

Weiblich

Voll-endetes Alter	Sterbewahrscheinlichkeit vom Alter x bis $x+1$	Überlebenswahrscheinlichkeit vom Alter x bis $x+1$	Überlebende im Alter x	Durchschnittliche Lebenserwartung im Alter x in Jahren
x	q_x	p_x	l_x	e_x
45	0.00178265	0.99821735	97641	36.88
46	0.00194072	0.99805928	97467	35.95
47	0.00211004	0.99788996	97278	35.01
48	0.00230972	0.99769028	97073	34.09
49	0.00247321	0.99752679	96849	33.17
50	0.00273490	0.99726510	96609	32.25
51	0.00292145	0.99707855	96345	31.33
52	0.00316299	0.99683701	96063	30.42
53	0.00346129	0.99653871	95760	29.52
54	0.00366186	0.99633814	95428	28.62
55	0.00397076	0.99602924	95079	27.72
56	0.00417643	0.99582357	94701	26.83
57	0.00458610	0.99541390	94306	25.94
58	0.00480362	0.99519638	93873	25.06
59	0.00530282	0.99469718	93422	24.18
60	0.00592416	0.99407584	92927	23.30
61	0.00636553	0.99363447	92376	22.44
62	0.00711895	0.99288105	91788	21.58
63	0.00790929	0.99209071	91135	20.73
64	0.00878429	0.99121571	90414	19.89
65	0.00970144	0.99029856	89620	19.06
66	0.01071848	0.98928152	88750	18.25
67	0.01195031	0.98804969	87799	17.44
68	0.01340966	0.98659034	86750	16.64
69	0.01477352	0.98522648	85587	15.86
70	0.01646286	0.98353714	84322	15.09
71	0.01846053	0.98153947	82934	14.34
72	0.02086194	0.97913806	81403	13.60
73	0.02290472	0.97709528	79705	12.88
74	0.02586447	0.97413553	77879	12.17
75	0.02928919	0.97071081	75865	11.48
76	0.03321478	0.96678522	73643	10.81
77	0.03841797	0.96158203	71197	10.16
78	0.04253967	0.95746033	68461	9.55
79	0.04742524	0.95257476	65549	8.95
80	0.05137183	0.94862817	62440	8.37
81	0.06021474	0.93978526	59233	7.80
82	0.06982700	0.93017300	55666	7.27
83	0.07813033	0.92186967	51779	6.77
84	0.08803854	0.91196146	47734	6.30
85	0.09780304	0.90219696	43531	5.87
86	0.10903466	0.89096534	39274	5.45
87	0.12342893	0.87657107	34992	5.05
88	0.13831068	0.86168932	30673	4.69
89	0.15403809	0.84596191	26430	4.37
90	1.00000000	0.00000000	22359	4.07

Tabelle 7.5: Sterbetafel 1997/99 für Gesamtdeutschland (weibliche Bevölkerung, Alter: 45-90). Quelle: Statistisches Bundesamt.

Männlich

Voll- endetes Alter	Sterbewahrscheinlichkeit vom Alter x bis $x+1$	Überlebenswahrscheinlichkeit vom Alter x bis $x+1$	Überlebende im Alter x	Durchschnittliche Lebenserwartung im Alter x in Jahren
x	q_x	p_x	l_x	e_x
0	0.00517917	0.99482083	100000	74.44
1	0.00046287	0.99953713	99482	73.83
2	0.00030871	0.99969129	99436	72.86
3	0.00021732	0.99978268	99405	71.88
4	0.00019191	0.99980809	99384	70.90
5	0.00013970	0.99986030	99365	69.91
6	0.00015797	0.99984203	99351	68.92
7	0.00013858	0.99986142	99335	67.93
8	0.00015414	0.99984586	99321	66.94
9	0.00012618	0.99987382	99306	65.95
10	0.00013333	0.99986667	99293	64.96
11	0.00013038	0.99986962	99280	63.97
12	0.00015388	0.99984612	99267	62.98
13	0.00018633	0.99981367	99252	61.99
14	0.00023069	0.99976931	99234	61.00
15	0.00028185	0.99971815	99211	60.01
16	0.00045774	0.99954226	99183	59.03
17	0.00061704	0.99938296	99137	58.06
18	0.00106066	0.99893934	99076	57.09
19	0.00101938	0.99898062	98971	56.15
20	0.00098009	0.99901991	98870	55.21
21	0.00096056	0.99903944	98773	54.26
22	0.00090638	0.99909362	98678	53.31
23	0.00091597	0.99908403	98589	52.36
24	0.00087439	0.99912561	98499	51.41
25	0.00084103	0.99915897	98412	50.45
26	0.00084760	0.99915240	98330	49.50
27	0.00084550	0.99915450	98246	48.54
28	0.00088786	0.99911214	98163	47.58
29	0.00088835	0.99911165	98076	46.62
30	0.00091003	0.99908997	97989	45.66
31	0.00097117	0.99902883	97900	44.70
32	0.00100889	0.99899111	97805	43.74
33	0.00108702	0.99891298	97706	42.79
34	0.00116133	0.99883867	97600	41.83
35	0.00125178	0.99874822	97487	40.88
36	0.00145428	0.99854572	97365	39.93
37	0.00156278	0.99843722	97223	38.99
38	0.00166248	0.99833752	97071	38.05
39	0.00192920	0.99807080	96910	37.11
40	0.00209648	0.99790352	96723	36.18
41	0.00231235	0.99768765	96520	35.26
42	0.00263339	0.99736661	96297	34.34
43	0.00291999	0.99708001	96043	33.43
44	0.00305614	0.99694386	95763	32.53

Tabelle 7.6: Sterbetafel 1997/99 für Gesamtdeutschland (männliche Bevölke- rung, Alter: 0-44). Quelle: Statistisches Bundesamt.

Männlich

Voll-endetes Alter	Sterbewahrscheinlichkeit vom Alter x bis $x+1$	Überlebenswahrscheinlichkeit vom Alter x bis $x+1$	Überlebende im Alter x	Durchschnittliche Lebenserwartung im Alter x in Jahren
x	q_x	p_x	l_x	e_x
45	0.00349048	0.99650952	95470	31.62
46	0.00373229	0.99626771	95137	30.73
47	0.00396980	0.99603020	94782	29.85
48	0.00435043	0.99564957	94405	28.96
49	0.00465641	0.99534359	93995	28.09
50	0.00524835	0.99475165	93557	27.22
51	0.00559000	0.99441000	93066	26.36
52	0.00622144	0.99377856	92546	25.50
53	0.00677395	0.99322605	91970	24.66
54	0.00745952	0.99254048	91347	23.82
55	0.00813236	0.99186764	90666	23.00
56	0.00864832	0.99135168	89928	22.18
57	0.00960591	0.99039409	89151	21.37
58	0.01033540	0.98966460	88294	20.58
59	0.01155372	0.98844628	87382	19.79
60	0.01262531	0.98737469	86372	19.01
61	0.01402318	0.98597682	85282	18.25
62	0.01576847	0.98423153	84086	17.50
63	0.01730726	0.98269274	82760	16.77
64	0.01898255	0.98101745	81327	16.06
65	0.02095195	0.97904805	79784	15.36
66	0.02292736	0.97707264	78112	14.68
67	0.02576294	0.97423706	76321	14.01
68	0.02853933	0.97146067	74355	13.37
69	0.03091012	0.96908988	72233	12.75
70	0.03315633	0.96684367	70000	12.14
71	0.03601928	0.96398072	67679	11.54
72	0.03913960	0.96086040	65241	10.95
73	0.04261574	0.95738426	62688	10.37
74	0.04718178	0.95281822	60016	9.81
75	0.05239867	0.94760133	57185	9.27
76	0.05690555	0.94309445	54188	8.76
77	0.06528684	0.93471316	51105	8.26
78	0.06935975	0.93064025	47768	7.80
79	0.07675808	0.92324192	44455	7.34
80	0.08052973	0.91947027	41043	6.91
81	0.09126459	0.90873541	37738	6.47
82	0.10223157	0.89776843	34293	6.07
83	0.11272565	0.88727435	30788	5.71
84	0.12404013	0.87595987	27317	5.37
85	0.13501354	0.86498646	23929	5.06
86	0.14694450	0.85305550	20698	4.77
87	0.16022463	0.83977537	17656	4.51
88	0.17384598	0.82615402	14827	4.27
89	0.19160609	0.80839391	12250	4.07
90	1.00000000	0.00000000	9903	3.91

Tabelle 7.7: Sterbetafel 1997/99 für Gesamtdeutschland (männliche Bevölkerung, Alter: 45-90). Quelle: Statistisches Bundesamt.

$$P(\tau) := P_w \otimes P_m \left((t_w, t_m) \in [0, \infty)^2 : t_w - t_m > \tau \right)$$

ausgewertet werden: $P(0)$ ist die Wahrscheinlichkeit, dass die Ehefrau schließlich Witwe wird, und $P(15)/P(0)$ ist die bedingte Wahrscheinlichkeit, dass im Falle einer Witwenschaft diese mindestens 15 Jahre dauert. Wir schreiben $R_w(t)$ bzw. $R_m(t)$ für die Überlebensfunktion der Lebensdauerverteilung einer Frau bzw. eines Mannes. Dann sind $R_w(60+t)/R_w(60)$ und $R_m(65+t)/R_m(65)$ die Wahrscheinlichkeiten, dass eine 60-jährige Frau das Alter $60+t$ bzw. dass ein 65-jähriger Mann das Alter $65+t$ erreicht. Mit diesen Festlegungen ist

$$P(\tau) = \frac{1}{R_w(60)R_m(65)} \int_0^\infty R_w(60 + \tau + t_m) p_m(t_m) dt_m. \qquad (7.11)$$

Die Werte $R_w(60)$ und $R_m(65)$ können direkt aus der Sterbetafel abgelesen werden. Das Integral in (7.11) kann durch

$$\sum_{i=0}^\infty R_w(60 + \tau + i)[R_m(65 + i) - R_m(65 + i + 1)]$$

approximiert werden. Da die Sterbetafeln Informationen lediglich über die ersten 90 Lebensjahre enthalten, wurde für alle das 90-te Lebensjahr vollendenden Männer und Frauen deren durchschnittliche Lebensdauer angesetzt (93.91 bzw. 94.07 Jahre). Diese Approximationen führen zu $P(0) = 0.76$ und $P(15)/P(0) = 0.42$.

Von Interesse ist insbesondere auch die bedingte Verteilung der weiteren Lebensdauer

$$F_\tau(t) := P(T - \tau \le t \mid T > \tau) = \frac{F(\tau + t) - F(\tau)}{R(\tau)}$$

sowie die bedingte Überlebenswahrscheinlichkeit

$$R_\tau(t) := P(T - \tau > t \mid T > \tau) = \frac{R(t + \tau)}{R(\tau)}.$$

An diese Begriffsbildungen lässt sich ein Konzept der Alterung knüpfen. Eine Einheit altert im Intervall $[t_1, t_2]$, wenn für alle $t > 0$ die bedingte Überlebenswahrscheinlichkeit $R_\tau(t)$ als Funktion von τ in $[t_1, t_2]$ streng monoton fällt. Wir untersuchen den Zusammenhang mit der Ausfallrate. Zunächst ist

$$E(T - \tau \mid T > \tau) = \frac{1}{R(\tau)} \int_\tau^\infty t f(t) dt - \tau$$

$$= \frac{1}{R(\tau)} \int_\tau^\infty R(t) dt \qquad (7.12)$$

$$= \frac{1}{R(\tau)} \int_0^\infty R(t + \tau) dt$$

die bedingte weitere Lebenserwartung, wobei die zweite Identität in (7.12) durch partielle Integration und unter der Annahme einer endlichen mittleren Lebensdauer zustande kommt. Ist nun die Ausfallrate $\lambda(\tau)$ für $\tau > t$ monoton steigend, dann ist die weitere Lebenserwartung $E(T - \tau \mid T > \tau)$ für $\tau > t$ monoton fallend, denn

$$\frac{d}{d\tau} \frac{R(s + \tau)}{R(\tau)} = -[\lambda(s + \tau) - \lambda(\tau)] \frac{R(s + \tau)}{R(\tau)} \leq 0, \qquad \forall s > 0, \forall \tau > t.$$

Also ist für alle $s > 0$ der Quotient $R(s + \tau)/R(\tau)$ monoton fallend in τ für $\tau > t$, und dasselbe gilt auch für

$$E(T - \tau \mid T > \tau) = \int_0^\infty \frac{R(s + \tau)}{R(\tau)} ds.$$

Entsprechend sind bei monoton fallender Ausfallrate für $\tau > t$ der Quotient $R(s + \tau)/R(\tau)$, $\forall s > 0$, und $E(T - \tau \mid T > \tau)$ monoton steigende Funktionen in τ für $\tau > t$.

Für die Analyse von Lebensdauerverteilungen und Alterungsprozessen stehen zahlreiche Modelle zur Verfügung. Eine häufig eingesetzte parametrische Verteilungsklasse ist die Familie der Weibull-Verteilungen, deren Dichten durch

$$f(t) = \alpha \beta (\alpha t)^{\beta - 1} e^{-(\alpha t)^\beta} \cdot 1_{\mathbb{R}_+}(t), \qquad \alpha > 0, \beta > 0,$$

gegeben sind. Die zugehörigen Verteilungsfunktionen und Ausfallraten sind

$$F(t) = 1 - e^{-(\alpha t)^\beta},$$

$$\lambda(t) = \alpha \beta (\alpha t)^{\beta - 1}.$$

Die Weibull-Verteilung hat eine streng monoton wachsende bzw. fallende Ausfallrate, wenn $\beta > 1$ bzw. wenn $\beta < 1$ ist. Als Spezialfall tritt in der Weibull-Familie für $\beta = 1$ die Familie der Exponentialverteilungen auf. Ihre Ausfallraten sind konstant, und sie ist die einzige Verteilungsfamilie mit dieser Eigenschaft, wie man mit (7.10) bestätigt.
Eine Modifikation der Weibull-Familie ist die Klasse von Verteilungen mit Ausfallraten

$$\lambda(t) = \alpha\beta(\alpha t)^{\beta-1}e^{\alpha\beta t}, \qquad \alpha > 0, \beta > 0.$$

Für $\beta = 1/2$ kommt man dem typische Verlauf von Abbildung 7.2 nahe. Modelle mit dieser Ausfallrate sind aber in der Regel analytisch schwerer zu handhaben als solche, die auf Mitgliedern der Weibull-Familie aufbauen.

Wir kommen nun zur Eingangsfragestellung zurück. In einer Population sei jedes Mitglied k Risiken $U_1, \ldots, U_k$ ausgesetzt, an denen die Anteile $\alpha_1, \ldots, \alpha_k$ der Neugeborenen bis zum Alter m sterben. Sei T_i die hypothetische Lebensdauer eines Individuums, wenn nur das Risiko U_i wirkt, sowie R_i und λ_i die Überlebensfunktion und die Ausfallrate von T_i. Wer die Frage nach einer Veränderung der Anteile α_i bei sich ändernden Ausfallraten λ_i beantworten will, muss berücksichtigen, dass die Zufallsvariablen $T_1, \ldots, T_k$ nicht beobachtet werden können. Allein die Lebensdauer

$$T = \min\{T_1, \ldots, T_k\}$$

und die Todesursache sind beobachtbar. Eine Vereinfachung kann erreicht werden, falls die Todesursachen sich nicht gegenseitig beeinflussen und die T_i als unabhängige Zufallsvariablen angenommen werden können. In Wirklichkeit spiegelt diese Annahme meist eine Approximation wieder, doch wird die weitere Analyse dadurch handlicher. Seien F, R, λ Verteilungsfunktion, Überlebensfunktion und Ausfallrate von T. Wegen

$$R(t) = P(T > t) = P(\min\{T_1, \ldots, T_k\} > t) = \prod_{i=1}^{k} P(T_i > k) = \prod_{i=1}^{k} R_i(t)$$

und

$$\lambda(t) = -\frac{d}{dt}\ln R(t) = -\frac{d}{dt}\ln \prod_{i=1}^{k} R_i(t) = \sum_{i=1}^{k} -\frac{d}{dt}\ln R_i(t) = \sum_{i=1}^{k}\lambda_i(t)$$

ist die Ausfallrate der Lebensdauer T die Summe der Ausfallraten der fiktiven Zufallsvariablen T_i. Mit $t = m$ erhält man $R(m) = 1 - \sum_{i=1}^{k} \alpha_i$. Es kann nun ermittelt werden, welchen Einfluss etwaige Veränderungen einer oder mehrerer der Ausfallraten λ_i auf die Verteilung der Lebensdauer T haben. Kann etwa die Todesursache U_j vollständig eliminiert werden, dann ist

$$F^*(t) = 1 - \exp\Big(-\sum_{\substack{i=1 \\ i \neq j}}^{k} \int_0^t \lambda_i(\tau)d\tau \Big)$$

die Verteilungsfunktion der neuen Lebensdauer

$$T^* := \min\{T_1, \ldots, T_{j-1}, T_{j+1}, \ldots, T_k\}.$$

Um unsere Untersuchung detaillierter zu gestalten, führen wir noch die Zufallsvariable J ein. Das Ereignis $\{J = j\}$ ist eingetreten, sofern es sich bei j um den kleinsten Index mit $T = T_j$ handelt. Dann ist U_J die (bzw. eine) Todesursache. Eine Analyse des Sterbegeschehens basiert auf Realisierungen der Zufallsvariablen T und J.

Die bedingte Wahrscheinlichkeit des Ablebens im Intervall $(t, t + dt)$ aufgrund von Ursache U_j unter der Bedingung einer Lebensdauer von mindestens t und bei Wirken aller Risiken $U := \{U_1, \ldots, U_k\}$ ist bis auf einen Term der Ordnung $\mathcal{O}((dt)^2)$ gleich $\lambda_{j,U}(t)dt$ mit

$$\lambda_{j,U}(t) := \lim_{h \downarrow 0} \frac{1}{h} P\Big(\{t < T_j \leq t + h\} \cap \bigcap_{\substack{i=1 \\ i \neq j}}^{k} \{T_i > t\} \Big| \bigcap_{i=1}^{k} \{T_i > t\} \Big).$$

Damit ist die unbedingte Sterbewahrscheinlichkeit in $(t, t + dt)$ aufgrund von U_j unter der Wirkung aller Risiken durch $\lambda_{j,U}(t)R(t)dt$ gegeben. Ferner ist

$$P(T \leq t \cap J = j) = \int_0^t \lambda_{j,U}(s)R(s)ds =: P_{j,U}(t) \qquad (7.13)$$

der Anteil der Todesfälle aufgrund von U_j bis zur Zeit t, und

$$p_{j,U} := P(J = j) = P(T < \infty \cap J = j) = \int_0^\infty \lambda_{j,U}(t)R(t)dt = P_{j,U}(\infty)$$

ist der Gesamt-Anteil der Todesfälle aufgrund von Ursache U_j. Natürlich gilt

$$F(t) = \sum_{j=1}^{k} P_{j,U}(t).$$

In der Näherung, in der man die Todesursachen als unabhängig ansehen darf, ist ferner

$$\lambda_{j,U}(t) = \lim_{h\downarrow 0}\frac{1}{hR(t)}\left[R_j(t) - R_j(t+h)\right]\prod_{\substack{i=1\\i\neq j}}^{k}R_i(t) = \lim_{h\downarrow 0}\frac{1}{R_j(t)}\frac{R_j(t) - R_j(t+h)}{h}$$

$$= \lambda_j(t).$$

Vor diesem Hintergrund können wir nun die zu Beginn des Abschnitts aufgeworfene Problemstellung in Angriff nehmen. Eine konkrete Einkleidung ist

Beispiel 7.5 In einem afrikanischen Land sterben bis zum Alter von 50 Jahren 20% der Neugeborenen an Malaria, 15% an Herzversagen und 40% an anderen Ursachen. Nur ein Viertel der Neugeborenen erreicht das 50-te Lebensjahr. Wenn Malaria ausgerottet werden kann, welcher Anteil der Neugeborenen erreicht dann das 50-te Lebensjahr? Wie hoch wird dann der Anteil von Neugeborenen sein, die bis zum 50-ten Lebensjahr an Herzversagen sterben?
Die drei zum Tode führenden Risiken werden als unabhängig angenommen, die zugehörigen Ausfallraten durch Konstanten λ_i approximiert. Wir interpretieren die angegebenen Anteile α_i als Wahrscheinlichkeiten. Sei T_1 die hypothetische Lebensdauer, wenn lediglich Malaria als Todesursache wirksam ist, und λ_1 die zugehörige Ausfallrate. Nach den gegebenen Informationen und unter der getroffenen Voraussetzung der Unabhängigkeit ist

$$\frac{1}{4} = R(50) = \prod_{i=1}^{3}R_i(50) = \exp\left(-50\sum_{i=1}^{3}\lambda_i\right) \tag{7.14}$$

und somit

$$\sum_{i=1}^{3}\lambda_i = \frac{1}{50}\ln 4. \tag{7.15}$$

Nach (7.13) stirbt der Anteil

$$\int_0^{50}\lambda_1\exp\left(-t\sum_{i=1}^{3}\lambda_i\right)dt = \frac{\lambda_1}{\sum_{i=1}^{3}\lambda_i}\left(1 - \exp\left(-50\sum_{i=1}^{3}\lambda_i\right)\right)$$

der Neugeborenen bis zum 50-ten Lebensjahr an Malaria. Damit ist

$$\frac{\lambda_1}{\sum_{i=1}^{3}\lambda_i}\left(1 - \exp\left(-50\sum_{i=1}^{3}\lambda_i\right)\right) = \frac{1}{5}.$$

Mit (7.14) und (7.15) wandelt man dies um in

$$\lambda_1 = \frac{2}{375} \ln 4$$

und

$$\lambda_2 + \lambda_3 = \frac{11}{750} \ln 4.$$

Wenn Malaria als Todesursache eliminiert werden kann (wenn also $\lambda_1 = 0$ wird), dann ist

$$R_2(50) \cdot R_3(50) = \exp[-50(\lambda_2 + \lambda_3)] = 0.36$$

der Anteil der Neugeborenen, die unter den verbleibenden Risiken das 50-te Lebensjahr erreichen.

Sei T_2 die hypothetische Lebensdauer, wenn nur Herzversagen als Todesursache wirksam ist, und λ_2 die zugehörige Ausfallrate. Um den Anteil der Neugeborenen zu bestimmen, die nach Eliminierung von Malaria an Herzversagen sterben, ermitteln wir λ_2 auf ähnliche Weise wie λ_1. Wir erhalten

$$\lambda_2 = \frac{1}{250} \ln 4.$$

Sobald man das weiß, ist

$$\int_0^{50} \lambda_2 \exp[-t(\lambda_2 + \lambda_3)]dt = 0.17$$

der Anteil der bis zum 50-ten Lebensjahr an Herzversagen sterbenden Neugeborenen.

Abschließend sei noch Folgendes vermerkt: Die Überlegungen dieses Abschnitts sind analog auf technische Systeme anwendbar, die aus Komponenten bestehen. Sind diese Komponenten in Serie geschaltet, dann führt der Ausfall einer einzigen Komponente zum Ausfall des Systems. Die Lebensdauer des Systems ist deshalb das Minimum der Lebensdauern der einzelnen Komponenten. Die sich ergebenden Änderungen der Lebensdauerverteilung, wenn aufgrund z.B. von Neukonstruktionen die Ausfallraten einzelner Komponenten sich ändern, können mit den Methoden dieses Abschnitts bestimmt werden.

7.4 Perkolation

In einer großen Obstplantage stehen die Bäume auf den Ecken eines quadratischen Gitters. Ein Baum im Zentrum der Plantage ist von einer Baumkrankheit befallen. Diese kann auf benachbarte Bäume übergreifen: Mit

Wahrscheinlichkeit p wird ein gesunder Baum von einem benachbarten erkrankten Baum angesteckt, und p ist eine Funktion des Abstandes benachbarter Bäume. Wie sollte der Abstand der Bäume mindestens gewählt werden, d.h. welche p sind tolerabel, damit nicht ein einzelner erkrankter Baum schließlich einen erheblichen Teil der gesamten Plantage infiziert?

Zur Beantwortung dieser Frage betrachten wir ein *Perkolationsmodell*. Wir modellieren die Obstplantage als große, endliche Teilmenge des Graphen mit Eckenmenge $\mathbb{Z}^2$ und Kanten von jedem Punkt $(n, m) \in \mathbb{Z}^2$ zu den 4 benachbarten Punkten $(n + 1, m), (n - 1, m), (n, m + 1)$ sowie $(n, m - 1)$. Kanten werden durch die von ihnen verbundenen Ecken bezeichnet. Ansteckungen sind nur entlang der Kanten möglich.

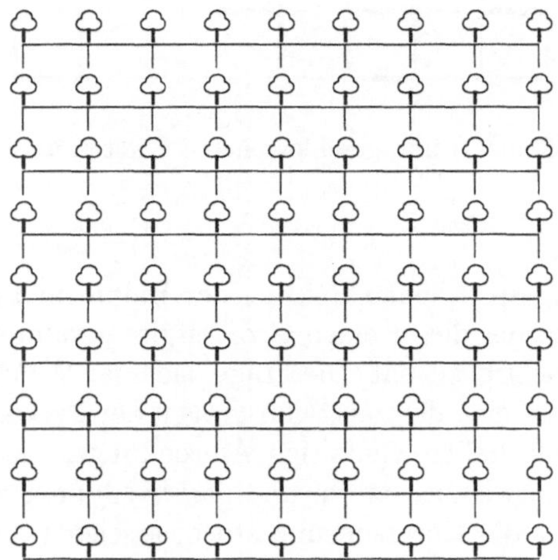

Abbildung 7.3: Perkolationsmodell einer Obstplantage mit gitterförmig platzierten Bäumen an den Schnittpunkten.

Für jede Kante führen wir unabhängig ein Zufallsexperiment durch, das diese mit Wahrscheinlichkeit p als *offen* und mit Wahrscheinlichkeit $1 - p$ als *geschlossen* deklariert. Als Ergebnis erhalten wir einen Teilgraphen mit Eckenmenge $\mathbb{Z}^2$ zusammen mit der zufälligen Menge der offenen Kanten.

Die Perkolationstheorie beschäftigt sich mit den geometrischen und stochastischen Eigenschaften dieses zufälligen Graphen. Man kann die offenen Kanten als offen für den Durchfluss von Flüssigkeit interpretieren und die geschlossenen Kanten als blockiert. Wenn nun an einer Ecke $x \in \mathbb{Z}^2$ Flüssigkeit zugeführt wird, dann benetzt sie alle Ecken y, die mit x durch einen Pfad offener Kanten verbunden sind. Diese Menge C_x heißt *Cluster*

Abbildung 7.4: Offene (-) und geschlossene (-) Kanten im Perkolationsmodell.

von x. Ist im angesprochenen Beispiel der Baum im Punkt $0 \in \mathbb{Z}^2$ erkrankt, dann gefährdet dieser einen Großteil der gesamten Plantage, wenn
C_0 unendliche Mächtigkeit hat. Die Frage nach der Wahrscheinlichkeit un-
endlicher Cluster ist eine der zentralen Fragen der Perkolationstheorie.
Perkolationsmodelle haben vielfältige Anwendungen, ja stellen in vielen
Bereichen der Naturwissenschaften und darüber hinaus ein grundlegendes
Handwerkszeug für die Untersuchung stochastischer räumlicher Vorgänge
dar. Dabei können die offenen Kanten je nach Anwendung Leiter für den
Fluss von Flüssigkeit oder elektrischem Strom sein, Überträger von Viren,
elastische Federn zwischen Massepunkten oder chemische Bindungen zwischen Molekülen.
Perkolationssysteme zeichnen sich durch *Phasenübergänge* aus. Mit diesem
Begriff bezeichnet man dramatische Veränderungen der globalen Systemei-
genschaften als Resultat von lediglich geringfügigen Änderungen von gewissen Systemparametern über scharfe Schwellenwerte hinweg. Konkret gibt es
bei Perkolationsmodellen einen als *kritische Wahrscheinlichkeit* oder *Perkolationsschwelle* bezeichneten Wert p_c : Ist p größer als p_c , so tritt fast
sicher irgendwo auf dem Graphen ein unendliches Cluster auf. Bei Werten
von p unterhalb der Perkolationsschwelle ist die Wahrscheinlichkeit für ein
unendliches Cluster dagegen 0 .
Die Bestimmung der Perkolationsschwelle für einen gegebenen Graphen ist
in der Regel ein äußerst schwieriges Problem, für viele Graphen ist es bisher ungelöst. Mit Blick auf unsere Eingangsfragestellung werden wir hier

lediglich eine Abschätzung der kritischen Wahrscheinlichkeit für das Gitter $\mathbb{Z}^2$ vornehmen. Dazu definieren wir zunächst

$$\lambda(p) = P(\#C_0 = \infty), \tag{7.16}$$

die Wahrscheinlichkeit, dass der Nullpunkt (und wegen der offenkundigen Translationsinvarianz damit jeder beliebige andere Punkt von $\mathbb{Z}^2$) in einem unendlichen Cluster liegt.

Natürlich ist $\lambda(0) = 0$ und $\lambda(1) = 1$. Auch ist die Monotonie von $\lambda(p)$ intuitiv einleuchtend. Eine formale Begründung kann auf einem Koppelungsargument aufgebaut werden: Für jede Kante k definieren wir eine $U([0,1])$-verteilte Zufallsvariable R_k. Die R_k seien unabhängig. Und die Kante k sei offen genau dann, wenn $R_k < p$ ist, andernfalls sei k blockiert. Auf diese Weise erhält man eine Konstruktion für alle Perkolationsmodelle mit $0 \leq p \leq 1$ gleichzeitig. Für $p_1 \leq p_2$ folgt dann aus $R_k \leq p_1$ sofort $R_k \leq p_2$ für alle Kanten k. Ist C_0^p das Cluster des Nullpunktes für das Perkolationsmodell mit Parameter p, dann gilt $C_0^{p_1} \subseteq C_0^{p_2}$ für alle $p_1 \leq p_2$ und

$$\{\#C_0^{p_1} = \infty\} \subseteq \{\#C_0^{p_2} = \infty\}.$$

Daraus erhält man die Monotoniebeziehung

$$\lambda(p_1) = P(\#C_0^{p_1} = \infty) \leq P(\#C_0^{p_2} = \infty) = \lambda(p_2).$$

Im weiteren Verlauf zeigen wir, dass durch

$$p_c = \sup\{p : \lambda(p) = 0\}$$

die Perkolationsschwelle gegeben ist und schätzen diese nun in beide Richtungen ab.

Theorem 7.4.1 *Für das Gitter* $\mathbb{Z}^2$ *ist* $\frac{1}{3} \leq p_c \leq \frac{2}{3}$.

Beweis. Um die angegebene untere Schranke zu bestätigen, reicht es, sich von $\lambda(p) = 0$ für $p < \frac{1}{3}$ zu überzeugen. Unsere Vorgehensweise richtet sich an der Möglichkeit aus, den Erwartungswert der Anzahl N_n der *selbstmeidenden*, aus n offenen Kanten bestehenden Pfade abzuschätzen und $\lambda(p)$ damit in Zusammenhang zu bringen. Da selbstmeidende Pfade sich weder kreuzen noch Kanten mehrfach durchlaufen, gibt es höchstens $4 \cdot 3^{n-1}$ in einem beliebigen Punkt beginnende selbstmeidende Pfade. Denn für die Wahl der ersten Kante stehen 4 Möglichkeiten zur Verfügung, für jede weitere höchstens 3 Möglichkeiten. Jeder Pfad aus n Kanten besteht mit Wahrscheinlichkeit p^n vollständig aus offenen Kanten und somit ist

$$EN_n \leq 4p^n 3^{n-1}.$$

Eine Abschätzung dieses Erwartungswertes nach unten ist

$$EN_n = \sum_{k=1}^{\infty} kP(N_n = k) \geq \sum_{k=1}^{\infty} P(N_n = k) = P(N_n \geq 1) \geq \lambda(p), \quad \forall n \in \mathbb{N},$$

wobei die letzte Ungleichung aus der Tatsache folgt, dass ein unendliches Cluster offene selbstmeidende Pfade jeder beliebigen Länge $n \in \mathbb{N}$ enthält. Aus beiden Abschätzungen zusammengenommen ist

$$\lambda(p) \leq 4p^n 3^{n-1}, \qquad \forall n \in \mathbb{N},$$

ablesbar, woraus für $p < 1/3$ mit Grenzwertbildung für $n \to \infty$ sofort $\lambda(p) = 0$ folgt. Daraus schließen wir, dass $p_c \geq 1/3$ sein muss.

Zur Bestätigung der angegebenen oberen Schranke führen wir den Graphen mit der Eckenmenge $\{m + (1/2, 1/2) : m \in \mathbb{Z}^2\}$ und mit vertikalen sowie horizontalen Kanten zwischen benachbarten Ecken ein. Eine Kante dieses *dualen Graphen* sei offen genau dann, wenn sie eine offene Kante des ursprünglichen Graphen schneidet. Einen Pfad, der zu seinem Ausgangspunkt zurückkehrt, nennen wir *kreisförmig*. Wir setzen nun

$B_j := \{(0,0), (1,0), \ldots, (j,0)\}$
$C := \{x \in \mathbb{Z}^2 : \text{es gibt einen Pfad offener Kanten von } x \text{ nach } y \in B_j\} \cup B_j$

und definieren die Menge

$$M := \bigcup_{x \in C} \{x + [-1/2, 1/2] \times [-1/2, +1/2]\},$$

welche aus C dadurch entsteht, dass jeder Punkt $x \in C$ durch ein Quadrat mit Seitenlänge 1 und Mittelpunkt x ersetzt wird. Für endliches C ist der Rand ∂M von M ein kreisförmiger Pfad und eine Vereinigung von endlich vielen geschlossenen Kanten des dualen Graphen, denn jede Kante von ∂M schneidet eine geschlossene Kante des ursprünglichen Graphen. Wenn der Rand ∂M aus n Kanten besteht, dann enthält er eine Kante vom Typ $((x+1/2, +1/2), (x+1/2, -1/2))$ für ein $x \in \{0, \ldots, n-1\}$. Ferner durchläuft ∂M keine Kante zweimal. Um die Gesamtzahl der Ränder ∂M der Länge n abzuschätzen, überlegen wir, dass man die erste Kante auf höchstens n Arten wählen kann, die verbleibenden $(n-1)$ Kanten auf höchstens je 3 Arten, so dass es höchstens $n3^{n-1}$ mögliche Ränder der Länge n gibt.

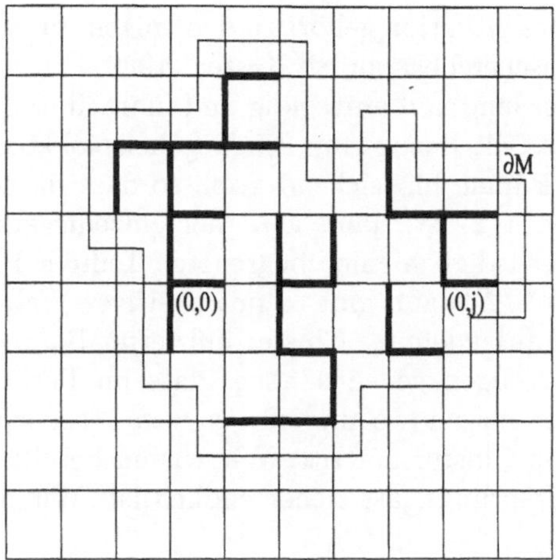

Abbildung 7.5: Die Cluster der Ecken $(0,0), \ldots, (0,j)$ und der kreisförmige geschlossene Rand ∂M von M .

Der kürzeste mögliche Rand hat die Länge $2j + 4$. Schließlich sind die n
Kanten eines Pfades allesamt geschlossen mit Wahrscheinlichkeit $(1-p)^n$.
Damit ist die Wahrscheinlichkeit, dass ein endlicher geschlossener Rand
existiert, und somit die Wahrscheinlichkeit, dass C endlich ist, höchstens

$$\sum_{n=2j+4}^{\infty} n 3^{n-1} (1-p)^n.$$

Für alle $p > 2/3$ kann diese Schranke durch hinreichend große Wahl von
j kleiner als 1 gemacht werden. Für diese p ist also

$$P(\#C = \infty) > 0. \tag{7.17}$$

Aber das Cluster C ist unendlich genau dann, wenn das Cluster eines
Punktes $x \in B_j$ unendlich ist, für mindestens ein x . Also ist wegen Translationsinvarianz

$$P(\#C = \infty) \le (j+1)P(\#C_0^p = \infty),$$

so dass aufgrund von (7.17) auch $P(\#C_0^p = \infty) > 0$ gilt, für alle $p > 2/3$.
Infolgedessen muss $p_c \le 2/3$ sein. ∎

Die hier untersuchte Situation gehört zu denjenigen, für welche die Perkolationsschwelle inzwischen bekannt ist. Kesten (1980) hat $p_c = 1/2$ gefunden. Der Beweis ist aber lang und aufwendig und führt über den Rahmen dieser Einführung hinaus. Mit Bezug zum Eingangsbeispiel können wir sagen: Ist der Abstand der Bäume hinreichend groß, so dass die Ansteckungswahrscheinlichkeit $p < 1/2$ ist, dann wird der einzelne erkrankte Baum im Zentrum fast sicher lediglich einen begrenzten Teil der Plantage infizieren. Ist allerdings $p > 1/2$, dann gibt es mit positiver Wahrscheinlichkeit ein über alle Grenzen ausgedehntes Cluster infizierter Bäume.

Abschließend überzeugen wir uns noch, dass im Perkolationsmodell für $p < p_c$ fast sicher nirgendwo und für $p > p_c$ fast sicher irgendwo auf $\mathbb{Z}^2$ ein unendliches Cluster auftritt. Wir wissen bereits, dass für $p < p_c$ das Cluster des Ursprungs fast sicher endlich ist. Wir definieren nun das Ereignis

$$A = \{\text{es gibt irgendwo in } \mathbb{Z}^2 \text{ ein unendliches Cluster}\}.$$

Offensichtlich gilt

$$P(A) \leq \sum_{x \in \mathbb{Z}^2} P(\#C_x = \infty) = 0, \qquad \forall p < p_c,$$

da in diesem Fall für alle $x \in \mathbb{Z}^2$ stets $P(\#C_x = \infty) = P(\#C_0 = \infty) = 0$ ist. Für $p < p_c$ ist A also eine P-Nullmenge. Andererseits gilt die Abschätzung

$$P(A) \geq P(\#C_0 = \infty) = \lambda(p),$$

was für $p > p_c$ sofort $P(A) > 0$ ergibt. Aber das Ereignis A ist ein terminales Ereignis, denn ob es eintritt oder nicht, hängt nicht vom Zustand einer beliebigen endlichen Menge von Kanten ab. Da die Zustände der Kanten unabhängig voneinander sind, folgt mit Kolmogorovs Null-Eins-Gesetz, dass entweder $P(A) = 0$ oder $P(A) = 1$ sein muss. Für $p > p_c$ bleibt nur $P(A) = 1$.

7.5 Aktien und Optionen

Aktien sind Wertpapiere, die ihre Eigentümer zu Mitinhabern am Aktien ausgebenden Unternehmen machen. Aktien werden in der Regel an Börsen gehandelt, und ihr aktueller Wert, der Kurs, ergibt sich aufgrund der Gesetze von Angebot und Nachfrage. Ein zeit-diskreter Ansatz zur Modellierung von Aktienkursfluktuationen ist das von Cox, Ross und Rubinstein (1979) sowie von Rendleman und Bartter (1979) entwickelte *Binomialmodell*: Sei $t = t_0 < t_1 < \ldots < t_n = T$ eine Folge diskreter, äquidistanter Zeitpunkte. Ist S_{t_i} der Kurs einer Aktie zum Zeitpunkt t_i, so kann der Kurs zum Zeitpunkt t_{i+1} im Binomialmodell die beiden möglichen Werte uS_{t_i} (der Kurs ist um den Faktor $u > 1$ gestiegen) und dS_{t_i} (der Kurs ist um den Faktor $d < 1$ gefallen) annehmen, u und d sind konstante Parameter, ebenso wie p, die Wahrscheinlichkeit, dass der Kurs steigt.

In diesem Zusammenhang betrachten wir nun die Vertragsform der *Aktienoption*, kurz Option genannt. Davon gibt es verschiedene Arten. Eine europäische *Kaufoption* (bzw. *Verkaufsoption*), auch *European Call* (bzw. *Put*) genannt, ist das Recht, eine gegebene Aktie zu einem festen zukünftigen Zeitpunkt T zu einem zur Zeit $t < T$ festgelegten Preis M zu erwerben (bzw. zu verkaufen). Der Inhaber eines Calls (bzw. eines Puts) übt dieses Recht nur dann aus, wenn es für ihn vorteilhaft ist, also wenn $S_T \geq M$ (bzw. $S_T \leq M$) ist. Da dann die Aktie unmittelbar zum Kurs S_T wieder verkauft (bzw. zurückgekauft) werden kann, ist der Gewinn gegeben durch $[S_T - M]^+$ (bzw. $[M - S_T]^+$). Der *Optionspreis* ist der Wert dieses Rechts und wird mit $C(t, T, S_t, M)$ (bzw. $P(t, T, S_t, M)$) bezeichnet. Ein Motiv für den Kauf von Aktienoptionen ist die Absicherung gegenüber ungünstigen Aktienkursentwicklungen.

Eine wichtige Frage ist die nach dem Wert einer Option. Dieser hängt nicht nur vom Aktienkurs ab, sondern auch vom Zeitpunkt $t < T$. Die Wertermittlung ist auch deshalb relevant, weil Optionen während ihrer Laufzeit gehandelt werden können. Zur Bestimmung des Optionspreises wird in der Finanzmathematik meist das *Duplizierungsprinzip* angewendet. Wir erläutern es im Rahmen des Binomialmodells und bestimmen beispielhaft den Optionspreis $C(t, T, S_t, M)$ einer europäischen Kaufoption.

Dazu betrachten wir den Wert zur Zeit t_{i+1} einer Gesamtposition (d.h. eines *Portfolios*), die zur Zeit t_i zum einen aus α Aktien besteht und zum anderen aus einem Geldbetrag β, angelegt in einer risikolosen Anlageform (etwa einem Sparkonto) mit Zinssatz z für einen Zeitraum der Länge $\Delta t = t_{i+1} - t_i$. Das Duplizierungsprinzip setzt den Optionspreis $C(t_i, t_{i+1}, S_{t_i}, M)$ der Kaufoption zur Zeit t_i gleich dem Wert $\alpha S_{t_i} + \beta$ zur Zeit t_i eines Portfolios, dessen Wert zur Zeit t_{i+1} der Auszahlung $[S_{t_{i+1}} - M]^+$ der Kaufoption entspricht.

Die Auszahlung der Kaufoption ist entweder $[uS_{t_i} - M]^+ =: C_u$ oder $[dS_{t_i} - M]^+ =: C_d$, abhängig davon, ob der Kurs steigt oder fällt. Zur Bestimmung von α und β liefert das Duplizierungsprinzip damit die beiden Gleichungen

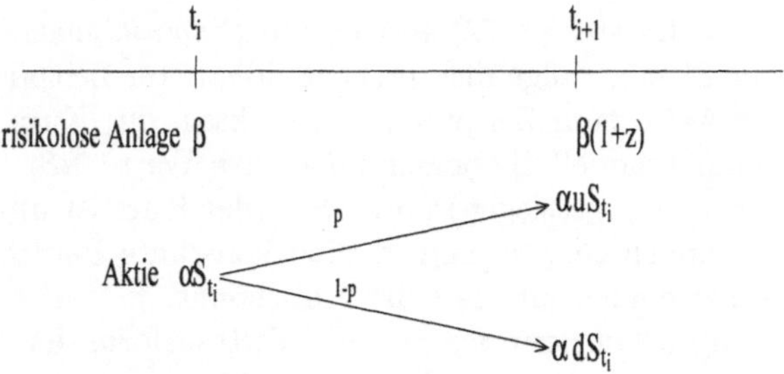

Abbildung 7.6: Wertentwicklung von Aktie und risikoloser Anlageform.

$$\alpha u S_{t_i} + (1+z)\beta = C_u,$$
$$\alpha d S_{t_i} + (1+z)\beta = C_d,$$

die durch

$$\alpha = \frac{C_u - C_d}{(u-d)S_{t_i}},$$

$$\beta = \frac{1}{1+z}\frac{uC_d - dC_u}{u-d}$$

gelöst werden. Damit ist

$$C(t_i, t_{i+1}, S_{t_i}, M) = \alpha S_{t_i} + \beta$$

$$= \frac{C_u - C_d}{u - d} + \frac{1}{1+z}\frac{uC_d - dC_u}{u-d} \qquad (7.18)$$

$$= \frac{1}{1+z}\left[p_z C_u + (1-p_z)C_d\right]$$

mit $p_z := \frac{(1+z)-d}{u-d}$. Wir nehmen an, dass $u > 1 + z > d$ ist, wodurch wir $p_z \in (0,1)$ erreichen: Für $u < 1 + z$ ist offensichtlich die Rendite der Aktien immer geringer als der Zinssatz, und der Erwerb von Aktien ist damit ungünstig. Andererseits ist für $d > 1 + z$ der kreditfinanzierte Aktienkauf günstig. Beides schließen wir aus.

Wenden wir das Duplizierungsprinzip nun auf eine Kaufoption mit einer Laufzeit von n Zeitperioden an, dann erhalten wir

$$C(t_0, t_n, S_{t_0}, M) = \frac{1}{(1+z)^n} \sum_{k=0}^{n} \binom{n}{k} p_z^k (1-p_z)^{n-k} [u^k d^{n-k} S_{t_0} - M]^+.$$

$$(7.19)$$

Wir belegen dies mit Induktion. Für $n = 1$ ist aufgrund von (7.18) die Gleichung (7.19) erfüllt. Sei nun (7.19) erfüllt für ein $n \in \mathbb{N}$. Dann ist mit $t_{n+1} = t_n + \Delta t$ nach dem Binomialmodell

$$C(t_0, t_{n+1}, S_{t_0}, M)$$

$$= \frac{1}{1+z} \left[p_z C(t_0, t_n, u S_{t_0}, M) + (1-p_z) C(t_0, t_n, d S_{t_0}, M) \right]$$

$$= \frac{1}{(1+z)^{n+1}} \left[\sum_{k=0}^{n} \binom{n}{k} p_z^{k+1} (1-p_z)^{n-k} [u^{k+1} d^{n-k} S_{t_0} - M]^+ \right.$$

$$\left. + \sum_{k=0}^{n} \binom{n}{k} p_z^k (1-p_z)^{n+1-k} [u^k d^{n+1-k} S_{t_0} - M]^+ \right]$$

$$= \frac{1}{(1+z)^{n+1}} \left[\sum_{k=1}^{n+1} \binom{n}{k-1} p_z^k (1-p_z)^{n+1-k} [u^k d^{n+1-k} S_{t_0} - M]^+ \right.$$

$$\left. + \sum_{k=0}^{n} \binom{n}{k} p_z^k (1-p_z)^{n+1-k} [u^k d^{n+1-k} S_{t_0} - M]^+ \right]$$

$$= \frac{1}{(1+z)^{n+1}} \left[\sum_{k=1}^{n} \binom{n+1}{k} p_z^k (1-p_z)^{n+1-k} [u^k d^{n+1-k} S_{t_0} - M]^+ \right.$$

$$\left. + \binom{n}{n} p_z^{n+1} (1-p_z)^0 [u^{n+1} S_{t_0} - M]^+ + \binom{n}{0} p_z^0 (1-p_z)^{n+1} [u^0 d^{n+1} S_{t_0} - M]^+ \right],$$

wegen $\binom{n}{k-1} + \binom{n}{k} = \binom{n+1}{k}$. Schließlich erhalten wir

$$C(t_0, t_{n+1}, S_{t_0}, M)$$

$$= \frac{1}{(1+z)^{n+1}} \sum_{k=0}^{n+1} \binom{n+1}{k} p_z^k (1-p_z)^{n+1-k} [u^k d^{n+1-k} S_{t_0} - M]^+,$$

wegen $\binom{n}{n} = \binom{n+1}{n+1}$ und $\binom{n}{0} = \binom{n+1}{0}$. Somit haben wir die Gültigkeit von (7.19) mit $n+1$ statt n gezeigt.

Wir können (7.19) alternativ auch darstellen als

$$C(t_0, t_n, S_{t_0}, M) = S_{t_0} \sum_{k=n^*}^{n} \binom{n}{k} \left(\frac{u}{1+z} p_z\right)^k \left(\frac{d}{1+z}(1-p_z)\right)^{n-k}$$

$$- \frac{M}{(1+z)^n} \sum_{k=n^*}^{n} \binom{n}{k} p_z^k (1-p_z)^{n-k}$$

$$= S_{t_0} \Phi_n(p^*, n^*, n) - \frac{M}{(1+z)^n} \Phi_n(p_z, n^*, n)$$

mit $p^* = u p_z/(1+z)$, $n^* = \max\{\lceil \ln(M/d^n S_{t_0})/\ln(u/d)\rceil, 0\}$ und

$$\Phi_n(p, n_1, n_2) = \begin{cases} \sum_{k=n_1}^{n_2} \binom{n}{k} p^k (1-p)^{n-k}, & \text{falls } n_1 \le n_2 \\ 0, & \text{sonst.} \end{cases}$$

Davon kann man sich überzeugen, wenn man bedenkt, dass n^* die kleinste Anzahl von Aufwärtsbewegungen des Aktienkurses ist, bei der die Option noch ausgeübt wird.

In der bisherigen Untersuchung war die Laufzeit $T := n \cdot \Delta t$ einer Option in n Zeitintervalle der Länge Δt unterteilt. Nun lassen wir Δt gegen 0 streben, was bei fester Laufzeit dem Grenzwert für $n \to \infty$ entspricht. Bislang war z der Zinssatz bezogen auf eine Periode der Länge Δt. Für eine feste Zeiteinheit (etwa ein Jahr) sei nun z^* der Zinssatz bezogen auf diese Zeiteinheit, und auch T sei in dieser Einheit angegeben (etwa $\frac{1}{2}$ Jahr). Dann ist $(1+z^*)^T$ der Zinssatz plus 1 bezogen auf die Laufzeit der Option, und der Zinssatz $z(n)$ pro Periode in Abhängigkeit von der Zahl n der Perioden ergibt sich aus $1 + z(n) = (1+z^*)^{T/n}$. Ferner setzen wir:

$$u = u(n) = \exp(\sigma\sqrt{T/n}),$$

$$d = d(n) = \tfrac{1}{u(n)},$$

$$p_z = p_z(n) = \tfrac{1+z(n)-d(n)}{u(n)-d(n)}.$$

Mit diesen Festlegungen ist für $t_0 := t$

$$var \ln \frac{S_T}{S_t} = var \ln \prod_{i=1}^{n} \frac{S_{t_i}}{S_{t_{i-1}}} = np(1-p)\ln^2\left(\frac{u(n)}{d(n)}\right) = 4p(1-p)\sigma^2 T,$$

und der als *Volatilität* bezeichnete Parameter $\sigma > 0$ kann als ein Maß für die Stärke der Fluktuationen des Aktienkurses interpretiert werden. Durch Grenzwertbildung für $n \to \infty$ gelangen wir nun zur *Black-Scholes-Formel* des Optionspreises:

$$C(t, T, S_t, M) = S_t \Phi(a_1) - \frac{M}{(1 + z^*)^{T-t}} \Phi(a_2)$$

mit

$$a_1 = \{\ln[S_t(1 + z^*)^T/M] + \tfrac{1}{2}\sigma^2(T - t)\}/\sigma\sqrt{T - t},$$

$$a_2 = a_1 - \sigma\sqrt{T - t}.$$

Dabei ist Φ die Verteilungsfunktion der Standard-Normalverteilung. Die Black-Scholes-Formel ist die zur Ermittlung von Optionspreisen von Banken in der Regel benutzte Formel.

Ein alternatives Modell zur Beschreibung von Aktienkursbewegungen ist das so genannte *Random-Walk-Modell*. Danach ist der Aktienkurs zur Zeit t_{i+1} gegeben durch

$$S_{t_{i+1}} = S_{t_i} + X_{i+1} = S_{t_0} + \sum_{n=1}^{i+1} X_n,$$

wobei $(X_n)_{n \in \mathbb{N}}$ eine Folge unabhängiger, identisch verteilter Zufallsvariablen mit Verteilungsfunktion F und Erwartungswert $\mu < \infty$ ist. Im Rahmen dieses Modells wollen wir uns nun mit *amerikanischen* Optionen beschäftigen. Im Unterschied zu europäischen Optionen können die mit dem Etikett «amerikanisch» versehenen Optionen nicht nur zur Zeit $t_n = T$, sondern zu jeder Zeit $t_i \in \{t_0, \ldots, t_n\}$ ausgeübt werden. Insbesondere sind wir interessiert an einer optimalen Strategie hinsichtlich ihrer Ausübung. Konkret betrachten wir das folgende Problem: Angenommen, Sie sind im Besitz einer amerikanischen Kaufoption, die es Ihnen erlaubt eine bestimmte Aktie zum Preis M zu kaufen, und Sie haben n Tage, um von dieser Möglichkeit Gebrauch zu machen. Welche Strategie maximiert den erwarteten Gewinn?
Sei $G_n(s)$ der maximale erwartete Gewinn, wenn der aktuelle Aktienkurs bei $S_t = s$ steht und die Option eine Restlaufzeit von n Tagen hat. Offensichtlich erfüllt $G_n(s)$ die Identität

$$G_n(s) = \max\{s - M, \int G_{n-1}(s + x)dF(x)\} \tag{7.20}$$

mit

$$G_0(s) = [s - M]^+.$$

Wir werden einige Eigenschaften von G_n zusammentragen und daraus die optimale Strategie ableiten.

Zunächst ist $G_n(s)$ monoton nichtfallend in n bei festem s. Denn steht mehr Zeit für die eventuelle Ausübung der Option zur Verfügung, kann dies den maximalen erwarteten Gewinn nicht reduzieren.

Ferner ist $G_n(s)$ auch in s monoton nichtfallend für festes n. Im Fall $n = 0$ ist dies offensichtlich, und für $n > 0$ ergibt sich die Aussage sofort aus (7.20) mit Induktion.

Weiterhin ist $G_n(s) - s$ monoton fallend in s für festes n. Auch zur Überprüfung dieser Aussage ist das Induktionsprinzip nützlich. Für $n = 0$ ist die Behauptung richtig. Also nehmen wir an, $G_{n-1}(s) - s$ sei monoton fallend, was insbesondere impliziert, dass $G_{n-1}(s + x) - (s + x)$ für alle x monoton fallend in s ist. Als Konsequenz aus (7.20) ziehen wir

$$G_n(s) - s = \max\{-M, \int [G_{n-1}(s + x) - (s + x)]dF(x) + \mu\},$$

woraus die Behauptung für $G_n(s) - s$ folgt.

Wir können nun die Struktur der optimalen Strategie angeben und beweisen.

Theorem 7.5.1 (Optimale Ausübung einer amerikanischen Kaufoption) *Die optimale Strategie zur Ausübung einer amerikanischen Kaufoption ist charakterisiert durch eine nichtfallende Zahlenfolge $(\alpha_n)_{n \in \mathbb{N}}$ und besteht darin, bei einem aktuelle Aktienkurs $S_t = s$ und einer Restlaufzeit von n Tagen die Option genau dann auszuüben, wenn*

$$s \geq \alpha_n := \min\{s : G_n(s) - s = -M\},$$

mit $\alpha_n = \infty$, falls diese Menge leer ist.

Beweis. Eine Schlussfolgerung aus (7.20) besagt dies: Bei einem aktuellen Kurs s und einer Restlaufzeit n ist es optimal, die Option auszuüben, sofern

$$G_n(s) \leq s - M$$

ist. Im Fall $s \geq \alpha_n$ sorgt die Monotonie von $G_n(s) - s$ für

$$G_n(s) - s \leq G_n(\alpha_n) - \alpha_n = -M.$$

Für alle $s < \alpha_n$ ist nach Definition von α_n stets

$$G_n(s) - s > -M.$$

Folglich ist die Ausübung optimal genau dann, wenn $s \geq \alpha_n$ gilt. Die α_n bilden eine nichtfallende Zahlenfolge, da $G_n(s)$ bei festem s nichtfallend in n ist. ∎

7.6 Aufgaben

7.1 **(Zufällige Summen)** Die Zahl N der bei einer Versicherung in einem Jahr gemeldeten Schadensfälle ist eine Zufallsvariable mit Erwartungswert μ_N und Varianz σ_N^2. Die Kosten des n-ten Schadensfalls belaufen sich auf X_n. Die gesamten Verbindlichkeiten der Versicherung für das Jahr betragen dann

$$Z := \sum_{n=1}^{N} X_n.$$

Die X_n können als unabhängige, identisch verteilte Zufallsvariablen mit Erwartungswert μ_X und Varianz σ_X^2 aufgefasst werden.
Ermitteln Sie den Erwartungswert und die Varianz von Z.

7.2 **(Das Heirats-Problem)** Wir denken uns eine Gesellschaft bestehend aus n Frauen $A, B, C, \ldots$ und n Männern $a, b, c, \ldots$. Jede Frau und jeder Mann hat eine persönliche Rangliste der Mitglieder des anderen Geschlechts, geordnet nach abnehmender Attraktivität. Eine *Verheiratung* ist eine bijektive Abbildung V von der Menge der Frauen in die Menge der Männer. Wir sagen, i und $V(i), i = A, B, C, \ldots$, sind unter V miteinander verheiratet. Eine Verheiratung ist *instabil*, wenn es zwei Paare (A, a) und (B, b) gibt, so dass b für A anziehender ist als a und gleichzeitig A für b anziehender ist als B. Wir sagen, die Personen A und b sind mit der Verheiratung *unzufrieden*, und es besteht die Möglichkeit, dass sie ihre aktuellen Ehepartner verlassen und selbst ein Paar bilden. Eine Verheiratung, bei der es keine unzufriedenen Personen gibt, heißt *stabil*.
Das Ziel besteht nun darin, bei gegebenen Präferenzlisten der beteiligten Personen eine stabile Verheiratung zu finden. (Anwendungen bestehen etwa in der Zuordnung von n Arbeitsuchenden und n Arbeitgebern, die je eine Präferenzliste geordnet nach Stellenattraktivität bzw. Bewerberqualifikation besitzen.)
Wir betrachten folgenden Algorithmus A: Die Männer werden in beliebiger Weise von 1 bis n nummeriert. Bei jedem Schritt macht der unverheiratete Mann mit der kleinsten Nummer der auf seiner Präferenzliste anziehendsten Frau, die ihn noch nicht abgewiesen hat, einen Heiratsantrag. Diese Frau nimmt den Antrag an, wenn sie noch unverheiratet ist oder wenn ihr aktueller Ehemann a weniger anziehend ist als der Antragsteller, a ist anschließend

wieder single. Andernfalls wird der Antragsteller abgewiesen. Dieser Vorgang wiederholt sich, bis alle Personen verheiratet sind.

(a) Zeigen Sie, dass dieser Algorithmus zu einer stabilen Verheiratung führt.

(b) (Worst-case-Analyse von Algorithmus A) Zeigen Sie, dass höchstens n^2 Heiratsanträge nötig sind, um zu einer stabilen Verheiratung zu kommen.

(c) (Average-case-Analyse von Algorithmus A) Die Präferenzlisten der Männer seien unabhängig und rein zufällig ausgewählt aus der Menge aller $n!$ möglichen Präferenzlisten. Die Präferenzlisten der Frauen seien beliebig, aber fest. Sei N_A die Anzahl der Heiratsanträge bis zur stabilen Verheiratung unter Algorithmus A. Zeigen Sie:

$$EN_A \leq n \ln n + \mathcal{O}(n)$$
$$P(N_A > n(\ln n + c)) \leq e^{-c}, \qquad \forall c \geq 0.$$

(Da e^{-c} schnell abklingt, ist offenbar die Verteilung von N_A stark um den Erwartungswert konzentriert.)

Hinweis: Betrachten Sie die folgenden Modifikationen von Algorithmus A:
Algorithmus B: Immer, wenn ein Mann einen Heiratsantrag macht, wählt er als Adressatin rein zufällig eine Frau aus der Menge aller Frauen, die ihn noch nicht abgewiesen haben.
Algorithmus C: Immer, wenn ein Mann einen Heiratsantrag macht, wählt er als Adressatin rein zufällig eine Frau aus der Menge aller Frauen.
Seien N_B und N_C entsprechend die Anzahlen der Heiratsanträge unter den Algorithmen B und C bis sich eine vollständige Verheiratung gebildet hat. In welcher Beziehung stehen $P(N_A > m), P(N_B > m), P(N_c > m)$ für $m \in \mathbb{N}_0$?

7.3 **(Perkolation auf Graphen)** Die Aufgabe behandelt das Perkolationsproblem auf einem binären Baum. Dieser hat eine Wurzel W, von der Kanten zu 2 Ecken führen. Von jeder dieser Ecken führen 2 weitere Kanten zu je 2 weiteren Ecken, usw. Von jeder Ecke außer der Wurzel führen also insgesamt 3 Kanten zu anderen Ecken. Jede Kante sei unabhängig von anderen Kanten mit der Wahrscheinlichkeit p geöffnet. Sei C die Menge der Ecken, die mit W durch einen Pfad über geöffnete Kanten verbunden sind.

(a) Bestimmen Sie $P(\#C = \infty)$ für alle $p \in [0,1]$, und zeigen Sie, dass die Perkolationsschwelle $p_c = \frac{1}{2}$ ist.

(b) In der Nähe der Perkolationsschwelle verhält sich $P(\#C = \infty)$ wie $(p - p_c)^\alpha$, d.h. es ist

$$\lim_{p \downarrow p_c} \frac{\ln P(\#C = \infty)}{\ln(p - p_c)} = \alpha.$$

Die Zahl α heißt *kritischer Exponent*.
Bestimmen Sie α.

(c) Bestimmen Sie $E(\#C)$ für alle $p \in [0,1]$.

(d) In der Nähe der Perkolationsschwelle verhält sich $E(\#C)$ wie $(p_c - p)^\beta$,
     d.h. es ist

$$\lim_{p \uparrow p_c} \frac{\ln E(\#C)}{\ln(p_c - p)} = \beta.$$

Bestimmen Sie den kritischen Exponenten β .

(e) Gegeben sei ein Baum mit Wurzel W , von der Kanten zu 3 Ecken
     führen. Von jeder dieser Ecken führen 3 weitere Kanten zu je 3 wei-
     teren Ecken, usw. Jede Ecke außer der Wurzel besitzt also 4 Kanten.
     Betrachten Sie das Perkolationsproblem auf diesem Baum. Bestimmen
     Sie $P(\#C = \infty)$, die Perkolationsschwelle und $E(\#C)$. Zeigen Sie,
     dass die beiden kritischen Exponenten α und β dieselben sind wie bei
     der Perkolation auf dem binären Baum.

7.4 **(Fraktale Perkolation)** Diese Aufgabe bezieht sich auf die zufällige 2 -
     dimensionale Cantor-Menge $G(p)$ aus Aufgabe 2.33. Wenn die Realisierung
     der zufälligen Menge $G(p)$ so strukturiert ist, dass sie die linke Seite des
     Einheitsquadrates mit der rechten Seite verbindet, sagt man, es findet Per-
     kolation statt.
     Ermitteln Sie ein p_0 , so dass für alle $p \geq p_0$ mit einer Wahrscheinlichkeit
     von mindestens 0.9999 Perkolation stattfindet.

Hinweis: Bei Verwendung der Bezeichnungen von Aufgabe 2.33: Wenn $J_{k,1}$
und $J_{k,2}$ zwei entlang einer Seite aneinander grenzende Teilquadrate der
Menge J_k sind und beide mindestens 8 Teilquadrate der Menge J_{k+1} enthalten, dann gibt es zwei Teilquadrate der Länge $3^{-(k+1)}$, und zwar je eines
in $J_{k,1}$ und in $J_{k,2}$, die aneinander grenzen. Ferner enthalten die Teilquadrate von J_{k+1} einen Pfad, der eine Seite von $J_{k,1} \cup J_{k,2}$ mit der gegen-
überliegenden Seite verbindet.
Ein Teilquadrat von J_k heißt 1 -*ausgefüllt*, wenn es mindestens 8 Teilquadrate von J_{k+1} enthält. Ein Teilquadrat von J_k heißt l -*ausgefüllt*, wenn
es mindestens 8 Teilquadrate von J_{k+1} enthält, die $(l-1)$ -ausgefüllt sind,
$l \geq 2$. Bestimmen Sie die Wahrscheinlichkeit, dass J_0 für alle $l \in \mathbb{N}$ l -
ausgefüllt ist.

7.5 **(Perkolation auf $\mathbb{Z}^d$)** Betrachten Sie das Perkolationsmodell auf dem d -
     dimensionalen Gitter $\mathbb{Z}^d$. Zwei Gitterpunkte $(x_1, \ldots, x_d)$ und $(y_1, \ldots, y_d)$
     seien genau dann mit einer Kante verbunden, wenn $\sum_{i=1}^{d} |x_i - y_i| = 1$ ist.
     Jede Kante sei unabhängig von anderen Kanten mit der Wahrscheinlichkeit
     p geöffnet.

(a) Beweisen Sie, dass für alle $d \in \mathbb{N}$ die Perkolationsschwelle $p_c(d)$ positiv
     ist.

(b) Beweisen Sie, dass für alle $d \in \mathbb{N}$ $p_c(d+1) \leq p_c(d)$ ist.

7.6 **(Fortsetzung von Aufgabe 7.5)** Betrachten Sie abermals das Perkolati-
     onsproblem auf $\mathbb{Z}^d$. Sei $\#C_0$ die Mächtigkeit des Clusters von $0 \in \mathbb{Z}^d$ und
     $p_c(d)$ die Perkolationsschwelle.

(a) Zeigen Sie, dass für alle $k \in \mathbb{N}$

$$E(\#C_0) \geq kP(\#C_0 \geq k) \geq kP(\#C_0 = \infty).$$

(b) Zeigen Sie: Für alle $p > p_c(d)$ ist $E(\#C_0) = \infty$.

7.7 Ein Quellalphabet bestehe aus den Symbolen der Menge $\mathbb{W} = \{w_1, \ldots, w_4\}$.

(a) Zeigen Sie: Zur Verteilung $\mathbb{P} = \left(\frac{1}{3}, \frac{1}{3}, \frac{1}{6}, \frac{1}{6}\right)$ über dem Quellalphabet gibt es zwei optimale binäre präfixfreie Codes, nämlich

$$
\begin{aligned}
c_1(w_1) &= 00 & c_2(w_1) &= 0 \\
c_1(w_2) &= 01 & c_2(w_2) &= 10 \\
c_1(w_3) &= 10 & c_2(w_3) &= 110 \\
c_1(w_4) &= 11 & c_2(w_4) &= 111.
\end{aligned}
$$

(b) Zeigen Sie: Jede Verteilung $\mathbb{P}^*$, für welche die Codes c_1 und c_2 optimal sind, lässt sich als Linearkombination

$$\mathbb{P}^* = \alpha\mathbb{P}_1 + \beta\mathbb{P}_2 + \gamma\mathbb{P}_3, \qquad \alpha + \beta + \gamma = 1,$$

darstellen. Bestimmen Sie die Verteilungen $\mathbb{P}_1$, $\mathbb{P}_2$, $\mathbb{P}_3$.

7.8 Wir betrachten einen binären Huffman-Code zur Verteilung $\mathbb{P} = (p_1, \ldots, p_{2^n})$ über einem Quellalphabet mit 2^n Symbolen und Codealphabet $\{0, 1\}$. Angenommen, es gilt

$$\frac{p_i}{p_j} < 2, \qquad \forall i, j \in \{1, \ldots, 2^n\}.$$

Beweisen Sie, dass alle Codewörter des Huffman-Codes die Länge n besitzen.

7.9 Sei $k \geq 2$ eine natürliche Zahl und $\mathbb{P} = (p_1, \ldots, p_k)$ eine Verteilung mit $p_j > 0$ für alle $j = 1, \ldots, k$. Ferner sei $l_1^* \leq \ldots \leq l_k^*$ eine Lösung des Minimierungsproblems

$$\min\left\{\sum_{j=1}^{k} p_j l_j \, : \, l_1, \ldots, l_k \in \mathbb{N}, \; \sum_{j=1}^{k} 2^{-l_j} \leq 1\right\}.$$

(a) Zeigen Sie, dass $\sum\limits_{j=1}^{k} 2^{-l_j^*} = 1$ und dass $l_{k-1}^* = l_k^*$.

(b) Bestimmen Sie eine Lösung l_1^*, l_2^*, l_3^* für $k = 3$.

7.10 **(Fehlererkennende Codes)** Bei der Übertragung von Nachrichten durch einen gestörten Kanal können Fehler auftreten. Konkret werde bei Übertragung einer aus den Bits 0 und 1 bestehenden binären Folge jedes Symbol unabhängig von allen anderen mit Wahrscheinlichkeit p fehlerhaft übertragen, eine 1 als 0 und eine 0 als 1. Der Empfänger möchte erkennen, ob die erhaltene Nachricht fehlerbehaftet ist. Deshalb wird vom Sender jeder Nachricht ein Prüfbit β angefügt: Statt $x_1 \ldots x_m$ wird dann $x_1 \ldots x_m \beta$ übertragen mit $\beta = (x_1 + \cdots + x_m) \mod 2$. Der Empfänger überprüft dann, ob $(x_1 + \cdots + x_m + \beta) = 0 \mod 2$ ist (*Paritätsprüfung*), und schließt daraus, dass die Nachricht wahrscheinlich fehlerfrei übertragen worden ist.

(a) Angenommen, bei der Paritätsprüfung wird festgestellt, dass $x_1 + \cdots + x_m + \beta = 1 \mod 2$ ist. Mit welcher Wahrscheinlichkeit enthält die Nachricht $x_1 \ldots x_m$ genau $k \in \{0, \ldots, m\}$ Fehler?

(b) Angenommen, bei der Paritätsprüfung wird festgestellt, dass $x_1 + \cdots + x_m + \beta = 0 \mod 2$ ist. Mit welcher Wahrscheinlichkeit wurde die Nachricht $x_1 \ldots x_m$ fehlerfrei übertragen? Mit welcher Wahrscheinlichkeit ist in diesem Fall bei $m = 5$ und $p = 0.01$ mindestens ein Fehler aufgetreten?

(c) Angenommen, die empfangene Nachricht $x_1 \ldots x_m \beta$ enthält unter den x_i mindestens einen Übertragungsfehler. Mit welcher Wahrscheinlichkeit wird dies dem Empfänger durch das Ergebnis $x_1 + \ldots + x_m + \beta = 1 \mod 2$ bei der Paritätsprüfung angezeigt?

7.11 (Fehlerkorrigierende Codes) Eine binäre Nachricht der Länge m soll über einen störungsanfälligen Kanal übertragen werden. Die Übertragung jedes Symbols ist unabhängig von allen anderen Symbolen fehlerbehaftet mit Wahrscheinlichkeit p und fehlerfrei mit Wahrscheinlichkeit $1 - p$. Ein (n, m)-*Block-Code* besteht aus einer Codiervorschrift

$$c : \{0, 1\}^m \longrightarrow \{0, 1\}^n,$$

die ein Wort x der Länge m in das Codewort $c(x)$ der Länge n verwandelt, das dann gesendet wird. Der Quotient $r = m/n$ heißt *Übertragungsrate*. Wegen möglicher Störungen kommt beim Empfänger statt $c(x)$ aber

$$c(x) \oplus (\varepsilon_1, \ldots, \varepsilon_n)$$

an, wobei $\varepsilon_1, \ldots, \varepsilon_n$ unabhängige, $\mathbf{B}(p)$-verteilte Zufallsvariablen sind und $\oplus$ komponentenweise Addition modulo 2 bedeutet. Der Empfänger verwendet dann die Decodiervorschrift

$$d : \{0, 1\}^n \longrightarrow \{0, 1\}^m,$$

um aus der empfangenen Nachricht das ursprüngliche Wort zu rekonstruieren. Die Rekonstruktion ist fehlerfrei, falls

$$d[c(x) \oplus (\varepsilon_1, \ldots, \varepsilon_n)] = x$$

ist, und die Wahrscheinlichkeit $P(d[c(x) \oplus (\varepsilon_1, \ldots, \varepsilon_n)] \neq x)$, wobei die Komponenten von X unabhängig voneinander und von den ϵ_i jeweils $B(\frac{1}{2})$-verteilt sind, heißt *Fehlerwahrscheinlichkeit*.

(a)   Ein einfacher Block-Code ist der *Repetitions-Code*: Jedes Symbol wird $(2k + 1)$-mal wiederholt, z.B. wird bei $k = 1$ das Wort 0110 als 000111111000 gesendet. Die Decodierung erfolgt nach der Mehrheitsregel: Blöcke der Länge $(2k + 1)$ werden durch das darin am häufigsten auftretende Symbol dekodiert. Bestimmen Sie die Übertragungsrate und für $k = 1$ und $k = 2$ mit $p = 0.1$ die Wahrscheinlichkeit, dass ein Symbol fehlerhaft übertragen wird.

Repetitions-Codes sind unökonomisch. Zwar kann man durch Vergrößerung von k die Fehlerwahrscheinlichkeit verkleinern, doch geschieht dies um den Preis, dass auch die Übertragungsrate reduziert wird: Geht die Fehlerwahrscheinlichkeit gegen Null, so auch die Übertragungsrate. Es ist ein bemerkenswertes Resultat der Codierungstheorie, dass es Block-Codes gibt, deren Fehlerwahrscheinlichkeiten beliebig klein sind, während gleichzeitig die Übertragungsraten beliebig nahe bei einer positiven Konstante liegen: *Shannons Theorem*.

(b)   Beweisen Sie Shannons Theorem: Sei $p \in (0, 1/2)$. Für alle $\varepsilon > 0$ existiert ein (m, n)-Block-Code, dessen Übertragungsrate mindestens $1 - H(p) - \varepsilon$ ist und dessen Fehlerwahrscheinlichkeit höchstens ε ist. Dabei ist $H(p) := -p \log_2 p - (1 - p) \log_2 (1 - p)$ die Entropie der Fehlerverteilung.

Hinweis: Benutzen Sie die probabilistische Methode, siehe Aufgabe 2.35. Sei $\tilde{p} \in (p, 1/2)$ so gewählt, dass $H(\tilde{p}) < H(p) + \varepsilon/2$. Zu gegebenem $n \in \mathbb{N}$ wird $m := \lceil n(1 - H(p) - \varepsilon) \rceil$ gesetzt. Die Codiervorschrift c sei ein aus der Menge aller Abbildungen von $\{0, 1\}^m$ nach $\{0, 1\}^n$ rein zufällig ausgewähltes Element. Die Decodierung erfolge nach diesem Prinzip: Gibt es zu $y \in \{0, 1\}^n$ genau ein $x \in \{0, 1\}^m$ dergestalt, dass sich $c(x)$ und y um höchstens $\lfloor n\tilde{p} \rfloor$ Stellen unterscheiden, so setze $d(y) = x$. Gibt es ein solches x nicht oder mehr als nur eines, so wähle $d(y)$ rein zufällig aus $\{0, 1\}^m$. Mit welcher Wahrscheinlichkeit wird eine empfangene Nachricht $c(x) \oplus (\varepsilon_1, \ldots, \varepsilon_n)$ korrekt als x decodiert?

7.12 **(Fortsetzung von Aufgabe 7.11)** Wir betrachten den folgenden von Hamming (1950) entwickelten $(4, 7)$-Block-Code. Die Nachricht $x := x_1 x_2 x_3 x_4$ wird als jener Vektor

$$v := (\alpha, \beta, \gamma, x_1, x_2, x_3, x_4)^t$$

übertragen, für den

$$Hv = 0$$

ist, wobei die Matrix H spaltenweise alle $0-1$-Tripel enthält, mit Ausnahme des Tripels, das aus 3 Nullen besteht:

$$H := \left\| \begin{matrix} 1 & 0 & 0 & 1 & 1 & 0 & 1 \\ 0 & 1 & 0 & 1 & 0 & 1 & 1 \\ 0 & 0 & 1 & 0 & 1 & 1 & 1 \end{matrix} \right\|$$

Decodierung erfolgt auf diese Weise: Für das empfangene

$$y := (A, B, C, X_1, X_2, X_3, X_4)^t$$

wird Hy ermittelt. Im Fall $Hy = 0$ wird an y keine Veränderung vorgenommen und dieses als $X_1 X_2 X_3 X_4$ decodiert. Andernfalls ist Hy gleich einer der Spalten von H, etwa der i-ten Spalte. Dann wird y an der i-ten Stelle korrigiert. Als Decodierung werden die letzten 4 Komponenten dieser korrigierten Version von y gewählt.

Ermitteln Sie α, β, γ in Abhängigkeit von x_1, x_2, x_3, x_4, und erläutern Sie die Funktionsweise dieses *Hamming-Codes*.

Mit welcher Wahrscheinlichkeit wird eine Nachricht $x = x_1 x_2 x_3 x_4$ falsch decodiert? Vergleichen Sie dieses Ergebnis für $p = 0.01$ mit der Wahrscheinlichkeit, dass bei der direkten, uncodierten Übertragung von x mindestens ein Fehler auftritt.

7.13 Ein Schachspieler will erraten, auf welchem Feld sein Gegner den König platziert hat. Dazu kann er Fragen stellen, die wahrheitsgemäß mit Ja oder Nein beantwortet werden müssen.

(a) Beweisen Sie: Es gibt eine Strategie, die es erlaubt mit 6 Fragen das Königsfeld eindeutig zu bestimmen.

(b) Gibt es eine Strategie, die mit weniger als 6 Fragen das Königsfeld mit Sicherheit bestimmt?

7.14 Von n äußerlich identischen Münzen ist eine gefälscht. Ihr Gewicht weicht von dem der anderen ab, die gleich schwer sind. Es ist aber nicht bekannt, ob die gefälschte Münze leichter oder schwerer ist. Sie wollen herausfinden, um welche Münze es sich handelt und gleichzeitig in welche Richtung ihr Gewicht abweicht. Dazu steht Ihnen eine Balkenwaage zur Verfügung, die anzeigt, ob die rechte bzw. die linke Waagschale schwerer belastet ist oder ob Gleichgewicht herrscht.

(a) Geben Sie eine untere Schranke für die Zahl der benötigten Wägungen an, mit denen bei beliebigem Resultat die gefälschte Münze bestimmt werden kann.

(b) Entwerfen Sie eine Strategie, die für $n = 12$ Münzen das Problem mit 3 Wägungen löst.

(c) Verallgemeinern Sie das Ergebnis von (a) für den Fall, dass $k < n/2$ Münzen teils schwerer, teils leichter sind und alle Übrigen gleich schwer sind.

7.15 Ein Aggregat besteht aus zwei in Serie geschalteten Komponenten mit $\mathbf{Exp}(\lambda_i)$-verteilten Lebensdauern. Die Hälfte der Aggregate dieses Typs ist nach einem Jahr Betrieb noch funktionsfähig. Bei der anderen Hälfte der Aggregate ist in 4 von 10 Fällen Komponente 1 für den Ausfall verantwortlich und in 6 von 10 Fällen Komponente 2. Eine technische Weiterentwicklung macht die Komponente 2 überflüssig. Welcher Anteil der Geräte wird nun nach einem

Jahr noch funktionsfähig sein? Um wie viele Jahre hat die Weiterentwicklung die mittlere Lebensdauer des Gerätes verlängert?

7.16 Ein Zirkus besitzt 100 Löwen. Folgende Tabelle enthält eine Aufstellung der Altersverteilung

Alter in Jahren	0	1	2	3	4	5	6
Anzahl der Löwen	31	23	18	13	9	5	1

(a) Angenommen, diese Anteile bleiben zeitlich konstant. Was ist die mittlere Lebenserwartung der Löwen des Zirkus?

(b) Was ist die mittlere verbleibende Lebenserwartung eines 2-jährigen Löwen?

7.17 **(Volkswirtschaftliche Verflechtungsbeziehungen: Leontief-Modell)**
Eine Volkswirtschaft bestehe aus n Industrien $I_1, \ldots, I_n$ sowie den von diesen produzierten Gütern $G_1, \ldots, G_n$ und einer Menge von zwischen den Industrien bestehenden Verflechtungen in Form von Input-Output-Beziehungen: In einer auf Arbeitsteilung beruhenden Wirtschaft bezieht jede Industrie von einigen oder allen anderen Industrien Güter (Inputs), und die von den Industrien produzierten Güter (Outputs) werden entweder von anderen Industrien benötigt oder dienen unmittelbar der Endverwendung in Form von Konsum oder Export.
Als *interne Nachfrage* an Industrie I_k bezeichnen wir die von allen Industrien benötigte Gesamtmenge (in Geldeinheiten des Warenwertes) der Ware G_k.
Als *externe Nachfrage* an Industrie I_k bezeichnen wir die für die Endverwendung vorgesehene Menge (in Geldeinheiten des Warenwertes) der Ware G_k.
Es sei α_{kj} der Geldwert des Outputs von Industrie I_j, den Industrie I_k erwerben muss, um eine Menge der Ware G_k im Wert von einer Geldeinheit zu produzieren. Sei

$$A = (\alpha_{kj})_{k,j=1,\ldots,n}$$

die Matrix dieser *Input-Output-Koeffizienten*. Wir treffen die Voraussetzung

$$\sum_{j=1}^{n} \alpha_{kj} \leq 1 \tag{7.21}$$

und nennen die Industrie I_k *profitabel*, falls in (7.21) die strikte Ungleichung gilt. Gilt Gleichheit in (7.21), so heißt die Industrie I_k *profitlos*. Industrien, die weder profitabel noch profitlos sind, schließen wir aus. Ferner ist nach Definition

$$\alpha_{kj} \geq 0, \qquad \forall k,j \in \{1,\ldots,n\}. \tag{7.22}$$

Sei $\nu = (\nu_1, \ldots, \nu_n)$ der Vektor, dessen k-te Komponente die externe Nachfrage an Industrie I_k bezeichnet.

(a) Zeigen Sie: Produzieren die Industrien Güter mit Geldwerten $w = (w_1, \ldots, w_n)$, dann sind die internen Nachfragen an die Industrien als Komponenten des Vektors wA gegeben.

(b) Zeigen Sie: Damit alle internen und externen Nachfragen befriedigt werden können, müssen die Industrien Güter mit einem Geldwert w produzieren, wobei $w = wA + \nu$ ist.

(c) Zeigen Sie, dass k_{ij} auch die Warenmenge in Geldeinheiten ist, die Industrie I_j produzieren muss, damit eine externe Nachfrage von einer Geldeinheit der Ware G_i gedeckt werden kann.

7.18 **(Ablaufplanung)** Sie müssen n Aufträge in Reihenfolge abarbeiten. Für den i-ten Auftrag benötigen Sie die Zeit X_i. Die Zufallsvariablen $X_1, \ldots, X_n$ werden als unabhängig angenommen. Wird der i-te Auftrag zur Zeit t abgeschlossen, so erhalten Sie dafür die Bezahlung $\beta^t B_i$ mit $\beta \in (0,1)$. Der Abwertungsfaktor β drückt aus, dass ein fester Geldbetrag B_i zu einem zukünftigen Zeitpunkt t Zeiteinheiten später gemäß $\beta^t B_i$ an Wert verliert.

(a) In welcher Reihenfolge sollten Sie die Aufträge abarbeiten, um den erwarteten Gesamtverdienst zu maximieren?
Antwort: Die optimale Strategie besteht darin, die Aufträge nach

$$\frac{B_i E(\beta^{X_i})}{1 - E(\beta^{X_i})}$$

zu ordnen und in fallender Reihenfolge dieser Werte abzuarbeiten.

Hinweis: Betrachten Sie die erwarteten Verdienste für eine beliebige Anordnung der Aufträge und für die sich daraus ergebende Anordnung, wenn die Reihenfolge zweier aufeinander folgender Aufträge i und j vertauscht wird.

(b) Wie hoch ist der maximale erwartete Gesamtverdienst, wenn $X_1, \ldots, X_n$ jeweils **Exp**(λ)-verteilt sind?

7.19 Die so genannte *Nutzenfunktion* – als Konzept ursprünglich von Ökonomen eingeführt, um zu beschreiben, wie Konsumenten zwischen verschiedenen Konsummöglichkeiten wählen – drückt die subjektiven Präferenzen einer Person für bestimmte Güter (Waren, Dienstleistungen, ideelle Werte) als numerische Größe aus. Ein Investor habe eine logarithmische Nutzenfunktion für Geld: $U(x) = \ln x$. Sein Anfangsvermögen betrage V. Er hat die Wahl zwischen zwei Geldanlagen. Eine ist sicher und bietet die Rendite r, d.h. aus einem Betrag K wird nach Ablauf eines Jahres der Betrag $K(1+r)$. Die andere Anlage ist unsicher. Ihre Rendite ist gleich r_1 mit Wahrscheinlichkeit p und gleich r_2 mit Wahrscheinlichkeit $1-p$. Es gilt $r_1 < r < r_2$. Durch Aufteilung des Vermögens V auf die beiden Anlageformen soll der erwartete Nutzen des Vermögens nach einem Jahr maximiert werden.

(a) Bestimmen Sie den optimalen Anteil α von V, der in die unsichere Geldanlage investiert werden sollte?

(b) Unter welchen Voraussetzungen ist α positiv?

(c) Wie ändert sich α mit zunehmendem Anfangsvermögen V ? Warum ist das so? Wie wäre das Ergebnis bei exponentieller Nutzenfunktion $U(x) = \exp(x)$?

7.20 Herr K hat eine Nutzenfunktion für Geld, die für ein $a \in \mathbb{R}_+^0$ durch

$$U(x) = \begin{cases} \frac{1}{a}(1 - e^{-ax}), & \text{falls } a > 0 \\ x, & \text{falls } a = 0 \end{cases}$$

gegeben ist. Angenommen, er kann wählen zwischen einem sicheren Gewinn von 1 Million Euro und einem Münzwurf, bei dem er im Falle des Ausgangs *Kopf* 10 Millionen Euro erhält und andernfalls leer ausgeht.
Was lässt sich über den Parameter a der Nutzenfunktion sagen, wenn Herr K sich für den Münzwurf entscheidet?

7.21 In einer Firma erhalten alle Mitarbeiter Urlaub an allen Tagen, an denen mindestens ein Mitarbeiter Geburtstag hat. Die Mitarbeiter wurden unabhängig von ihrem Geburtstag eingestellt. Was ist die maximal mögliche mittlere Anzahl von Personentagen pro Jahr, an denen gearbeitet wird, und für welche Mitarbeiterzahl wird sie erreicht?

7.22 **(Asymmetrische Alternativen mit einer idealen Münze)** Mit einer idealen Münze soll zwischen den Alternativen A und B mit den eventuell auch irrationalen Wahrscheinlichkeiten p und $1-p$ entschieden werden. Es sei

$$p = 0.b_1 b_2 \ldots = \sum_{k=1}^{\infty} b_k \cdot \left(\frac{1}{2}\right)^k \quad \text{mit } b_k \in \{0,1\}$$

die Binärdarstellung von p . Wir führen eine Serie $X_1, X_2, \ldots$ von idealen Münzwürfen durch mit $P(X_i = 0) = P(X_i = 1) = \frac{1}{2}$. Wir definieren

$$m = \inf\{k \in \mathbb{N} : X_k \neq b_k\}$$

mit $N = \infty$, falls $X_k = b_k, \forall k \in \mathbb{N}$. Ist $N = m$ endlich, so entscheiden wir uns für die Alternative A, falls $X_m < b_m$, andernfalls entscheiden wir zugunsten von B.

(a) Zeigen Sie, dass $P(N < \infty) = 1$.

(b) Zeigen Sie, dass die Entscheidung zugunsten von A mit Wahrscheinlichkeit p fällt.

(c) Bestimmen Sie die mittlere Wurfzahl bis zur Entscheidung.

7.23 Jemand wettet auf die Ausfälle eines Bernoulli-Prozesses und gewinnt bei jedem Ausfall mit Wahrscheinlichkeit $p \in (0,1)$. Sein Kapital nach dem n -ten Ausfall sei X_n mit $X_0 = 1$. Sein Einsatz bei der n -ten Wette betrage αX_{n-1} , $0 < \alpha < 1$. Er erhält αX_{n-1} zusätzliche Euros im Falle eines Gewinns und verliert den Einsatz im Falle eines Verlustes.

(a) Zeigen Sie, dass

$$X_n = \prod_{k=1}^{n}(1 + \alpha Y_k)$$

ist, wobei die Y_k unabhängige, identisch verteilte Zufallsvariablen sind mit $P(Y_k = +1) = p = 1 - P(Y_k = -1)$.

(b) Wie verhält sich $\frac{1}{n}\ln X_n$ für $n \to \infty$ in Abhängigkeit von p und α ?

(c) Sei $p \leq \frac{1}{2}$. Zeigen Sie, dass $(X_n)_{n \in \mathbb{N}_0}$ fast sicher gegen 0 geht.
Sei $p > \frac{1}{2}$. Zeigen Sie, dass es ein α^* gibt, so dass

$$X_n \longrightarrow \begin{cases} 0 \text{ f.s.,} & \text{falls } \alpha < \alpha^* \\ \infty \text{ f.s.,} & \text{falls } \alpha > \alpha^*. \end{cases}$$

7.24 (**Ein Lernexperiment**) Bei einem Lernexperiment soll einer Maus das Erkennen der Farbe Rot beigebracht werden. Dazu muss die Maus bei jedem Versuch zwischen 4 Türen wählen, eine davon trägt die Farbe Rot. Eine Wahl der roten Tür wird durch Futter belohnt. Das Experiment wird so lange wiederholt, bis die Maus beim N -ten Versuch erstmals die rote Tür wählt. Bestimmen Sie den Erwartungswert von N unter den folgenden Hypothesen über die Lernfähigkeit der Maus:

- bei jedem Versuch wählt die Maus jede der 4 Türen mit gleicher Wahrscheinlichkeit; alle Versuche sind unabhängig.

- bei jedem Versuch wählt die Maus mit gleicher Wahrscheinlichkeit zwischen den Türen, die sie bei früheren Versuchen noch nicht gewählt hat.

- bei aufeinander folgenden Versuchen wählt die Maus niemals dieselbe Tür, doch ansonsten mit gleicher Wahrscheinlichkeit zwischen den drei unter dieser Nebenbedingung zur Verfügung stehenden Türen.

7.25 Mit einer Pistole werden n Schüsse auf eine Zielscheibe abgegeben, deren Mittelpunkt im Nullpunkt eines kartesischen Koordinatensystems liegt. Die Koordinaten der Autreffpunkte $(x_1, y_1), \dots, (x_n, y_n)$ werden als Realisierungen von unabhängigen, $\mathrm{N}(0,1)$ -verteilten Zufallsvariablen $X_1, \dots, X_n, Y_1, \dots,$ Y_n modelliert. Sei

$$\Delta_n = \min\{(X_1^2 + Y_1^2)^{1/2}, \dots, (X_n^2 + Y_n^2)^{1/2}\}$$

der Abstand des besten Schusses vom Nullpunkt. Ermitteln Sie die Dichte und den Erwartungswert von Δ_n .

7.26 (**Karten mischen: Top-in-at-random**) Bei dieser Art ein Kartenspiel mit n Karten zu mischen besteht ein einzelner Mischvorgang darin, die oberste Karte an einer zufälligen Stelle des Kartenpakets einzufügen, d.h. mit Wahrscheinlichkeit $\frac{1}{n}$ nimmt sie anschließend die Position i ein, $i = 1, \dots, n$. Sei π_0 die anfängliche Spielkarten-Anordnung, bevor eine Serie von Mischvorgängen durchgeführt wird. Nach nur wenigen Mischvorgängen unterscheidet sich die resultierende Spielkarten-Anordnung noch wenig von π_0. Ziel ist es, so lange zu mischen, bis alle möglichen Anordnungen gleich wahrscheinlich sind. Sei N die Anzahl der benötigten Mischvorgänge, bis dies erstmals der Fall ist. Zeigen Sie, dass

$$EN = 1 + n \sum_{i=1}^{n-1} \frac{1}{i} \sim n \ln n.$$

Hinweis: Verfolgen Sie die unterste Karte der Spielkarten-Anordnung π_0. Bei wiederholtem Mischen bleibt sie in dieser Position, bis erstmals eine Karte darunter eingefügt wird. Die Anzahl der dafür benötigten Mischvorgänge hat eine Geometrische Verteilung auf $\mathbb{N}$ mit Erwartungswert n. Bei fortgesetztem Mischen steigt die ursprünglich unterste Karte langsam nach oben. Wenn sie schließlich zuoberst liegt und anschließend noch zufällig eingeordnet wird, sind alle $n!$ möglichen Anordnungen gleich wahrscheinlich.

7.27 **(Karten mischen: Der Riffle-Shuffle)** Dies ist die gebräuchlichste Art des Mischens. Der Kartenstapel wird etwa in der Mitte geteilt. Mit einem Teil in der linken Hand und dem anderen Teil in der rechten Hand werden die beiden Teilstapel anschließend nach einer Art Reißverschluss-Prinzip wieder vereinigt. Wir betrachten zwei Modelle für den Riffle-Shuffle.

- Modell 1: Das Kartenspiel wird gemäß einer $\mathbf{B}\left(n, \frac{1}{2}\right)$-Verteilung in zwei Teile geteilt. Wenn die Teile 1 und 2 aus k und $(n-k)$ Karten bestehen, kann jede der möglichen Riffle-Shuffle-Anordnungen eindeutig durch die Lage der k Karten von Teil 1 charakterisiert werden. Eine der $\binom{n}{k}$ möglichen Riffle-Shuffle-Anordnungen wird rein zufällig ausgewählt.

- Modell 2: Das Kartenspiel wird gemäß einer $\mathbf{B}\left(n, \frac{1}{2}\right)$-Verteilung in zwei Teile geteilt. Angenommen, die Teile bestehen aus k bzw. $(n-k)$ Karten und werden in der linken bzw. rechten Hand gehalten. Die Karten werden nun aus der linken bzw. rechten Hand mit einer Wahrscheinlichkeit proportional zur Kartenzahl in der jeweiligen Hand auf einen gemeinsamen Stapel gegeben, d.h. mit Wahrscheinlichkeit $\frac{k}{n}$ wird die unterste Karte des Teilstapels der linken Hand zur untersten Karte des gemeinsamen Stapels. Ist dieses Ereignis tatsächlich eingetreten, so ist die nächstfolgende Karte des gemeinsamen Stapels die nunmehr unterste Karte des Teilstapels der linken Hand bzw. der rechten Hand mit Wahrscheinlichkeit $\frac{k-1}{n-1}$ bzw. $\frac{n-k}{n-1}$, etc.

Zeigen Sie, dass beide Modelle zu derselben Wahrscheinlichkeitsverteilung über den $n!$ möglichen Permutationen der Spielkarten führen.

7.28 **(Karten mischen und Entropie)**

(a) Es sei X eine diskrete Zufallsvariable auf einem W-Raum $(\Omega, \mathcal{A}, P)$ mit Werten in $\mathbb{N}$ sowie $f : \mathbb{N} \to \mathbb{N}$ eine messbare Funktion. In welcher Beziehung stehen die Entropien $H(X) := H(P_X)$ und $H(Y) := H(P_Y)$

der Verteilungen von X und $Y := f \circ X$? Unter welchen Bedingungen an f gilt $H(Y) = H(X)$?

(b) Jedes Mischen der n Karten eines Kartenspiels kann als Permutation der Zahlen $1, \ldots, n$ aufgefasst werden. Sei X eine Zufallsvariable mit beliebiger Verteilung über der Menge $\mathcal{S}_n$ aller Permutationen der Zahlen $1, \ldots, n$. X beschreibt die zufällige Anfangsanordnung des Kartenblatts. Sei M ein Mischvorgang, d.h. ein festes Element von $\mathcal{S}_n$. In welcher Beziehung stehen $H(MX)$ und $H(X)$, wenn MX die Anordnung bezeichnet, die sich durch Anwendung der Permutation M auf die Anfangsanordnung X ergibt?

7.29 **(Schuldentilgung)** A schuldet B den Betrag $x \in [0,1]$ in Euro. Doch er besitzt nur eine 1-Euro-Münze, und B kann nicht wechseln. Sie entscheiden sich für folgendes Verfahren der Schuldentilgung:

1. Zunächst wird sichergestellt, dass $x \in [0, \frac{1}{2}]$ ist. Sollte dies nicht der Fall sein, dann wechselt die Münze den Besitzer, und dieser schuldet nun den Betrag $1 - x$.

2. Wer die Münze hat, wirft sie. Bei *Kopf* geht sie in seinen Besitz über, und die Schulden gelten als beglichen. Bei *Zahl* werden seine Schulden verdoppelt, und das Verfahren beginnt von neuem bei Schritt 1.

Zeigen Sie, dass diese Vorgehensweise fair ist in dem Sinne, dass B von A im Mittel den Betrag x erhält.

Hinweis: Stellen Sie x im binären Zahlensystem dar.

7.30 **(Familienplanung und Geschlechterquotient)** Gegeben seien n Paare, die unabhängig voneinander Kinder bekommen. Jedes Kind des i-ten Paares ist unabhängig von allen anderen Kindern mit Wahrscheinlichkeit p_i ein Junge und mit Wahrscheinlichkeit $q_i := 1 - p_i$ ein Mädchen. Mehrfachgeburten treten nicht auf. Der Quotient

$$R = \frac{\text{erwartete Gesamtzahl der Jungen aller Paare}}{\text{erwartete Gesamtzahl der Kinder aller Paare}}$$

ist ein Maß für den Anteil der Jungen an den Geburten.

(a) Die Verteilung der Kinderzahl sei dieselbe für alle Familien und habe den Erwartungswert μ. Zeigen Sie, dass die erwartete Gesamtzahl der Jungen durch

$$\mu \sum_{i=1}^{n} p_i$$

gegeben ist. Bestimmen Sie R.

(b) Alle Paare zeugen so lange Kinder, bis sie erstmals einen Jungen bekommen. Zeigen Sie, dass $\frac{1}{p_i}$ die erwartete Kinderzahl des i-ten Paares ist, und bestätigen Sie die Formel

$$R = \frac{n}{\sum\limits_{i=1}^{n} \frac{1}{p_i}}.$$

(c) Alle Paare zeugen so lange Kinder, bis sie erstmals ein Mädchen bekommen. Zeigen Sie, dass $\frac{1}{q_i}$ die erwartete Kinderzahl des i-ten Paares ist, und bestätigen Sie die Formel

$$R = 1 - \frac{n}{\sum\limits_{i=1}^{n} \frac{1}{q_i}}.$$

(d) Alle Paare zeugen so lange Kinder, bis erstmals beide Geschlechter vertreten sind. Zeigen Sie (etwa durch Konditionierung auf das Geschlecht des ersten Kindes), dass die erwartete Kinderzahl des i-ten Paares durch $\frac{1}{p_i q_i} - 1$ gegeben ist, und bestätigen Sie die Formel

$$R = \frac{\sum\limits_{i=1}^{n} \left(\frac{1}{q_i} \right) - \sum\limits_{i=1}^{n} p_i}{\sum\limits_{i=1}^{n} \left(\frac{1}{p_i q_i} \right) - n}.$$

(e) Was ergibt sich in (a)-(d) für $p_i = \frac{1}{2}$, $\forall i = 1, \ldots, n$?

7.31 (Kleine-Welt-Netzwerke) Nach Studien des Psychologen S. Milgram können zwei auf der Erde rein zufällig ausgewählte Menschen durch eine Kette von nur wenigen paarweise miteinander bekannten Personen verbunden werden, im Mittel sind dies etwa 6. Zur Modellierung dieses Kleine-Welt-Phänomens, das sich in vielen sozialen Netzwerken findet und weitreichende Konsequenzen hat (etwa für die Ausbreitung von Krankheiten), wurde eine Reihe von Graphen eingeführt, die so genannten *Kleine-Welt-Netzwerke*. Sie zeichnen sich dadurch aus, dass der kürzeste Abstand zwischen je zwei Ecken des Graphen (im Mittel) sehr langsam mit der Gesamtzahl der Ecken wächst.Wir betrachten speziell den Zufalls-Graphen von Abbildung 7.7. Insgesamt n Ecken $e_0, \ldots, e_{n-1}$ sind kreisförmig angeordnet. Je zwei benachbarte Ecken sind durch eine Kante der Länge 1 verbunden. Mit Wahrscheinlichkeit $p \in [0,1]$ besteht jeweils unabhängig eine Kante der Länge $\frac{1}{2}$ zwischen einer im Mittelpunkt des Kreises angeordneten Ecke e_n und der Ecke e_k für alle $k = 0, \ldots, n-1$. Von Interesse ist D_p, der kürzeste Abstand zwischen zwei verschiedenen, zufällig ausgewählten Ecken e_i und e_j, $i, j \in \{0, \ldots, n-1\}$, gemessen als Gesamtlänge eines Pfades von e_i nach e_j über Kanten des Graphen. Zur Vereinfachung der Bezeichnungen nehmen wir n als ungerade an. Sei $q_{l,k}$ die Wahrscheinlichkeit, dass $D_p = l$ ist, wenn der Abstand zwischen e_i und e_j gemessen entlang der Kanten, die den Kreis bilden, k beträgt; für $k = 1, \ldots, (n-1)/2$ und $l = 1, \ldots, k$. Ferner sei $q_l = P(D_p = l)$ für $l = 1, \ldots, (n-1)/2$.

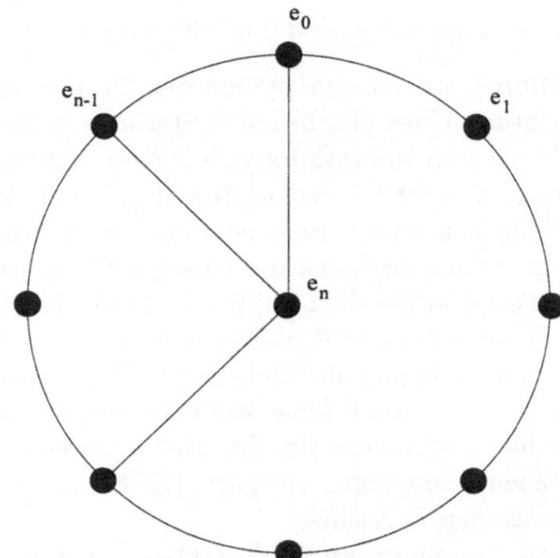

Abbildung 7.7: Ein Zufalls-Graph

(a) Überzeugen Sie sich von der Formel

$$q_l = \frac{2}{n-1} \sum_{k=1}^{(n-1)/2} q_{l,k}.$$

(b) Verifizieren Sie, dass

$$q_{1,1} = 1, \quad q_{1,2} = p^2 \qquad q_{1,3} = p^2$$
$$q_{2,2} = 1 - p^2, \quad q_{2,3} = p^2(2-p)(2-2p)$$
$$q_{3,3} = (1-p)^2(1+2p-2p^2),$$

$$q_{1,4} = p^2, q_{2,4} = p^2(2-p)(2-2p),$$
$$q_{3,4} = p^2(1-p)^2(2-p)(4-3p), q_{4,4} = (1-p)^4(1+4p-3p^2),$$
$$q_{1,5} = p^2, \quad q_{2,5} = p^2(2-p)(2-2p), \quad q_{3,5} = p^2(1-p)^2(2-p)(4-3p),$$
$$q_{4,5} = p^2(1-p)^4(2-p)(6-4p), \quad q_{5,5} = (1-p)^6(1+6p-4p^2).$$

(c) Stellen Sie eine Vermutung über die allgemeine Form von $q_{l,k}$ auf und beweisen Sie diese.

(d) Zeigen Sie: Es ist

$$q_1 = \frac{2}{n-1}\left(1 + \frac{n-3}{2}p^2\right)$$

und für $l = 2, \ldots, (n-1)/2$

$$q_l = [2 + 4(l-2)p + 2(l-1)(2n-4l-3)p^2 - 2(2l-1)(n-2l-1)p^3$$
$$+ l(n-2l-1)p^4]\frac{(1-p)^{2l-4}}{n-1}.$$

(e)   Wie verhält sich q_l für $p \to 0$ und für $p \to 1$?

7.32 **(Ein Suchproblem)** Bei einigen praktischen Problemen besteht das Ziel darin, das hinsichtlich eines gegebenen Kriteriums beste Element in einer Menge von K Elementen zu bestimmen. Für diese Aufgabe stehen Algorithmen zur Verfügung, die nach folgendem Prinzip arbeiten: Zu Anfang wird ein Element rein zufällig ausgewählt. Bei jedem weiteren Schritt springt der Algorithmus dann rein zufällig zu einem der besseren Elemente, bis er schließlich das beste Element erreicht hat. D.h. ist $(e_1, \ldots, e_K)$ eine Anordnung der Elemente nach abnehmender Qualität und befindet sich der Algorithmus im n-ten Schritt bei e_j, so springt er als Nächstes mit Wahrscheinlichkeit $(j-1)^{-1}$ zu e_k, $\forall k = 1, \ldots, j-1$. (Als Beispiel kann der *Simplex-Algorithmus* aus der linearen Programmierung dienen, der das Maximum einer linearen Funktion unter linearen Nebenbedingungen aufspürt. Die Elemente entsprechen dabei den Ecken des zulässigen Bereiches.)
Von Interesse sind Verteilung und Erwartungswert von N_k, der Zahl der benötigten Übergänge, um von e_k nach e_1 zu gelangen.

(a) Entwickeln Sie eine Rekursionsformel für EN_k, etwa durch Konditionierung auf den ersten Übergang.

(b) Zeigen Sie, dass

$$EN_k = \sum_{i=1}^{k-1} \frac{1}{i}.$$

(c) Es sei

$$I_k := \begin{cases} 1, & \text{falls der Algorithmus das Element } e_k \text{ erreicht} \\ 0, & \text{sonst.} \end{cases}$$

Zeigen Sie:
Die Zufallsvariablen $I_1, \ldots, I_{K-1}$ sind unabhängig mit $P(I_k = 1) = \frac{1}{k}$ für $1 \leq k \leq K - 1$.

(d) Prüfen Sie, dass

$$N_K = \sum_{k=1}^{K-1} I_k$$

ist, und bestätigen Sie den Ausdruck

$$var\, N_k = \sum_{k=1}^{K-1} \frac{1}{k} \left(1 - \frac{1}{k}\right).$$

(e) Überzeugen Sie sich, dass für große K die Zufallsvariable N_K annähernd $\mathbf{P}(\ln K)$-verteilt ist.

7.33 **(Travelling Salesman-Problem)** Gegeben seien n Städte $A_1, \ldots, A_n$ und eine symmetrische Matrix D, deren Eintrag d_{ij} die Entfernung zwischen

A_i und A_j angibt, $i, j = 1, \dots, n$. Gesucht ist eine Permutation $\pi = (\pi_1, \dots, \pi_n)$ der Zahlen $1, \dots, n$, welche

$$\sum_{i=1}^{n-1} d_{\pi_i \pi_{i+1}} + d_{\pi_n \pi_1}$$

minimiert. Jede Permutation legt eine Reiseroute durch die Städte fest, die jede Stadt genau einmal besucht und zum Ausgangspunkt zurückkehrt. Dies ist das *Travelling Salesman-Problem*. Man stelle sich einen Handelsreisenden vor, der in einer Stadt wohnt, Kunden in $(n-1)$ anderen Städten aufsuchen muss und anschließend nach Hause zurückkehren will. In welcher Reihenfolge sollte er die Kunden besuchen, wenn er seinen Gesamtreiseweg minimieren möchte?

Wir behandeln das Problem für den Fall, dass die Städte durch n nach der Gleichverteilung ausgewählte Punkte $X_1, \dots, X_n$ aus dem Einheitsquadrat $[0, 1]^2$ symbolisiert werden, d.h. die gemeinsame Verteilung der Komponenten der X_i ist konstant auf $[0, 1]^2$. Außerdem wird der euklidische Abstandsbegriff zugrunde gelegt: $d_{ij} = \|X_i - X_j\|$.

(a) Zeigen Sie: Es gibt eine Reiseroute, deren Gesamtlänge höchstens $14\sqrt{n}$ beträgt.

Hinweis: Die Aussage kann mit Induktion bewiesen werden. Für den Induktionsschritt sollte eine Einteilung des Einheitsquadrates in Δ^2 Quadrate der Seitenlänge $\frac{1}{\Delta}$ vorgenommen werden, mit $\Delta^2 < n+1 < (\Delta+1)^2$. Dann liegen in mindestens einem Teilquadrat mindestens zwei Punkte.

(b) Die *Streifenmethode* zur Bestimmung einer Reiseroute durch die n Städte teilt das Einheitsquadrat in horizontale Streifen der Breite δ ein. Die Reise beginnt in dem am weitesten links gelegenen Punkt im obersten Streifen und durchläuft alle Punkte dieses Streifens von links nach rechts, anschließend werden die Punkte des zweiten Streifens von rechts nach links durchlaufen, usw., bis der Weg schließlich vom letzten Punkt des untersten Streifens zurück zum Ausgangspunkt führt. Zeigen Sie, dass die mittlere Länge der mit der Streifenmethode bei optimaler Wahl von δ festgelegte Reiseroute eine maximale Länge von höchstens $2\sqrt{n} + \sqrt{2} + 1$ hat.

(c) Zeigen Sie, dass jede Reiseroute eine mittlere Länge von mindestens $\frac{1}{2}\sqrt{n}$ hat.

Hinweis: Sei $L_n(\pi)$ die mittlere Länge der durch die Permutation π festgelegten Reiseroute. Sei

$$d(X_i, \{X_1, \dots, X_{i-1}, X_{i+1}, \dots, X_n\}) =: \min_{j \neq i} d_{ij}$$

der kürzeste Abstand zwischen X_i und der Menge der übrigen Punkte. Für alle Permutationen π ist

$$L_n(\pi) \geq \sum_{i=1}^{n} E[d(X_i, \{X_1, \ldots, X_{i-1}, X_{i+1}, \ldots, X_n\})]$$
$$= n\, E[d(X_n, \{X_1, \ldots, X_{n-1}\})].$$

Bestimmen Sie eine untere Schranke für diesen Erwartungswert, indem Sie zunächst

$$P(d(X_n, \{X_1, \ldots, X_{n-1}\}) > r \mid X_n)$$

nach unten abschätzen.

7.34 **(Spieltheorie)** Wir behandeln das folgende Modell für eine Serie von Spielen zwischen zwei Kontrahenten. Beide Spieler haben die Wahl zwischen 2 Strategien. Wenn Spieler 1 die Strategie Γ_i wählt und Spieler 2 die Strategie Γ_j, dann gewinnt Spieler 1 von Spieler 2 den Betrag γ_{ij}. Ein negativer Gewinn wird als Verlust gedeutet. Die möglichen Auszahlungen können als Matrix

$$\left\| \begin{matrix} \gamma_{11} & \gamma_{12} \\ \gamma_{21} & \gamma_{22} \end{matrix} \right\|$$

dargestellt werden. Beide Spieler können ihre Strategien auch mischen und bei einigen Spielen einer Serie Γ_1 einsetzen, bei anderen Γ_2. Wählt Spieler i bei jedem einzelnen Spiel unabhängig von allen anderen Spielen mit Wahrscheinlichkeit $p_{i1} \in [0,1]$ die Strategie Γ_1 und mit Wahrscheinlichkeit $p_{i2} = 1 - p_{i1}$ die Strategie Γ_2, so wird diese gemischte Spielweise durch den Parameter p_{i1} charakterisiert, und wir sagen, er setzt die Strategie p_{i1} ein.

(a) Ermitteln Sie den mittleren Gewinn $G_1(p_{11}, p_{21})$ von Spieler 1, wenn er die gemischte Strategie p_{11} einsetzt und sein Kontrahent mit der Strategie p_{21} spielt.

(b) Zeigen Sie, dass die optimalen Strategien $\overset{\circ}{p}_{11}$ und $\overset{\circ}{p}_{21}$ für Spieler 1 bzw. Spieler 2 gegeben sind durch

$$\overset{\circ}{p}_{11} = \frac{\gamma_{22} - \gamma_{21}}{\gamma_{11} + \gamma_{22} - \gamma_{12} - \gamma_{21}},$$

$$\overset{\circ}{p}_{21} = \frac{\gamma_{11} - \gamma_{12}}{\gamma_{11} + \gamma_{22} - \gamma_{12} - \gamma_{21}}.$$

(c) Zeigen Sie, dass der maximale mittlere Gewinn $G_1^{\max}(\overset{\circ}{p}_{11})$ von Spieler 1 bei optimalem Spiel von Spieler 2 gegeben ist durch

$$G_1^{\max}(\overset{\circ}{p}_{11}) = \gamma_{11}\overset{\circ}{p}_{11} + \gamma_{21}(1 - \overset{\circ}{p}_{11}) = \gamma_{12}\overset{\circ}{p}_{11} + \gamma_{22}(1 - \overset{\circ}{p}_{11}).$$

Prüfen Sie, dass

$$G_1^{\max}(\overset{\circ}{p}_{11}) = G_1(\overset{\circ}{p}_{11}, \overset{\circ}{p}_{21}).$$

(d) Konkret sei nun eine Serie folgender Spiele betrachtet: Spieler 1 verbirgt in seiner Hand entweder eine 5 - €-Note oder eine 20 - €-Note. Spieler 2 rät, worum es sich handelt. Rät er richtig, so erhält er die entsprechende Banknote. Andernfalls zahlt er 15 € an Spieler 1. Ermitteln Sie die optimalen Strategien für beide Spieler und den maximalen mittleren Gewinn von Spieler 1.

7.35 **(Selbstmeidende Pfade)** Im chemischen Prozess der Polymerisation bilden sich aus oft vielen Tausend einzelnen Molekülen langkettige Makromoleküle unter Aufspaltung chemischer Bindungen. Diese heißen Polymere. Modelle für die Anordnung dieser Molekülketten sind die so genannten selbstmeidenden Pfade. Ein selbstmeidender Pfad auf $\mathbb{Z}^d$ ist eine Realisierung einer Zufallsirrfahrt auf $\mathbb{Z}^d$ (bei der von einem Punkt $(i_1, \ldots, i_d)$ als nächstes stets rein zufällig und unabhängig einer der 2d auf $\mathbb{Z}^d$ benachbarten Punkte besucht wird), die jeden Punkt höchstens einmal besucht. Sei α_n die Anzahl der im Ursprung startenden selbstmeidenden Pfade der Länge n.

(a) Unter allen im Ursprung beginnenden Pfaden der Länge n einer Zufallsirrfahrt auf $\mathbb{Z}^d$ wird ein Pfad rein zufällig ausgewählt. Schätzen Sie die Wahrscheinlichkeit ab, dass er selbstmeidend ist. Zeigen Sie dazu, dass

$$d^{n+1} \leq \alpha_{n+1} \leq (2d-1)\alpha_n, \qquad \forall n \in \mathbb{N}.$$

(b) Bestätigen Sie die Asymptotik

$$\lim_{n \to \infty} \frac{1}{n} \ln \alpha_n = \gamma,$$

für ein $\gamma \in [\ln d, \ln(2d-1)]$.

7.36 **(Optimale Parkplatzsuche)** Ein Autofahrer fährt, wie in Abbildung 7.8 skizziert, auf einer geraden Straße in Richtung seines Ziels Z und schaut nach einem Parkplatz.

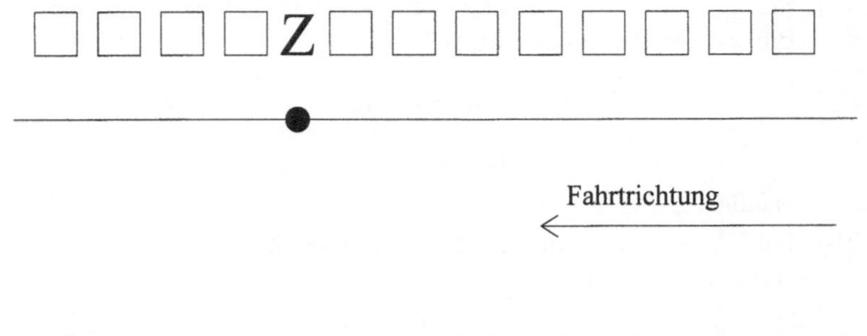

Abbildung 7.8: Ziel, Parkplätze und Fahrtrichtung bei der Parkplatzsuche.

Während der Fahrt kann er jeweils nur einen Parkplatz sehen und dabei erkennen, ob dieser frei oder besetzt ist. Jeder Parkplatz ist unabhängig von allen anderen frei mit Wahrscheinlichkeit $p \in (0,1)$. Wenn ein Parkplatz frei ist, kann der Fahrer sich entschließen, dort zu parken oder aber seine Fahrt in der Hoffnung auf einen näher am Ziel gelegenen Parkplatz fortzusetzen. Falls er das Ziel erreicht, ohne zu parken, setzt er seine Fahrt über das Ziel hinaus fort und ergreift dann die erste Parkmöglichkeit. Seine Unzufriedenheit auf einer hypothetischen Skala ist proportional zum Abstand zwischen seinem Parkplatz und dem Ziel: Parkt er m Parkplätze vom Ziel entfernt, so beträgt sie $c|m|$, wobei $c > 0$ ist.

Der Fahrer wählt folgende Strategie: So lange er sich noch mehr als m^* Parkplätze vor dem Ziel befindet, ignoriert er jede sich eventuell bietende Parkmöglichkeit. Danach wählt er den ersten freien Parkplatz.

Ermitteln Sie m^* so, dass die erwartete Unzufriedenheit kleinstmöglich ist.

7.37 **(Undiszipliniertes Parken)** Ein Parkplatz bestehe aus n aneinander gereihten Intervallen der Länge 1. Jedes Fahrzeug benötige 2 aufeinander folgende Intervalle zum Parken. Kein Intervall werde von mehr als einem Fahrzeug besetzt. Ist n gerade, dann kann der Parkplatz bei diszipliniertem Parken $n/2$ Fahrzeuge aufnehmen. Ein stochastisches Modell für undiszipliniertes Parken ist dies: Der erste Fahrer stellt sein Auto zufällig ab. Dabei wählt er mit gleicher Wahrscheinlichkeit unter den $(n-1)$ möglichen Positionen. Sein Auto hinterlässt rechts und links zwei kleinere Parkplätze bestehend aus k bzw. $(n-k-2)$ Intervallen. Ist die Länge eines Teilstücks kleiner als 2 Intervalle, dann kommt es für die nachfolgenden Fahrer nicht mehr als Parkplatz in Frage. Der zweite Fahrer wählt unter allen für ihn möglichen Parkpositionen eine rein zufällig aus und nimmt sie ein. Dieser Vorgang wiederholt sich. Sind schließlich alle Abstände zwischen je zwei aufeinander folgenden Fahrzeugen kleiner als 2 Intervalle, so ist der Parkplatz belegt. Die Zahl X_n der dann parkenden Fahrzeuge ist eine von n abhängende Zufallsvariable. Der *Nutzfaktor* ist definiert als Quotient aus der Anzahl belegter Intervalle und ihrer Gesamtzahl n. Die *mittlere Nutzung* ist $2n^{-1}EX_n$.

(a) Sei $a_n := EX_n$ die mittlere Zahl parkender Fahrzeuge. Zeigen Sie, dass die a_n die Rekursionsformel

$$a_n = 1 + \frac{2}{n-1} \sum_{k=0}^{n-2} a_k, \qquad \forall n \geq 2,$$
$$a_0 = a_1 = 0$$

erfüllen.

(b) Sei $b_n := 2a_n/n$ die mittlere Nutzung. Zeigen Sie, dass die b_n die Rekursionsformel

$$b_n = \frac{2}{n(n-1)} + \frac{(n-2)}{n} b_n + \frac{2(n-2)}{n(n-1)} b_{n-2}, \qquad \forall n \geq 2$$
$$b_0 = b_1 = 0$$

erfüllen.

(c) Zeigen Sie, dass die asymptotische mittlere Nutzung gegeben ist durch

$$\lim_{n \to \infty} b_n = 1 - e^{-2} = 0.865.$$

Bei zufälliger Raumausfüllung wird der Parkplatz also nicht effizient genutzt.

Hinweis: Es ist günstig, statt $(b_n)_{n \in \mathbb{N}}$ die Folge mit den Gliedern

$$b_n^* = \frac{2(1 + a_{n-2})}{n}$$

zu betrachten. Diese besitzt denselben Grenzwert und erfüllt die einfacher zu handhabende (homogene) Rekursionsformel

$$b_n^* = \frac{1}{n(n-3)}[2(n-2)b_{n-2}^* + (n-1)(n-4)b_{n-1}^*], \qquad \forall n \geq 4$$

$$b_2^* = 1, \ b_3^* = \frac{2}{3}.$$

Dann gehe man zur Differenzenfolge mit den Gliedern $d_n := b_n^* - b_{n-1}^*$ über. Aus der expliziten Lösung für d_n kann eine explizite Lösung für b_n^* abgeleitet werden.

7.38 Die Mannschaften M_1, M_2, M_3 wollen ein Turnier austragen. Aus früheren Begegnungen sind die folgenden Wahrscheinlichkeiten bekannt:

$$P(M_1 \text{ besiegt } M_2) = 0.8, \qquad P(M_2 \text{ besiegt } M_3) = 0.7.$$

Vor Turnierbeginn interessieren wir uns für $P(M_1 \text{ besiegt } M_3)$ und ziehen drei Modelle in Betracht, um diese Wahrscheinlichkeit zu ermitteln.

- Modell 1: Die von den Mannschaften erzielten Punktzahlen sind unabhängige Zufallsvariablen X_1, X_2, X_3. Dann wird M_2 von M_1 besiegt, sofern $X_1 > X_2$ ist. Die Verteilungen der X_i werden als $\mathbf{N}(\mu_i, \sigma^2)$ modelliert, mit derselben Varianz σ^2 für alle Mannschaften. Ohne Beschränkung der Allgemeinheit kann $\sigma^2 = 1$ gewählt werden.

- Modell 2: Jeder Mannschaft wird eine Spielstärke $\nu_i, i = 1, 2, 3$, zugeordnet. Die Wahrscheinlichkeit, dass eine Mannschaft mit Spielstärke ν_i eine Mannschaft mit Spielstärke ν_j besiegt, ist durch $F(\nu_i - \nu_j)$ gegeben für eine noch festzulegende Funktion F. Auch Modell 1 kann übrigens in diesem Sinne interpretiert werden, wenn für F die Verteilungsfunktion der Standard-Normalverteilung eingesetzt wird. Hier wählen wir F als Verteilungsfunktion der Laplace-Verteilung mit Dichte

$$f(x) = \frac{1}{\sqrt{2}}e^{-\sqrt{2}|x|}, \qquad x \in \mathbb{R},$$

welche ebenfalls Erwartungswert 0 und Varianz 1 besitzt.

- Modell 3: Auch dieses Modell geht von Spielstärkeniveaus aus. Es arbeitet mit der Annahme, dass die Siegchance proportional zur Spielstärke ist, d.h. die Wahrscheinlichkeit, dass eine Mannschaft der Spielstärke ν_i eine Mannschaft der Spielstärke ν_j besiegt, beträgt $\nu_i/(\nu_i + \nu_j)$.

Natürlich hängt die Tauglichkeit der drei Modelle von der konkret betrachteten Sportart ab.

Bestimmen Sie die Wahrscheinlichkeit $P(M_1$ besiegt $M_3)$ unter jedem der drei Modelle.

7.39 **(Optimalität der vorsichtigen Strategie)** Betrachten Sie das Spiel in Abschnitt 7.2 mit Anfangskapital k , Zielbetrag K und minimalem Einsatz 1 Geldeinheit. Zeigen Sie, dass für $p \geq 1/2$ die vorsichtige Strategie optimal ist.

Hinweis: Für $p = 1/2$ erfüllt $V(k) = k/K$ die Optimalitätsbedingung. Zeigen Sie, dass für $p > 1/2$ die Optimalitätsbedingung äquivalent ist mit

$$p\left[(q/p)^j + (p/q)^{j-1}\right] \geq 1, \qquad \forall i \in A, \forall j \in B_i.$$

Prüfen Sie, ob diese Ungleichung für $j = 1$ erfüllt ist und ob $(q/p)^j + (p/q)^{j-1}$ eine monoton wachsende Funktion in j ist für $j \in \mathbb{N}$ und $p > 1/2$.

7.40 **(Maximierung der Spieldauer)** Betrachten Sie das Spiel in Abschnitt 7.2 mit Anfangskapital k . Einen Zielbetrag gibt es nicht, sondern es wird gespielt, bis das Anfangskapital verloren ist (bis zum Ruin). Es geht darum, möglichst lange zu spielen.

Zeigen Sie:

(a) Für $p < \frac{1}{2}$ maximiert die vorsichtige Strategie die mittlere Spieldauer bis zum Ruin.

(b) Für $p \geq \frac{1}{2}$ maximiert die vorsichtige Strategie für alle $n \in \mathbb{N}$ die Wahrscheinlichkeit, bis zum Ruin mindestens n Spiele bestreiten zu können.

Hinweis: Sei $N(k)$ die mittlere Anzahl von Spielen bis zum Ruin unter der vorsichtigen Strategie mit Anfangskapital k . Zeigen Sie für $p < 1/2$, dass $N(k) = k/(1-2p)$ ist. Überzeugen Sie sich, dass es besser ist, die vorsichtige Strategie zu wählen, als zunächst den Einsatz $1 < i \leq k$ zu tätigen und dann anschließend die vorsichtige Strategie zu verfolgen.

7.41 In der Dezimaldarstellung der transzendenten Zahl e kommt ein Teilstück der Länge 10 , das aus einer Permutation aller 10 Ziffern besteht, erstmalig beginnend mit der 1729 -ten Nachkomma-Stelle vor. Wenn die Ziffern der Dezimaldarstellung von e als Realisierungen unabhängiger Zufallsvariablen $Z_n, n \in \mathbb{N}$, mit einer Gleichverteilung über $\{0, \dots, 9\}$ aufgefasst werden können, was ist der Erwartungswert des ersten Eintretens dieses Ereignisses?

8 | Simulation

8 Simulation

Viele konkrete stochastische Systeme entziehen sich aufgrund ihrer Komplexität einer vollständigen analytischen Untersuchung. Häufig können die Eigenschaften dieser Systeme mit Simulationsverfahren immerhin approximativ ermittelt werden. In ihrer Gesamtheit werden diese numerischen Techniken auch als *Monte-Carlo-Methode* bezeichnet. Die anschauliche Begriffsbildung geht auf Metropolis zurück und bezieht sich auf die wichtige Rolle, die Glücksräder und analoge Mechanismen bei der Anwendung der Monte-Carlo-Methode spielen.

8.1   Monte-Carlo-Methode

In der Stochastik versteht man unter *Simulation* die modellhafte Nachbildung bestimmter Aspekte eines Zufallsvorgangs zur Untersuchung seiner Eigenschaften mittels Stichprobenrealisierungen.

Aber auch bei vielen deterministischen Problemstellungen kann ein stochastischer Simulationsansatz gewählt werden. Die Simulationsmethode oder Monte-Carlo-Methode ist allgemein immer dann anwendbar, wenn die Lösung des betrachteten Problems als Parameter eines Zufallsexperiments dargestellt werden kann und wenn dieses Zufallsexperiment konkret durchführbar ist. Die Lösung des Problems kann dann mittels stochastischer Verfahren aus den Ergebnissen der Wiederholungen des Zufallsexperiments näherungsweise bestimmt werden. Wir geben ein Beispiel, um das Prinzip zu erläutern.

Angenommen, für eine quadratisch-integrierbare, Borel-messbare Funktion f soll das Integral

$$I = \int_0^1 f(\omega)d\omega$$

berechnet werden. Zwecks Einführung einer Folge von Zufallsvariablen definieren wir zunächst einen geeigneten W-Raum (Ω, A, P). Im vorliegenden Fall – mit dem Einheitsintervall als Integrationsbereich – bietet sich die Festlegung

$$\begin{aligned} \Omega &= [0,1], \\ \mathcal{A} &= \mathcal{B}([0,1]), \\ P &= \lambda \end{aligned}$$

an. Die Zufallsvariable

$$X: \quad (\Omega, \mathcal{A}) \quad \longrightarrow \quad (\mathbb{R}, \mathcal{B})$$
$$\omega \quad \longmapsto \quad f(\omega)$$

besitzt dann den Erwartungswert

$$EX = \int_\Omega X\, dP = \int_0^1 f(\omega)\, d\omega = I.$$

Können wir unabhängige Realisierungen von X beobachten oder, allgemeiner, Realisierungen von beliebigen Zufallsvariablen mit Erwartungswert I, dann kann das Mittel dieser Realisierungen als Approximation für I dienen. Sind z. B. $u_1, \ldots, u_n$ Realisierungen von unabhängigen, $\mathbf{U}[0,1]$ - verteilten Zufallsvariablen $U_1, \ldots, U_n$, dann leistet

$$\frac{1}{n} \sum_{k=1}^n f(u_k)$$

das Gewünschte. Die wahrscheinlichkeitstheoretische Rechtfertigung liefert das starke Gesetz der großen Zahlen , denn

$$\hat{I}_n := \frac{1}{n} \sum_{k=1}^n f(U_k) \xrightarrow{n \to \infty} E[f(U_1)] = \int_0^1 f(\omega)\, d\omega = I \quad P\text{-f.s.}$$

Die Güte dieser Approximation von I kann mit der Varianz

$$\sigma_n^2 = \operatorname{var} \hat{I}_n = \frac{1}{n} \int_0^1 (f(\omega) - I)^2 d\omega$$

bewertet werden. Nach dem zentralen Grenzwertsatz überdeckt das Interval

$$[\hat{I}_n - \alpha \sigma_n, \hat{I}_n + \alpha \sigma_n]$$

für große n den Wert I des Integrals mit einer Wahrscheinlichkeit von annähernd $2\Phi(\alpha) - 1$, wobei Φ die Verteilungsfunktion der Standard-Normalverteilung ist.

Da der Wert von σ_n^2 meist ebenfalls unbekannt ist, muss auch er approximiert werden, etwa mittels einer Realisierung von

$$\hat{\sigma}_n^2 := \frac{1}{n} \int_0^1 (f(\omega) - \hat{I}_n)^2 d\omega.$$

Durch das beschriebene Monte-Carlo-Verfahren wird I bei entsprechender Wahl von n beliebig genau angenähert. Die Durchführung der Monte-Carlo-Methode erfordert die Erzeugung der Zahlen $f(u_i), i = 1, \ldots, n$. Zahlen dieser Art, die als Realisierungen von Zufallsvariablen aufgefasst werden können, heißen *Zufallszahlen*.

Für Durchführung und Analyse der Monte-Carlo-Methode benötigt man also neben einem W-Raum mit einer Folge von Zufallsvariablen zur Darstellung des Zufallsexperiments, neben einer Methode zur Approximation des Parameters aus den beobachteten Realisierungen der Zufallsvariablen auch ein Verfahren zur Erzeugung dieser Realisierungen, d.h. zur Erzeugung von Zufallszahlen. Der folgende Abschnitt beschäftigt sich mit dieser Thematik.

8.2 Zufallszahlen

Es gibt viele Verfahren zur Erzeugung von Zufallszahlen. Die meisten sind numerischer Art und basieren auf arithmetischen Operationen, die so miteinander verknüpft werden, dass die entstehenden Zahlenfolgen zwar deterministisch sind, aber den Anschein von Zufälligkeit haben. Diese Zahlenfolgen nennt man *Pseudo-Zufallszahlen*, oft auch einfach Zufallszahlen.

Wir richten unser Augenmerk zunächst auf *Standard-Zufallszahlen*. Das sind Zahlen, die sich stochastisch annähernd wie Realisierungen von unabhängigen, $\mathbf{U}[0,1]$ - verteilten Zufallsvariablen verhalten. Standard-Zufallszahlen sind deshalb von besonderer Bedeutung, weil mit ihrer Hilfe Zufallszahlen aus vielen anderen Verteilungen generiert werden können.

Ein weit verbreitetes Verfahren zur Erzeugung von Standard-Zufallszahlen ist die *lineare Kongruenzmethode*. Ausgehend von einem Startwert x_0 arbeitet sie mit einer Rekursion vom Typ

$$x_{n+1} = (ax_n + c) \mod m, \qquad \forall n \in \mathbb{N}_0. \tag{8.1}$$

Dabei heißen die ganzzahlig gewählten Parameter $m \in \mathbb{N}, a \in \{1, \ldots, m\}$ und $c \in \{0, \ldots, m\}$ *Modul*, *Faktor* und *Inkrement*. Der Startwert $x_0 \in$

$\{0, \dots, m\}$ wird auch als *Keim* bezeichnet. Die gemäß (8.1) berechneten x_n werden anschließend durch Division

$$u_n := \frac{x_n}{m}, \qquad n \in \mathbb{N}_0, \tag{8.2}$$

ins Einheitsintervall transformiert. Eine mit der linearen Kongruenzmethode gewonnene Zahlenfolge ist offensichtlich deterministisch, speziell errechnet man

$$x_k = \left\{ a^k x_0 + c\frac{(a^k - 1)}{a - 1} \right\} \quad \mod m, \qquad \forall k \in \mathbb{N}_0. \tag{8.3}$$

Wir prüfen dies mit vollständiger Induktion. Für x_1 ist die Gleichung (8.3) erfüllt. Angenommen, (8.3) gilt für x_k , d.h. es existiert ein $j \in \mathbb{N}_0$ mit

$$x_k = a^k x_0 + c\frac{(a^k - 1)}{a - 1} - jm.$$

Aus der Rekursionsgleichung (8.1) folgt

$$x_{k+1} = \left\{ a[a^k x_0 + c\frac{(a^k - 1)}{a - 1} - jm] + c \right\} \quad \mod m$$

$$= \left\{ a^{k+1} x_0 + c\frac{[a(a^k - 1) + a - 1]}{a - 1} - ajm \right\} \quad \mod m$$

$$= \left\{ a^{k+1} x_0 + c\frac{a^{k+1} - 1}{a - 1} \right\} \quad \mod m,$$

und (8.3) gilt für x_{k+1} .

Die lineare Kongruenzmethode weist eine höchst verletzliche Stelle auf. Sie ist hochgradig anfällig für ungünstige Festlegungen der Parameter. Bei ungünstiger Wahl kann die Eignung von $(u_n)_{n \in \mathbb{N}_0}$ als Zufallszahlenfolge gering sein, so entsteht etwa für $a = c = x_0 = 5$ und $m = 10$ die binäre Zahlenfolge

$$5, 0, 5, 0, \dots.$$

Mehr noch: Selbst bei günstiger Wahl der Parameter werden sich die erzeugten Zahlen mit einer Periode von höchstens m wiederholen. Wann die maximal mögliche Periode erreicht wird, sagt uns

Satz 8.2.1 *Die lineare Kongruenzmethode mit Parametern m, a, c und x_0 erzeugt eine Zahlenfolge mit Periode m genau dann, wenn die folgenden Voraussetzungen erfüllt sind:*

(a) a und c sind teilerfremd.

(b) $a - 1$ ist ein Vielfaches von p, für jede Primzahl p, die m teilt.

(c) $a - 1$ ist ein Vielfaches von 4, falls m ein Vielfaches von 4 ist.

Auf den Beweis verzichten wir hier. Er findet sich in Knuth (1997).

Der Modul m sollte also möglichst groß gewählt werden, auch deshalb, weil die Zahlenfolge in (8.2) nur Werte aus $\{i/m : i = 0, \ldots, m-1\}$ annehmen kann: Die Gleichverteilung auf $[0, 1]$ wird auf diese Weise diskret approximiert. In Binär-Computern werden häufig Moduln der Form $m = 2^k$ für ein $k \geq 2$ gewählt. Bei ungeradem c und mit $a = 4j + 1, j \in \mathbb{N}$, kann man dann Periodenlänge m erreichen.

Wir kürzen einen auf der linearen Kongruenzmethode mit Parametern m, a, c, x_0 beruhenden Zufallszahlen-Generator mit $G(m, a, c, x_0)$ ab. Bekannte Generatoren sind:

- $G(2^{31}, 65539, 0, 1)$,
  der Anfang der 60er Jahre eingeführte Generator RANDU.

- $G(2^{35}, 5^{13}, 0, 1)$,
  der in *Apple*-Computern implementierte Generator.

- $G(10^{12} - 11, 427419669081, 0, 1)$,
  der Generator des Software-Programms *Maple*.

- $G(2^{59}, 13^{13}, 0, 123456789(2^{32} + 1))$,
  der Generator der *NAG-Fortran*-Bibliothek.

- $G(2^{32}, 3141592653, 1, 0)$,
  der Generator des Software-Programms *Derive*.

Wir verweisen auf Park und Miller (1988), wo viele der in den letzten Jahrzehnten gebräuchlichen Zufallszahlen-Generatoren referiert werden.

Der Generator RANDU war in den 60er Jahren weit verbreitet. Er gilt heute als schlecht, unter anderem besitzt er keine volle Periode und füllt, sofern Blöcke von 3 aufeinander folgenden Zufallszahlen u_i, u_{i+1}, u_{i+2} als Punkt

im 3-dimensionalen Einheitswürfel interpretiert werden, diesen Einheitswürfel nur unzureichend aus, siehe Aufgabe 8.1. Generell gilt für alle auf der
linearen Kongruenzmethode aufbauenden Generatoren: Werden Abschnitte
von jeweils k aufeinander folgenden Zahlen als Punkt im k-dimensionalen
Einheitswürfel gedeutet, dann liegen alle erzeugten Punkte auf $(k-1)$-
dimensionalen Hyperebenen. Davon gibt es höchstens etwa $m^{1/k}$. Bei ungünstiger Wahl der Parameter können es aber erheblich weniger werden,
und die Zufallsartigkeit der erzeugten Zahlenfolge kann beeinträchtigt sein.

Wir diskutieren nun Verfahren zur Erzeugung von Zufallszahlen aus beliebigen Verteilungen. Die *Inversionsmethode* beruht auf einer Transformation
von Standard-Zufallszahlen. Sei U eine $\mathbf{U}[0,1]$-verteilte Zufallsvariable
und F eine beliebige Verteilungsfunktion. Dann wird für $u \in (0,1)$ wegen der rechtsseitigen Stetigkeit von F das Infimum $\inf\{z : F(z) \geq u\}$
angenommen, und die Zufallsvariable

$$X := \inf\{z : F(z) \geq U\}$$

besitzt die Verteilungsfunktion

$$\begin{aligned}
P(X \leq x) &= P(\inf\{z : F(z) \geq U\} \leq x) \\
&= P(U \leq F(x)) \\
&= F(x).
\end{aligned}$$

Sofern für eine Verteilungsfunktion F das Infimum $\inf\{z : F(z) \geq u\}, \forall u \in$
$(0,1)$, bestimmt werden kann, erhält man aus Standard-Zufallszahlen u_i
durch die Transformation

$$x_i = \inf\{z : F(z) \geq u_i\}$$

Zufallszahlen aus der Verteilung mit Verteilungsfunktion F. Idealtypisch
für die Anwendung der Inversionsmethode ist

**Beispiel 8.1 (Die Exponentialverteilung als Transformation der Gleich-
verteilung)** Die Verteilungsfunktion

$$F(x) = \begin{cases} 1 - e^{-\lambda x}, & \text{falls } x \geq 0 \\ 0, & \text{falls } x < 0 \end{cases}$$

ist streng monoton wachsend auf $\mathbb{R}_+^0$ und besitzt die Umkehrfunktion

$$F^{-1}(u) = -\frac{1}{\lambda}\ln(1-u).$$

Bei $\mathbf{U}[0,1]$-verteiltem U ist die Zufallsvariable

$$X = -\frac{1}{\lambda}\ln(1-U)$$

$\mathbf{Exp}(\lambda)$-verteilt. Ist also u eine Standard-Zufallszahl, dann ist $x = -\frac{1}{\lambda}\ln(1-u)$ eine Zufallszahl zur $\mathbf{Exp}(\lambda)$-Verteilung (wie übrigens auch $x = -\frac{1}{\lambda}\ln u$).

Mit Blick auf den Transformationssatz 2.7.4 kann die Inversionsmethode noch wesentlich allgemeiner angewendet werden.

Beispiel 8.2 (Erzeugung von standard-normalverteilten Zufallszahlen)
Es seien X_1 und X_2 unabhängige, $\mathbf{U}[0,1]$-verteilte Zufallsvariablen. Die gemeinsame Dichte von X_1 und X_2 ist $f(x_1,x_2) = 1$ auf $[0,1] \times [0,1]$. Wir ermitteln die gemeinsame Verteilung von

$$Y_1 = \sqrt{-2\ln X_1}\cos 2\pi X_2,$$

$$Y_2 = \sqrt{-2\ln X_1}\sin 2\pi X_2.$$

Die Umkehrfunktion der transformierenden Abbildung ist

$$x_1 = \exp[-\frac{1}{2}(y_1^2 + y_2^2)] =: k_1(y_1,y_2)$$

$$x_2 = \frac{1}{2\pi}\arctan\frac{y_2}{y_1} =: k_2(y_1,y_2),$$

und die Determinante der Jacobi-Matrix ist gegeben durch

$$J = \det\left\|\begin{matrix}\frac{\partial k_1}{\partial y_1} & \frac{\partial k_1}{\partial y_2} \\[2mm] \frac{\partial k_2}{\partial y_1} & \frac{\partial k_2}{\partial y_2}\end{matrix}\right\| = -\frac{1}{2\pi}\exp[-(y_1^2 + y_2^2)/2].$$

Damit muss $|J| = \frac{1}{\sqrt{2\pi}}\exp(-y_1^2/2) \cdot \frac{1}{\sqrt{2\pi}}\exp(-y_2^2/2)$ die gemeinsame Dichte von Y_1 und Y_2 sein. Es handelt sich also um unabhängige, $\mathbf{N}(0,1)$-verteilte Zufallsvariablen. Dies ist die *Box-Muller-Methode* zur Erzeugung von Zufallszahlen aus der Standard-Normalverteilung.

Beispiel 8.3 (Diskrete Verteilung als Transformation der $\mathbf{U}[0,1]$-Verteilung) Sei F die Verteilungsfunktion der diskreten Verteilung, welche die Werte x_i mit zugehörigen Wahrscheinlichkeiten $p_i, i \in \mathbb{N}$, annimmt. Für $\mathbf{U}[0,1]$-verteiltes U und $i \in \mathbb{N}$ setzen wir

$$X = x_i, \text{ falls } \sum_{k=0}^{i-1} p_k < U \leq \sum_{k=0}^{i} p_k,$$

wobei $p_0 := 0$ ist. Die Zufallsvariable X hat die Verteilungsfunktion F, denn:

$$P(X = x_i) = P\left(\sum_{k=0}^{i-1} p_k < U \leq \sum_{k=0}^{i} p_k\right) = \sum_{k=0}^{i} p_k - \sum_{k=0}^{i-1} p_k = p_i, \qquad \forall i \in \mathbb{N}.$$

Soll die Inversionsmethode angewendet werden, so muss die Verteilungsfunktion F invertiert werden. Gelingt dies nicht, so kann häufig ein als *Verwerfungsmethode* bezeichnetes Verfahren eingesetzt werden. Zur Erzeugung einer Zufallszahl x aus der Verteilung mit Dichte f kann dabei eine Zufallszahl aus der Verteilung mit Dichte $g > 0$ verwendet werden, wenn es eine Konstante $\alpha > 1$ gibt, so dass

$$f(z) \leq \alpha g(z), \qquad \forall z \in \mathbb{R}. \tag{8.4}$$

Dies geschieht in folgender Weise:

Verwerfungsmethode

- **Schritt 1**: Erzeuge eine Zufallszahl y aus der Verteilung mit Dichte $g > 0$ und eine Zufallszahl u aus der $U[0,1]$-Verteilung.

- **Schritt 2**: Falls $\alpha u g(y) \leq f(y)$ ist, setze $x = y$, und betrachte x als Zufallszahl aus der Verteilung mit Dichte f. Andernfalls verwerfe y, und gehe zu Schritt 1.

Die Rechtfertigung für die Verwerfungsmethode wird durch folgende Überlegung geliefert: Ist Y eine Zufallsvariable mit Dichte $g > 0$ und U eine $U[0,1]$-verteilte Zufallsvariable, dann ist die bedingte Wahrscheinlichkeit

$$P(Y \leq y \,|\, \alpha U g(Y) \leq f(Y))$$

$$= \tfrac{1}{M} P(Y \leq y \cap \alpha U g(Y) \leq f(Y)) \quad \text{mit } M = P(\alpha U g(Y) \leq f(Y))$$

$$= \frac{1}{M} \int_{\mathbb{R}} P(z \leq y \cap \alpha U g(z) \leq f(z)) g(z) dz$$

$$= \frac{1}{M} \int_{-\infty}^{y} P\left(U \leq \frac{f(z)}{\alpha g(z)}\right) g(z) dz$$

$$= \tfrac{1}{\alpha M} \int_{-\infty}^{y} f(z) dz.$$

Mit $y \to \infty$ wird erkennbar, dass $M = \frac{1}{\alpha}$ sein muss. Also handelt es sich bei dem im 2. Schritt der Verwerfungsmethode nicht verworfenen $x = y$ um eine Zufallszahl aus der Verteilung mit Dichte f.

Die Verwerfungsmethode bietet sich immer dann an, wenn Zufallszahlen aus der Dichte g leicht zu erzeugen sind und (8.4) für möglichst kleines $\alpha > 1$ gilt. Die Schritte 1 und 2 müssen so lange durchlaufen werden, bis erstmals $\alpha u g(y) \leq f(y)$ erreicht wird. Alle anderen Zufallszahlen y werden verworfen. Die Wahrscheinlichkeit, dass eine Zufallszahl nicht verworfen wird, beträgt

$$P(\alpha U g(Y) \leq f(Y)) = M = \frac{1}{\alpha},$$

und die benötigte Anzahl von Durchläufen, um eine Zufallszahl zu erhalten, folgt somit einer Geometrischen Verteilung auf $\mathbb{N}$ mit Erwartungswert α.

Beispiel 8.4 (Zufallszahlen aus der Standard-Normalverteilung) Wir wenden die Verwerfungsmethode an auf Zufallszahlen aus der Laplace-Verteilung mit Dichte

$$g(y) = \frac{1}{2} e^{-|y|}, \qquad \forall y \in \mathbb{R},$$

um standard-normalverteilte Zufallszahlen zu erzeugen. Wegen

$$\frac{1}{2}(|y| - 1)^2 = \frac{y^2}{2} + \frac{1}{2} - |y| \geq 0$$

gilt

$$\frac{1}{\sqrt{2\pi}} e^{-\frac{y^2}{2}} \leq \frac{1}{\sqrt{2\pi}} e^{\frac{1}{2} - |y|} = \alpha \cdot \frac{1}{2} e^{-|y|}$$

mit $\alpha = \sqrt{\frac{2e}{\pi}} = 1.3$.

Aufgrund der engen Beziehung zur Exponentialverteilung sind Zufallszahlen aus der Laplace-Verteilung leicht zu erzeugen: Sei Y' **Exp**(1)-verteilt, und sei U_1 unabhängig von Y' und **U**$[0,1]$-verteilt. Dann ist

$$Y := \begin{cases} +Y', & \text{falls } U_1 \geq \frac{1}{2} \\ -Y', & \text{falls } U_1 < \frac{1}{2} \end{cases}$$

Laplace-verteilt. Sei ferner U_2 eine weitere von Y' und U_1 unabhängige, **U**$[0,1]$-verteilte Zufallsvariable. Wegen der Äquivalenz von

$$\alpha U_2 \frac{1}{2} e^{-|y|} \leq \frac{1}{\sqrt{2\pi}} e^{-\frac{y^2}{2}} \qquad \text{und} \qquad -\ln U_2^2 \geq (|y| - 1)^2$$

nimmt die Verwerfungsmethode diese Gestalt an:

- **Schritt 1**: Erzeuge eine $\mathbf{Exp}(1)$ -Zufallszahl y' und $\mathbf{U}[0,1]$ -Zufallszahlen u_1, u_2 .
  Setze

$$y = \begin{cases} +y', & \text{falls } u_1 \geq \frac{1}{2} \\ -y', & \text{falls } u_1 < \frac{1}{2}. \end{cases}$$

- **Schritt 2**: Falls $-\ln u_2^2 \geq (|y| - 1)^2$ ist, setze $x = y$, und betrachte x als $\mathbf{N}(0,1)$ -Zufallszahl. Andernfalls verwerfe y , und gehe zu Schritt 1.

Abschließend erwähnen wir noch die *Kompositionsmethode*. Wenn Zufallszahlen aus einer Verteilung realisiert werden sollen, deren Verteilungsfunktion F_X die Darstellung

$$F_X(x) = \sum_{k=1}^{\infty} p_k G_k(x)$$

besitzt, wobei $\mathbb{P} := (p_1, p_2, \ldots)$ eine Verteilung auf $\mathbb{N}$ ist, so bietet sich die Kompositionsmethode an, wenn sowohl aus der Verteilung $\mathbb{P}$ als auch aus den Verteilungen mit Verteilungsfunktionen G_k, $k \in \mathbb{N}$, ohne großen Aufwand Zufallszahlen gewonnen werden können. In diesem Fall wird zunächst eine Zufallszahl k zur Verteilung $\mathbb{P}$ erzeugt. Anschließend wird eine Zufallszahl x aus der Verteilung mit Verteilungsfunktion G_k erzeugt. Dann ist x eine Zufallszahl zur Verteilung mit Verteilungsfunktion F_X . Falls zu den Verteilungsfunktionen G_k Dichten g_k existieren, so besitzt auch F_X eine Dichte f , und es ist

$$f(x) = \sum_{k=1}^{n} p_k g_k(x).$$

Wir führen ein lehrreiches Beispiel an, das diese Situation illustriert.

Beispiel 8.5 Mit der Kompositionsmethode soll eine Zufallszahl aus der $\mathbf{Exp}(1)$ - Verteilung erzeugt werden. Bei diesem Vorhaben muss die Kompositionsmethode zweimal angewendet werden. Wir beginnen mit der Dichte

$$f(x) = \begin{cases} \frac{e^x}{e-1}, & \text{falls } 0 < x \leq 1 \\ 0, & \text{sonst.} \end{cases}$$

Diese besitzt die Potenzreihendarstellung

$$f(x) = \sum_{n=0}^{\infty} \alpha_n x^n$$

mit den positiven Koeffizienten $\alpha_n = \frac{1}{(e-1)n!}$. Sei für $n \in \mathbb{N}_0$

$$g_n^*(x) = \begin{cases} (n+1)x^n, & \text{falls } x \in (0,1] \\ 0, & \text{sonst} \end{cases}$$

und H^* die Verteilungsfunktion der diskreten Verteilung auf $\mathbb{N}_0$ mit zugehörigen Wahrscheinlichkeiten $p_i = \frac{\alpha_i}{i+1}$ für die Werte $i \in \mathbb{N}_0$. Sei N eine Zufallsvariable mit Verteilungsfunktion H^*. Ist eine Realisierung $N = n$ gegeben, dann sei X^* eine Zufallsvariable mit der Dichte g_n^*, z. B. besitzt das Maximum von $(n+1)$ unabhängigen, $\mathbf{U}(0,1]$-verteilten Zufallsvariablen $U_1, \ldots, U_{n+1}$ die Dichte g_n^*. Die unbedingte Dichte von X^* ergibt sich als Linearkombination der Dichten g_n^*:

$$\sum_{n=0}^{\infty} p_n g_n^*(x) = \sum_{n=0}^{\infty} \frac{1}{(n+1)(e-1)n!}(n+1)x^n 1_{(0,1]}(x) = \frac{1}{e-1} \sum_{n=0}^{\infty} \frac{x^n}{n!} 1_{(0,1]}(x) = f(x).$$

Durch die einfache Transformation $X_k = k - X^*$ kommt man zu einer Zufallsvariable mit Dichte

$$g_k(x) = \begin{cases} \frac{e^{k-x}}{e-1}, & \text{falls } k-1 \leq x < k \\ 0, & \text{sonst .} \end{cases}$$

Eine abermalige Anwendung der Kompositionsmethode, wobei k nun die Realisierung einer Zufallsvariable K darstellt, die mit den Wahrscheinlichkeiten

$$q_k = (e-1)e^{-k}$$

die Werte $k \in \mathbb{N}$ annimmt, führt auf

$$X = K - X^*,$$

deren Dichte gegeben ist durch

$$\sum_{k=1}^{\infty} q_k g_k(x) = \sum_{k=1}^{\infty} (e-1)e^{-k} \frac{e^{k-x}}{e-1} 1_{[k-1,k)}(x) = e^{-x} 1_{\mathbb{R}_+^0}(x).$$

Kürzer und direkter lässt sich der beschriebene Sachverhalt so ausdrücken: Die Zufallsvariable

$$X = K - \max\{U_1, \ldots, U_M\}$$

ist bei unabhängigen, $\mathbf{U}(0,1]$-verteilten U_i dann $\mathbf{Exp}(1)$-verteilt, falls K und M unabhängig sind und diskrete Verteilungen auf $\mathbb{N}$ besitzen mit $P(K = k) = q_k = (e-1)e^{-k}$ und $P(M = m) = p_m = [(e-1)m!]^{-1}$.

8.3   Beispiel

In diesem Abschnitt führen wir eine konkrete Simulation durch. Der simulierte stochastische Vorgang – die modellhafte Nachbildung der Ausbreitungsdynamik von Gerüchten – ist dabei schon hinreichend komplex, um einer vollständigen analytischen Behandlung nicht mehr leicht zugänglich zu sein.

Beispiel 8.6 (Ausbreitung von Gerüchten) Die Personen $P_1, \ldots, P_{N+1}$ sind alle miteinander bekannt. Zu einer Zeit t_0 initiiert eine dieser $(N+1)$ Personen ein Gerücht G. Dieses breitet sich durch telefonische Kontakte unter den Personen aus. Findet zu einer gegebenen Zeit ein telefonischer Kontakt statt, dann ist mit derselben Wahrscheinlichkeit $\frac{1}{N+1}$ jede der $(N+1)$ Personen der Anrufer. Ist P_k der Anrufer, dann ist mit Wahrscheinlichkeit $\frac{1}{N}$ jede der übrigen Personen $P_i, i \neq k$, der Empfänger des Anrufes. Die Anrufe bilden einen Poisson-Prozess mit Parameter 1 Anruf pro Tag. Es seien die Mengen $\mathcal{K}, \mathcal{N}$ und $\mathcal{M}$ wie folgt definiert:

$\mathcal{K} := \{$Personen, die G kennen und an seiner Ausbreitung interessiert sind$\}$,

$\mathcal{N} := \{$Personen, die G nicht kennen, aber an seiner Ausbreitung interessiert sind$\}$,

$\mathcal{M} := \{$Personen, die nicht an der Ausbreitung von G interessiert sind$\}$.

Die Zusammensetzung dieser Mengen variiert mit der Zeit. Jede Person gehört zu einer gegebenen Zeit genau einer der Mengen an. Seien $k(t), n(t), m(t)$ die Mächtigkeiten von $\mathcal{K}, \mathcal{N}, \mathcal{M}$ zur Zeit t. Hinsichtlich der Ausbreitung des Gerüchtes treffen wir diese Voraussetzungen:

- Wird $P_n \in \mathcal{N}$ von $P_k \in \mathcal{K}$ angerufen, dann ist bei Beendigung des Anrufes P_n Element von $\mathcal{K}$ und P_k bleibt Element von $\mathcal{K}$.

- Wird $P_{k_1} \in \mathcal{K}$ bzw. $P_m \in \mathcal{M}$ von $P_{k_2} \in \mathcal{K}$ angerufen, dann bleibt P_{k_1} Element von $\mathcal{K}$ bzw. P_m Element von $\mathcal{M}$. In beiden Fällen wird P_{k_2} Element von $\mathcal{M}$.

- Gehen Anrufe von Personen in $\mathcal{N}$ oder $\mathcal{M}$ aus, so ändern diese nicht die Zusammensetzungen der Mengen $\mathcal{K}, \mathcal{N}$ und $\mathcal{M}$.

Nur Anrufe, die von Personen in $\mathcal{K}$ ausgehen, führen also zum Austausch von Elementen zwischen $\mathcal{K}, \mathcal{N}$ und $\mathcal{M}$. Wir nennen diese Anrufe *bedeutsam*. Ist bei einem bedeutsamen Anruf eine Person in $\mathcal{N}$ der Empfänger, so wird ihr das Gerücht mitgeteilt und sie ist anschließend Element von $\mathcal{K}$. Wird dagegen eine Person in $\mathcal{K}$ oder $\mathcal{M}$ angerufen, so ändert diese ihren Zustand nicht, doch ein Anrufer aus $\mathcal{K}$ verliert das Interesse an der weiteren Verbreitung des Gerüchtes. Dieses Interesse kann auch durch spätere Anrufe nicht wieder hergestellt werden.

Sei $t_j, j \in \mathbb{N}$, der Zeitpunkt der Beendigung des j-ten bedeutsamen Anrufes. Wir sind an der Dynamik von

$$(k(t_j), n(t_j), m(t_j))_{j \in \mathbb{N}_0} =: (Y_j)_{j \in \mathbb{N}_0}$$

interessiert. Dieser Prozess bewegt sich auf dem Zustandsraum

$$S = \{(k, n, m) : k, n, m \in \{0, \ldots, N+1\} \text{ und } k + n + m = N + 1\}$$

ausgehend vom Anfangszustand $Y_0 = (1, N, 0)$. Übergänge finden wie folgt statt:
Für $Y_{j-1} = (k, n, m) \in S \setminus S_0$ mit $S_0 = \{(k, n, m) \in S : k = 0\}$ ist

$$Y_j = \begin{cases} (k+1, n-1, m) & \text{mit Wahrscheinlichkeit} \quad \frac{n}{N} \\ (k-1, n, m+1) & \text{mit Wahrscheinlichkeit} \quad \frac{N-n}{N}. \end{cases}$$

Hinsichtlich der Diffusion des Gerüchtes in der Population stellen wir diese Fragen:

- Wie lange zirkuliert das Gerücht? Offensichtlich bleibt das Gerücht in Umlauf, so lange noch bedeutsame Anrufe möglich sind, und wir definieren deshalb

$$\xi := \min\{j : k(t_j) = 0\}$$

  als *Zirkulationszeit* des Gerüchtes gemessen in bedeutsamen Anrufen.

- Wie intensiv wird das Gerücht verbreitet? Wir definieren die *maximale Ausbreitungsintensität*

$$\varphi := \max_{1 \leq j \leq \xi} k(t_j)$$

  als die größte Zahl der an der Ausbreitung des Gerüchtes beteiligten Personen. Zwar gibt es auch in der Menge $\mathcal{M}$ Personen, die das Gerücht kennen, doch diese sind nicht an seiner Ausbreitung beteiligt.

- Wie lange dauert es, bis die maximale Ausbreitungsintensität φ erreicht ist? Wir definieren

$$\nu := \min\{t_j : k(t_j) = \varphi\}$$

  als die *Anlaufphase* des Gerüchtes.

Für $N = 10, 100, 1000$ wurde die Ausbreitungsdynamik eines Gerüchtes jeweils 100-mal simuliert. Tabelle 8.1 zeigt die Mittelwerte über diese je 100 Simulationsläufe.

N	φ	ν	ξ	$\frac{\xi}{N+1}$
10	5.7	32	16.50	1.514
100	35.4	574	159.3	1.577
1000	314.7	8130	1595	1.594
10000	3094.9	104393	15941	1.594

Tabelle 8.1: Mittelwerte aus je 100 Simulationsläufen.

Für $N = 10$ wurden ergänzend auch die Häufigkeitsverteilungen von φ, ν und ξ bei 10 000 Simulationsläufen bestimmt. Diese sind in den Abbildungen 8.1-8.3 festgehalten.

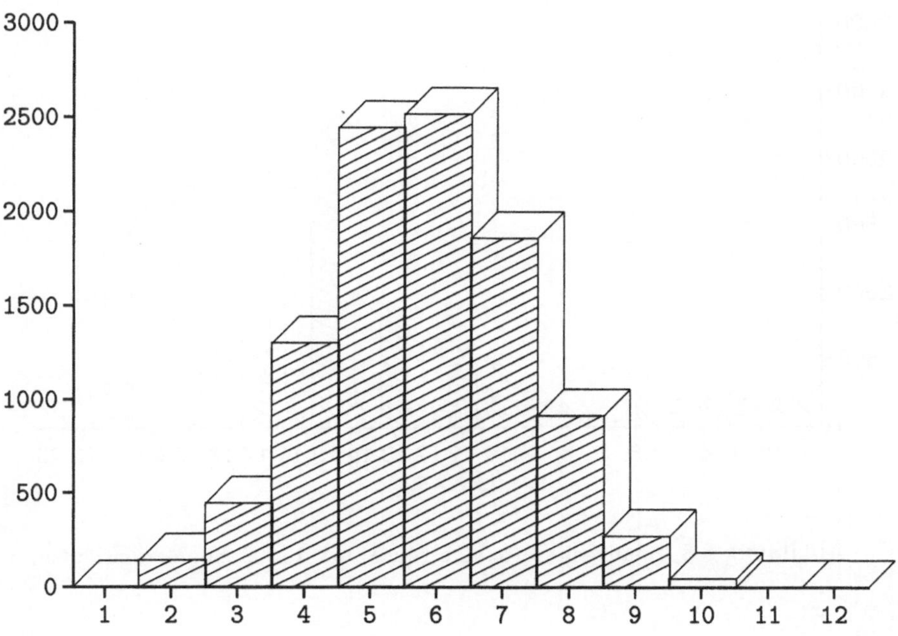

Abbildung 8.1: Häufigkeitsverteilung von φ bei 10 000 Simulationsläufen.

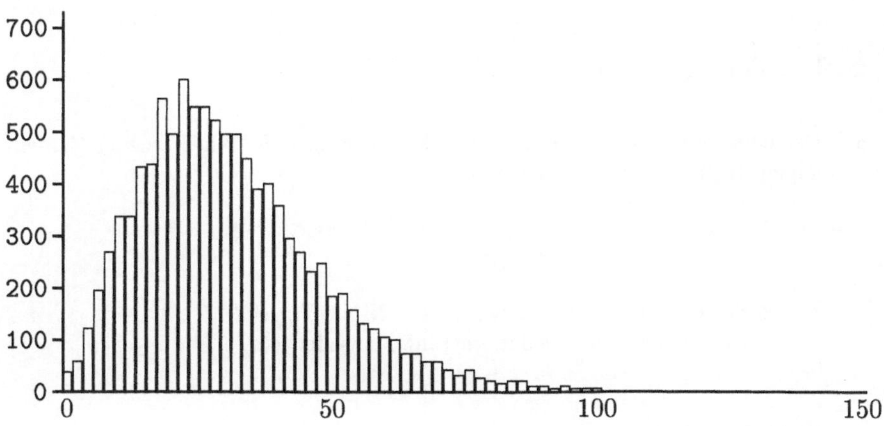

Abbildung 8.2: Häufigkeitsverteilung von ν bei 10 000 Simulationsläufen.

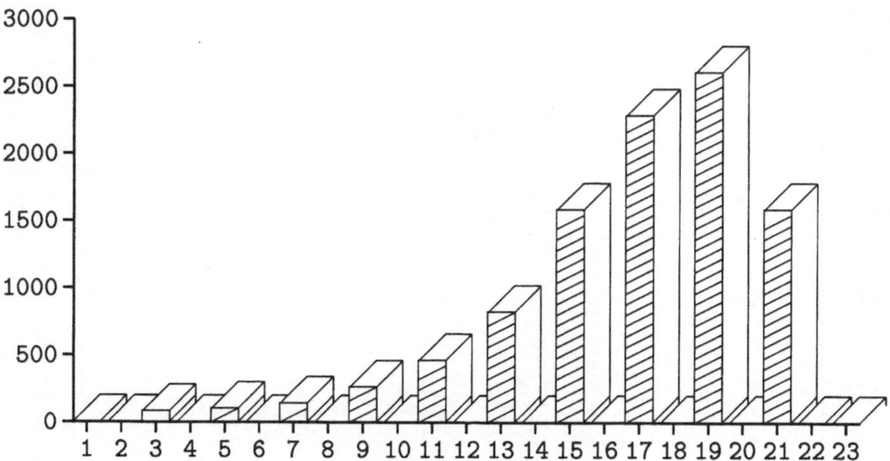

Abbildung 8.3: Häufigkeitsverteilung von ξ bei $10\,000$ Simulationsläufen.

Die Simulationen legen nahe, dass die Zufallsvariable ξ nur ungeradzahlige Werte annehmen kann, von 3 bis $2N+1$. Ferner scheint der Quotient $\xi/(N+1)$ für $N \to \infty$ gegen einen Wert in der Nähe von 1.6 zu konvergieren.

8.4 Aufgaben

8.1 Der einst weit verbreitete Zufallszahlen-Generator RANDU erzeugt Zahlenfolgen $(u_n)_{n\in\mathbb{N}}$ nach der Rekursion

$$x_n = (2^{16} + 3)x_{n-1} \quad \mathrm{mod} \ 2^{31}$$
$$u_n = \tfrac{x_n}{2^{31}}.$$

Zeigen Sie, dass für jeden Startwert $x_0 \in \mathbb{N}$ alle Tripel (u_n, u_{n+1}, u_{n+2}), $n \in \mathbb{N}_0$, auf höchstens 15 Ebenen im Einheitswürfel $\{(x,y,z) : 0 \le x, y, z \le 1\}$ liegen.

Hinweis: Überzeugen Sie sich, dass für alle $n \in \mathbb{N}_0$

$$x_{n+2} - 6x_{n+1} + 9x_n = 0 \quad \mathrm{mod} \ 2^{31}$$

gilt, und folgern Sie, dass $u_{n+2} - 6u_{n+1} + 9u_n$ eine ganze Zahl sein muss.

8.2 Sei $(x_n)_{n \in \mathbb{N}_0}$ eine nach der linearen Kongruenzmethode $x_{n+1} = (ax_n + c)$ mod m mit $m = 2^k, k \in \mathbb{N}$, und $x_0 = 0$ erzeugte Zahlenfolge, wobei a und c die Voraussetzungen von Satz 8.2.1 erfüllen. Bestimmen Sie x_{2^k-1}.

8.3 Sei $x_{n+1} = ax_n$ mod 2^k und $y_{n+1} = x_{n+1}$ mod 2^l mit $3 < l < k$. Zeigen Sie: die Zahlenfolge $(y_n)_{n \in \mathbb{N}}$ hat eine Periode von höchstens 2^{l-2}.

Hinweis: Stellen Sie eine Beziehung vom Typ $y_{n+1} = g(y_n), \forall n \in \mathbb{N}$, her.

8.4 Die Dichten der Familie der Weibull-Verteilungen können in der Form

$$f(x) = \frac{a}{b} x^{a-1} \exp(-\frac{x^a}{b}) \cdot 1_{\mathbb{R}_+}(x)$$

mit den nichtnegativen Parametern a und b dargestellt werden. Wie kann man mit der Inversionsmethode aus diesen Verteilungen Zufallszahlen erzeugen?

8.5 **(Stichproben-Stratifikation)** Es seien $U_1, \ldots, U_n$ unabhängige, $\mathbf{U}[0,1]$-verteilte Zufallsvariablen und sei $U_k^* = \frac{1}{n}(U_k + k - 1), k = 1, \ldots, n$, die so genannte *stratifizierte Stichprobe*.

Zeigen Sie:

(a) Die Zufallsvariablen $U_k^*, k = 1, \ldots, n$, sind $\mathbf{U}[\frac{(k-1)}{n}, \frac{k}{n}]$-verteilt.

(b) Der *stratifizierte Schätzer*

$$\frac{1}{n} \sum_{k=1}^{n} f(U_k^*)$$

ist unverfälscht für das Integral $\int_0^1 f(x)dx$, d.h.

$$E\left(\frac{1}{n} \sum_{k=1}^{n} f(U_k^*)\right) = \int_0^1 f(x)dx.$$

(c) Die Varianz des stratifizierten Schätzers ist kleiner oder gleich der Varianz des herkömmlichen Schätzers:

$$var\left(\frac{1}{n} \sum_{k=1}^{n} f(U_k^*)\right) \leq var\left(\frac{1}{n} \sum_{k=1}^{n} f(U_k)\right).$$

Hinweis: Sei U eine $\mathbf{U}[0,1]$-verteilte Zufallsvariable. Definieren Sie mittels U die Zufallsvariable K so, dass $K = k$, falls $(k-1)/n < U < k/n$, für $k = 1, \ldots, n$.

8.6 **(Varianz-Reduktion)** Für eine Zufallsvariable X mit bekanntem Erwartungswert EX soll die Wahrscheinlichkeit $P(X \leq \alpha)$ bei gegebener Konstante α durch Simulation geschätzt werden. Ein einfacher unverfälschter Schätzer basierend auf nur einer Realisierung ist

$$\hat{\theta}_0 = \begin{cases} 1, & \text{falls } X \leq \alpha \\ 0, & \text{falls } X > \alpha. \end{cases}$$

Allgemeiner betrachten wir die Familie unverfälschter Schätzer

$$\hat{\theta}_c = \hat{\theta}_0 + c(X - EX), \qquad c \in \mathbb{R}.$$

(a) Kann bei Verwendung von $\hat{\theta}_c$ für geeignetes c die Varianz gegenüber $\hat{\theta}_0$ verringert werden? Wenn ja, wie groß ist die Varianz-Reduktion maximal, falls X eine $\mathbf{U}[0,1]$-verteilte Zufallsvariable ist? Für welches c wird sie erreicht?

(b) Wie groß ist die Varianz-Reduktion maximal, falls X eine $\mathbf{Exp}(1)$-verteilte Zufallsvariable ist? Für welches c wird sie erreicht?

8.7 (Die allgemeine Kompositionsmethode)

(a) Verallgemeinern Sie die Kompositionsmethode für den Fall, dass Zufallszahlen aus der Verteilung mit Verteilungsfunktion

$$F_X(x) = \int_{\mathbb{R}} G_y(x)\,dH(y)$$

generiert werden sollen, wobei H eine Verteilungsfunktion und $G_y, y \in \mathbb{R}$, eine Familie von Verteilungsfunktionen ist.

(b) Verwenden Sie die Kompositionsmethode, um Zufallszahlen zur Verteilungsfunktion

$$F(x) = \int_0^\infty x^y e^{-y}\,dy, \qquad \forall x \in [0,1],$$

zu erzeugen.

8.8 (Integralbestimmung) Das Integral

$$I = \int_0^1 e^{\omega^2}\,d\omega$$

soll durch Simulation geschätzt werden. Ist es besser, mit einer Standard-Zufallszahl u die Schätzung

$$\frac{1}{2}e^{u^2}(1 + e^{1-2u})$$

zu verwenden, oder aber mit zwei unabhängig voneinander ermittelten Standard-Zufallszahlen u_1, u_2 das Integral I durch

$$\frac{1}{2}(e^{u_1^2} + e^{u_2^2})$$

zu schätzen?

8.9 Sei $(x_n)_{n\in\mathbb{N}}$ eine nach der linearen Kongruenzmethode $x_{n+1} = a x_n \mod m$ erzeugte Zahlenfolge, wobei m eine Primzahl und $x_0 \in \{1, ..., m-1\}$ ist.

(a) Zeigen Sie: Die Periode p erfüllt die Gleichung

$$a^p - 1 = 0 \mod m.$$

(b) Falls $m = 19$ ist, berechnen Sie die Periode für $a = 13$.

8.10 Die Zahlen $a, b \in \{1, \ldots, m - 1\}$ seien *multiplikativ invers* zueinander mod m , d.h. es gilt $a \cdot b \mod m = 1$. In welcher Beziehung stehen die durch die Rekursionen

$$x_{n+1} = ax_n \mod m,$$
$$y_{n+1} = by_n \mod m$$

erzeugten Zahlenfolgen?

8.11 **(Erzeugung von Zufallszahlen mit der Ausfallrate)** Sei X eine $\mathbb{N}_0$-wertige Zufallsvariable. Die Funktion $\alpha(n) = P(X = n \mid X \geq n)$, $\forall n \in \mathbb{N}_0$, heißt *diskrete Ausfallrate*.

(a) Zeigen Sie, dass $P(X = n) = \alpha(n) \prod_{k=0}^{n-1} [1 - \alpha(k)]$.

(b) Sei $(U_n)_{n \in \mathbb{N}_0}$ eine Folge von unabhängigen, $\mathbf{U}[0, 1]$-verteilten Zufallsvariablen. Zeigen Sie, dass

$$N = \min\{n \in \mathbb{N}_0 : U_n \leq \alpha(n)\}$$

dieselbe Verteilung wie X besitzt.

(c) Wenden Sie das Resultat in (b) an, um eine Zufallszahl zur $\mathbf{Geo}^*(p)$-Verteilung zu erzeugen.

(d) Betrachten Sie nun eine Zufallsvariable X , deren Ausfallrate $\alpha(n) \leq p < 1$, $\forall n \in \mathbb{N}_0$ ist. Seien $(Y_n)_{n \in \mathbb{N}}$ und $(U_n)_{n \in \mathbb{N}}$ Folgen von jeweils unabhängigen, $\mathbf{Geo}^*(p)$- bzw. $\mathbf{U}[0, 1]$-verteilten Zufallsvariablen. Mittels $S_n = Y_1 + \ldots + Y_n$ sei

$$Z = \min\{S_n : U_n \leq \frac{1}{p}\alpha(S_n)\}$$

definiert. Zeigen Sie, dass damit Zufallszahlen zur Verteilung von X erzeugt werden können.

8.12 **(Der von Neumannsche Algorithmus).** Betrachten Sie den auf von Neumann zurückgehenden Algorithmus zur Erzeugung von Zufallszahlen aus der $\mathbf{Exp}(1)$-Verteilung:

1. Erzeuge $N = \min\{n : u_1 \geq u_2 \geq \ldots \geq u_{n-1} < u_n\}$ für Standard-Zufallszahlen $u_1, u_2, \ldots$.

2. Falls N gerade ist, akzeptiere die Folge, und gehe zu 3. Andernfalls verwerfe die Folge, und beginne bei 1.

3. Sei K die Anzahl der verworfenen Folgen und u_1 die erste Standard-Zufallszahl der akzeptierten Folge. Setze $z = K + u_1$.

(a) Zeigen Sie, dass z eine Zufallszahl zur $\mathbf{Exp}(1)$-Verteilung ist.

   (b) Mit welcher Wahrscheinlichkeit wird eine Folge von Standard-Zufalls-
        zahlen akzeptiert?

   (c) Wieviele Standard-Zufallszahlen müssen im Mittel erzeugt werden, um
        eine **Exp**(1) -verteilte Zufallszahl zu generieren?

Hinweis: Ermitteln Sie $P(N > n \cap U_1 \leq u)$ für $U_1 \sim \mathbf{U}[0,1]$.

8.13 Eine Urne enthält k Kugeln, die rein zufällig und *ohne* Zurücklegen aus einer Grundgesamtheit von n verschiedenen Kugeln gezogen wurden. Mithilfe
dieser k Kugeln möchten wir die unabhängige Ziehung *mit* Zurücklegen aus
der ursprünglichen Grundgesamtheit simulieren. Betrachten Sie den folgenden Algorithmus: Wir ziehen ohne Zurücklegen aus der Urne. Es seien nun
bereits $m < k$ Kugeln aus der Urne gezogen worden. Mit Wahrscheinlichkeit
m/n wählen wir rein zufällig eine dieser m Kugeln aus, mit Wahrscheinlichkeit $1 - m/n$ wählen wir rein zufällig eine weitere Kugel aus der Urne
aus.

   (a) Zeigen Sie, dass jede Auswahl unabhängig von jeder früheren Auswahl
        und gleichverteilt über der Menge der n ursprünglichen Kugeln ist.

   (b) Wie viele Ziehungen mit Zurücklegen können wir auf diese Weise simu-
        lieren?

8.14 Die gemeinsame Dichte der Zufallsvariablen X_1 und X_2 sei konstant gleich
$1/\pi$ über dem Einheitskreis im Ursprung. Zeigen Sie, dass der Quotient
X_1/X_2 eine Cauchy-Verteilung besitzt, d.h.

$$P\left(\frac{X_1}{X_2} \leq x\right) = \frac{1}{2} + \frac{1}{\pi} \arctan x.$$

8.15 Es sei n eine Primzahl und $\mathcal{N} = \{0,\ldots,n-1\}$. Ferner seien a und b
unabhängig und gleichverteilt auf $\mathcal{N}$. Wir definieren

$$X = (ai + b) \qquad \mathrm{mod}\ n, \tag{8.5}$$

$$Y = (aj + b) \qquad \mathrm{mod}\ n. \tag{8.6}$$

Zeigen Sie, dass für $i \bmod n \neq j \bmod n$ die Zufallsvariablen X und Y
unabhängig und gleichverteilt auf $\mathcal{N}$ sind.

Hinweis: In $\mathcal{N}$ sind bei gegebenem $X = x$ und $Y = y$ die Gleichungen
(8.5) , (8.6) eindeutig für a, b lösbar.

8.16 In einer Urne befinden sich n Kugeln mit den Gewichten $g_1,\ldots,g_n$. Die
Kugeln werden nacheinander in folgender Weise aus der Urne entfernt: Bei
jeder Ziehung wird eine gegebene Kugel mit Wahrscheinlichkeit p gezogen,
wobei p der Anteil des Gewichtes der Kugel am Gesamtgewicht der in der
Urne verbliebenen Kugeln ist. Sei $R_1,\ldots,R_n$ die Reihenfolge, in der die
Kugeln aus der Urne gezogen werden. Ferner seien $X_1,\ldots,X_n$ unabhän-
gige Zufallsvariablen mit $\mathcal{L}(X_i) = \mathbf{Exp}(g_i)$, $i = 1,\ldots,n$. Wie kann man
$R_1,\ldots,R_n$ mittels der X_i simulieren?

8.17 Das konventionelle Verfahren, um anhand der linearen Kongruenzmethode

$$x_n = ax_{n-1} \mod m$$

(m eine Primzahl) Zufallszahlen aus der Gleichverteilung auf $\{1, \ldots, k\}$ für $k < m$ zu erzeugen, besteht in der Transformation

$$y_n = \left\lfloor \frac{x_n}{m} k \right\rfloor + 1,$$

wobei $\lfloor z \rfloor$ den ganzzahligen Anteil von $z > 0$ bezeichnet. Jemand schlägt die alternative Transformation

$$z_n = (x_n \mod k) + 1 \qquad (8.7)$$

vor. Geben Sie notwendige und hinreichende Bedingungen an, unter denen (8.7) alle Zahlen $1, \ldots, k$ mit relativen Häufigkeiten $\frac{1}{k}$ erzeugt, wenn die Zahl der erzeugten Zufallszahlen gegen ∞ geht.

8.18 **(Erzeugung geordneter Zufallszahlen)** Sie benötigen n unabhängige Standard-Zufallszahlen, die nach zunehmender Größe geordnet sind. Konstruieren Sie ein Verfahren, das einen Sortiervorgang überflüssig macht, indem es Standard-Zufallszahlen bereits in dieser Weise geordnet direkt erzeugt.

8.19 **(Antithetische Variable)** Das Integral

$$I = \int_0^1 f(x)dx$$

der monotonen Funktion f soll mit der Monte-Carlo-Methode geschätzt werden. Dazu stehen Realisierungen von n unabhängigen, $\mathbf{U}[0,1]$-verteilten Zufallsvariablen $U_1, \ldots, U_n$ zur Verfügung. Vergleichen Sie die beiden Schätzer

$$\frac{1}{n} \sum_{i=1}^n f(U_i) \qquad \text{und} \qquad \frac{1}{2n} \sum_{i=1}^n [f(U_i) + f(U_i^*)],$$

wobei $U_i^* = 1 - U_i$ ist. Die U_i^* heißen *antithetische* Variable (zu U_i).

Hinweis: Welches Vorzeichen hat $Cov\,(f(U_i), f(U_i^*))$?

8.20 Zur Erzeugung von Zufalllszahlen aus der Menge $\mathcal{N} := \{0, \ldots, 10\}$ wird die lineare Kongruenzmethode

$$x_{n+1} = 2x_n \mod 11$$

verwendet.
Zeigen Sie: Für $(x_n, x_{n+1}) \in \mathcal{N}^2$ wird durch $ax_n + bx_{n+1} = 0 \mod 11$ mit $a, b \in \mathbb{Z}$ und $a + 2b = 0 \mod 11$ jeweils eine parallele Geradenschar definiert, auf denen alle Punkte (x_n, x_{n+1}) liegen.

8.21 (a) Es seien $a \in \mathbb{Z}\backslash\{0\}$ und $c \in \mathbb{R}$ Konstanten sowie U eine $\mathbf{U}[0,1]$-verteilte Zufallsvariable. Zeigen Sie, dass

$$X = (aU + c) \mod 1$$

gleichverteilt auf $[0,1]$ ist.

(b) Was ergibt sich in (a) als Verteilung von X, wenn die Konstante $c \in \mathbb{R}$ durch eine Zufallsvariable mit beliebiger Verteilung ersetzt wird?

(c) Es seien $Y_1, \ldots, Y_n$ unabhängige, $\mathbb{N}$-wertige Zufallsvariablen und Z eine von den Y_i unabhängige Zufallsvariable mit einer Gleichverteilung auf der Menge $\mathcal{K} := \{0, \ldots, k-1\}$ für $k \in \mathbb{N}$. Zeigen Sie, dass

$$\left(Z + \sum_{i=1}^{n} Y_i \right) \mod k$$

ebenfalls gleichverteilt auf $\mathcal{K}$ ist.

9 | Anhang

9 Anhang

9.1 Wertetabelle

Tabelle der Standard-Normalverteilung
Die Tabelle enthält Werte der Funktion $\Phi(x) = \frac{1}{\sqrt{2\pi}} \int_{-\infty}^{x} e^{-t^2/2} dt = 1 - \Phi(-x)$.
Es ist z.B. $\Phi(1.23) = 0.890651$.

x	.00	.01	.02	.03	.04	.05	.06	.07	.08	.09
0.0	.500000	.503989	.507978	.511966	.515953	.519939	523922	.527903	.531881	.535856
0.1	.539828	.543795	.547758	.551717	.555670	.559618	.563559	.567495	.571424	.575345
0.2	.579260	.583166	.587064	.590954	.594835	.598706	.602568	.606420	.610261	.614092
0.3	.617911	.621720	.625516	.629300	.633072	.636831	.640576	.644309	.648027	.651732
0.4	.655422	.659097	.662757	.666402	.670031	.673645	.677242	.680822	.684386	.687933
0.5	.691462	.694974	.698468	.701944	.705401	.708840	.712260	.715661	.719043	.722405
0.6	.725747	.729069	.732371	.735653	.738914	.742154	.745373	.748571	.751748	.754903
0.7	.758036	.761148	.764238	.767305	.770350	.773373	.776373	.779350	.782305	.785236
0.8	.788145	.791030	.793892	.796731	.799546	.802337	.805105	.807850	.810570	.813267
0.9	.815940	.818589	.821214	.823814	.826391	.828944	.831472	.833977	.836457	.838913
1.0	.841345	.843752	.846136	.848495	.850830	.853141	.855428	.857690	.859929	.862143
1.1	.864334	.866500	.868643	.870762	.872857	.874928	.876976	.879000	.881000	.882977
1.2	.884930	.886861	.888768	.890651	.892512	.894350	.896165	.897958	.899727	.901475
1.3	.903199	.904902	.906582	.908241	.909877	.911492	.913085	.914657	.916207	.917736
1.4	.919243	.920730	.922196	.923641	.925066	.926471	.927855	.929219	.930563	.931888
1.5	.933193	.934478	.935745	.936992	.938220	.939429	.940620	.941792	.942947	944083
1.6	.945201	.946301	.947384	.948449	.949497	.950529	.951543	.952540	953521	.954486
1.7	.955435	.956367	.957284	.958185	.959070	.959941	.960796	.961636	.962462	.963273
1.8	.964070	.964852	.965620	.966375	.967116	.967843	968557	.969258	.969946	.970621
1.9	.971284	.971933	.972571	.973197	.973810	.974412	.975002	.975581	.976148	.976705
2.0	.977250	.977784	.978308	.978822	.979325	.979818	.980301	.980774	.981237	.981691
2.1	.982136	.982571	.982997	.983414	.983823	.984222	.984614	.984997	.985371	.985738
2.2	.986097	.986447	.986791	.987126	.987455	.987776	.988089	.988396	.988696	.988989
2.3	.989276	.989556	.989830	.990097	.990358	.990613	.990863	.991106	.991344	.991576
2.4	.991802	.992024	.992240	.992451	.992656	.992857	.993053	.993244	.993431	.993613
2.5	.993790	.993963	.994132	.994297	.994457	.994614	.994766	994915	.995060	.995201
2.6	.995339	.995473	.995604	.995731	.995855	.995975	.996093	.996207	.996319	.996427
2.7	.996533	.996636	.996736	.996833	.996928	.997020	.997110	.997197	.997282	.997365
2.8	.997445	.997523	.997599	.997673	.997744	.997814	.997882	.997948	.998012	.998074
2.9	.998134	.998193	.998250	.998305	.998359	.998411	.998462	.998511	.998559	.998605
x	.0	.1	.2	.3	.4	.5	.6	.7	.8	.9
3	.998650	.999032	.999313	.999517	.999663	.999767	.999841	.999892	.999928	.999952
4	.999968	.999979	.999987	.999991	.999995	.999997	.999998	.999999	.999999	1.00000

Einige besonders häufig benötigte Werte der Standard-Normalverteilungs-funktion:

$$\Phi(1.282) = 0.9000, \quad \Phi(1.645) = 0.9500, \quad \Phi(1.960) = 0.9750,$$
$$\Phi(2.326) = 0.9900, \quad \Phi(2.576) = 0.9950, \quad \Phi(3.090) = 0.9990,$$
$$\Phi(3.291) = 0.9995, \quad \Phi(3.719) = 0.9999, \quad \Phi(4.265) = 0.99999,$$

9.2 Symbolverzeichnis

$c, c_i, \tilde{c}, c', c^*, \ldots$	Konstante
$Cov(X, Y)$	Kovarianz von X und Y,
$Corr(X, Y)$	Korrelation zwischen X und Y
$\mathcal{C}(F)$	Menge der Stetigkeitsstellen von F
$\mathcal{D}(F)$	Menge der Unstetigkeitsstellen von F
$d(\cdot, \cdot)$	Metrik
$EX, E_\theta(X)$	Erwartungswert von X, unter θ
$F, F_i, \tilde{F}, G, G_i, \tilde{G}, \ldots$	Verteilungsfunktionen
F_X, F_P	Verteilungsfunktion der Zufallsvariable X, des Maßes P
$F_{X,Y}(x, y)$	gemeinsame Verteilungsfunktion von X und Y
$\hat{F}, \hat{F}_n$	empirische Verteilungsfunktion
$f, f_i, \tilde{f}, g, g_i, \tilde{g}, \ldots$	Dichtefunktionen
f_X, f_P	Dichtefunktion der Zufallsvariable X, des Maßes P
$H(f), H(\mathbb{P}), H(X), H(\mu)$	Entropie der Dichte f, der Verteilung $\mathbb{P}$, der Zufallsvariable X, des Maßes μ
$H(p)$	Entropie eines Ereignisses mit Wahrscheinlichkeit p der $B(p)$-Verteilung
$H(X \mid \mathbb{P}), H(\mu \mid \nu)$	relative Entropie der Verteilung von X bezüglich $\mathbb{P}$ des Maßes μ bezüglich des Maßes ν
H_0, H_1	Null-Hypothese, Alternativ-Hypothese
$Im(z)$	Imaginärteil von z
$\mathcal{L}(X)$	Verteilung von X

$\mathcal{L}_f(t)$	Laplace-Transformation von f
$mad(X)$	Mittlerer Absoluter Abstand
$m(X)$	Median von X
$R(t)$	Zuverlässigkeit
$\mathrm{Re}(z)$	Realteil von z
S_n	Partialsumme
$\mathrm{sign}(x)$	Vorzeichen von x, $\mathrm{sign}(0) = 0$
$var\,X,\ var_\theta(X),\ var_P(X)$	Varianz von X (unter θ, unter P)
$X,\ X_i,\ \tilde{X},\ X^*,\ Y, \ldots$	Zufallsvariablen
$\overline{X}$	$n^{-1}\sum_{i=1}^{n} X_i$
$X_{(i)}$	Ordnungstatistiken $X_{(1)} \leq X_{(2)} \leq \ldots$
β	Schiefe
$\Gamma(x)$	Gamma-Funktion
δ_x	Dirac-Maß, Dirac-Verteilung im Punkt x
δ_Q	Interquartilabstand
δ_{ij}	Kronecker-Symbol
$\varepsilon,\ \varepsilon',\ \tilde{\varepsilon},\ \varepsilon^*$	positive Konstante
κ	Kurtosis
$\lambda(t)$	Ausfallrate
$\lambda\!\!\lambda$	Lebesgue-Maß
ξ_α	α-Quantil
$\xi_{\frac{1}{2}}$	Median
$\sigma(\cdot)$	die von $(\cdot)$ erzeugte σ-Algebra
σ	Standardabweichung
σ^2	Varianz
$\tilde{\sigma}$	Mittlerer Absoluter Abstand
$M_X,\ M_P,\ M_F$	Momenterzeugende Funktion der Zufallsvariable X, des Maßes P, der Verteilungsfunktion F, der Dichte f
$\Psi_X,\ \Psi_P,\ \Psi_F,\ \Psi_f$	Charakteristische Funktion der Zufallsvariable X, des Maßes P, der Verteilungsfunktion F, der Dichte f
$\omega,\ \omega_\theta,\ \omega',\ \tilde{\omega},\ \omega^*, \ldots$	Elemente eines Stichprobenraumes
$\Omega,\ \Omega_i,\ \Omega',\ \tilde{\Omega}, \ldots$	Stichprobenräume
$\mathbf{B}(p)$	Bernoulli-Verteilung
$\mathbf{B}(n, p)$	Binomialverteilung
$\mathbf{\Gamma}(\lambda, r)$	Gamma-Verteilung

$\mathbf{Exp}(\lambda)$	Exponentialverteilung
$\mathbf{Geo}(p)$	Geometrische Verteilung auf $\mathbb{N}$
$\mathbf{Geo}^*(p)$	Geometrische Verteilung auf $\mathbb{N}_0$
$\mathbf{H}(N, M, n)$	Hypergeometrische Verteilung
$\mathbf{L}(\lambda)$	Laplace-Verteilung
$\mathbf{M}(n; p_1, \ldots, p_k)$	Multinomialverteilung
$\mathbf{N}(\mu, \sigma^2)$	Normalverteilung
$\mathbf{NB}(k, p)$	Negative Binomialverteilung
$\mathbf{NH}(N, M, n)$	Negative Hypergeometrische Verteilung
$\mathbf{N}_n(\mu, D)$	n-dimensionale Normalverteilung
$\mathbf{P}(\lambda)$	Poisson-Verteilung
$\mathbf{U}[a, b]$	Gleichverteilung auf $[a, b]$

$P, \tilde{P}, P^*, \mu, \nu$	Maße
$P_1 \otimes P_2, \bigotimes P_i$	Produkt-Maße
P-f.s.	fast sicher bezüglich P
P-f.ü.	fast überall bezüglich P
P_X	Bildmaß von X
$P(\cdot \mid A)$	bedingte Wahrscheinlichkeit gegeben das Ereignis A
$P_{X\mid Y}(A \mid y)$	bedingte Wahrscheinlichkeit des Ereignisses $X \in A$ gegeben $Y = y$

$\rightarrow$	konvergiert
$\uparrow$	konvergiert isoton
$\downarrow$	konvergiert antiton
$\xrightarrow{p}$	konvergiert nach Wahrscheinlichkeit
$\xrightarrow{d}$	konvergiert nach Verteilung
$\xrightarrow{\mathcal{L}}$	konvergiert im Mittel

$\xrightarrow{\mathcal{L}^r}$	konvergiert im r-ten Mittel
$\xrightarrow{\text{f.s.}}$, $\xrightarrow{\text{P-f.s.}}$	konvergiert fast sicher, bezüglich P
$(X_n) = o_p(1)$	die Folge von Zufallsvariablen $(X_n)_{n \in \mathbb{N}_0}$ konvergiert gegen Null nach Wahrscheinlichkeit
$X_n = o_p(Y_n)$	$X_n = Z_n Y_n$, $\forall n \in \mathbb{N}$ und $Z_n = o_p(1)$
$X_n = O_p(1)$	die Folge von Zufallsvariablen $(X_n)_{n \in \mathbb{N}_0}$ ist beschränkt in Wahrscheinlichkeit
$X_n = O_p(Y_n)$	$X_n = Z_n Y_n$, $\forall n \in \mathbb{N}_0$ und $Z_n = O_p(1)$
$X_n \sim_p Y_n$	$X_n/Y_n \xrightarrow{p} 1$
$X \sim F$	X ist nach F verteilt
$:=$, $=:$	gleich nach Definition
$\overset{d}{=}$	gleich nach Verteilung
$\overset{\text{f.s.}}{=}$, $\overset{\text{P-f.s.}}{=}$	gleich fast sicher, bezüglich P
$\approx$	ungefähr gleich
$\sim$	asymptotisch gleich (bei Zahlenfolgen)
$\| \cdot \|_p$	$\mathcal{L}^p$-Norm
$\mathbb{C}$, $\mathbb{C}^k$	Menge der komplexen Zahlen, k-faches Produkt von $\mathbb{C}$
$\mathbb{N}$, $\mathbb{N}_0$	Menge der natürlichen Zahlen, einschließlich der Null
$\mathbb{Q}$	Menge der rationalen Zahlen
$\mathbb{R}$, $\mathbb{R}^k$	Menge der reellen Zahlen, k-dimensionaler reeller Raum
$\mathbb{R}_+$, $\mathbb{R}_+^0$	Menge der positiven reellen Zahlen, einschließlich der Null
$\overline{\mathbb{R}}$	$\mathbb{R} \cup \{+\infty, -\infty\}$, kompaktifizierter reeller Raum
$\overline{\mathbb{R}}^k$	k-dimensionaler kompaktifizierter reeller Raum
$\mathbb{Z}$	Menge der ganzen Zahlen

$\mathcal{B}, \overline{\mathcal{B}}, \mathcal{B}^k, \overline{\mathcal{B}}^k, \mathcal{B}(\mathcal{M})$	Borelsche σ-Algebra über $\mathbb{R}, \overline{\mathbb{R}}, \mathbb{R}^k$, $\overline{\mathbb{R}}^k$, über einer Menge $\mathcal{M}$
$\mathcal{A}_1 \otimes \mathcal{A}_2$	Produkt-σ-Algebren
A^c	Komplement von A
$A \cup B$	A vereinigt B
$A \cap B$	A geschnitten B
$A \setminus B$	A ohne B
$\#A$	Mächtigkeit von A
∂A	Rand von A
$1_A(\cdot)$	Indikator-Funktion von A
$\emptyset$	leere Menge
$\mathcal{P}(\Omega)$	Potenzmenge von Ω
$\{A_n \text{ u.o.}\}, A_n \text{ u.o.}$	$\bigcap_{n=1}^{\infty} \bigcup_{k=n}^{\infty} A_k$, A_n unendlich oft
$\{a_n\}, \{a_n\}_{n \in I}$	Menge mit Indexmenge I
$(a_n), (a_n)_{n \in I}$	Folge mit (geordneter) Indexmenge I
$(a, b), [a, b]$	offene, abgeschlossene Intervalle
$(a, b], [a, b)$	halboffene Intervalle
$\lfloor x \rfloor$	kleinste ganze Zahl $\geq x$
$\lceil x \rceil$	größte ganze Zahl $\leq x$
$x \wedge y$	Minimum von x und y
$x \vee y$	Maximum von x und y
$\subseteq$	Teilmenge oder gleich
$\in, \notin$	ist Element von, ist nicht Element von
$\forall$	für alle
$\exists$	es existiert
$\blacksquare$	Ende eines Beweises
$f : A \to B$	Abbildung f von der Menge A in die Menge B
$x \mapsto f(x)$	x wird nach $f(x)$ abgebildet
f^{-1}	Umkehrabbildung von f
$f^{-1}(A)$	$\{x : f(x) \in A\}$

$f^+(x)$	Maximum von Null und $f(x)$
$f^-(x)$	Maximum von Null und $-f(x)$
$(f * g)(x)$	Konvolution der Funktionen f und g
$f(x+)$	$\lim_{h\downarrow 0} f(x + h)$
$f(x-)$	$\lim_{h\downarrow 0} f(x - h)$
$[f(x)]_a^b$	$f(b) - f(a)$

$$\begin{Vmatrix} a_{11} & \cdots & a_{1m} \\ \vdots & \vdots & \vdots \\ a_{n1} & \cdots & a_{nm} \end{Vmatrix} \qquad \text{Matrix mit Elementen } a_{ij}$$

$\mathbf{A} = (a_{ij})$	Matrix $\mathbf{A}$ mit Elementen a_{ij}
$\mathbf{A}^t$	Transponierte der Matrix $\mathbf{A}$
$\mathbf{A}^{-1}$	Inverse der Matrix $\mathbf{A}$
$\det \mathbf{A}$	Determinante von $\mathbf{A}$
$(\Omega, \mathcal{A})$	Messraum
$(\Omega, \mathcal{A}, P)$	Wahrscheinlichkeitsraum
$\mathcal{L}(\Omega, \mathcal{A}, P)$	Raum der P-integrierbaren Zufallsvariablen auf $(\Omega, \mathcal{A})$
$\mathcal{L}^r(\Omega, \mathcal{A}, P)$	Raum der r-fach P-integrierbaren Zufallsvariablen auf $(\Omega, \mathcal{A})$
$\mathcal{S}(\mathcal{M})$	Menge aller Permutationen auf $\mathcal{M}$
$\mathcal{S}_n$	Menge aller Permutationen auf $\{1, 2, \ldots, n\}$

Abkürzungen

f.a.	fast alle
f.s.	fast sicher
f.ü.	fast überall
u.o.	unendlich oft
W-Dichte	Wahrscheinlichkeitsdichte
W-Maß	Wahrscheinlichkeitsmaß
W-Raum	Wahrscheinlichkeitsraum

Konventionen

$0! = 1$	$\pm\infty \cdot c = \pm\infty,\ c > 0$	$(+\infty) + (+\infty) = +\infty$
$\pm\infty \cdot 0 = 0$	$\pm\infty + c = \pm\infty,\ c \in \mathbb{R}$	$(-\infty) + (-\infty) = -\infty$

Griechisches Alphabet

Kleinbuchstabe	Großbuchstabe	Gelesen
α	A	alpha
β	B	beta
γ	Γ	gamma
δ	Δ	delta
ε	E	epsilon
ζ	Z	zeta
η	H	eta
θ	Θ	theta
ι	I	iota
κ	K	kappa
λ	Λ	lambda
μ	M	my
ν	N	ny
ξ	Ξ	xi
o	O	omikron
π	Π	pi
ϱ	P	rho
σ	Σ	sigma
τ	T	tau
υ	Υ	upsilon
φ	Φ	phi
χ	X	chi
ψ	Ψ	psi
ω	Ω	omega

9.3 Literaturverzeichnis

ABRAMSON, M. und W.O.J. MOSER: *More birthday surprises*. American Mathematical Monthly, 77, 856-858, 1970.

ALEXANDERSON, G., L. KLOSINSKI und L. LARSON: *The William Lowell Putnam Mathematical Competition, Problems and Solutions: 1965-1984*. The Mathematical Association of America, 1985.

ALLIGOOD, K., T. SAUER und J.A. YORKE: *Chaos: An Introduction to Dynamical Systems*. Springer, New York, 1997.

BASLER, H.: *Grundbegriffe der Wahrscheinlichkeitsrechnung und Statistischen Methodenlehre. 10. Auflage.* Physika-Verlag, Heidelberg, 1989.

BAUER, H.: *Maß- und Integrationstheorie*. de Gruyter, Berlin, 1990.

BAUER, H.: *Wahrscheinlichkeitstheorie. 5. Auflage.* de Gruyter, Berlin, 2002.

BEHNEN, K. und G. NEUHAUS: *Grundkurs Stochastik. 4. Auflage.* Teubner, Stuttgart, 2003.

BEISEL, E.-P. und M. MENDEL: *Optimierungsmethoden des Operations Research, Band 1: Lineare und ganzzahlige Optimierung.* Vieweg, Braunschweig-Wiesbaden, 1987.

BENFORD, F.: *The law of anomalous numbers*. Proceedings of the American Philosophical Society, 78, 551-572, 1938.

BERNOULLI, D.: *Specimen theoriae novae de mensura sortis. Commentarii Academiae Scientiarum Imperialis Petropolitanae, 5, 175-192. Übersetzt von L. Sommer (1954)*. Econometrica, 22, 23-36, 1738.

BERNOULLI, J.: *Ars Conjectandi*. Thurnisius, Basilea, 1713.

BHATTACHARYA, R.N. und E.C. WAYMIRE: *Stochastic Processes with Applications.* Wiley, New York, 1990.

BILLINGSLEY, P.: *The singular function of bold play.* American Scientist, 71, 392-397, 1983.

BILLINGSLEY, P.: *Probability and Measure. 3. Auflage.* Wiley, New York, 1995.

BLYTH, C.R. und P.K. PATHAK: *A note on easy proofs of Stirling's theorem.* American Mathematical Monthly, 93, 376-379, 1986.

BOREL, É.: *Les probabilité denombrables et leurs applications arithmétiques.* Rendiconti del Circolo Matematico di Palermo, 27, 247-270, 1909.

BRÉMAUD, P.: *Markov Chains: Gibbs Fields, Monte Carlo Simulation, und Queues.* Springer, New York, 1999.

BROCKWELL, P.J. und R.A. DAVIS: *Time Series: Theory and Methods.* Springer, New York, 1987.

BROWN, T.C.: *Poisson approximations and the definition of the Poisson process.* American Mathematical Monthly, 91, 116-123, 1984.

BUCK, B., A. MERCHANT und S PEREZ: *An illustration of Benford's first digit law using alpha decay half lives.* European Journal of Physics, 14, 59-63, 1993.

BUFFON, G.L.L. COMTE DE: *Essai d'arithmétique morale. In: Supplément à l'Histoire Naturelle, 4.* Imprimerie Royale, Paris, 1777.

COVER, T.: *Do longer games favor the stronger player?* The American Statistician, 43, 277-278, 1989.

COX, J., ROSS S. und M. RUBINSTEIN: *Option pricing: a simplified approach.* Journal of Financial Economics, 7, 229-265, 1979.

DEVANAY, R.L.: *Chaos, Fractals and Dynamics: Computer Experiments in Mathematics.* Addison-Wesley, Menlo Park, 1989.

DEVROYE, L.: *Non-Uniform Random Variate Generation.* Springer, New York, 1986.

DINGES, H. und H. ROST: *Prinzipien der Stochastik.* Teubner, Stuttgart, 1982.

DODGE, Y.: *A natural random number generator.* International Statistical Review, 64, 329-344, 1996.

DOOB, J. L.: *Stochastic Processes.* Wiley, New York, 1953.

DORFMAN, R.: *The detection of defective members of large populations.* Annals of Mathematical Statistics, 14, 436-440, 1943.

DOROGOVTSEV, S. N. und J.F.F. MENDES: *Exactly solvable small-world network.* Europhysics Letters, 50, 1-7, 2000.

DURRETT, R.: *Probability: Theory and Examples.* Wadsworth & Brooks/Cole, Pacific Grove, 1991.

EHRENFEST, P. und T. EHRENFEST: *Über zwei bekannte Einwünde gegen das Boltzmannsche H-Theorem.* Physikalische Zeitschrift, 8, 311-314, 1907.

ENGEL, A.: *Wahrscheinlichkeitsrechnung und Statistik, Band 1.* Klett, Stuttgart, 1973.

ENGEL, A.: *Wahrscheinlichkeitsrechnung und Statistik, Band 2.* Klett, Stuttgart, 1976.

ETEMADI, N.: *On the laws of large numbers for nonnegative random variables.* Journal of Multivariate Analysis, 13, 187 - 193, 1983.

FALCONER, K.: *Fractal Geometry: Mathematical Foundations and Applications.* Wiley, Chichester, 1990.

FELDSTEIN, A. und P. TURNER: *Overflow, underflow, and severe loss of significance in floating-point addition and subtraction.* IMA Journal of Numerical Analysis, 6, 241-251, 1986.

FELLER, W.: *An Introduction to Probability Theory and its Applications, Volume 1. 3. Auflage.* Wiley, New York, 1968.

FELLER, W.: *An Introduction to Probability Theory and its Applications, Volume 2. 2. Auflage.* Wiley, New York, 1971.

FISHMAN, G. S.: *Monte Carlo Concepts, Algorithms and Applications.* Springer, New York, 1996.

FORD, J.: *How random is a coin toss?* Physics Today, 36, 40-47, 1983.

GALAMBOS, J.: *Advanced Probability Theory. 1. Auflage.* Marcel Dekker, New York, 1988.

GAMOV, G.: *Possible relation between desoxyribonucleic acid und protein structure*. Nature, 173, 318, 1954.

GÄNSSLER, P. und W. STUTE: *Wahrscheinlichkeitstheorie*. Springer-Verlag, Berlin, 1977.

GEORGII, H.-O.: *Stochastik. 3. Auflage*. de Gruyter, Berlin, 2007.

GNEDENKO, B. V.: *Lehrbuch der Wahrscheinlichkeitstheorie. 10. Auflage*. Verlag Harry Deutsch, Thun und Frankfurt a.M., 1997.

GRINSTEAD, C. M und J. L. SNELL: *Introduction to Probability*. American Mathematical Society, Providence, 1997.

GRANDELL, J.: *Aspects of Risk Theory*. Springer Verlag, New York, 1991.

HALMOS, P.R.: *Measure Theory*. Van Nostrund, New York, 1950.

HAMMING, R.W.: *Error detecting and error correcting codes*. The Bell System Technical Journal, 26, 147-160, 1950.

HENZE, N.: *Stochastik für Einsteiger. 7. Auflage. Eine Einführung in die faszinierende Welt des Zufalls*. Vieweg, Braunschweig/Wiesbaden, 2008.

HILL, T.P.: *The significant digit phenomenon*. American Mathematical Monthly, 102, 322-327, 1995.

HILL, T.P.: *A statistical derivation of the significant digit law*. Statistical Science, 10, 354-363, 1996.

HOEL, P., S. PORT und C. STONE: *Introduction to Stochastic Processes*. Houghton Mifflin, Boston, 1972.

HOFRI, M.: *Probabilistic Analysis of Algorithmus*. Springer, New York, 1987.

HOOK, E., P. CROSS und D. SCHREINEMACHERS: *Chromosomal abnormality rates at amniocentesis und in live-born infants*. Journal of the American Medical Association, 249, 2034 - 2038, 1983.

HÜBNER, G.: *Stochastik. 2. Auflage*. Vieweg, Braunschweig/Wiesbaden, 2000.

HUFFMAN, D.: *A method for the construction of minimum-redundancy codes*. Proceedings of the Institute of Radio Engineers 40, 1098-1101, 1952.

HANDWICH, S.: *Buffon inverted.* The Mathematical Gazette, 67, 203-206, 1983.

JEGER, M.: *Einführung in die Kombinatorik, Band 1.* Klett, Stuttgart, 1973.

KAC, M.: *Statistical Independence in Probability, Analysis and Number Theory.* Wiley, New York, 1959.

KARLIN, S. und M. H. TAYLOR: *A First Course in Stochastic Processes.* Academic Press, New York, 1975.

KARLIN, S. und M. H. TAYLOR: *A Second Course in Stochastic Processes.* Academic Press, New York, 1981.

KESTEN, H.: *The critical probability of bond percolation on the square lattice equals 1/2.* Communications in Mathematical Physics, 74, 41-59, 1980.

KHINCHIN, A.I.: *Sur la loi des grunds nombres.* Compte Rendus de l'Acadèmie des Sciences, 189, 477-479, 1929.

KNUTH, D. E.: *The Art of Computer Programming, Volume 2, Seminumerical Algorithms, 3. Auflage.* Addison-Wesley, Reading, 1997.

KRAFT, L.G.: *A Device for Quantizing, Grouping, and Coding Amplitude Modulated Pulses.* M.S. Thesis, Electrical Engineering Department, Massachusetts Institute of Technology, 1949.

KRENGEL, U.: *Einführung in die Wahrscheinlichkeitstheorie und Statistik. 8. Auflage.* Vieweg, Braunschweig/Wiesbaden, 2005.

KRIECKEBERG, K. und H. ZIEZOLD: *Stochastische Methode. 4. Auflage.* Springer, Berlin, 1994.

LAGRANGE, J.L.: *Recherches sur les suites recurrentes dont les termes varient de plusieurs manières différentes, ou sur l'intégration des équations linéaires aux différences finies et partielles; et sur l'usage de ces équations dans la théorie des hazards.* Nouveaux Mémoires de l'Académie Royale des Sciences et Belles Lettres, 183-272, 1775.

LAHA, R.G. und V.K. ROHATGI: *Probability Theory.* Wiley, New York, 1979.

LAPLACE, P.S.: *Mémoire sur la probabilité des causes par les évènements.* Mémoires de l'Académie Royale des Sciences presentés par divers savans, 6, 621-656, 1774.

LARSEN, R.J. und M.L. MARX: *An Introduction to Probability and its Applications.* Prentice-Hall, Englewood Cliffs, 1985.

LÉVY, P.: *Théorie de l'Addition des Variables Aléatoires.* Gauthier-Villars, Paris, 1937.

LEY, E.: *On the peculiar distribution of the U.S. stock indices digits.* American Statistician, 50, 311-313, 1996.

MAHLER, K.: *On the approximation of* π. Indagationes Mathematicae, 15, 30-42, 1953.

MAHMOUD, H. M.: *Sorting. A Distribution Theory.* Wiley, New York, 2000.

MARDIA, K.V., J.T. KENT und J.M. BIBBY: *Multivariate Analysis.* Academic Press, London, 1979.

MATHAR, R.: *Informationstheorie.* Teubner, Stuttgart, 1996.

MATHAR, R. und D. PFEIFER: *Stochastik für Informatiker.* Teubner, Stuttgart, 1990.

MCMILLAN, B.: *Two inequalities implied by unique decipherability.* IEEE Transactions on Information Theory IT-2, 115-116, 1956.

MEHLHORN, K.: *Datenstrukturen und Effiziente Algorithmen, Band 1. Sortieren und Suchen.* Teubner, Stuttgart, 1986.

MILGRAM, S.: *The small world problem.* Psychology Today, 2, 60 - 67, 1967.

MISES, R. VON: *Wahrscheinlichkeit, Statistik und Wahrheit.* Springer, Berlin, 1928.

MONTMORT, P. D.: *Essai d'Analyse sur les Jeux de Hasard.* Quillan, Paris, 1708.

MOTWANI, R. und P. RAGHAVAN: *Rundomized Algorithms.* Cambridge University Press, 1995.

NELSON, R.: *Probability, Stochastic Processes and Queueing Theory. 3. Auflage.* Wiley, New York, 1995.

NIGRINI, M.: *A taxpayer compliance application of Benford's law.* Journal of the American Taxation Association, 18, 72-91, 1996.

ORE, O.: *Pascal and the invention of probability theory.* American Mathematical Monthly, 67, 409-419, 1960.

PACCIOLI, L.: *Summa de Arithmetica, Geometria, Proportioni et Proportionalità.* Venedig, 1494.

PARK, S.K. und K.W. MILLER: *Random number generators: good ones are hard to find.* Communications of the Association for Computing Machinery, 31, 1192-1201, 1988.

PFANZAGL, J.: *Elementare Wahrscheinlichkeitsrechnung, 2. Auflage.* de Gruyter, Berlin, 1991.

PINSKY, M.: *An elementary derivation of Khintchine's estimate for large deviations.* Proceedings of the American Mathematical Society, 28, 288-290, 1969.

PORT, S. C.: *Theoretical Probability for Applications.* Wiley, New York, 1994.

PRATT, F.: *Secret and Urgent: The Story of Codes and Ciphers.* Blue Ribbon Books, 1939.

PUKELSHEIM, F., S. DAVID und O. RUFF: *Der zentrale Grenzwertsatz.* Manuskript, 2008.

RABIN, M.O.: *Probabilistic Algorithm for Testing Primality.* Journal of Number Theory, 12, 128-139, 1980.

RAIMI, R.A.: *On the distribution of first significant digits.* American Mathematical Monthly, 76, 342-348, 1969.

RENDLEMAN, R.J.J. und B.J. BARTTER: *Two-state option pricing.* Journal of Finance, 34, 1093-1110, 1979.

RESNICK, S.I.: *A Probability Path.* Birkhäuser, Boston, 1999.

ROMAN, S.: *Introduction to Coding and Information Theory.* Springer, New York, 1997.

ROSANOV, J.A.: *Wahrscheinlichkeitstheorie.* Rowohlt, Hamburg, 1974.

ROSS, S.M.: *Introduction to Stochastic Dynamic Programming.* Academic Press, New York, 1983.

ROSS, S.M.: *Simulation, 2. Auflage.* Academic Press, Boston, 1997.

ROSS, S.M.: *Introduction to Probability Models, 7. Auflage*. Academic Press, San Diego, 2000.

ROST, H.: *Das Parkplatzproblem*. Mathematische Semesterberichte, 46, 97-113, 1999.

SAMUELS, S.M.: *The exact solution of the two-stage group-testing problem*. Technometrics, 20, 497-500, 1978.

SCHATTE, P.: *On mantissa distributions in computing and Benford's law*. Journal of Information Processing and Cybernetics, 24, 443-455, 1988.

SCHINAZI, R. B.: *Classical and Spatial Stochastic Proceses*. Birkhäuser, Boston, 1999.

SCHMITZ, N.: *Vorlesungen über Wahrscheinlichkeitstheorie*. Teubner, Stuttgart, 1996.

SCHMITZ, N. und F. LEHMANN: *Monte-Carlo-Methoden I. Erzeugen und Testen von Zufallszahlen*. Hain, Meisenheim, 1976.

SERFLING, R. J.: *Approximation Theorems of Mathematical Statistics*. Wiley, New York, 1980.

SHANNON, C.E.: *A mathematical theory of communication*. Bell Systems Technical Journal, 27, 379-423 und 623-656, 1948.

SHAPLEY, L.S.: *A value for n-person games*. Annals of Mathematics Studies, 28, 307-317, 1953.

SHIRYAYEV, A. N.: *Wahrscheinlichkeit*. Deutscher Verlag der Wissenschaften, Berlin, 1988.

SIMPSON, T.: *Miscellaneous Tracts on Some Curious, and Very Interesting Subjects in Mechanics, Physical-Astronomy, and Speculative Mathematics*. Nourse, London, 1757.

SOLOMON, F.: *Residual lifetimes in random parallel systems*. Mathematics Magazine, 63, 37-48, 1990.

SUNDMANN, K.: *Einführung in die Stochastik der Finanzmärkte. 2. Auflage*. Springer, Berlin, 2001.

VARADHAN, S.R.S.: *Probability Theory*. American Mathematical Society, Providence, 2001.

VARIAN, H.: *Benford's law*. American Statistician, 26, 65-66, 1972.

WARNER, S.L.: *Randomized response: a survey technique for eliminating evasive answer bias*. Journal of the American Statistical Association, 60, 63-69, 1965.

WATTS, D. J.: *Small Worlds*. Princeton University Press, Princeton, 1999.

WATTS, D. J. und S. H. STROGATZ: *Collective dynamics of "small-world" networks*. Nature, 393, 440 - 442, 1998.

WELSH, D.: *Codes und Kryptographie*. VCH, Weinheim, 1991.

9.4 Index